住房城乡建设部土建类学科专业“十三五”规划教材

高等学校风景园林专业系列推荐教材

风景园林规划设计原理

PRINCIPLES OF LANDSCAPE ARCHITECTURE PLANNING AND DESIGN

曹磊 杨冬冬 编著

中国建筑工业出版社

图书在版编目（CIP）数据

风景园林规划设计原理 = PRINCIPLES OF LANDSCAPE ARCHITECTURE PLANNING AND DESIGN / 曹磊，杨冬冬编著 . —北京：中国建筑工业出版社，2019.9
住房城乡建设部土建类学科专业“十三五”规划教材
高等学校风景园林专业系列推荐教材
ISBN 978-7-112-23991-7

Ⅰ. ①风… Ⅱ. ①曹… ②杨… Ⅲ. ①园林设计 - 高等学校 - 教材 Ⅳ. ① TU986.2

中国版本图书馆CIP数据核字（2019）第149254号

本教材是住房城乡建设部土建类学科专业“十三五”规划教材，内容包括风景园林规划设计概述、风景园林规划设计的相关理论、景观构成的物质要素、景观构成的艺术要素、景观构成的文化要素、典型空间的景观规划设计。

为了更好地支持相应课程的教学，我们向采用本书作为教材的教师提供课件，有需要者可与出版社联系。
建工书院：http://edu.cabplink.com
邮箱：jckj@cabp.com.cn 电话：（010）58337285

责任编辑：杨 琪 张 晶
责任校对：赵 菲

住房城乡建设部土建类学科专业“十三五”规划教材
高等学校风景园林专业系列推荐教材
风景园林规划设计原理
PRINCIPLES OF LANDSCAPE ARCHITECTURE PLANNING AND DESIGN
曹磊 杨冬冬 编著
*
中国建筑工业出版社出版、发行（北京海淀三里河路9号）
各地新华书店、建筑书店经销
北京方舟正佳图文设计有限公司制版
北京中科印刷有限公司印刷
*
开本：880毫米×1230毫米 1/16 印张：20¼ 字数：486千字
2021年11月第一版 2021年11月第一次印刷
定价：**59.00**元（赠教师课件）
ISBN 978-7-112-23991-7
（34294）

前　言

2021 年是新中国风景园林专业教育建立 70 周年，也是风景园林一级学科批准设立 10 周年。在此过程中，伴随着我国生态文明和人居环境建设事业的快速发展，风景园林学科在人居环境可持续发展、美丽中国建设、生态保护与修复、文化遗产保护等领域做出了巨大的贡献，并且形成了自己完整的科学理论体系。风景园林规划设计理论作为风景园林学科理论体系的核心之一，支撑着风景园林学科的理论研究和实践探索。

作为学科的核心理论之一，风景园林规划设计理论与方法聚焦视觉形态、环境生态和行为心理三方面内容，对地理学、美学、景观生态学、环境行为学、社会学等多学科知识进行交叉、渗透、融合，形成一套可广泛应用于国土空间规划、绿地系统规划、自然环境保护与环境整治、风景名胜区与旅游规划、城乡风景园林规划设计等方面的完整的理论方法体系。

本教材基于天津大学建筑学院风景园林系本科生课程“风景园林规划设计原理”的教学积累而编写，较为系统和全面地阐述了风景园林规划设计的理论、方法，并结合大量实践案例阐释了规划设计理论与规划设计方案间的衔接路径。全书共分为六章，注重理论与实践结合，原理和方法并重。第 1 章梳理了风景园林规划设计的基本概念、历史沿革，明确了风景园林规划设计的主要内容和任务；第 2 章对应于“视觉形态、环境生态、行为心理”三方面内容，分五节较为全面地介绍了风景园林规划设计的相关理论，包括景观美学理论、景观生态学理论、环境行为学理论、社会学理论以及景观遗产保护理论；第 3 章至第 5 章论述了风景园林规划设计中物质要素、艺术要素和文化要素的分类、功能、特性、设计要点和表意方式；第 6 章论述了城市与乡村中典型空间的景观规划设计方法。

作者殷切期望本书能对从事风景园林学、城乡规划学、环境艺术学等相关专业教学的教师及高等院校有关专业学生的学习和研究有所裨益。但风景园林规划设计原理与方法仍在发展和完善之中，且涉猎范围十分广泛，因此本书难免挂一漏万，不足之处敬请读者批评赐教。

目　录

第 1 章　风景园林规划设计概述 …… 1

1.1 风景园林规划设计的基本知识 …… 2

1.2 风景园林规划设计的主要内容 …… 5

1.3 风景园林规划设计的问题和任务 …… 6

第 2 章　风景园林规划设计的相关理论 …… 10

2.1 景观美学理论 …… 11

2.2 景观生态学理论 …… 28

2.3 环境行为学理论 …… 31

2.4 社会学理论 …… 35

2.5 景观的遗产保护理论 …… 40

第 3 章　景观构成的物质要素 …… 50

3.1 景观构成的物质要素——地貌 …… 51

3.2 景观构成的物质要素——植物 …… 65

3.3 景观构成的物质要素——建筑 …… 84

3.4 景观构成的物质要素——铺装 …… 96

3.5 景观构成的物质要素——水景 …… 107

3.6 景观构成的物质要素——山石 …… 121

第 4 章　景观构成的艺术要素 …… 129

4.1 景观形态要素——点、线、面、体 …… 130

4.2 景观色彩 …… 146

4.3 质感与肌理 …… 153

第 5 章　景观构成的文化要素 …… 158

5.1 景观与文化的关系 …… 159

5.2 景观的文化要素 …… 169

5.3 景观文化要素表意的方法与意境的创造 …… 171

第 6 章　典型空间的景观规划设计 …… 189

6.1 城市广场景观规划设计 …… 190

6.2 城市公园景观规划设计 …… 206

6.3 城市道路景观规划设计 …… 223

6.4 城市滨水区景观规划设计 …… 239

6.5 乡村景观规划设计 …… 253

6.6 风景名胜区景观规划设计 …… 279

参考文献 …… 313

第1章

风景园林规划设计概述

1.1 风景园林规划设计的基本知识

1.1.1 风景园林的概念及内涵

风景园林的概念与内涵，需从其英文译文“Landscape”谈起。该词最早由地理学界提出。随着科学技术的不断发展，科学研究的不断深入，“Landscape”一词被赋予了广泛的含义，应用于地理学、生态学、历史学、经济学、建筑学与城乡规划、园林学、艺术及日常生活等诸多领域。

（1）人居环境学科中“风景园林”的含义

在风景园林学科中，按照《高等学校风景园林本科指导性专业规范》，“风景园林学是综合运用科学和艺术手段，研究、规划、设计、管理自然和建成环境的应用性学科。以协调人和自然的关系为宗旨，保护和恢复自然环境，营造健康优美的人居环境”。

（2）生态学中“景观”的含义

生态学是一门研究生物与环境以及生物与生物之间相互关系的独立科学领域。生态学中，景观具有狭义和广义两个方面的内涵。美国景观生态学家福尔曼和法国地理学家戈德隆认为：狭义景观是指由一组以类似方式重复出现、相互作用的生态系统组成的异质性地理单元（美国景观生态学家福尔曼和法国地理学家戈德隆 1986 年），其空间尺度在几十公里至几百公里的范围内；而广义景观则包括出现在从微观到宏观不同尺度上的，具有异质性或缀块性的空间单元（Wiens 和 Milne，1989；Wu 和 Levin，1994；Pickett 和 Cadenasso，1995）。

荷兰科学家西卢瓦认为：景观是一个关系系统（对个生态系统）的复合体，这些关系系统共同形成地球表面可识别的一部分，由生物、非生物和人类活动的相关作用来构成和维持。他强调人类活动在景观的形成、转化及维持等方面的作用，认为人类的作用具有积极和消极两个方面的可能。人类对景观的影响既有文化方面，也有自然功能方面。可见，作为生态学的概念，景观更强调非生物成分和生物成分的综合。

（3）地理学中景观的含义

“景观”一词最早出现在地理学界，于 19 世纪末由德国近代地理学创始人之一的洪堡提出，他认为景观是一个地理区域的总体特征。地理学专业背景下景观的研究历史最为久远，并形成了自然地理和人文地理两大类型、体系和构架，而由此成为自然景观和人文景观研究的基础。

德国景观学派的创始人吕特尔在其《早期中欧聚落区域》一书中提出了自然景观和人文景观的区别，并最早把人类创造景观的活动提到了方法论原理上来。他从自然与人文现象的综合外貌角度来理解景观，倡导景观研究作为地理学的中心问题，探索原始景观到人类文化景观的转变过程。

与此同时，由于西方经典地理学、地质学及其他地球科学的产生和发展，自然地理的观念逐渐产生，“景观”因此被看作是地形的同义词，用来描述地壳的地质、地理和地貌属性。如由苏联类型学派所提出的“整个地球表面即为景观壳，景观可以被抽象为类似地貌、气候、土壤、植被等”概念（例如森林景观、海洋景观、亚欧大陆景观）。再如区域学派的代表人物格里哥里耶夫、宋采夫等人提出的“景观是具有同类地质基础和相同的一般气候的、发生上一致的地域。”

由此可见，以地理学为基础的景观研究历史悠久、内容丰富、系统庞大，侧重于景观的分析和描述。

1.1.2　国内风景园林学的由来及发展

“风景园林”一词作为人居环境学科体系中与“建筑学、城乡规划”并列出现的专有名词，其产生和形成经历了一段较长的历史时期。

20 世纪初，中国一批学成归国的造园学者回国任教。如曾进入日本东京帝国大学造园研究室学习，专攻造林学和造园学的陈植先生；在美国宾夕法尼亚大学获得硕士学位的梁思成先生。受现代西方景观设计思想影响，从 20 世纪 20 年代起，我国陆续有农学院校的园艺系在学习观赏植物的同时学习造园，而一些工科院校的建筑系也从空间布局和建筑艺术的角度来讲授庭院学或造园学课程。

中华人民共和国成立后，随着我国城市绿化和旅游事业的迅速发展，“造园”逐渐从传统园林学扩大到城市绿化和风景名胜区规划和设计领域。此时，在北京市建设局的支持下，由北京农业大学的汪菊渊先生和清华大学的梁思成、吴良镛先生发起，于 1951 年联合建立了“造园组”。其名称用词虽然还沿用了我国古典的“造园”一词，但其已有了较完备的教学计划、课程设置和研究内容，不但吸取了西方（包括苏联）现代城市建设的先进观念和经验，还从我国的实际情况出发，将园艺学和建筑学的交叉学科整合到一起，培养了一批具有建筑学和园艺学复合知识的规划设计人才。刘敦桢的《苏州古典园林》、童寯的《造园史纲》和彭一刚的《中国古典园林分析》都是“吸收了国外景观学和城市绿化学科的先进经验，更致力于研究中国传统园林艺术理论”的代表性学术成果。

到了 20 世纪 80 年代，随着现代园林内涵和外延的不断扩展，“园林”已不再局限于以自然山水、亭台楼阁等古典造园要素和传统造园手法来营造独立的庭园空间，而扩大到了森林公园、风景名胜区、自然保护区、国家公园、游览区和休养胜地的规划设计。由此，中国的学者们注意到“风景”一词，开始用“风景园林”命名现代园林科学。1987 年，教育主管部门正式颁布了“风景园林”专业，“风景园林”正式成为“Landscape Architecture”的官方中文译名。

但是“Landscape Architecture”随着归国学者引入我国的过程中，也有很多学者习惯地将其翻译为“景观”。其在用词上虽与风景园林相异，但两者的概念和涵义是高度吻合和一致的。这里需要说明的是，本书在述及风景园林规划设计的基本理论、设计内容和设计要素中，并不机械地将“景观”统一替换为“风景园林”，而是采用本学科与行业的习惯用词，如沿用“景观美学”，而非“风景园林美学”。

1.1.3 风景园林规划设计的概念

风景园林规划设计是基于科学与艺术的观点与方法探究人与自然的关系，并以协调人地关系和可持续发展为目标而进行空间规划、设计以及管理的职业。

景观规划一词，最早见于英国孟松氏（Laing Meason）于1828年所著的《意大利景观规划设计论》（*the Landscape Architecture of the painters of Italy*）一书中，其后美国景观设计师奥姆斯特勒（Frederucle Law Olmsted）及其追随者霍勒斯·克里夫兰（Horace clevcland）等于1901年在哈佛大学开设了景观规划设计学课程。

现代景观规划设计在继承了东西方传统造园学理论旨在追求形式表现和简单组合自然元素等初级层面的基础上，随着不断吸取和融合地理学、生态学、建筑学、城乡规划学、历史学、人类学等学科中关于景观的研究成果，如今已发展成为一门新兴的交叉性学科。该学科领域将自然和人文景观综合为一种资源，依据自然、生态、社会以及行为等深层面学科的原则，对城市、乡村、自然保护区等所有区域进行具有一定预见性的规划和设计，并以可持续发展为核心理念，力求建立一种人与环境均衡、协调的整体联系（表1–1）。

景观概念及其研究对象一览表 **表1-1**

景观概念		以景观为对象的研究	
作为地学概念	与“地形”“地物”同义	作为地理学的研究对象	将景观视为地域要素的综合体，主要从空间结构和历史演化上研究
	与“文化”相联系		主要从“文化”或“人类发展”对景观的影响进行研究
作为生态系统的功能结构		是景观生态学及人类生态学的研究对象，从空间结构及其历史演替，以及景观的结构、功能和动态等方面进行研究	
作为建筑、规划、园林设计的概念		作为建筑学、城乡规划及园林学研究的对象，主要研究景观的空间布局和时间分布	
作为视觉审美学意义上的概念		景观作为审美对象，注重研究景观特征的艺术性以及作为视觉的景色，以艺术语言研究景观，景观与“风景”同义	
历史学上的景观		将景观视为历史的层，并作为历史发展的参考	
经济学上的景观		主要研究景观的经济价值或用于表征某种经济联系	
文化学上的景观		物质与非物质的文化产物和文化现象	

摘自《城市景观设计——理论、方法与实践》。

1.2 风景园林规划设计的主要内容

1.2.1 景观规划设计的内容

现代景观规划设计主要包括视觉形态、环境生态、行为心理三个方面的内容，常被称为现代景观规划设计三元素。

视觉形态，从人类的视觉形象感受着眼，以美学原理和法则为基础，借助于景观构成中的各种实体元素如建筑、植物、地形等，通过点、线、面、体以及色彩、质感的塑造和组合，创建赏心悦目、丰富多彩的视觉形象，营造舒适合理、收放自如的空间环境。这一部分内容由于继承了传统造园设计留传下来的丰富经验和成果，在方法的运用上对于景观设计者而言相对成熟。

环境生态，从人类的生理反应着眼，以自然界生态学的原理为基础，借助于阳光、气候、动植物、土壤、水体等自然和人工要素，通过塑造和组合符合自然生态规律的环境空间模式，创建舒适宜人、科学合理的物理环境，维持并促进人居环境的可持续发展。这一部分主要依靠对景观生态学知识和原理的运用，由于景观生态学自身也是一个新发展起来的学科，因此这两个部分的融合还有待更多更深入的探索和实践。

行为心理，从人类的行为、心理精神感受需求着眼，以环境行为学原理及人们对于环境的需求为依据，通过在环境中塑造符合人类行为活动和精神心理规律的空间模式与视觉形象，创建具有高度人文关怀精神和地域特点的精神环境。

视觉形态、环境生态、行为心理作为景观规划设计的核心内容，对于人们对景观环境感受的作用是相辅相成，密不可分，缺一不可的。

具体来说，现代景观规划设计的内容则包括城市景观风貌规划、城市设计、街区设计、居住区规划设计、公园绿地设计、绿地系统规划、滨水区规划设计、防灾系统规划、风景区规划设计、国家公园规划设计、各类度假区规划设计、湿地规划设计、历史遗迹规划设计、滨海地区规划设计等诸多方面。

1.2.2 景观规划设计的特点

如前所述，景观可以分为自然景观和人文景观，因此景观规划设计必然联系地理学、城乡规划学、建筑学、园林学、哲学、史学、美学、心理学以及宗教、风俗等多重内容。这导致景观规划设计也必然具有以下四点特征即综合性、区域性、动态性和多样性。

1）景观规划设计的综合性

景观规划设计涉及气候、土壤、植物、水体、动植物等自然要素和建筑、雕塑、绘画、书法、神话传说、民风民俗、宗教信仰等人文要素。只有通过这些要素的物化和组合，才能够塑造和实现一定的景观效果。在将这些要素作为景观规划设计的研究对象时，一方面需要依靠不同学科领域下的知识和原则去处理（如前文所提到的生态原理、环境行为学原理、美学原理、文化学原理等）；另一方面还需要将它们作为整体，通过研究彼此之间的联系，力求达到和谐共同发展的效果。由此可见，景观规划设计作为多要素相互联系作用的综合体，必然决定着景观规划设计的综合性。

2）景观规划设计的地区性

众所周知，无论是自然景观还是人文景观，在空间分布上都有具明显的不均匀特性。不同的气候、水文、土壤条件必然导致不同的建筑形式、生活方式、风俗习惯以及环境观念。这些内容相综合则使景观规划设计具有明显的地区性特点。在设计或研究的过程中，对于地区性特点的考虑不应仅仅停留在对于地区性特点的简单概括或单纯模仿上，而是应寻求产生这些特点的内在因素、各方面特点间的潜在联系以及它们对于景观环境的影响作用。景观的区域性特点是自然景观和人文景观特色得以形成的重要源泉和指导方针。

3）景观规划设计的动态性

自然景观、人文景观中的各种元素都在不断变化，这就决定了景观规划设计具有动态性。因此，景观规划的实践和研究都应选取动态性的方法和手段。所谓动态方法就是将景观现状作为其历史发展的结果和未来发展的起点，研究不同历史时期景观现象的发生、发展及其演变规律。

4）景观规划设计的多样性

无论是景观规划设计的构成要素，还是规划设计所关注的内容、采取的手段都具有明显的多样性。

1.3 风景园林规划设计的问题和任务

1.3.1 我国景观规划设计中存在的问题

1）注重景观美化，忽视使用功能

我国的城市景观美化往往流于形式，其典型特征是为视觉形式美而设计，为参观者而美化，这种城市美化危害极大。如城市景观大道越来越宽，林荫越来越少，非人性的尺度和速度成为人行与自行车的屏障，缺乏对人的关怀。广场越建越大，大面积硬质铺装和草坪，为了追求感官效果气派而忽略了生态效果。到了夏天，这些广场地表温度过高，不容易涵养水分，同时也不容易吸附沙尘，导致局部小气候恶劣。

因此，美国著名现代建筑大师沙利文倡导“形式追随功能”的设计观点。西蒙兹的景观规划设计理念深受其影响，同时又将其进一步发展。西蒙兹说：“规划与无意义的模式和冷冰冰的形式无关，规划是一种鲜活、搏动且十分重要的人性体验。如果构思为和谐关系的图解，就会形成自己的表达形式，这种形式发展下去，就像鹦鹉螺壳一样有机。如果规划是有机的，那么它也会同样美丽。”

但不可否认，在我们的现实生活中，受形式主义思想影响而产生的景观规划设计随处可见。例如，许多广场不是以市民的休闲和活动为目的，而是把市民当作观众，广场或广场上的雕塑，广场边的市府大楼却成为主体，整个广场成为舞台布景。广场以大为美，以空旷为美，全然不考虑人的需要，广场作为人与人交流场所的本质意义被遗忘。占用大量土地资源的广场成为不见人的广场。当然，这并不是赞同极端的“功能主义”，而是强调功能与形式恰到好处的结合点，从而为人们提供既赏心悦目又舒适便捷的人居环境。正如西蒙兹所说：“任何对象、空间或事物都应以最有效地满足所要完成的工作为设计目的，而且要恰到好处。如果设计者能实现形式、材料、装饰和用途真实的和谐，则对象不仅能够运作良好，而且必将赏心悦目。”

2）模仿照搬盛行，缺乏设计创新

这里再次引用美国建筑师沙里宁的一句话：“城市是一本打开的书，从中可以看到它的抱负。让我看你的城市，我就能说出这个城市居民在文化上追求什么。”从理论上讲，每个地区都会因地域的差异性而必然产生与地域自然条件和人文条件相协调的建筑景观形式、生活方式乃至环境观念，同时都应具有体现地区特点的景观形态和文化结构，以与其他地区相区别。事实也是如此，我国陕北地区的窑洞、北京一带的四合院、安徽地区白墙灰顶的徽派建筑，福建客家人建造的土楼等无不印证着这一观点。然而伴随着城市化进程的加快和西方文化给中国文化与传统带来的巨大冲击，国内许多城市、地区正在丧失千百年来所形成的城市个性，“千城一面”的景观现状掩盖了我国这个具有千年历史文化传统、容纳五十六个不同民族生产生活的国家所具有的丰富多样的区域特点，使人对于区域的认同感逐渐减少。例如，时下正在如火如荼进行的某些新城区建设，不顾当地的自然条件、历史文化背景以及自身在更大区域范围中所发挥的功能作用，简单模仿重要经济城市的建设模式、简单照抄西方的建筑形式，产生造就了一样的景观大道，一样的喷泉广场，一样的植物种植，一样繁复的装饰风格等。这种抹杀当地文化背景，忽略自然条件的景观规划设计，无论是在市民中还是在专业领域都受到了批评和质疑。这种现象所给予我们的教训需要当今和未来的景观设计师共同加以思考和研究。

由此可见，由于景观设计特别是城市景观设计对于地域性的合理体现既是满足易识别性、领域感、文化性的前提，又是人类对于生活环境的精神性需求，因此在景观设计中对此应给予足够的重视，以弥补之前景观设计的不足。

3）人工取代自然，生态系统退化

在现代大规模的城市景观设计中，运用石材、广场砖等材质对广场铺地、河堤进行硬化改造，整齐划一的大量人工景观造成生态环境的恶化。另外，一些城市为了快速达到一定的绿化目的，使得原生态的野生植物物种被大面积的人工草坪所取代，生物的多样性遭到破坏，生态系统退化。城市景观几乎已经丧失了生物多样性，成了生物物种单一、脆弱的生态系统。所以，在城市景观生态建设中，我们应尽最大努力，尽量保留原生态景观，不要将其全部破坏以建成物种单一的大草坪、大护坡、大广场、大水池的人工景观。景观设计与自然结合，巧用自然材料，尽量少用人工。

我国城市正进入一个景观建设快速发展的阶段，但普遍缺少系统的景观生态理论指导，景观生态建设不只是解决绿化、美化问题，更重要的是要建立完整的城市景观生态体系，保护物种的多样性和物种运动，满足人们对“生活质量”这一城市生态系统中心目标的日益提高的要求，满足城市可持续发展的战略需求。

4）设计急功近利，忽视景观时效

景观规划设计的实现是过程而不是终极。以目前我国城市的绿化种植建设为例，很多城市希望通过提高绿地率，增加植物的多样性来创造舒适宜人的景观环境。这一想法是十分正确的。但是，在以大中型城市为代表的我国城市中，由于追求立竿见影的效果，或是单纯地为了提高政府的政绩，在不少设计中不管是栽种草坪还是移植大树，常常不考虑当地的气候自然条件和管理能力。如观赏性草皮，其对于空气湿度和降雨量要求较高，并且只能观赏不能践踏，与我国北方地区干燥多风的气候以及市民渴望更多活动空间的需求相违背。而在移植树木的过程中，且不考虑被移走树木地区的环境问题，被移植的大树由于根部遭到破坏或不适应新的生长环境往往也会面目全非。某些城市设计中甚至出现了一味追求海南椰岛风情而将椰子树和槟榔树移植在北方城市的例子。改善城市的绿化环境、增加植物多样性本是好事，但若单纯追求一时的效果，忽略景观形成发展所需要的时效性，则必然会导致更严重问题的出现。

由此可见，景观规划设计的实现不是一蹴而就，也不是一成不变的。自然系统因为人类活动的干扰和影响需要时间来自我调整和恢复，社会系统也会因为时代的进步和技术的革新需要时间去适应和完善。景观环境作为包含了自然和人文要素的有机体，也同样需要充足的时间来自我完善发展。

1.3.2　景观规划设计的主要任务

1）满足休闲使用功能，创造人性空间环境

景观规划设计活动的产生源于人们对适宜人居生活环境的渴望，因此它必然要以满足人们的需求为目标。人们需要在环境中得到能够满足他们自身生理需求、安全需求、社会需求及自我实现的空间环境。在体验和分析了几乎所有精彩的景观规划设计作品之后，西蒙兹说“人们规划的不是场所，不是空间，也不是物体，而是体验——首先是确定的用途或体验，其次才是随形式和质量地有意识的设计，最终实现预期的效果。场所、空间或物体都根据最终的目的来设计，以最好的服务并表达功能，最好的塑造所欲规划的体验。”

虽然人的行为和心理千差万别，但是不同的人在不同景观中的普遍反应是可以预测和理解的。如果设计师设计出的景观环境能够满足人们在其中所希望得到的体验，那么这个设计就一定是成功的。

2）景观设计要符合自然的过程与规律

人类的生产活动不断地改变着自然环境，同时自然环境也反过来影响着人类的生产生活方式。

景观规划设计作为既要满足人类需求又要维护自然可持续发展的综合性学科，必须将其构成要素（一方面是纯粹的自然要素如气候、土壤、水分、地形、动植物等；一方面是人工要素如建筑、构筑物、市政实施等）置于人与自然相互作用的前提下综合考虑，因此了解自然演变和发展的过程和规律，设计出符合自然环境发展的景观环境十分必要，只有这样才能实现人的活动与自然过程的良性循环、保证人居环境可持续稳定发展。正如西蒙兹所说："自然法则指导和奠定所有合理的规划思想。"

3）提高景观设计的认同感

提高景观设计的认同感体现在两个方面。其一是景观设计应蕴含地区的历史底蕴，具有地区的文化特色。前文中已经提到，无论是地区的自然环境条件还是社会的环境氛围都会对当地人的审美倾向、价值观念以及哲学取向产生深刻的影响，从而对于景观规划设计产生显著的影响。景观设计既通过物化了的形式对前者给予表现，又通过精神的氛围予之以呼应。其二，景观设计在不同的时代也具有明显的异质性。这是在社会制度的更迭以及科学技术手段改进的影响下产生的。我们当然强调景观设计背后的历史文化传统，但是这并不是一味模仿，而是旨在在时代的背景下，给予人们以识别性和认同感。因为历史文化传统自身也是不断变化和演进的产物，本身即具有时代的异质性。

第2章

风景园林规划设计的相关理论

2.1　景观美学理论

在梅尼格的"观者的视角：同一种风景的十种版本"一文中写道："景观是传递审美关系的载体。"他认为除了依靠景观的功能性或体验，还可以借助于审美理想来导出景观的真理和美。

2.1.1　自然生态主义美学理论

1）自然美的本质及认识的超越

（1）自然美的本质及认识的超越

所谓自然美，是指自然现象或事物所具有的审美价值，它能为人所欣赏和观照，从而使人产生相应的情感体验和审美感受。这里所说的自然事物或现象，不仅包括未经人类加工改造的天然物，如日月星辰，也包括经过人工培育或改造，但仍以自然生长过程或天然质料为特征的人工自然物，如林木花卉或湖光山色。

西方美学史上有两种相反的关于自然美的美学观念，一个是认识论的，一个是价值论的。唯物主义认识论的自然美思想认为：自然美的基础在于自然自身，和人无关，自然美的本质是自然的物质属性，这属于朴素的关于自然美的本质的认知思想；审美价值论的美学思想把价值论美学具体运用于对自然美的思考，认为离开了人、人的需要、人的欣赏，自然无所谓美丑价值。没有了人，去谈论自然之美丑，毫无意义。这种思想强调了人的愿望与需要，认为自然美的基础是人，人的认识是自然美的本质。这种注重人的愿望与要求的人本主义思想的缺陷是夸大了人的作用，过高估计了人的力量与地位，必然会遭到自然的惩罚，生态危机就是这种警示之一。从人的本源来看，人毫无疑问是出自自然的，是自然进化链条上的一个现象，人始终是大自然的一部分。中国古代关于自然的思想就很明确地阐明：人是自然的一部分，人不是自然的本质和基础。

国内对自然美的争论似乎已有结论：自然美和人的社会关系相关，离开了人类的社会生活实践，自然无所谓美丑，自然美来自自然的人化或人化的自然，因为只有这样，人才能从自然对象上面看到自己的本质力量，或看到人的自有的感性显现。当前，这个结论已经受到挑战和质疑。

随着全球生存环境的不断恶化，人类中心主义的伦理观受到了批判，但在美学领域，这种高扬人的主体性的思想好像仍然根深蒂固。中国当代美学界关于美学的基本观念及其概念还受这种主体性思想的影响，已经落后于快速发展的时代，尤其体现在关于自然美的观点之中。人们应该对此进行反思：自然美是否来自自然？自然美的本质与基础是否是人类的实践活动？自然美真的从本体上依赖于人类社会实践及其发展水平吗？这个答案应该是否定的。人类目前的社会实践水平，相比 20 世纪以前，已取得了飞跃式的进步，人已经展示了自己的力量以及对自然的征服、利用与改造的水平。人已变得"自由"了很多，人对自然的审美已面临着前所未有的危机。所有这些都说明国内美学界关于自然美的观点和思考已成为解决生态危机的一个理论障碍，并且失去了思考的活力与批判性。

自然美的基础和本质也并不在自然的表面，既不在其物理特性方面，也不在其形式方面，自然呈现出的形式美的背后有着更深层和还不为我们所知的力量与本质原因。也就是说，自然美的本质存在于自然深处远未被我们认识到的规律性和力量之中。

（2）自然的形态及审美的特性

①自然的形态类型

自然的形态有几种不同类型。首先是能量和力的形式，包括闪电、暴风雪和烈火等，它们具有不可抗拒的力量并给人以恐怖感；其次是大气和云层的形式，包括空气、云霭和烟雾等；其三是水和液体的形式，包括漩涡、波浪、川流、瀑布等；其四是固体和陆地的形式，包括泥土、砂石、山岩、结晶体等；其五是植物的形式，包括乔木、灌木、花卉等；其六是动物生命体的形式；最后是分解衰变和死亡，构成了自然界运动的一个环节。

②审美的时空特性

大自然是具有一定时空特性的物质存在，当人们处于它的怀抱之中，通过视觉、触觉、运动觉和方向感等形成一个整体的空间知觉，激发出审美意象。柳宗元在《江雪》一诗中写道："千山鸟飞绝，万径人踪灭。孤舟蓑笠翁，独钓寒江雪。"就是通过空间特性的勾画，将人带入一种空旷寂静的世界。

自然界也具有时间特性，它会随着时间的变化而变化。北宋的郭熙在《林泉高致·山水训》中对山的四季形态做了精彩的概括："春山淡冶而如笑，夏山苍翠而欲滴，秋山明净而如妆，冬山惨淡而如眠。"同样的山在不同季节会呈现不同的情调和形态。时间不仅影响到审美对象，也影响着审美主体，如唐朝刘希夷的《化悲白头翁》："年年岁岁花相似，岁岁年年人不同。"随着时间的流逝，人的年龄和阅历的增长，对于花的感受也会改变。

③审美的视角和运动状态特性

对自然美的观照随着观察视角和运动状态的变化而变化。苏轼的《题林西壁》："横看成岭侧成峰，远近高低各不同，不识庐山真面目，只缘身在此山中。"由于视点的转移而显现出的不同形态和层次的景观特点。

李白在《黄鹤楼送孟浩然之广陵》中写道："孤帆远影碧空尽，唯见长江天际流。"帆影的运动将人的视线引向更广阔的空间。

④审美的观赏距离的特性

自然美在人的视野中随着观赏距离的变化呈现时而清晰、时而朦胧、时隐时现的变化状态。距离感在对自然美的观照中具有特殊的重要性。距离可以增加美感。朱光潜先生曾写道："我的寓所后面有一条小路通莱茵河。我在晚间常到那里散步一次，走成了习惯，总是沿东岸去，过桥沿西岸回来。走东岸时我觉得西岸的景物比东岸的美，走西岸时适得其反，东岸的景物又比西岸的美。对岸的草木房屋固然比较这边的美，但是它们又不如河里的倒影。同是一棵树，看它的正身本极平凡，看它的倒影却带有几分另一世界的色彩。"折射的倒影可以增加朦胧的色彩，同样，距离的拉大也可以造成朦胧的美感。

⑤审美主体的特性

对自然美的观照会因审美主体的不同或心态的迥异而产生很大的差别。从赏心悦目的“山河含笑”到令人沉重的“云愁月惨”，主要取决于审美主体的情感取向。当然，自然环境的固有特质也会形成特有的情感氛围。需要特别说明的是，前面论述的自然美的基础和本质存在于自然深处的规律性和力量之中，不同审美主体的不同审美解读，可以用解释学美学的原理来加以解释。“一本万殊”和“仁者见仁，智者见智”与我们对自然美的观照有一定的相似之处。

（3）自然景观的审美效应

大自然是人类生命的摇篮和生活的天地，它不仅养育了人的体魄，也滋润着人的心灵，为人提供了精神的食粮。在精神生活中，自然美培养着人的情操，调剂着人的心情，丰富着人的感受力和创造力。中国画论所谓的“外师造化，中得心源”便是强调师法自然界，说明大自然对艺术创作具有启发和诱导作用。

“审美带有令人解放的性质”，这一点对于自然美格外贴切。大自然那种无拘无束、自由自在的状态，可以使人摆脱各种思想的负担和困扰，使人得到自由和解放的感觉。

对大自然的空间感受可以转化为一种心理的境界感，面对开阔的原野、浩瀚的大海或者登高远眺，都会使人心胸开朗。

进入茂密的丛林，徜徉在花簇似锦的绿地，可以消除人的疲劳，获得轻松的愉悦感受。特别是当人摆脱了一天的忙碌、烦恼和疲惫，投入大自然时，会感到格外的心旷神怡，宠辱皆忘。在日常生活中，几盆花草、一片绿地也会使人脱离枯燥乏味而增添几分生活乐趣。

自然界的美景以它的和谐及静穆给人一种安详感，使人排解忧患的思绪，产生心理的净化。高山流水，大漠云天，花开花落，月亏月盈，自然界以它生生不息、周而复始的运动节律使人安之若素。

人类是在大自然的怀抱中成长起来的，与自然界的亲和力是人天生的本性。这就使得对自然美的追求成为人类难以割舍的一种情结。

2）自然美的审美观念

（1）生态美学的审美观念的超越

生态美学的视角是一种超越的视角，是一种否定的视角，也是一种批判的视角。是对现代过度技术化，对种种科学主义的超越与否定，同时也是对技术文明的批判。科学主义与技术文明对自然构成了伤害。这种伤害不仅是外在的对自然环境的破坏，而且还有内在的，伤害了我们热爱自然的内心，伤害了我们置身于其中的生活感觉。过多的技术使用使我们人类失去了真正的意义世界，使我们迷失了生活的方向，使我们的情感变得越来越贫乏。生态美学从一个侧面看有一种拯救的意味，拯救我们人类对自然的忽视和麻木的态度。生态美学强调自然本身的价值，强调人与自然的精神和情感的交流与沟通，意味着更注重研究自然本身给我们的直接启示，而不是凭借人类的智力与理性知识来研究分析自然之美，要从自然美本身之中寻找生态美学的灵感。生态美学的视角在某种意义上看是对人类自身行为的批判与否定，是人类自身的勇气与精神的体现，是人类智慧的一种觉醒。

(2) 生态美学的生态学图景

生态美不同于自然美，自然美只是自然界自身具有的审美价值，而生态美是人与自然生态关系和谐的产物。我们把生态学理解为关于有机体与周围环境关系的全部科学，进一步可以把全部生存条件考虑在内。生态学是作为研究生物及其环境关系的学科而出现的。随着这一学科的发展，现代生态学逐步把人放在了研究的中心位置，人与自然的关系成了生态学关注的核心。

现代生态学的研究为我们指出，自然界是有机联系的整体，人的生存离不开大自然。人对自然环境的依存是人类生存和发展的基础和前提。在地球上，几乎没有一种生物是可以不依赖于其他生物而独立生存的，因此许多种生物往往共同生活在一起。由一定种类的生物种群所组成的生态功能单位称为群落（Community）。在这一集合体中包括了植物、动物和微生物等各种种群，它们是生态系统中生物成分的总和。生态系统便是在一定时间和空间范围内，由生物群落及其环境组成的一个整体。这一整体具有一定的范围和结构，各成员间借助能量流动、物质循环和信息传递而相互联系、相互影响和相互依存，由此而形成具有组织和自调节功能的复合体。

人类作为生物圈的一员，生活在地球这一生态系统之中。阳光、大气、水体、土壤和各种无机物质等非生物环境作为生物生活的场所和物质成分，构成了生命的支持系统。绿色植物等自养生物通过光合作用可以制造有机物，成为生物圈中的生产者。各种动物以至人类都不能直接利用太阳能生产食物，而只能直接或间接地以绿色植物为食来获得能量，成为生物圈中的消费者。微生物可以将动植物的残余机体分解为无机物，使其回归到非生物环境中，以完成物质的循环过程，成为生物圈中的分解者。

生命活动是依靠能量来维持的，生态系统中生命系统与环境系统在相互作用的过程中，始终伴随着能量的运动和转化。生态系统中能量的流动是单一方向的，能量是以太阳的光能形式进入生态系统的，被绿色植物转化为化学能，并以物质的形式存贮在分子中。物质作为能量的载体，在生态系统中可以循环地流动和被利用。在生物圈内，各种生物通过食物的摄食构成物质和能量的流动和转移过程。不同的生物之间相互的取食关系构成了食物链，它是生态系统各成分之间最本质的联系。食物链把生物与非生物、生产者与消费者、消费者与消费者连成一个整体。

生态系统是开放的，它的能量和物质处于不断输入和输出之中，各个成员和因素之间维持着稳定的状态，生态系统便处于平衡中。生态平衡是生态系统长期进化所形成的一种动态关系，没有自然界相互联系的整体性，也就不会有自然的生态平衡，因此，生物物种的消失、森林和环境的破坏以及环境污染都会造成自然界生态平衡的失调和破坏。

上述生态学图景使我们认识到，人类与整个自然界具有不可分割的联系，人的生命与整个生物圈的生命是相互关联的，只有在人类与自然的共生中才有人的生态和发展的前景。人与自然的和谐是人类取得自身和谐和发展的前提。生物多样性和文化多样性正是保持人与自然和谐共生的重要条件。

（3）生态美学的描述语言

自然美、生态美的精髓是不可能用科学的概念语言来准确说明的，应该使用自己的描述语言。人们对大自然充满了感情，尤其是对未经人类改造过的自然，更是充满了原始的好感，对我们生活中的自然元素充满了依恋。生态描述就是试图通过对自然元素的强调，唤起人们对这些元素的珍爱。

①对自然敬畏感的描述

自然是神圣的、神秘的，自然的整体之中包含着更深的意味。这是恢复自然魅力的一个前提，没有对自然的敬畏就没有对自然的真正的爱。

②对自然眷恋感的描述

当代生活中的人们与自然日益疏离。如何让人更为接近自然、陪伴自然、眷恋自然，是生态美学追求的目标之一。人们只有对自然有了眷恋，才会对它有深情。

③对自然宁静感的描述

人只有在宁静中才能真正地靠近自然，才能真正地靠近自然的中心。同时，大自然中的无声的沉默之处才真正充满了动人的美，它对人的精神与灵魂的启发比大自然表面的有声的地方更大。人的精神与灵魂处在宁静之中时，也更能全面而深刻地领会自然的宁静的气息，领会自然的奥秘。

生态美学就应该这样描述人和自然的关系和情感。

（4）生态审美的特性及效应

生态美反映了人与自然界，即人的内心自然与外面自然的和谐统一关系。作为一种人生境界，生态美总是在一定的时空条件下形成的，并且是审美主体与审美对象相互作用的结果。从空间关系上看，生态环境作为审美对象可以给人一种由生态平衡产生的秩序感、一种生命和谐的意境和生机盎然的环境氛围。

大自然本身就是富有秩序的，它展现了某种规律性、简单性特征。“从运行的星体到大海的浪花，从奇妙的结晶到自然界中更高级的创造物——有丰富秩序的花朵、贝壳和羽毛。”人对周围环境的感知，首先是从秩序关系入手的，然后才产生出对意义的领悟。秩序感使人的生活有序化。建立在生态平衡基础上的生态环境会以其自身的生态秩序给人美的感觉。人生活在经济—社会—自然的复合生态系统之中，系统的和谐体现了生物多样性以及文化多样性的多样统一关系，其中人与自然的关系构成了整个系统的基础。

生态美的研究，首先把主客体有机统一的观念带入了美学理论中，为现代美学理论的变革提供了启示。

现代生态观念把主体与环境客体的概念纳入了生态系统的有机整体中，主体的生命与客体生物圈的生命存在是共生和相互交融的，人与生态环境之间的协同关系是生态美的根源和基础，离开了这种相互之间的和谐共生，生态美也就不存在了。

生态美学克服了主客二分的思维模式，肯定了主体与环境客体不可分割的联系，从而建立了人与环境的整体观。这种整体观不是一种外在的统一性，而是内在于人与环境的生命关联。生命体的存在是相互交融的。

这就是说，不仅要促进生态工业和生态农业技术的发展，减少污染保护生态环境，以确保生物多样性和生态景观的多样性，而且还创造人工环境和自然生态相互结合的生存空间，以利于人的生存和发展。从这种意义上讲，生态美学既是对人的现实关注，也是对人的终极关怀。它为人的全面发展探索前进的航道。

从生态系统相互作用、相互依存的关系的角度出发，人类对生态系统的影响往往会造成一定程度的简单化，就是将生态系统从一种多样化的状态转变为复杂程度较低的状态。

迄今为止，人类所经历的农业文明和工业文明，在一定程度上都是以牺牲自然环境为代价去换取经济和社会的发展。要想让人类长久地生存和发展下去，就要尊重自然，与自然和谐相处，这既是人类行为的准则，也是美的规律。当代人类生态意识的觉醒和生态文明的建设，与环境科学技术、生态文化观念和生态审美观念的发展是分不开的。环境科学技术为解决人类生态问题提供了认识工具和实践手段，而人的生态观和审美价值观却主导和制约着环境科学技术的社会应用。生态审美不同于自然审美，它把审美的目光始终凝聚在人与自然和谐共生的相互关系上，这种生态关联的生命共感才是生态美的真正内涵。生态审美与技术审美的区别也是明显的，技术强调的是人对自然的人为变革，技术审美是以人工物的功能性和规律性为观照点，它往往表现了对自然的强迫性和模仿性。生态审美的理论为克服技术的生态负面效应提供了可能的途径，同时也推动了传统景观审美由空间形式美向生态和谐美的转变。传统景观审美讲究的是功能与形式的统一，注重体量、色彩、质感等视觉要素给人的心理感受，是一种外在的审美标准。生态审美在注重景观外在美的同时，更加注重景观的内涵。其特征有三：第一是生命美，作为生态系统的一份子，景观要对生态环境的循环过程起促进而非破坏作用；第二是和谐美，人工与自然互惠共生，浑然一体，在这里，和谐已不仅指视觉上的融洽，还包括物尽其用，地尽其力，可持续发展；第三是健康美，景观服务于人，在实现与自然环境和谐共生的前提下，环境景观应当满足人类生理和心理的需求。可以说，生态审美是对传统审美的一种升华和扬弃，标志着人类对美的追求在一种高层次的回归。

(5) 生态美学的目标

生态美学的主要任务和目标并不是为了帮助人们改造世界，也不是直接帮助人们改造环境，这不是生态美学的主要职责。生态美学的主要任务是帮助人们改造其精神和灵魂世界，使之更加适宜自然，使之更加有助于人与自然之间的和谐共处。

3) 当代景观的自然生态化设计倾向

广义地说，所有的景观设计都必须建立在尊敬自然的基础之上，都应是自然生态化的设计。

景观的自然生态化设计，一方面要保护自然、结合自然，另一方面，要运用生态学的原理，研究自然的规律和特征，创造人类生存的环境。但具体设计师们的表现方式是各不相同的。

（1）保护自然景观元素

城市景观是最脆弱的景观生态系统，城市景观以人工景观元素为主，自然景观元素很少，所以城市自然景观元素，尤其是原生态的景观元素是最弥足珍贵的。在城市景观建设中，如何特别保护好这稀有的景观资源是非常重要的。国外景观设计师的很多做法值得我们学习。如在欧洲一些城市，绿化、水体等很多区域都保留着它们原生态的群落和自然状态，人工的景观（包括人工草坪、道路、铺装、护坡等）并未大量取而代之，它们和谐地共存着，体现着大自然的魅力。

（2）再现大自然的精神

当前，"城市回归自然"成为很多风景园林师的追求，他们将大自然的景观元素重新引入城市，进行了大量的探索和尝试。哥本哈根的夏洛特花园采用了各种粗放管理的野草作为主要景观元素。住宅小区花园的景观形态主要取决于各种草本植物造景的效果及其生长变化。

大自然是海尔普林许多作品的重要灵感之源。他以一种艺术抽象的手段再现了自然的精神，而不是简单地移植或模仿。他与达纳吉娃设计的波特兰市伊拉·凯勒水景广场，尝试将抽象了的山体环境"搬"到城市环境之中，从高处的涓涓细流到湍急的水流、从层层跌落的跌水直到轰鸣倾泻的瀑布，整个过程被浓缩于咫尺之中。俞孔坚在沈阳建筑大学新校园景观设计中，将农业景观引入大学校园，使之成为农业在中国社会历史上和现今地位的象征和提示。稻田景观在此不仅仅是场地文脉的象征，也是一块能够为校园提供粮食的具有实用价值的土地。

（3）生态化设计

更多的风景园林师在设计中遵循生态设计的原则，进行了大量生态化的设计实践。

2.1.2　形式美学理论与原则

1）变化与统一

所谓变化与统一，即在统一中求变化，在变化中求统一。如果仅具有变化，会使场景或画面凌乱无序，而仅有统一则会显得单调呆板（图 2–1）。因此无论采用何种形式的布局或构图，都应首先遵循变化与统一的规律。

变化是差异因素的表现，统一则是相似或共同因素的集合。景观中不同要素的不同含义、不同形式、不同比例、不同韵律是创造环境多样性的手段，但是这些要素结合在一起，必须具有一个完整的有机体，并共同突出一个主题。

构造统一主要依赖于两点：其一是整体要高于部分（图 2–2）；其二是基本点要素要表现一个内在主题（图 2–3）。具体的表现形式可借助于要素的连续、重复和相邻而得以强化。①连续：即指某一设计要素从整个场景中的一部分以相似的尺寸、颜色或韵律等形式持续到另外一部分，使场景的整体统一感得到加强（图 2–4）。②重复：即指某一要素以形似等方式同时出现在场地中不同的区域或构建中，借助于这一元素增加场地景观的和谐性，塑造统一的视觉效果。其中形状重复是最为常见的方法之一。（图 2–5）③邻近：根据邻近原则，相互接触或重合的要素可以产生聚合的

（a）完全一致，缺少变化

（b）主题一致，和谐中有变化

图 2–1　变化与统一

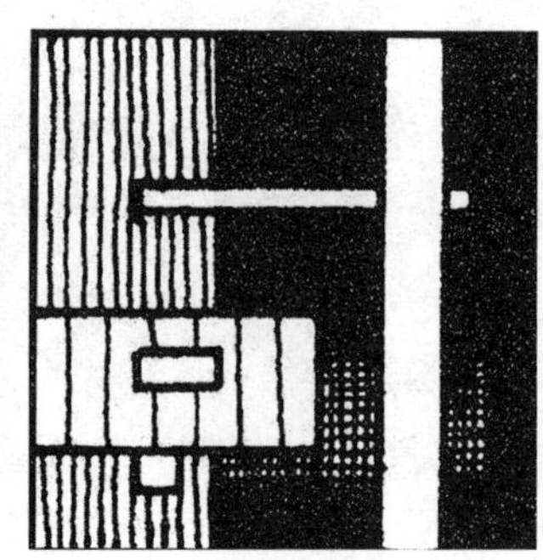

图 2–2　整体高于部分

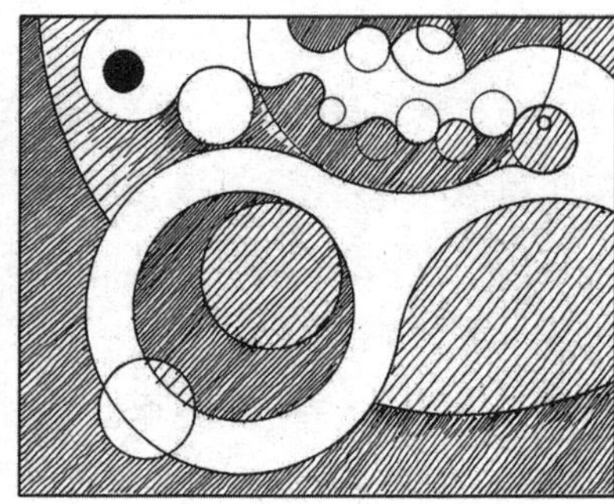

图 2–3　图形要素主题一致

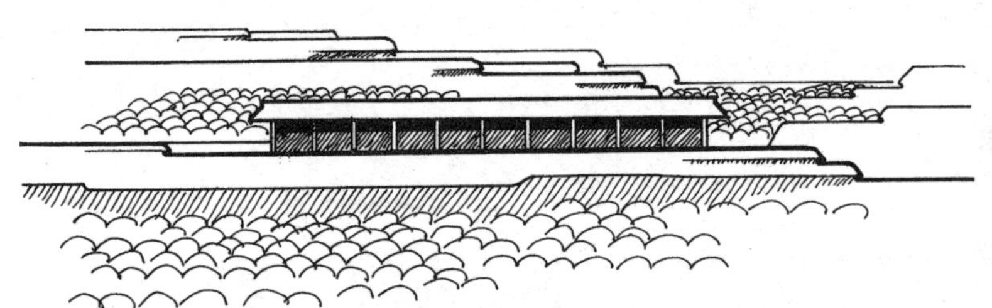

图 2–4　建筑延续地貌形式，达成统一

图 2–5　具有相似特征的构件和空间重复出现在场地中，达成统一

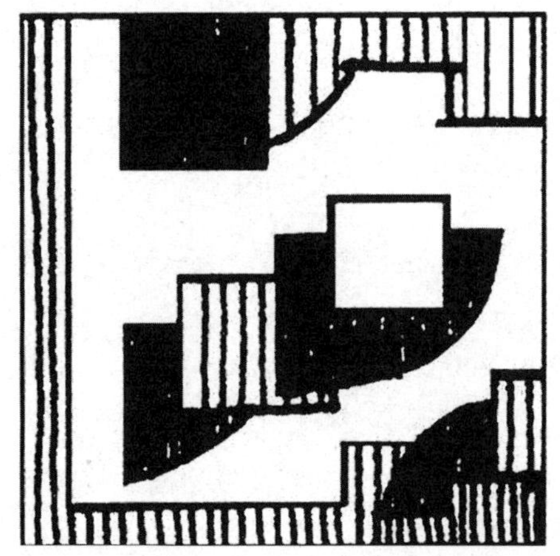

（a）邻近位置塑造统一（中心四个形状各异的要素通过邻近原则、重叠原则及与其他要素孤立原则而整合在一起）

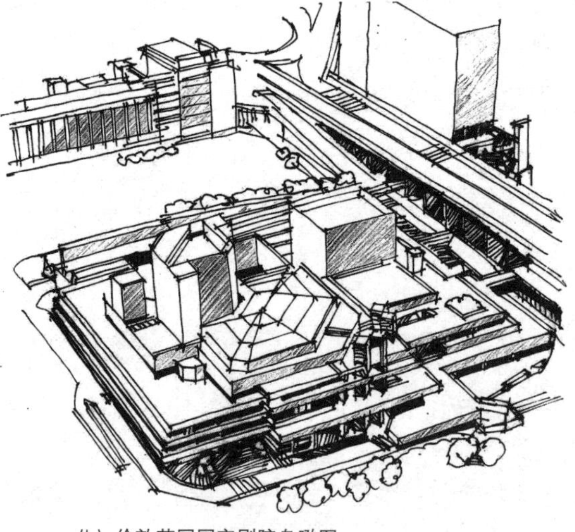

（b）伦敦英国国家剧院鸟瞰图

图 2–6　邻近位置设置

视觉效果，塑造场所的整体感（图 2–6）。

以民俗景观如历史性街道、老城区为例，组成街道场景的建筑、材料、工艺以及空间等在反映共同主题即当地文化特色、审美价值的同时，也拥有各自不同的表现形式，从而塑造出老城区，历史文化名街等既富于变化又和谐统一的景观效果。

2）对比与焦点

在景观环境中，视线的汇聚与引导主要依赖于景观焦点的存在（图 2–7），因此设计师会特别研究焦点的设置，以期通过不同层次的点，形成不同等级的观赏路线，提高观景的兴奋度。

构造中的某一要素可以通过其在尺度、规模、形状、方向、明暗、质感、色彩等变量上与其他要素形成的对比，赋予不同要素以不同程度的可欣赏性，从而形成焦点。例如，将形式简单的人工要素置于繁杂的自然环境中，通过简洁要素与复杂背景环境形成的对比，形成场地中的视觉焦点，同时也保证了景观变化与统一的和谐性（图 2–8）。

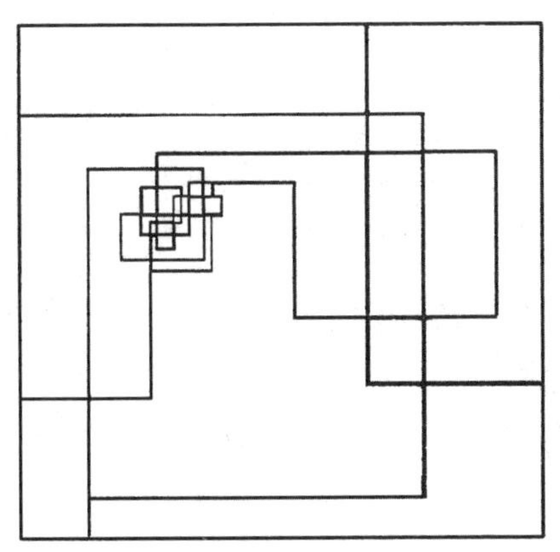

图 2–7　焦点

图 2–8　简洁的建筑与周围环境形成对比，充当焦点

3）对称与均衡

图形的平衡是通过各作用力在视觉上的抵消而实现的。不平衡的形式会使人产生移动的联想。常见的平衡模式分为两种：对称平衡和不对称平衡。

对称平衡，亦称同类平衡，其构成要素在形态、色彩以及尺度等方面都保持一致。这类平衡易于生成和识别，是绝对的平衡，因此能够突出强调整体性而常使人忽视其中的细部特征，给人以威严、永恒的心理感受（图 2–9）。但有些情况下，对称的构造会显得单调，而缺乏创新。

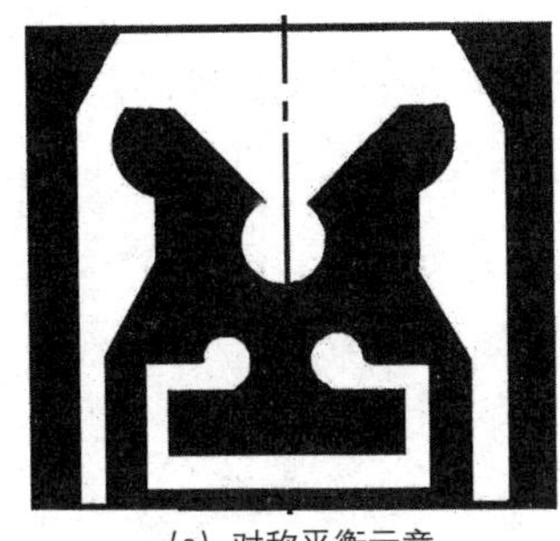

(a) 对称平衡示意

(b) 景观视景对称平衡

图 2–9　对称与平衡

（a）不对称平衡示意

（b）不对称平衡的景观视景

图 2–10　不对称平衡

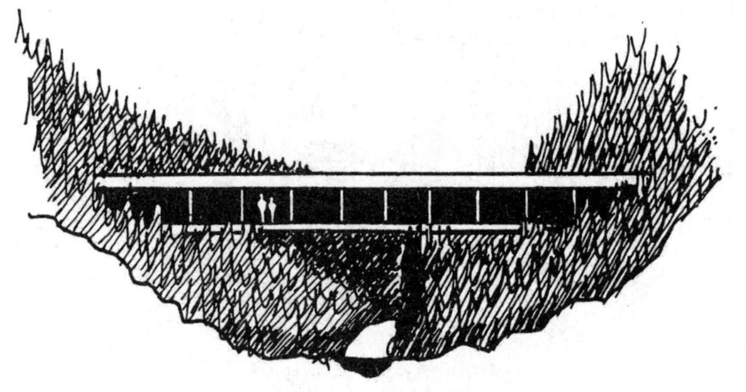

图 2–11　建筑与地形塑造的隐秘平衡，实现了建筑与环境的交融

不对称平衡又称隐秘平衡，比对称平衡更富于变化。这类平衡通过控制要素的多种变量，塑造重量相当的视觉感受，以实现不对称下的平衡状态（图 2–10）。常见的还有利用色彩对比来平衡尺度，以明暗来平衡色调等。

景观环境中，建筑与地形间的构图关系对于景观画面均衡效果的呈现具有显著影响。特别是当形态规则的建筑群置于起伏的山地内时，建筑群的均衡平稳可以与地形形成良好的呼应，在心理上塑造平衡。（图 2–11）建筑虽在体量上小于山体，但由于其明显强烈地规整性和人工性而与地形形成隐秘平衡的景观视景。并且地形又会赋予建筑群以动态感，二者结合便将建筑与环境间的交流与融合巧妙地隐含在景观场景中，使设计因地制宜，具有明显的地域性。

4）韵律与节奏

景观设计中，常常以形式的规律性重复和交替作为构图手段。重复和交替在城市空间秩序营造、道路系统组织设计中最为常见（图 2–12）。

韵律的基础是节奏。视觉艺术中的节奏与眼球运动有关，眼睛在相同形状上的跳跃使人感到节奏，因此节奏的基础是排列。节奏可通过线、形态、色彩、明暗调配或质感的排列来实现（图 2–13）。例如城市中的街巷空间与居住空间，就是通过虚实空间的交替和排列塑造出了有节奏或韵律的城市空间。建筑立面及地面铺装上的分割线也是景观环境中节奏的载体。上述景观场景的节奏感既可以是规则的，注重突出人工风格，也可以是自然的，以表现随意性。

(a) 交替重复的城市空间秩序

(b) 建筑群与街道塑造的城市韵律

图 2-12　交替与重复

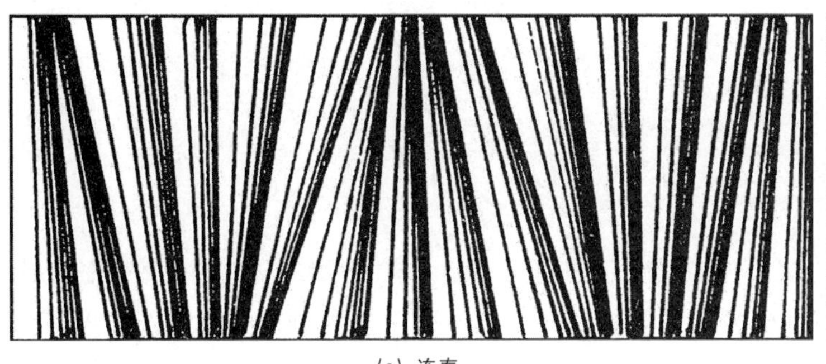

(a) 连奏

(b) 断奏

图 2-13　节奏

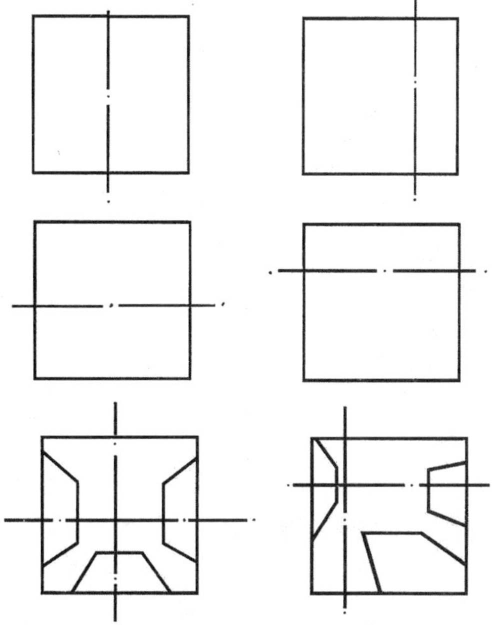

图 2-14　左侧图形静态的（缺乏激情的）
右侧图形动态的（富于变化的）

5）比例与尺度

（1）比例

比例指单一要素的立体比（长、宽、高的比）或某一要素与整体的尺度比。等分是相对最为稳定的比例关系，在景观设计中除非需要强调均衡稳定之感，否则应避免将场地等分。因为等分的线段、平面、空间常会给人以单调、死板，缺乏动态的感觉（图 2-14）。

从古至今，秉持“特定比例能达到令人满意的效果，可以引起美感”观点的设计者为数不少，毕达哥拉斯学派在其中最为突出。毕达哥拉斯认为自然万物中最基本的元素是数，数的原则统治一切现象，理想的比例应暗含宇宙的秩序和结构的和谐。该学派以这一观点为基础研究美学

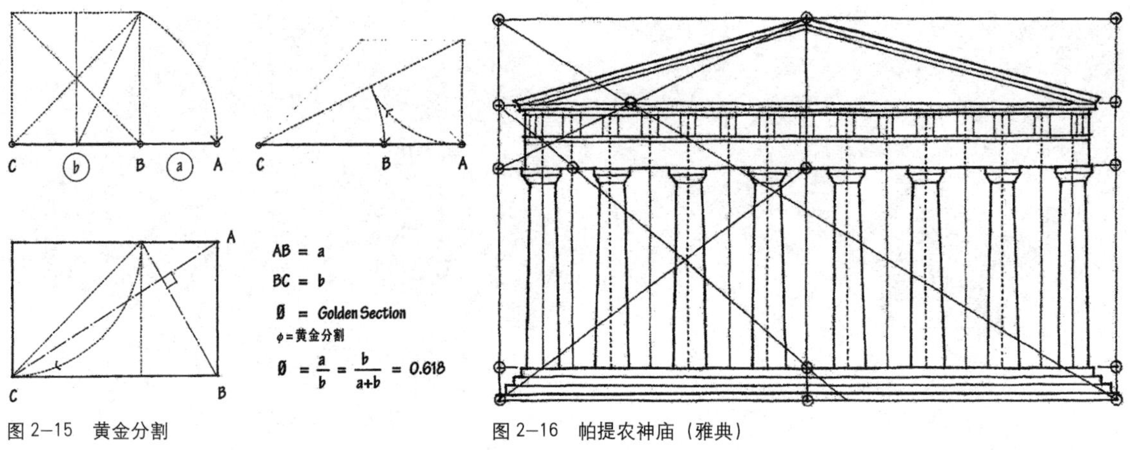

图 2–15　黄金分割

图 2–16　帕提农神庙（雅典）

问题，探究比例与美学效果间的关系，并涉及音乐、建筑等诸多艺术领域。例如，基于长度比例为 6 ∶ 4 ∶ 3 的绳弦发出的声音，他发明了数套音阶，并在文艺复兴时期的建筑设计上得到了应用。

比例中最为著名的就是黄金分割，亦称黄金分区，即矩形的短边与长边之比等于长边与长短两边和之比（图 2–15）。希腊人认为这是最为完美的比例关系，并将其应用在庙宇的建造上。例如雅典的帕提农神庙，其屋顶高度与屋梁长度之比即符合黄金分割的比例关系（图 2–16）。到了文艺复兴时期，这一比例系统仍受到极大的关注，著名建筑师科勒 · 柯布西耶将其作为著作《组建》一书的基础。

此外，黄金分割也被广泛应用于如场地的平面布局或建筑立面的高度划分等景观设计中。三分法作为黄金分割法的衍生物，在调节场地中不同要素所占比例时具有显著的作用。英国景观设计师汉佛莱 · 雷普顿就曾运用三分法将种植空间与非种植空间分成适宜的比例，即保证各个角度下，密植的树林都作为主景占据视野的 1/3，其他空地作为背景占据视野的 2/3。他还将这一法则应用于种植平面的划分，即 2/3 的面积种植同种树木，剩余的 1/3 面积则进行混种的种植，这样在满足景观画面丰富性的同时也衬托出主景要素的支配地位。

13 世纪发展起来的斐波那契数列（1，1，2，3，5，8，13），在动植物形态及自然界的其他地方普遍存在。该数列中每个数是前两个数的和，且随着不断的延续和发展，越来越接近于黄金分割（图 2–17）。

到了 20 世纪早期，立体派开始以几何学和比例作为排序机制。其后的科博斯尔基于人体和数学，继承立体派的学说发展了“组件论”等。可见，寻求比例尺度美学关系的研究和设计一直在前进，

数目	比率	比例
1	1：1	1.00000
2	2：1	2.00000
3	3：2	1.50000
5	5：3	1.62500
8	8：5	1.66667
13	13：8	1.60000
21	21：13	1.61538
34	34：21	1.61905
55	55：34	1.61765
89	89：55	1.61818
144	144：89	1.61798
233	233：144	1.61806
377	377：233	1.61803
610	610：377	1.61804
987	987：610	1.61803
1597	1597：987	1.61803
↓	↓	↓
•	•	1.6180339887498948482……

图 2–17　斐波那契数列

图 2–18　建筑要素的尺寸和特点为人们所熟知，因而能够为人们提供参照以衡量周围其他要素的大小，有助于尺度关系的把握

并随着时代的演进而变化。

（2）尺度

尺度是指物与物之间所形成的数比关系，主要指人们对周围环境相对于自身尺寸的感知（图 2–18）。景观中的尺度则具体指景物、人及使用活动空间的度量关系，包括①亲密的人体空间尺度，在这种尺度下个体的面部表情清晰可见，一般水平距离可达 15 米，垂直距离可达 6 米；②个体空间尺度，最大水平距离为 22 米，最大垂直距离可达 9 米；③公共空间尺度（即群体使用的公共区域），一般不超过 150 米；④超常空间即广大的地域空间。对这些尺度现象和规律的掌握对于景观设计而言具有重要意义。

需要强调的是，人们对于尺度的感觉与多种外在因素有关：①尺度与观察的距离有关：在围合要素高度一定的条件下，人对于空间尺度的感知取决于人与围合要素之间的距离。人如果与确定空间高度的要素距离太远，竖向要素就难以塑造围合感，使心理上的空间尺度增大，空间感降低。而如果距离太近则会令人感到压抑，空间尺度缩小，空间感加强。②尺度与观察的高度有关：例如，人站在低处观景，视距较短，视野有限，空间围合感便会增强，对于空间尺度的估测往往会小于实际大小。而站在如山顶、楼顶等高处观景，则会得到相反的效果。③尺度与景观的功能有关。功能会在一定程度上对景观的尺度产生决定性影响。例如当人们面对纪念性景观如教堂、寺庙等，由于这类景观场景被视为通往天堂的通道，且整个建筑的风格形式都在塑造超然、神圣的氛围，常会使人感到自身的渺小，而在心理上无形地扩大了场地的尺度感。相反，私密性空间由于能给人以平静和安全之感，常会缩小空间的尺度感。

6）简洁

简洁旨在利用最少的要素或视觉手段表达最丰富的含义。为实现设计者的这一目的，构造中任一要素都应准确地承载一定的含义，对各要素之间的关系也必须采取有效的处理措施。简洁的视觉效果看似轻松，实现起来却最为困难。它要求设计者不断地寻找最佳点，以达到设计的最高境界。

2.1.3 美学理论对于景观规划设计的影响

1）自然生态主义美学理论对景观规划设计的影响

如前文所述，生态审美把审美的目光始终凝聚在人与自然和谐共生的相互关系上，这种生命关联的生命共感才是生态美的真正内涵。自然生态主义美学理论为克服技术的生态负面效应提供了可能的途径，同时也推动了传统景观审美由空间形式美向生态和谐美的转变。传统景观审美讲究的是功能与形式的统一，注重体量、色彩、质感等视觉要素给人的心理感受，是一种外在的审美标准。生态审美在注重景观外在美的同时，更加注重景观的内涵。

美国景观规划设计师麦克哈格在《设计结合自然》中有两个贯穿始终的信念，其一是整体的概念：人、生物、环境互相依存，互相服务，任意一个局部的毁坏最终会影响整个机体的健康；其二是发展的观点：事物是发展的，我们一直是由简单到复杂的，越来越复合化、秩序化和生命化。他认为万物皆有其职，云赐雨水给大地，海洋抚育生命，植物给我们提供氧气，而人类则是地球上的酵母菌，有责任和义务在向高级发展的过程中，通过设计和组织，因势利导，查漏补缺，起催化作用。麦克哈格的视线跨越整个原野，他的注意力集中在大尺度景观规划上。他将整合的景观作为一个生态系统，在这个系统中，地理学、地形学、地下水层、土地利用、气候、植物、野生动物都是重要的要素。他运用了地图叠加的技术，把对各个要素的单独的分析综合成整个景观规划的依据。麦克哈格的理论将景观规划设计提高到了一个科学的高度。1991 年在美国亚利桑那州沙漠中建造的庞大的人工生态系统“生物圈 II 号”，在试验 7 年后因二氧化碳过量而使系统失去平衡，试验宣告失败，这说明生物圈是一个极其复杂的系统，今天的科学技术水平还不足以掌握和控制它。此试验虽然失败了，其意义却是深远的，预示着人类生态时代将要到来。景观的生态时代背后有着可供依赖的物质和精神基础，而发生在材料和技术领域中的变革恰恰是景观走上可持续发展之路的物质原动力。景观设计观念也必然由传统模美学模式向生态模式转变。

自然生态主义美学理论促进景观设计将生态目标体系和高技术策略有机结合，为人类创造诗意的栖居环境开辟了新的思路和途径。生态化的技术路线和设计方法可以归纳为 5 个主要方面：与自然环境共生；应用减少环境负荷的节能技术；应用可循环再生技术；创造舒适健康的环境；融入历史与地域的人文环境中（表 2–1）。具体到每个设计，可能只体现了一个或几个方面，通常只要一个设计或多或少地应用了这些方法和原则，就可以被称作“生态设计”。

现代景观的生态化设计方法表　　**表 2-1**

景观设计的生态化设计方法		
与自然环境共生	保护自然	·对人工景观环境废弃物进行无害化处理 ·结合自然、气候等条件，运用传统的、适宜的环境技术 ·保护昆虫、小动物的生态繁育环境，确保生物群落的多样性构成，保护原有树木花草及原生自然生态环境，确保植物群落的多样化构成 ·保护原有水系及自然堤岸状态，使用透水性铺装，以保持地下水资源平衡
	利用自然	·设置水循环利用系统和中水系统 ·引入水池、喷水等亲水设施降低环境温度，调节小气候 ·充分考虑绿化配置，软化人工环境景观 ·太阳能利用，风能利用，雨水收集利用，河水、海水利用
	防御自然	·景观设施防震、抗震措施 ·景观环境与景观设置防空气、土壤盐害措施 ·高安全性防火系统 ·景观环境及设施的防污染、防噪声、防台风措施
节能降耗无污染	降低能耗	·节水系统 ·节能系统 ·适当的水压、水温 ·对二次能源的利用
	延长寿命	·使用耐久性强的景观材料 ·规划设计留有发展余地 ·矿区、厂房等工业废弃地的再生利用 ·便于对景观设施的保养、修缮、更新的设计
	循环再生	·对自然材料的使用强度以不破坏其自然再生系统为前提 ·使用易于分别回收再利用的材料 ·使用地方自然材料与当地产品 ·提倡使用经无害化加工处理的再生材料
舒适健康的环境	健康的环境	·符合人们心理和生理需求的环境设计 ·安全的、卫生的、利于健康的环境 ·优良的空气质量 ·无污染、无风沙
	舒适的环境	·良好的环境温湿度控制 ·舒适的夜间照明设计 ·合理的景观轴和视轴设计 ·无噪声、无异味

续表

景观设计的生态化设计方法		
融入历史与地域的人文环境	继承历史	·保护古典园林、古建筑等景观设施及环境 ·保护城市历史风貌建筑 ·对传统建筑及其环境的保存和再生利用 ·继承地方传统的施工技术和生产技术
	融入城市	·景观设计融入城市总体环境中 ·继续保护城市与地域的景观特色，并创造积极的城市新景观 ·对城市土地、能源、交通的适度使用 ·保持景观资源的共享化
	活化地域	·保持居民原有的生活方式和习俗 ·城市景观更新保留居民对原有地域的认知特点 ·创造城市积极的交往空间 ·居民参与城市景观设计

图 2–19　活水公园

成都府南河“活水公园”（图 2–19）是一个典型的人工湿地生态公园，也是一个进行环保教育的科学公园。该园设计获得了国际优秀河岸设计奖、地域环境设计奖。“活水公园”占地 24 公顷，地形狭长，平面布局呈鱼形，寓鱼水难分之意。公园地面为人工湿地污水处理系统，经大型水车取自府南河的水依次流经厌氧沉淀池、水池、雕塑池、兼氧池、植物塘、植物床对水进行净化，再流到鱼池和戏水池，向人们演示污水由“浊”变“清”的过程。公园景观以生态环保为主题，将生态环境建设与景观生态美学融为一体。水地喷泉、水流雕塑和仿黄龙寺五彩池的水景，栽植于高地、河边、池塘内的各种植物，模仿着不同生态环境。全园共栽植陆生植物 145 种，水生及湿地植物 29 种。鱼类包括草鱼、鲢鱼、鲫鱼、锦鲤等 7 种，5 万余尾，体现了生物的多样性构成。园路有的是自然石板小径，有的是架于湿地之上的木板栈道。处理后的净水流入开阔平坦的园地，清莹的溪流、观鱼池、儿童戏水池、露天演出场等布置在天然图画般的草坪、树丛之中，让游人在这里感受到回归自然、享受自然，同时，在游玩的过程中学到环境治理的知识，增强环境保护的意识。

德国慕尼黑工业大学教授、景观设计师彼得·拉茨设计的杜伊斯堡风景公园坐落于具有百年历史的

A.G.Tyssen 钢铁厂旧址。他用生态的可持续观念和手法处理这片工业废弃地。工厂中的构筑物都予以保留，部分构筑物被赋予了新的使用功能。高炉等工业设施供游人攀登、眺望，废弃的高架铁路可改造成公园中的游览步道，并被处理成为大地艺术的作品。工厂中的一些铁架可成为攀援植物的支架，高高的墙体可作为攀岩训练场。公园的处理方法不是努力掩饰这些破碎的景观和历史，而是寻求对这些旧有景观结构和要素的重构、再生与重新诠释。建筑及工程构筑物都作为工业时代的纪念物保留下来，如风景园中的景点供人们欣赏和感受历史（图 2–20）。

图 2–20　杜伊斯堡风景公园

2）形式美学理论对景观规划设计的影响

城市景观从广义的角度来理解，可以把它看成是一种人造的空间环境，一方面需要满足人们一定的功能使用要求；另一方面还要满足人们精神感受上的要求。为此，不仅要赋予它以实用的属性，而且还应当赋予它以美的属性。因此，人们要创造出美的空间环境，就必须要遵循美的法则来进行视觉形态和空间设计，直至把它变为现实。形式美学理论为“美”的景观设计与塑造提供了重要依据。

古今中外的建筑、景观，尽管在形式、风格处理方面有很大的区别，但凡属于优秀、成功的设计作品，都必然遵循着美的形式法则的核心，即“在统一中求变化、在变化中求统一”，而本节中第二部分所介绍的“变化与统一、对比与焦点、对称与平衡、韵律与节奏、比例与尺度”等正是该核心思想在某一方面的体现。例如，由于中西方的审美差异，西方古典园林与中国传统园林在形态、空间布局梳理上有明显的差异，但不难看出“多样而统一”是它们共同遵循的形式美法则。

此外，20 世纪初随着功能、技术、材料的发展，在人居环境规划设计领域，无论是建筑还是景观都引起了一场深刻的变革。传统景观形式上的审美观念与当今发展变化了的功能要求、物质技术条件很不适应，由此形成了适应新情况、新变化，强调“艺术与功能、技术统一”的设计理念和景观形式，它们摆脱了古典或传统形式比例的羁绊，更自由地运用多种对比的比例关系来表达景观设计理念。但是，这绝不是对形式美法则的否定，而是更加强调审美理念应当随着时代和客观条件的发展而变化。虽然对形式美的法则在当代也出现过质疑的声音，但其中绝大多数人还是把美的形式法则当作一种普遍的原则来接受。

2.2 景观生态学理论

2.2.1 景观生态学思想及理论的发展过程

早期的景观设计以美学为主导。例如在19世纪末，力求改变工业革命以来城市景观杂乱零散形象的城市美化运动所关注的焦点仅仅停留在对于城市形象的不满，所描绘的环境问题也单纯地集中于城市的美学形式，给出的解决方法则旨在通过清洁、粉刷、修补城市建筑的立面或街道来创造和美化城市环境。可见，当时人们的景观观念是以美学和实用为导向的，维护和塑造均衡可持续发展的景观还不为人们所关注，景观的生态功能作为形式美的附属物更是可有可无。到了20世纪中叶，现代主义者为了实现他们所向往的社会主义理想，在继承了早期景观设计对于美学形式关注和尊崇的同时，将重点逐渐向景观的经济性和功能性转移。但是其景观理论仍旧未能自发地对景观的生态性产生足够的认识和理解。

之后，随着人类环境的日益恶化，一些景观设计师逐渐意识到景观的生态功能和影响，并开始尝试将生态学的某些理论应用到景观设计的理论与实践中。其中最值得称道的便是20世纪60年代由伊恩·伦诺克斯·麦克哈格所著的《设计结合自然》，该书首次将景观设计和规划的研究范围提升至生态科学的高度，作为论述景观生态设计方法的一部名著具有里程碑意义。在书中，作者以丰富的资料、精辟的论断，阐述了人与自然环境之间不可分割的依赖关系，以及大自然演进的规律和人类认识的深化，并提出了以生态原理进行规划设计分析和操作的具体方法。书中"我们不应该把人类从世界中分离开来，而是要把人和世界结合起来观察和判断。让我们放弃那种简单化的分割考察问题的态度和方法，而给予应有的统一。愿人们放弃已经形成的自取毁灭的工作生活习惯，将人和自然潜在的和谐表现出来。人是唯一具有理解能力和表达能力的有意识的生物，他必须成为生物界的管理员。要做到这一点，设计必须结合自然。"的论点至今都深刻影响着一代又一代景观设计师对于景观生态问题的思考。

"景观生态学"一词于1939年首次由德国生物地理学家特洛提出，并指出景观是以明确的分布组合（景观镶嵌、景观组合）和各种大小不等的自然区划来表示某一地段上生物群落与环境之间的因果关系。景观生态学则是把地理学研究自然现象空间关系的横向方法与生态学研究生态系统内部关系的纵向方法相综合的产物，以探索原始自然景观转换为人类文化景观的过程。

之后的1984年，Naveh又在上述理论的基础上指出：景观是研究自然、生态和地理等实体组合的综合体，包含所有自然和人类的格局与过程。景观生态学则是研究人类社会与其生态空间、组合的景观相互作用关系的交叉学科，属于人类生态系统学科，是土地或景观规划、保护、管理和开发的基础科学基础。

两年后，Forman与Godron提出，景观是一组以相类似方式重复出现的、相互作用的生态系统所组成的异质性陆地区域。按照Forman的理论，例如在黄海平原上任意选择一点，考察该点周围数百米以内的景观状况，发现有农田、防护林、公路、土路和庭院等几种类型截然不同但是很容易区分的空间单元，生态学家称之为生态系统；将视野移到该景观几公里外的另一个随机点，并沿新点向周围观察，可能发现与上述几乎完全相同的生态系统类型组合；接下来在第3、4个点依次重复同样的过程，在各点都会发现一个相似的生态系统类型组合，我们称之为簇或格局。重复出现的格局构成了一个区域，反映了当地气候、地理、生物、经济、社会和文化的综合特征。然而在离该景观中心相当远的地方，终将会出现一个相当不同的生态系统类型簇，如由住宅区、校园、铁路、林地、铺砌路、商业中心组成的城市景观。不仅如此，Forman 与 Godron 两位景观生态学家在给出了基于生态理念的“景观”概念的基础上，进一步从景观的组成结构、功能动态及景观管理角度出发，提出景观生态学是研究景观结构、功能和变化的一门学科，并定义了三个基本的景观组成要素，即缀块、廊道和基质，组成了被广为接受的“缀块—廊道—基质模型”。

1995 年，荷兰学者 Zonneveld 提出景观和景观生态学可以从三个方面理解：①感知景观或景观外貌（Perception Landscape），即人们行走其间所能看到的景观，我们可以将其理解为景观的美学和经济价值，并以此评估土地的价值。这也是土地开发和旅游的重要方面；②景观格局（Landscape Pattern），这个概念普遍存在于各种景观属性如地貌学、土壤学、植物学中，是指地形的发生、土地及植被等可辨认的单元，通常具有连续重复的格局（格局是指景观镶嵌图案的类型，也是分类的重要基础特征。在利用遥感研究景观时格局具有非常重要的诊断价值。景观生态学就是研究各种各样水平景观复杂排列与元素之间的关系）；③景观（生态）系统（Ecosystem），它是基于前面两个概念和系统特征延伸而来的，是由气候、土壤、水、岩石、生物、人类构成的一个综合体。

综上所述，人们从对于景观进行单一方面——美学形式的追求到将景观作为一个自然和社会、生物与人类相互作用的综合体加以研究，并提出一定理论知识和实践方法的过程经过了漫长的探索阶段，但是成果显著。目前景观生态学的概念、理论和方法已经广泛应用于自然保护、森林管理、乡村景观建设、土地利用规划、生态环境评价等诸多方面。源于景观生态学理论的新的生态美学观念也正引发着景观设计的进一步发展，新的景观美的形式与生态功能进入了全面融合阶段。

2.2.2　景观生态学的基本原理

1）景观结构和景观功能原理

在景观规模上，每个生态系统（或景观要素）都可以看作是由相当宽度的嵌块体、狭长的廊道和大面积的背景或基质组成的。嵌块体—廊道—基质模式是景观的基本组成结构。景观结构一旦形成，其构成要素的大小、形状、数目、类型和外貌特征便将对生态客体的运动（生态流）特征产生直接或间接的影响，从而影响景观的功能。

景观的功能与结构相辅相成，实现一定的功能需要有相应景观结构的支持，并受景观结构特征的制约，而景观结构的形成和发展又受到景观功能（生态流）的影响。景观的结构与功能原理解释了景观结构与功能间直接的相互对应关系。应用这一原理对景观结构进行调整以改变和促进景观的功能成为景观管理和保护的重要内容。

2）空间异质性与景观过程原理

空间异质性是景观中生态客体的空间不均匀分布的结果，直观上形成了景观格局。景观生态学中的格局多指空间格局，即缀块等组成单元的类型、数目以及空间分布与配置等。

景观的过程既是景观的塑造过程，同时也是景观功能的具体体现。景观过程的发生与景观异质性互为因果。在景观中，空间异质性的增加，一般会增加景观中生态流的发生。人类改造景观的一个途径就是适当增加景观的异质性，以获得更多的效应。当然，景观异质性的增加对景观过程的影响不是一个线性过程，一个景观的异质性水平应该维持在一定范围内，否则其稳定性就会遭到破坏。空间异质性与景观过程原理可为景观规划和管理提供理论指导。

3）景观生物多样性原则

景观异质性较高时，一般很少产生大的嵌块体，因此需要大嵌块体内部环境的物种就相对很少；而含边缘种的生境则较多，并且有利于以附近一个或一个以上生态系统进行繁殖、觅食和栖息的动物。这样的景观通常具有多种生态系统类型，而每个生态系统又都有各自独特的生物区系或物种库，因而总的生物多样性较高。

景观异质性可降低稀有内部种的丰度，增加需要两个或两个以上景观要素的边缘种和动物的丰度，因此可以增强总体物种共存的潜在能力。景观生物多样性的维持除与景观异质性密切相关，还与景观的干扰水平密切相关，中度干扰假说是景观生态学中解释生物多样性机制的重要理论之一。

4）景观的自然性与文化性

景观不是单纯的自然综合体，而是被人类注入了不同文化色彩的自然—社会综合体系。按照人类对于景观影响程度的不同，景观可被分为自然景观、管理景观、人工景观，但无论在哪一种景观中，人都起着相当重要的作用。事实上，人类本身就是景观的一部分，只是在不同的景观类型中的作用有所不同罢了。

景观生态学要处理人类面临的重大生态问题，并直接规划、设计并管理景观，因此必须把景观问题放在自然—社会—经济系统中去分析，协调发展与保护的矛盾，方能现实地解决问题。

2.2.3 景观生态学原理对于景观规划设计的影响

1）景观生态学对生态过程的空间尺度具有明确的态度，这为生态学者和景观设计师进行更好的交流提供了一种共同的语言。

2）景观生态学为景观格局与过程间相互关系的研究提供了理论和经验依据，可以帮助景观设计师理解和比较土地覆盖的不同空间布局形式，有助于使规划设计的空间布局产生符合预期的景观生态效果。

3）景观生态关注人类生态，并以规划和管理为导向，使得人类活动被明确看作系统的一部分，而不是一个孤立的成分。

4）景观生态学将景观作为研究的基本单元，通过运用系统的、整体的方法可对复杂的人造景观进行综合分析。

2.3　环境行为学理论

景观设计不仅要关注景观的视觉形态和生态功能，还要考虑人们的行为需求和心理需求，即综合考虑形态、自然、行为三方面的理念。

在现实生活中不难发现，一些公园和广场总是呈现出一种朝气蓬勃，欣欣向荣，人头攒动的景象，人们在其中或散步或游憩，开展丰富多样的活动，而另一些所呈现出的则是无人问津的冷清和遭受破坏的痕迹。综合分析和考虑了这些成功或失败的案例在视觉景观形象、生态效应以及社会行为心理三个方面的因素后，不难发现：前者成功的关键因素在于那些公园或广场内的景观设计对于人的行为需求和心理需求都做出了恰当的反映，从而取得成功；而后者，尽管可能也具有较好的视觉景观形态，但因设计与人们在特定环境中的某些特定行为相冲突而不为大众所接受。虽然人的行为和心理活动会因人的意识而自由改变，但一定程度上，在具有明确功能的场地中常规行为及需求确实是可以预测的。对于景观设计者而言，在设计中充分了解和考虑人们在环境中的基本需求和已经被确定了的行为（或称之为习惯），就能够避免所设计的空间与人们的行为之间发生冲突，从而创造出更加舒适和合理的景观环境。

由于景观设计、建筑设计以及城市设计等设计学科需要充分思考和分析人们在环境中行为和心理活动，环境行为学理论逐渐成为景观设计理论领域中的一个重要分支，影响着景观设计的发展。

2.3.1　环境行为学的研究内容

环境行为学又称环境心理学的。环境行为学是心理学的一部分，是将人类行为（包括经验、行动）与其相应的环境（包括物质的、社会的和文化的）两者之间的相互关系与相互作用结合起来进行分析的学科。由于其多学科性，所以要强调它是心理学的一部分，以利于从其母体中获得理论、概念、方法直至给专业研究人员提供帮助。

环境行为学比环境心理学的范围似乎要窄一些，它注重环境与人的外显行为（overt action）之间的关系与相互作用，因此其应用性更强。环境行为学力图运用心理学的一些基本理论、方法与概念来研究和归纳人在城市景观与建筑中的活动规律及人对这些环境的反映，并由此反馈到景观设计与建筑设计中去，以求在设计中更好地改善人类生存的环境。从心理学的角度看，该学科似乎理论性不强，其特点也都是“针对一个个具体问题”的分析研究，但它是对景观设计、城市设计、建筑设计以及室内设计等理论的更新和补充，具有相当大的作用，能够将大众的行为需求以及景观设计师或建筑设计师的一些“感觉”与“体验”提到理论的高度来加以分析和阐明。当然，并不是没有这些认识，设计师就做不出好设计。然而，设计师掌握了这些必要的知识，设计与规划的思路将得到新的启发，对问题的分析可能有新的、好的见解，对设计、规划方法上可能有改进。

2.3.2 环境行为学的经典理论

环境行为学作为心理学的一部分在 20 世纪 60 年代兴起，而心理学已有 100 多年的历史。1860 年就有费希纳的心理物理学研究人的不同“感觉”与产生它的“物理刺激”两者之间的关系，由此发展成实验心理学。心理物理学为物质世界与人类感知经验间架起了桥梁，为人类科学的研究提供了起点。环境心理学植根于心理学的一些基本理论，但重点研究的对象是人的行为与城市、建筑、环境之间的关系与相互作用。与城市、建筑以及景观设计相关的经典环境行为学理论如下：

1）格式塔心理学理论

格式塔心理学理论（gestalt 这个德文词义为“形式”或“形状”）于 50 多年前由 Max Wertheimer 等人首创，他们认为人的大脑里生来就有一些法则，对图形的组合原则有一套心理规律，这些规律会直接影响人在具有特定形式的环境中所发生的行为和心理需求，可概括为以下 8 项。

（1）心理有偏向简单的倾向。认为知觉系统对于简单的、规则的、对称的图示有偏好。也就是说，人对现实世界图形刺激的反映取决于知觉表象的简单化。人们一方面倾向于简单形体，另一方面，对于复杂形体，人们也倾向于将其分解为简单的形体来加以把握。

（2）图形—背景关系。人在认知物体时，将一部分作为形体，而将另外一部分作为背景。深色的、较小的、对称的、垂直的、水平的区域往往被感知为图形。边界划分是形式划分的基础。

（3）连续性好原理。人们倾向于将相互对准或能平滑相接的部分或单位组织在一起。

（4）邻近性与类似性。将相互邻近或类似的单元组织在一起。相似可以是色彩、光度、形状或方向

（5）超闭合性。能感知到重叠图式中被遮挡的部分

（6）图形—背景的转换。感知到有意义的内容是两可的，是可以相互转换的。

（7）过去经验的作用。过去的经验在一定程度上影响我们的形式认知。人的偏好往往是难以改变的

（8）注意。知觉的重要因素，意味着我们可以有选择地将一些形体部分纳入到我们的意识中心。

格式塔心理学理论的贡献偏重于知觉理论（perceptual theory）方面，它力求说明建筑景观中的构图规律是有生理及心理基础的。但是由于该理论只注意了人的天生因素，而没有重视人先前的经验因素，因此具有一定的片面性。

2）构造论

构造论（structuralism）认为形象的构图规律不是人们大脑中的天生因素在起作用，而是将先前经验的记忆痕迹加诸于感觉之中，以构造一个知觉形象。

Kohlers1972 年认为一个人过去的经验与记忆在知觉的过程中是很有意义的，知觉的机制可以从记忆中得到反馈。当一个人看到一幅景观画面的瞬间，他会立刻不自觉地从记忆中搜索与该景观形象相关的一切事物。由于过去经历的不同，心理反应也就不同，这些差异都会影响此人在该景观场景中的反应和感觉、行为与需求。

3）皮亚杰学派

心理学家皮亚杰致力于研究人的思维或心理发展，其理论核心是：人的心理发展（或认知发展）从婴儿开始直到成人，都是他与外部物质世界相互作用的结果。他提出的一般发展原则是组织、平衡和适应。

（1）组织

由于世界的一切都体现在物与物的关系上，人的认识在于找出这种不同的关系。某些不同的关系根据相似的原则又可概括为不同的“模式”。不同的“模式”、不同的“形象”反映到人的头脑中，形成不同的图式。“图式”是人们头脑中的一种“意象”，意象与客观事物本身有区别，有的能正确反映客观实际，有的则不能，而“图示”是人心理生活的基本要素。“图式”不断发展修正，由简单到复杂或更新，变成越来越大的体系，这就是认识发展的过程。

（2）平衡

心理结构或“图式”实际上是在一种非常活跃的情况下变化扩展，人们往往是被驱使，按已有的“图式”去做。但每当行动时，人们又力争增加自己的行为与图式的适应性，这就是平衡。

（3）适应

皮亚杰把机体与环境的持续交往描述为适应，这种交往使心理结构不断发展而复杂化，以便有效的应付环境的要求。环境越复杂，人的心理结构也变得越复杂。为了说明适应是如何发生的，他提出两个相互补充的概念：“同化”与“调节”。

4）人类的需求理论

环境行为学理论：人的基本需求　　表 2-2

Rorbert Ardrey 罗伯特•阿追	Abraha Maslow 亚伯拉汉•马斯洛	Alexander Leighton 亚历山大•赖顿	Henry Murray 亨瑞•毛瑞	Peggy Peterson 佩格•皮特森	
安全 刺激 认同	自我实现 尊重 爱与归属 安全保证 生理需要	性满足 敌视情绪的表达 爱的表达 获得他人的爱情 创造性表达 获得社会的认可 表现为个人地位的社会定向 作为群体一员的保证和保持 归属感 物质保证	依赖 尊敬 权势 表现 避免伤害 避免幼稚行为 教养 地位 拒绝 直觉 性 援助 理解	避免伤害	教养
				性	安全
				参加小团体	行为参照
				援助	自治
				地位	表现
				独居	成就
				认同	攻击
				防卫	尊敬
				威信	玩耍
				拒绝	理解
				谦卑	自我实现
				多样化	美感
				人的价值观念	

摘自《大众行为与公园设计》。

上表 2–2 列出了罗伯特 • 阿追、亚伯拉汉 • 马斯洛、亚历山大 • 赖顿、亨瑞 • 毛瑞、佩格 • 皮特森五位环境行为学家所提出的“人类需要”清单，供景观设计者或是建筑设计者参考，以便设计出更为舒适合理的生活居住环境。另外，马斯洛还指出：生物愈是向高级群类方向发展，那么为了满足其需求而出现的动机就愈加不断地从“解除饥饿”上升到“品尝珍馐”。由于品尝珍馐的需要并不像饥饿难熬那样急切地需要获得满足，因此，在需要的筛选过程中，它们就会受到其他需要的抑制。马斯洛称之为人类需求本身所具有的相对影响。也正是由于这个原因在上述所列的清单中，就对于人所产生的影响力来说，清单下层的需要是最强烈的。

以环境行为学家在列举人类的需求时所采用的分类方法和思路为依据，可以进一步将人在户外开放空间中（即景观环境中）的行为同样划分为三种类型：①必要性活动：人类因为生存需要而必须进行的活动，比如骑车上班、去市场买东西等。这类活动最大的特点是其基本上不受环境品质的影响。②选择性活动：人类生活行为中可有可无的成分。如去看电影、周末外出郊游等。这类活动最大的特点是其与环境的关系密切。以饭后散步为例，如果居住小区的周边有环境美观清洁的公园或广场，则小区居民进行饭后散步或娱乐等活动的可能性更大。如果小区周围是混乱的交通和嘈杂的工厂，则更多的居民会选择饭后在家中看电视消遣。③社交性活动：人类自古便对于社交性空间提出了一定的需求，这也是西方广场出现的内在动因。现代人由于工作压力大，生活模式相对固定，对于社交性活动空间的需求将更为明显。值得注意的是，社交性空间与环境质量的关系更为密切。

2.3.3 环境行为学原理对于景观规划设计的主要影响

1）环境行为学原理对于景观的空间理论具有重要意义。环境行为学家认为“人在现实生活中的活动空间无论是室内的建筑空间还是室外的景观空间都是人心理空间的外化。”在此基础上，他们通过对于人的基本心理组织图式的研究论述外部空间理论，提出环境图式构成要素（即中心与地点、方向与途径、地区与领域），并认为要使一个人能在一个空间中定出方位，就要抓住这些关系，这是位于一切之上的首要因素。古代的城市或建筑是以人的出发点考虑的，因此在空间的组织上将人的心理空间反映得十分具体。而现代城市空间的规划设计由于功能和技术越来越复杂，常会忘却这些基本点，或将之放在次要的地位上，因而造成了一系列城市问题。

2）环境行为学原理强调景观的多义性。人们从环境中获取信息的方式往往是多方式多方向的，具有多余度的（redundancy）。例如，当我们看到火，除了火苗传递给我们的信息外，燃烧的焦味、燃烧的噼啪声以及灼热感，都会加深我们对于火的印象。因此，当我们要设计一种意想中的环境氛围时，要充分利用多余度的特性，从而加强对于整个环境的烘托。一个生动的环境，一定要有相当程度的多余度。

3）环境行为学原理强调景观的暗示性。环境行为学家认为，在现实生活中，人们时常希望具有某种预见能力，因此无时无刻不在寻觅着某些暗示，并且在大多数情况下人们一旦找到它，心中就会感到踏实和愉悦。因此景观设计师在了解和掌握了使用者的行为倾向性之后，应试图提供与行为偏爱相一致且能够引人注意的暗示。这样一来，一方面暗示能够鼓励行为的发生，使设计者的意图能够有效发挥，另一方面，也能够使使用者得到满足。如在中国传统园林中，古代造园者必然会在游人能够欣赏到景观全貌前设置一连串小的空间，这些小空间相对闭塞，但是总能够若隐若现地呈现出最终景观场景的局部。游人在行进过程中不断得到暗示并展开无限的联想，当最终全景完全展现时，他们心中的满足感将得到极大的加强。

4）环境行为学原理强调景观的参与性。根据马斯洛的认知需求理论得知，人们要求环境提供个体参与的机会，满足个体探索并采取行动的需求。因此，景观的设计要注重满足人们的上述需求。在满足了这样的需求后，人们就会有动机去探求并应用景观信息来加深对其的理解，进而全面领会环境的意蕴。

2.4　社会学理论

近年来，风景园林学结合社会学的综合性研究日益受到关注。基于学科综合与跨学科发展的趋势，风景园林学正逐步由以建筑学为主导的传统发展思路转变为多学科交叉发展的模式。近年来，风景园林学结合社会学的综合性研究日益受到关注。社会学中关于社会结构、社会行为、社会文化、社会变迁和社会关系的研究为景观规划设计提供了新的视野，使得场地中人们的行为习惯，生活背景，历史因素等深层心理活动被考虑进来，促进了景观规划设计贴近人类行为和人类日常生活的思考，从而为创造以人为本的景观环境提供了保障。社会学是一门多元的、复杂的、有规律的科学，更是社会诸要素相互作用的一种法则，指导着社会结构和功能的变迁。融合了社会学研究思路和方法的景观社会学理论，关注不同社会场景下人类生活和行为是如何影响景观意象感知和功能使用，从而为景观规划设计的思考和研究开拓了新的维度。

2.4.1　社会学的起源与基本概念

社会学（sociology）是对人类生活、群体和社会的研究，立足于从群体和整体的角度考察世界。社会学的研究范围极广，从独立个体的短暂行为分析到对全球社会进程的探讨都是社会学研究的内容。对于社会生活中微小而复杂的生活方式的理解构成了社会学观点的基础。

社会学是一门有着重要实践意义的学科。首先，对既定社会情境的合理理解会为研究者提供一个更好的研究背景。与此同时，社会学提供了增强文化敏感性的手段，从而使得政策的制定可以建立在差异性的文化价值观的意识基础上。最重要的一点是，社会学带来了自我启蒙的机会，为个人和群体提供了更多的机会以改变生活现状。

社会学起源于 18 世纪，当时巨大的社会变迁、政治革命、科技进步，引发了社会学先驱们对自然和社会的重新思考和理解，试图解释它们产生的原因以及可能产生的后果。“社会学”这一概念最早由法国思想家孔德提出，作为横跨政治学、经济学、人类学、心理学、历史学的新的学术范畴。孔德的社会学观点立足于实证主义。实证主义认为科学应关注可以观察的实体，即可以直接通过经验了解的实体。社会学的实证方法确信以经验证据为基础的社会知识的生产可以通过观察、比较和实验获得。在孔德之后，欧洲大陆陆续出现了几位伟大的社会学学科推动者，为社会学打下了坚实的学科基础，使该学科逐渐发展壮大起来（表 2–3）。

早期社会学的研究奠基人和其社会学观点 表 2-3

早期社会学研究奠基人	研究内容	社会学观点
奥古斯特·孔德（Auguste Comte）	首次创造了“社会学”这一术语，将社会学定义为一门可以解释社会世界规律的、关于社会的科学。	实证主义：以经验证据为基础的社会的知识生产可以通过观察、比较和实验获得。
埃米尔·涂尔干（Emile Durkheim）	通过经验的方式检验传统的哲学问题，从而阐明这些问题。功能主义。	社会有其自身的现实性——社会包含比个体成员单纯的行动和利益更广泛的内容。
卡尔·马克思（Karl Heinrich Marx）	经济问题与社会制度相联系。冲突理论。	资本主义的探讨。马克思的观点以唯物主义历史观为基础。
马克斯·韦伯（Max Weber）	提出了现代工业社会的一些基本特征。符号互动主义。	社会的结构是由行动之间复杂的相互影响形塑的。文化观念和价值观有助于塑造社会和我们个人的行动。

2.4.2 社会学角度对问题的思考

社会学的研究实践强调进行想象思考的能力以及将自我从有关社会生活的先入为主的观念中解脱出来的能力。因此，站在社会学的视角去思考问题，并不是简单的对于知识和客观事物的探讨，社会学研究往往愿意去探求更深入的对事物的理解，或更广阔背景下的思考。

学习从社会学的角度思考问题，利于设计师跳出个人情景，用更加广阔的视野和全新的角度，去思考待规划设计场地发生在日常生活中的简单现象，从而有助于挖掘场地使用者共同的场地景观意象和使用需求等信息。详见表 2–4。

社会学视野下常见的思考问题或现象的 4 个角度 表 2-4

序号	类型	内容
1	事实性问题	发生了什么？
2	比较性问题	这种现象随处可见吗？
3	发展性问题	这种现象随时间发展了吗？
4	理论性问题	这种现象的背后是什么？

2.4.3 社会学的主要研究方法及步骤

作为一门社会科学，社会学研究所积累的理论和知识是建立在对客观世界的经验观察之上的。社会学研究的内容包含了对客观社会生活的系统观察，对这些观察数据的梳理和分析，以及对分析的结果基于一定理论的理解和解释。社会学家采用科学方法对客观社会生活进行实证研究，从而建立系统、客观的理论解释。

在社会学研究中，如果不去探究人们社会行为的目的和主观意义，我们就无法对任何社会现象给出一个完整的描述和解释。因此，社会学家们采用并发展出一系列典型的研究方法，包括实验、社会调查、参与观察、访谈、民族志、文献研究等。这不仅为景观规划设计对场地的认知和分析提供了技术基础，也为目前风景园林行业倡导的“参与式设计”提供了重要参考。

1）观察法

观察法包括自然观察，隐蔽观察，设计观察，参与式观察等。这是在一个社会情景和空间中，基于一定研究目的，研究框架或观察框架，用自己的感官和辅助工具去直接观察研究对象及其行为，对其进行一段时间有计划的观察和记录，并最终获得研究对象活动和发展规律的一种方法。一般对研究数据的采集包括观察清单记录、量化分级记录、叙述性表述等。观察法需要研究者提供对研究内容客观的描述，观察下所得到的描述性资料需要具有研究问题和研究目的的针对性。

2）访谈

访谈的具体形式包括无结构性访谈（Unstructured Interview），半结构性访谈（Semi−structured Interview），结构性访谈（Structured Interview）和焦点小组访谈（Focus Group）。无结构性访谈是指在访谈之前，访谈的内容和问题没有被预先安排，仅仅提供一个与研究内容相关的题目，引导参与者在此研究范围内进行交谈。因此无结构性访谈所采集的信息是非常广泛和多样的。无结构性访谈可以营造一种相对“不正式”和“自由”的交谈模式，然而信息获取的有效性被认为是这种模式的局限性。半结构性访谈是基于确定的研究题目和概括性的几个研究问题，对参与者进行研究内容框架下的访谈形式。在这种模式下，研究者提出开放性的问题，允许参与者针对问题进行讨论和略微发散性的回答。提前准备的研究问题框架仅仅是为了把控整体访谈的总的方向和所要涵盖的内容，并不是在访谈中真实的按照顺序和逻辑逐条进行问答。结构性访谈是在固定的研究题目和固定的研究问题框架下进行有组织的问答式的访谈。结构性访谈更偏向于量化的研究和分析模式，在定性分析中结构性访谈所得到的数据资料可以增加研究的真实性和可信度。

3）问卷调查

问卷调查是定量分析中常用的方法，也是社会学研究中较为简单和普遍的研究方法。问卷调查所采集的数据需要具备一定的规模，方具有统计学意义。对问卷调查获得的数据进行分析后所产生的结果和相关性可以预测未来的发展方向或推论到更广领域的社会现象中。设计调查问卷要求研究者具备明确的研究目的和理论假设。设计的问题需要非常针对研究所提出的假设，调查问卷中各个问题的顺序和表述方式也需要研究者进行逻辑性的表述和推理。问卷的问题表达包含封闭式的提问，例如“是／否／无法界定”明确的选择或者“完全符合／基本符合／很少符合／完全不符合”程度的描述，也包含开放性的问题，参与者可以根据自己的个人情况表达观点，并不局限于几个选项之间的回答。开放性问题可以为研究提供更大范围和更加细节的信息，但在这种无法标准化的答案下，对信息进行整理、分类、编码会导致数据处理中较难统计的问题。一般情况下，进行模拟问卷调查会为问卷的设计提供真实和实践性的改进。

4）实验

实验的方法很少被应用于社会学研究中。因为社会学的研究常常是针对社会现象、社会关系和人类行为等，相对于自然科学的研究，此类研究对象很难进行实验性的研究。早期的社会学研究所进行的实验研究也证实了当被研究者在实验的情景下进行日常生活和工作时，往往会表现出“不自然”，所以很难获得真实的数据支撑。兹姆巴多（Philip Zimbardo 1972）认为在社会学中运用实验方法还是有益的。经典的社会心理学实验“斯坦福监狱实验”就是一个实验性研究。其实验结果证明了人的行为受特殊情景的影响比受到个体的特征影响更大。该实验结果对社会心理学的发展产生了巨大的影响。然而，近期也有学者证实“斯坦福实验”存在不客观性，即实验中的研究者对参与者存在多次暗示和行为引导的状况，对于实验结果造成了影响，其真实性和结果的可信度被质疑。

5）文献资料分析

文献资料分析是指通过各类报纸、文献、传记和报道所描述的信息进行统计、分析和理解。近年来的文献资料分析结合互联网和大数据，可以调取线上个人社交媒体所发布的信息进行提取和分析。文献资料分析的方法也适用于历史分析，例如，在研究社会变迁的问题时，通过历年的历史资料和比较分析可以有效地研究在特定的社会背景下变化的原因和影响因子。其与问卷调查、实验研究及文献分析法的优劣势比较详见表 2-5。

社会学研究中三种主要研究方法的比较 **表 2-5**

研究方法	优势	局限
问卷调查	在研究性质上更倾向于定量化。 对于大量个体数据可以实现有效的收集。 提供参与者回答较为精准的信息比较的可能。 在社会学研究中被广泛应用。	所提供的数据可能无法深入。 如果问卷高度标准化，参与者观点之间的差异可能无法明显的体现。 样本量和参与者的性质决定了研究结果的真实性和有效性。
实验研究	研究者可以控制特定变量的影响。	很少被用于社会学研究中。 研究者可能会受到实验情景的影响而导致实验结果的真实性和可信度较低。
文献研究	根据所研究的文献类型，不仅能提供大量的数据，还可以提供有深度的原始资料。 历史性研究或具备明确的历史性纬度时研究。	现存资料存在一定的局限性和片面。 资料可能难以解释在何种程度上代表了真实趋势。

6）研究步骤

社会学视野下的科学研究具备明确的研究过程，可为景观规划设计传统的图示推演和表达提供补充和支撑。首先是研究问题的提出，这是建立在对即有研究领域和问题的理解上逐步形成的。在确定了研究问题后，需要开始进行文献综述的工作，即回顾该领域中既有的研究证据和研究的前期成果，并针对这些研究内容进行进一步的分析。例如，分析前期研究的局限性，或者前期研究发现的问题等。吸取其他研究者的观点有助于明确自身的研究难点，从而展开对研究方法的思考。基于前期的研究成果，研究者可以进一步细化研究的内容，提出合理假设，明确研究的方法和数据收集的合理手段。在得到数据和资料后，最重要的工作就是利用适合的方法分析数据，解释结果，并最终得出合理的结论（图 2–21）。

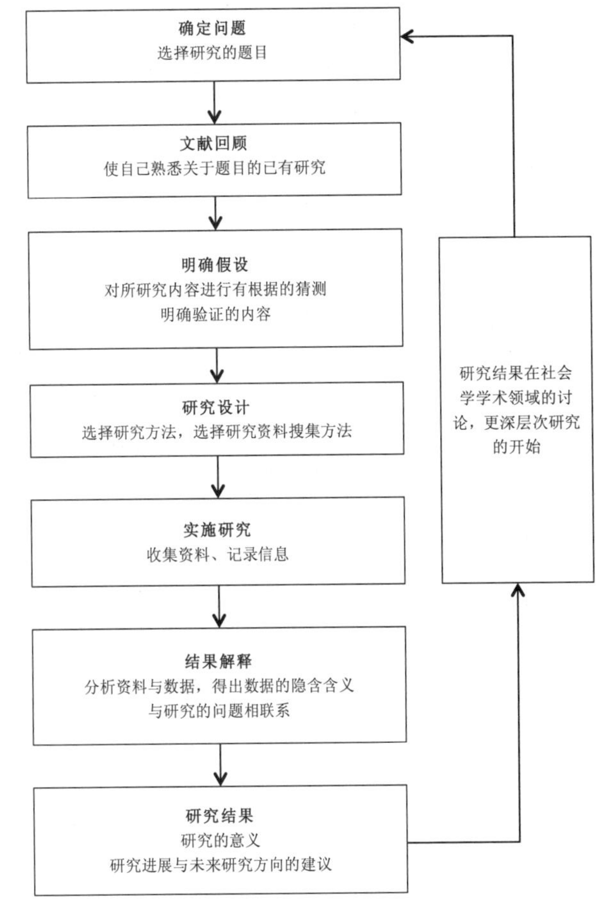

图 2–21　研究程序中的步骤

2.4.4　社会学原理对于景观规划设计的影响

社会学中的诸多原理影响着许多学科的发展，其研究方法和思考社会问题的理论体系为其他领域的研究问题提供了有效的解决办法。学科交叉与跨学科的研究是学术界整体发展的大方向。事实上，社会学为设计类学科提供了一个新的视角去解读设计作品，为设计本身提供了更强的社会理性。

1）为景观设计提供研究经验

社会学研究的一个重要使命是累计有关社会的客观知识。社会学的研究有助于研究者更好的了解社会的结构和社会组织关系，社会的运作规律以及社会文化和多样性。在涉及有社会组织和人类活动的景观设计研究中，社会学所提出的研究前提就是关注“社会是什么”而不是“社会应该是什么”。而往往这一点正是以往的景观规划设计中最容易忽视的问题。无论是自然空间还是城市空间的规划设计，相比于依照某种设计标准构建理想型的空间体系，研究场地内部本身既有的性质和运作方式更是当今风景园林设计者乃至更广泛领域设计者应该关注的问题。价值中立同样也是设计过程中需要追求的标注，混杂着许多个人价值观的判断会大大削弱设计的客观性。

2）为景观规划设计的前期研究提供方法论

社会学方法论可以有效的应用于景观规划设计的前期调研与研究中。社会学的研究方法为发现、梳理经验事实，并以此验证理论假设提供了有效的分析工具。作为认识社会的工具，社会学的研究方法可以补充景观学科调研中的局限性与不足。景观设计本身不仅仅为自然生态环境所服务，更为人居环境所服务。利用社会学原理，可以有效地累计对不同社会群体社会活动的切身理解。通过对不同人群在不同场景下的行为动机、目的、主观意义的理解，我们对社会的运作和不同文化族群的多样性活动可以获得全新的理解。

3）对于风景园林研究发展的社会学影响

风景园林学科发展不仅需要规划设计方法的发展，也需要理论研究的发展。社会学理论为景观研究提供新的立足点，近年来的静观研究更注重关注人与景观的关系，无论是景观与健康，儿童景观的研究，康复疗养类景观的研究，还是社区尺度下“参与式”景观的研究，都离不开社会学理论的支撑。研究中强调社会属性、历史背景、社会环境、与人的互动，有助于景观研究更好的适应社会关系中的需求。

2.5 景观的遗产保护理论

2.5.1 遗产保护的发展过程

对于遗产的保护与研究，各国自古有之。古希腊、罗马时期，人们遗产保护的对象聚焦于艺术珍品。由于该阶段对遗产的理解长期停留于可移动的“文物”层面，诸如不可移动的古遗址、古墓葬、古建筑等则未能得好良好保护。十八世纪末至十九世纪中期，随着科技的进步和人类思想意识的解放，建立在科学基础上的文物建筑研究和保护发展起来，现代考古学也作为一门严谨科学而诞生。人们对于文物价值的认识发生了翻天覆地的变化，把文物视为“古董”的传统观念被打破，文物逐渐被视为人类社会历史发展的见证。这一思想上的转变促进了“文物”概念的扩大，更促进了遗产保护步入新的历史阶段。

20世纪上半叶的两次世界大战，欧洲和亚洲的诸多文化遗产被破坏殆尽，很多重要的古城和文化遗址在战火中被夷为平地，如何保护文化遗产成为摆在国际社会面前的重要问题。联合国教科文组织接连通过《武装冲突情况下保护文化财产公约》《关于适用于考古发掘的国际原则的建议》《关于博物馆向公众开放最有效方法的建议》等来实现文物的保护、发掘与知识普及。

有关文化遗址与历史建筑的保护方面，直到20世纪初才形成较为完整的保护理论与方法。1872年，美国通过《古文物法》《国家历史保护法》等一系列法律法规保护包括历史遗产在内的一切文化内容。1904年，在马德里召开的国际建筑师第六届大会上通过了《关于建筑保护的建议》，该提议提出应最小干预建筑遗迹并赋予历史性建筑物新的使用功能。1931年的《有关历史性纪念物修复宪章》（《雅典宪章》）和1964年《关于古迹遗址保护与修复的国际宪章》（《威尼斯宪章》）则强调利用一切科学技术来保护和修复文物建筑，使之永久流传。同时，还把与历史建筑相关联的自然文化环境纳入保护范畴：“历史古迹的概念不仅包括单个建筑物，而且包括能够从中找出一种独特文明、一种有意义的发展或一个历史事件见证的城市或乡村环境。”

在历史街区、历史城镇的保护方面，随着城市化进程的不断推进，大量人口从乡村涌向城市，致使城市规模不断扩大，城市需要新的建筑去满足日益增长的使用需要，道路被不断拓宽，老城区被接连拆除，建筑面积日益增长的同时，城市的历史环境却屡遭破坏。人们逐渐意识到历史街区在保留城市记忆、保存特色文化上的重要性。这些历史街区中的每个单体建筑虽并不能珍贵到足以作为历史文物保护起来，但是诸多建筑相互联系的整体风貌却是城市历史文化的最好反映。因此，20 世纪 60、70 年代，英国的《城市文明法》、法国的《马尔罗法》、意大利、日本的《古都保护法》等均肯定了文化遗产周边环境的价值，提出了历史保护区的概念和保护思路。例如，法国里昂的历史街区，于 1964 年被定为国家级历史保护区，区内除保存有众多 16 至 19 世纪的具有极高价值的历史建筑外，还有大量 20 世纪初建造的住宅。这些住宅虽不足以成为需要特别保护的历史建筑，却是形成历史街区的重要组成部分，因此政府在实施保护措施时，坚持保持住宅外表的原样，在内部进行适当改善，使居民可以正常居住。

1959 年，埃及和苏丹就努比亚遗迹的保护问题向联合国教科文组织请求帮助，联合国积极响应帮助，并在之后接连承担了援助希腊雅典卫城、尼泊尔加德满都河谷等重大文化遗产的保护活动。这一系列事件直接促进了 1972 年《世界遗产公约》这一里程碑式的文件的诞生。公约要求：各缔约国要承认确定、保护、保存、展出本国领土内的文化遗产和自然遗产，并将它传给后代，尽力承担本国的责任，必要时利用国际援助与合作。在充分尊重国家主权，并在不损害各国法律规定的所有权的同时，承认这类遗产是世界遗产的一部分，整个国际社会都有责任进行合作和保护。为了实现这一要求，建立一个国际合作和援助体系，组成了保护世界文化与自然遗产政府间委员会，制定《世界遗产名录》，接受国际援助申请，设立世界遗产基金。

《世界遗产公约》规定，满足以下至少一项内容者，经世界遗产委员会通过，可作为文化遗产列入《世界遗产名录》。

（1）代表人类创造精神的杰作；

（2）体现了在一段时间内或者世界某一文化区域内重要的价值观交流，对建筑、艺术、古迹艺术、城镇规划或景观设计的发展产生过重大影响；

（3）能为现存的或已消逝的文明或文化传统提供独特的或至少是特殊的见证；

（4）是一种建筑、建筑群、技术整体或景观的杰出范例，展现历史上一个或几个重要发展阶段；

（5）是传统人类聚居、土地使用或海洋开发的杰出范例，代表一种或几种文化或者人类与环境的相互作用，特别是由于不可扭转的变化的影响而脆弱易损；

（6）与具有突出的普遍意义的时间、文化传统、观点、信仰、艺术作品或文学作品有直接或实质的联系。

公约认为文化与自然是互补的，不同民族的文化特点都是他们在不同生活环境中长期形成的，最成功的建筑、纪念物和遗址往往都和他们所处的环境密不可分，共同体现了人类生活与创造的多样性。在《世界遗产公约》制订和实施以后，至 2016 年，列入《世界遗产名录》的文化遗产共 814

处、自然遗产 203 处，双重遗产 35 处。《世界遗产公约》的诞生，反映了人类在遗产保护问题上自然与文化相联系的先进理念，为人类共同保护遗产提供了一种制度性的、法规性的保障，使文化与自然遗产的保护成为一项全球性的事业，标志着保护世界遗产的全球行动开始。

《世界遗产公约》实施的四十多年后，除了历史地区、历史城镇的保护受到重视，越来越多的文化遗产类型被提出，并加以重点研究和保护。如以乡土建筑遗产（格鲁吉亚斯瓦涅季村落和塔屋）、农业文化遗产（菲律宾伊富高梯田）、工业遗产（德国鲁尔工业区）为主的民间文化遗产，由“绿色通道”、“文化线路”等概念衍生而来的线型文化遗产（如中国京杭大运河、丝绸之路），非物质文化遗产（如生活习俗、文学、音乐、戏剧），20 世纪遗产（如澳大利亚悉尼歌剧院、日本广岛原子弹爆炸地）等（图 2–22 ～图 2–27）。

图 2–22　格鲁吉亚斯瓦涅季村落和塔屋

图 2–23　菲律宾伊富高梯田

图 2–24　德国鲁尔工业区遗址

图 2–25　中国的丝绸之路

图 2–26　中国京杭大运河

图 2–27　日本广岛原子弹爆炸地遗址

综上所述，随着思想的不断演变，遗产保护的目的从对文物的收藏，扩展为集保护、研究和教育为一体的综合目标；保护的对象从供人们欣赏的艺术珍品，发展为各种文化遗址、历史建筑，又扩展到历史街区、历史城镇和极具文化特色的历史性城市；保护的范围也从物质文化遗产扩展至非物质文化遗产以及与之相联系的文化景观、文化空间。

2.5.2　遗产的概念与类型

世界遗产类型与概念

《世界遗产公约》定义“世界遗产”（World Heritage）是指被联合国教科文组织和世界遗产委员会确认的人类罕见的、目前无法替代的财富，是全人类公认的具有突出意义和普遍价值的文物古迹及自然景观。其基本类型包含“文化遗产”（Cultural Heritage）、“自然遗产”（Natural Heritage）及“文化自然混合遗产”（Mixed Heritage）。各基本类型的定义如表 2–6 所列：

世界遗产类型与概念　　**表 2-6**

类型	内容	举例
文化遗产	文物（monuments）：从历史、艺术或科学角度看具有突出的普遍价值的建筑物、碑雕和碑画、具有考古性质成分或结构、铭文、窟洞以及联合体	敦煌莫高窟
	建筑群（group of buildings）：从历史、艺术或科学角度看在建筑式样、分布均匀与环境景色结合方面有突出的普遍价值的单立或连接的建筑群	布达拉宫
	遗址（sites）：从历史、审美、人种学或人类学角度看具有突出普遍价值的人类工程或自然与人联合工程以及考古地址等地方	秦始皇陵与兵马俑坑
自然遗产	从美学或科学角度看，具有突出、普遍价值的由地质和生物结构或这类结构群组成的自然面貌（natural features）	云南石林
	从科学或保护角度看，具有突出、普遍价值的地质和自然地理结构以及明确规定的濒危动植物物种生境区（geological and physiographical formations and precisely delineated areas）	四川大熊猫栖息地
	从科学、保护或自然美角度来看，具有突出、普遍价值的天然名胜或明确划定的自然地带（natural sites or precisely delineated natural areas）	九寨沟名胜风景区
混合遗产	同时满足文化遗产和自然遗产的定义，才能认为是“文化和自然混合遗产”。混合遗产同时包括文化与自然的内容，但并不是二者的简单叠加，而是以具有科学美学价值的自然景观为基础，自然与文化融为一体	泰山、黄山、峨眉山

2004 年，国际古迹遗址理事会（ICOMOS）发表《世界遗产名录：填补空白——未来行动计划》，为文化遗产进行了更为细致的划分，考古遗产（Archaeological Heritage）、岩画遗址（Rock–Art Sites）、原始人类化石遗址（Fossil Hominid Sites）、历史建筑和建筑群（Historic Buildings and Ensembles）、城镇和乡村聚落／历史城镇和村庄（Urban and Rural Settlement）、乡土建筑（Vernacular

Architecture）、宗教遗产（Religious Properties）、农业工业和技术遗产（Agricultural, Industrial and Technological Properties）、军事财产（Military Properties）、文化景观、公园和庭园（Landscape, Parks and Gardens）、文化线路（Cultural Routes）、墓葬文物和遗址（Burial Monuments and Sites）、符号遗产和纪念物（Symbolic Properties and Memorials）、现代遗产（Modern Heritage）。从遗产名录上分析，在数量上居于前三位的分别是历史建筑和建筑群、城镇和乡村聚落／历史城镇和村庄、宗教遗产。

除此之外，世界遗产委员会（UWHC）还定义了四种特殊类型的遗产（Specific Types of Properties）。包括：文化景观遗产（Cultural Landscape）、历史城镇和市政中心（Historic Town and Town Centres）、运河遗产（Heritage Canals）、遗产线路（Heritage Routes）（未来还有可能加增其他遗产类型）（表 2–7）。

世界遗产委员会（UWHC）增补的四种特殊遗产类型与概念　　表 2-7

类型	内容	举例
文化景观	设计的景观（landscape designed and created intentionally by man）：由人类设计和创造的景观，包括出于审美原因建造的花园和园林景观，他们常常与宗教或其他纪念性建筑和建筑群相联系	葡萄牙的尚杜罗产酒区
	进化形成的景观（organically evolved landscape）：包括连续景观和残留景观。起源于一项社会、经济、管理或宗教要求的历史景观，在不断调整回应自然、社会环境的过程中逐渐发展起来，成为现在的形态	意大利那不勒斯以南阿尔玛菲海岸地带（2-28）
	关联性景观（associative cultural landscape），也称复合景观，此类景观的文化意义取决于自然要素与人类宗教、艺术或历史文化的关联性，多为经人工护养的自然胜境	中国五台山
历史城镇和中心	人类不再居住的城镇：这些城镇能提供为经改变的考古依据，总体满足原真性标准，保护状态相对易于控制	
	人类仍在居住的城镇：其状况已经随着社会经济和文化变化的影响下而变化，真实性较难评估，保护政策更成问题	法国里昂历史城区（2-29）
	20 世纪的新城镇：原始的城市清晰可辨，其真实性是不可否认的，但因为其发展的不可控性，所以其未来情况也不可预料	法国阿维尼翁历史城区
运河遗产	运河作为人工营建的水路，是一个巨大的工程，具有线性文化景观的定义特征	中国大运河（2-30）
遗产线路	来自反映人类的互动，和跨越及爱唱历史时期的民族、国家、地区或大陆间的多维、持续、互惠的货物、思想、知识和价值观的交流	阿曼苏丹国乳香之路、日本纪伊山朝圣之路、长安—天山廊道路网（2-31）
	必须在时空上促进涉及的所有文化间的交流互惠，并反映在其物质和非物质遗产中	
	必须将相关联的历史关系与文化遗产有机融入一个动态系统中	

全球对于遗产保护，已逐渐从单一要素的保护过渡到对文化与自然要素相互作用联系产生的综合要素的保护上。由二者相互作用形成的文化景观（Cultural Landscape），成为中国乃至国际社会大力保护的对象。文化景观遗产不同于文化／自然混合遗产，其独特之处在于，它填补了文化景观与自然景观之间的空白，相比于文化遗产对纪念物、建筑群、遗址采用的博物馆保存、展示的方式，

图 2–28　意大利那不勒斯以南阿尔玛菲海岸地带

图 2–29　法国里昂历史城区

图 2–30　中国大运河

图 2–31　阿曼苏丹国乳香之路

图 2–32　红旗渠文化景观遗产

它更关注的是保护对象的生命力和原有功能，以维持其可持续发展。例如，对红旗渠（图 2–32）和坎儿井（图 2–33）的保护，不仅是要保持其原有形态、保持它们与特定的自然环境之间的关系、保持它们的功能、保持它们的传统工艺，而且需要保持它们特定的自然和生态环境，包括他们的水源，这种自然生态环境使他们存在的依据。

基于中华民族自身特点和世界遗产保护体系理论，在中国的遗产保护体系下，我国的文化景观遗产又可分为以下几类，其定义与案例如表 2–8 所示：

图 2–33　坎儿井文化景观遗产

<table>
<caption>我国的文化景观遗产分类　表 2-8</caption>
<tr><th>类型</th><th colspan="2">内容</th><th>举例</th></tr>
<tr><td>设计景观</td><td colspan="2">由历史上的匠人或设计师按照其所处时代的价值观念和审美原则规划设计的景观作品，代表了特定历史时期不同地区的艺术风格和成就</td><td>苏州园林、晋祠、明十三陵</td></tr>
<tr><td>遗址景观</td><td colspan="2">曾见证了重要时间或记录了相关的历史信息，如今已废弃或失去原有功能的建筑遗址或地段遗址</td><td>圆明园遗址</td></tr>
<tr><td>场所景观</td><td colspan="2">被使用者行为塑造出的空间景观，显示出时间在空间中的沉积，人类的行为活动赋予这类景观以文化意义。包括历史城镇中进行相关文化活动和仪式的广场空间，以及具有特殊用途和职能的场所区域</td><td>南京夫子庙庙前广场、安徽棠樾村牌坊群等</td></tr>
<tr><td>聚落景观</td><td colspan="2">由一组历史建筑、构筑物和周边环境共同组成，自发生长形成的建筑群落景观，聚落延续着相应的社会职能，展示了 IDE 演变和发展，包括历史村落，街区</td><td>安徽西递宏村，湖南凤凰古镇</td></tr>
<tr><td rowspan="3">区域景观</td><td rowspan="3">是一个大尺度概念，超越了单个的文化景观，强调相关历史遗产之间的文化联系</td><td>风景名胜区</td><td>青城山</td></tr>
<tr><td>遗产廊道 / 文化路线</td><td>茶马古道、长征遗址</td></tr>
<tr><td>遗产区域</td><td>楠溪江流域古村落群、古徽州聚落群</td></tr>
</table>

2.5.3　国际遗产保护理论的核心议题阐释

1）真实性理论

意大利学派认为建筑应当遵守历史性、真实性的原则，不轻易改动，在不得不进行修缮时，强调新加部分的可识别性，以免混淆历史。意大利学派的观点成为国际社会的共识，同时也是现代遗产保护的重要基础。

1964 年，《威尼斯宪章》的颁布奠定了真实性对国际现代遗产保护的意义。真实性后来也逐步发展成为世界文化遗产的登录标准：列入《世界遗产名录》的文化遗产至少应具有《保护世界文化和自然遗产公约》所说的突出普遍价值中的一项标准以及真实性标准。比如，那不勒斯圣马丁诺修道院的门（图 2–34）就保留了历史中曾经存在过的窗和门叠加的结果，最大限度的保护其所携带的历史信息和发展过程。

图 2–34　那不勒斯圣马丁诺修道院的门

2）完整性理论

从《威尼斯宪章》到《西安宣言》，完整性的内涵发生了很大扩展：1964 年在《威尼斯宪章》中首次出现“完整性”的理念以确保纪念物的安全而保护其周边环境；1976 年，《内罗毕建议》中提到完整性不仅包括物质环境，还考虑到经济、社会等方面；到 2005 年《西安宣言》，完整性包含了有形与无形、历史与现在、人工与自然等多方面的因素。

2005 年，修订后的《世界遗产公约操作指南》，将完整性的要求从自然遗产延伸到文化遗产，文化遗产和自然遗产的认定都需要满足完整性原则。完整性是评判自然遗产和文化遗产及其品质是否处于完整无缺和健康无损状态的标准。完整性理论的深化，系列遗产、文化线路等跨区域、跨国遗产的提出，对整体性保护方法的探索提出了更高的要求。例如，西班牙托莱多古城依山而建、三面环水，保护规划中以古城和河流为核心保护区，同时划定大范围的缓冲区，强调古城周边环境的整体性保护，几百年来始终保持名画《托莱多风景》中的风貌（见图 2–32）。

3）文化多样性理论

在全球化兴起、国际局势变化、世界遗产不平衡性的背景下，文化人类学研究在 19 世纪的欧美地区开始起步：2001 年，UNESCO 颁布《世界文化多样性宣言》；2005 年，UNESCO《保护和促进文化表现形式多样性公约》颁布，《公约》中确认“文化多样性是人类的一项基本特征”“是人类的共同遗产”“文化多样性创造了一个多彩的世界”。

“文化多样性”理论不仅推动了遗产保护理论范式转换，同时导致文化遗产概念的拓展和新遗产类型的产生。“文化多样性”理论包括三个核心内涵，即文化价值平等、非物质要素和跨文化交流与对话。遗产类型的拓展，例如文化线路体现了跨文化交流，促进文化间对话的基本立场。

4）资源保护和可持续发展融合

2011 年，以“遗产，发展的驱动力”为主题的国际古迹遗址理事会（ICOMOS）第十七届全体大会在法国巴黎召开，会议通过《巴黎宣言》。《宣言》中提出复兴城镇与地方经济（鼓励选择性的对小型城镇和村落的建筑遗产进行保护和适应性再利用，从而促进社会经济振兴）、遗产利用（应尽力使新的用途和功能适应遗产，而不是反过来，并适当减小对现代生活舒适性的过度要求）和文

《托莱多风景》与古城现状格局

核心区及缓冲区范围（2013）

核心区
缓冲区

图 2–35　西班牙托莱多古城

化旅游（将遗产的保护与保存于文化旅游发展相结合）等倡议。

第三届联合国人居与可持续城市发展大会发布全球报告《文化：城市未来》。报告中指出文化赋予城市社会和经济动力，文化具有让城市更加繁荣、安全和可持续的力量，倡导以文化与创意产业为城市可持续发展的基础；城市战略需要进一步全面纳入文化考量，以确保战略的可持续性，为城市居民提供更高质量的生活（图 2–36）。

2.5.4　遗产保护与景观规划设计的联系与影响

如上文所述，世界关于遗产保护的关注点，已经从对文物、单个建筑的保护转变为对一种独特文明、一种有意义的发展或一个历史事件见证的城市或乡村环境的保护。保护的内容日趋综合化、有机化和多元化，并显著体现出一种与景观规划设计联系和影响日趋紧密的趋势。

如近年，伴随城市经济结构调整和大城市郊区化的出现，近代工业遗产地的保护和再利用成为遗产保护关注的焦点。而这些遗产地多已成为废弃地，其本身除了具有显著的文化意义，其保护和再利用更涉及生态恢复、环境整治等多方面内容，无疑需要与景观规划设计的深入结合。此外，风景名胜区的规划有很大一部分涉及到文化景观的遗产保护、历史园林，其向来就是景观设计学研究的重要对象，而历史街区、历史文化名城、文物建筑群的保护规划设计也都需要景观设计和相关专业人士的参与。由此可见，遗产保护与景观规划设计的关系密不可分，相互的影响集中体现在以下三个方面：

1）遗产保护中所反映的文化认同危机与人地关系危机，亟需景观规划设计学的理论方法去解决。文化遗产的保护归根结底是人类文明的保护，文化认同危机的本质则是乡土文化多样性丧失所带来的“场所精神”危机，景观规划设计尊重场所精神的规划设计核心与遗产保护需求，特别是文化景观遗产的保护需求契合。此外，遗产保护中的人地关系危机，则更多地表现出生态环境危机的特点。例如，在文化遗产分布密集的中国东部，深厚的文化积累、高度的人工干扰、高度破碎化的景观形

图 2-36　法国巴黎某废弃地段保护与更新前后对比

成了这一区域遗产的基本特点。基于此，文化遗产的保护应充分和景观生态保护与修复相结合，在保护遗产财富的同时，使土地得以持续和健康。

2）景观规划设计理论利于遗产保护体系的完善。在以古建筑保护和考古学为基础建立的文化遗产保护体系中，一些遗产种类受研究尺度、保护对象特征的限制而无法受到重视（如历史风貌、空间格局、自然环境等），或难以予以恰当的保护，诸如线性文化遗产（运河、城墙带等）、工业文化遗产等。而景观规划设计在地理学和景观生态学方面的内涵，不仅能够促使这些遗产类型的保护价值受到重视、保护要素得以扩展，更可为之提供科学的保护理论与方法，从而利于整体保护与再现遗产的面貌。以大运河文化遗产保护为例，在风景园林学的视野下，从景观尺度开展的大运河文化遗产保护研究，更易于实现文化遗产在空间、时间和文化要素上协同、利于整合区域内的文化资源和自然资源，便于统筹考虑遗产资源的保护与利用问题，拓宽和提升文化遗产的保护和利用价值，达到保护文化遗产的真正目的。

3）景观生态网络构建对遗产保护具有重大意义。景观中存在着关键的空间位置和联系，辨别和控制这些关键性位置和联系对维护和控制景观和生态过程具有异常重要的意义，这种战略性位置和联系所形成的景观格局就是景观生态安全格局，而其中对于维护乡土文脉起作用的关键性局部、点、位置关系，就构成了文化景观安全格局。通过这一景观格局理论的作用，结合生态修复、景观整治手段，联系残存自然景观、一般自然景观、人工化景观中残存的自然斑块，加入休闲和游憩系统，可形成连续的遗产景观生态网络，使遗产成为现代生活的重要一环，从而在维护文化景观安全格局的同时，建立起生态基础设施的基本骨架。

第3章

景观构成的物质要素

3.1　景观构成的物质要素——地貌

景观设计师运用多种物质元素去营建满足各种设计意图的景观环境。在多种构成景观的物质元素中地貌或是地形是其中最为重要的元素之一。因为它是一切室外活动的基础，并且兼具艺术和功能两个方面的特质。

“地貌”也可以称之为“地形”，强调的是地面的三维空间特征。在区域的尺度上，地貌的种类多种多样主要包括山谷地区、山区、丘陵地区、草原地区以及平原地区。它们就是通常所指的“大地形”（图 3–1a）。而在场地的尺度上，地貌的类型主要包括土丘、斜坡、平地及与阶梯或坡道连接的台地，这些普遍被划分在“小地形”的概念里（图 3–1b）。我们将尺度进一步缩小到“微地形”，如场地内局部地面的起伏波动或是各种铺装石材所形成的凹凸肌理等（图 3–1c）。总之，在各种场地中，地貌指的就是景观环境中具有三维空间特点，位于大地最表层的地面元素。

地形元素在景观设计中极其重要，主要是因为它与景观设计中的多个方面直接关联，比如场地的空间氛围、视线的引导、空间的塑造、排水、小气候以及场地功能的组织安排等。不仅如此，由于在景观环境中悬在空中的元素很少，绝大部分是直接与地面连接的，因此地形还影响了包括植物、铺装、水景以及建筑等其他物质元素在场地中的组织布局及相应功能的发挥。由此可见，地形的变化不仅会改变场地中空间的划分，影响到其他设计元素的功能甚至可以彻底改变场地原有的景观形象。

（a）山谷、丘陵、草原、平原等大地形

（b）土丘、斜坡、阶梯等场地尺度上的小地形

（c）由铺装块材塑造的微地形

图 3–1　不同地形地貌

所有构成景观的物质元素均在一定程度上与地形产生联系，因此地形成为了室外环境中最为普遍的组成要素之一。一方面，可以把地形看作线，它能够将景观环境中的所有元素和空间串起来。平整的地形是这一形象比喻的最好体现。它以其均一平衡的特点包容了各种景观元素并将它们很好地整合联系到一起（图 3–2a）。而地形的这种整合能力在山丘地区或是山区就会消失，因为场地中的地形高点会将场地分隔成彼此间缺乏有效联系的多个使用空间。另一方面，我们还可以把地形看作是其他景观构成要素的基础结构，就像是建筑物的框架，人或是动物的骨架。它决定了场地总体的秩序和形式，而其他设计元素只是覆盖或是放置在了地形所形

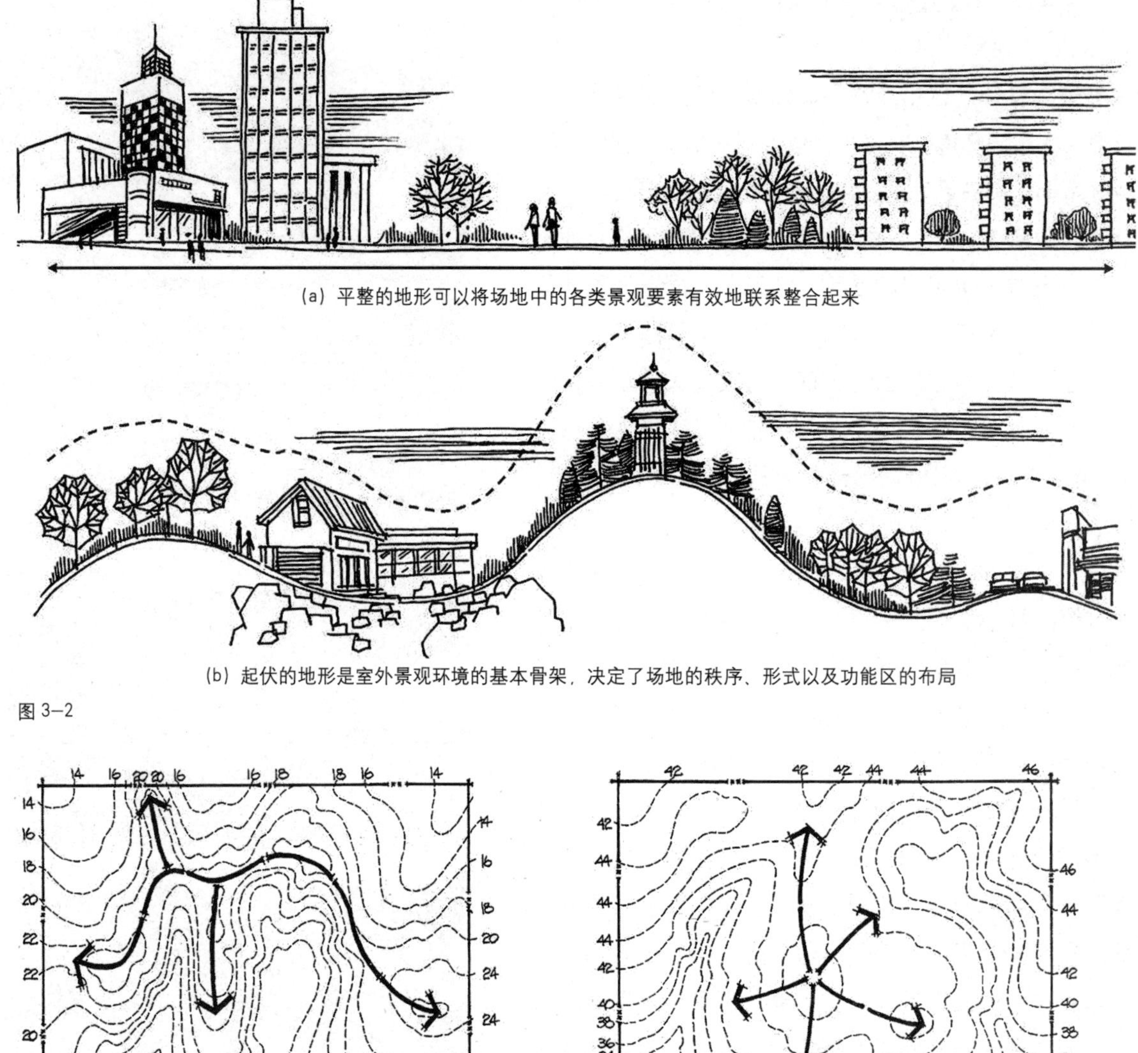

(a) 平整的地形可以将场地中的各类景观要素有效地联系整合起来

(b) 起伏的地形是室外景观环境的基本骨架，决定了场地的秩序、形式以及功能区的布局

图 3–2

(a) 沿山脊线的线性布局

(b) 与中心高地地形相吻合的扩展延伸式布局

图 3–3

成的空间框架下（图 3–2b）。因此在设计初期的场地分析阶段，首先进行地形的分析和研究是最为明智的选择，并且对于后期景观设计能否顺利进行影响颇大，尤其是对于地形变化较大的场地。

地形能够暗示出未来规划设计中应采用的合理布局及秩序组织。场地中各部分的使用功能、空间秩序以及其他要素均应与场地的内在特征相吻合。如图 3–3（a）所示，由于山脊地形是该地区的主要制约因素，因此这一区域内的功能区布局、交通布置以及其他元素的安排均应沿着山脊线设计。而图 3–3（b）中，由于该地区以中心高地为主要地形特点，因此在功能布局和空间设计上宜采用多方向扩展延伸式布局，在形式处理上更为自由多变。由此可见，一个有经验的景观设计师应能够熟练地解读出场地的地形地貌条件并挖掘出隐含在地形里面的设计线索和思路。

如前所述，地形深刻影响了其他设计元素在场地景观设计中的应用。下文将对其中一些核心内容中进行详细说明。

3.1.1　地形的功能

1）塑造审美特征的功能

不同的地形具备不同的视觉特征，如山区的高耸、丘陵地区的起伏、山谷地区的内聚、平原地区以及草原地区的开敞等，均呈现出了它们所具有的独特审美特征。许多国家都是依照地形的显著变化进行区域划分的。如美国的以沿海平原为主的东海岸、以高山为主的阿巴拉契亚地区、以平原和草原为主的中西部地区以及以海岸峭壁、峡谷为主的西海岸（图 3–4）。我国的区域划分同样以地形特征为参照，如长江中下游平原、黄土高原、云贵高原、四川盆地、准格尔盆地等。

地形特征的不同也带来了地区气候、植物、文化的差异，进而形成了各具特点的区域景观环境风貌。如我国的四川盆地雾大湿重，云低，阴天多，植被以亚热带常绿阔叶林为主，代表树种有栲树、峨眉栲、刺果米槠、青冈等。同时植根四川盆地的蜀文化也因其悠久的历史、博大精深的内容而举世闻名（图 3–5）。与四川盆地不同，黄土高原地区的气温年较差、日较差大，气候干燥，植物种类稀少，主要以耐寒耐旱植物为主。孕育于黄土高原的黄河文化以及长久以来作为军事要地的军事文化则形成了这一地区的显著文化特征（图 3–6）。

与区域间因地形特点存在景观风貌差异的情况类似，在场地尺度上，不同的地形特征也会反映出不同的景观效果。如图 3–7，地势平缓，呈现出开阔、延伸的景观特征。置身其中，人的视线可以延伸到很远，

图 3–4　地形差别塑造了区域间的视觉特征差异，也成为美国行政区划的依据

图 3–5　盆地条件下的特色植物、城市风貌和蜀文化

图 3–6　高原条件下的特色植物、城市风貌和黄河文化

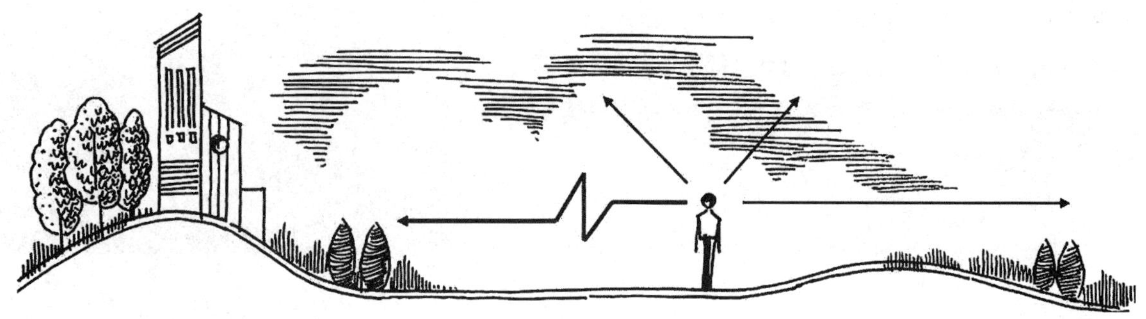

图 3–7　地势平缓，呈现出开阔的景观特征。视线无限延伸直至与地平线重合或与场地中的高点相遇。

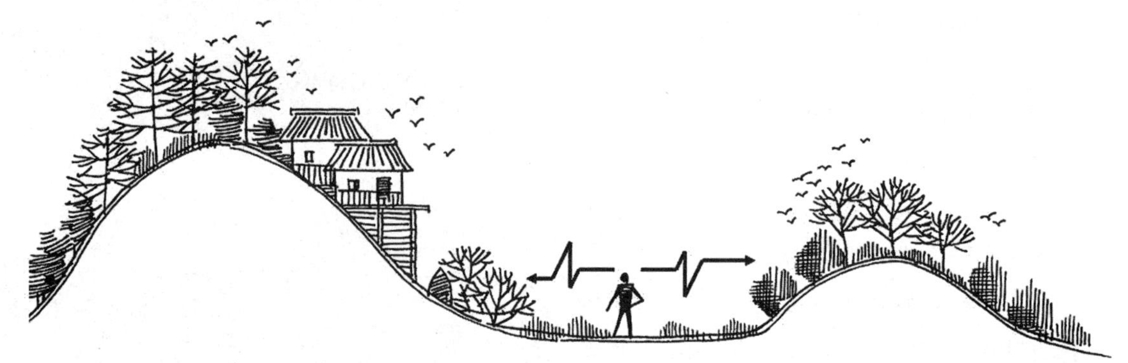

图 3–8　起伏的地势形成富于变化的景观效果。山坡占据主要视域成为背景。

直至与地平线重合，或与场地中的其他高点相遇。此时，天空作为顶面成为了此类地形中重要的景观要素。由此可见，平缓的地形可以很好地将分散在场地中的多个孤立部分融合在整体的景观环境中，进而塑造出视觉上延续统一的景观效果。再如图 3–8，地势高低起伏，则呈现出富于变化的景观特征。置身于山谷之中，山坡会占据主要的视域而成为背景，并将大大减少天空的可视范围。因此，高低起伏的地形轮廓可以有效地进行空间分割及视线组织，进而塑造出具有节奏和韵律感的景观环境。其中，山谷山峰这组虚实空间彼此交替变化的频率正是体现景观节奏变化快慢的主要方式。

另外，场地内不同的地形条件对地面上其他景观元素的形式和美学特征也会产生直接的影响。通过比较在具有明显地形差异的几个欧洲国家中的花园设计，可以深刻体会到这一点（图 3–9）。文艺复兴时期意大利最为典型的兰特庄园（Villa Lante）正是以台地的形式很好的回应了该地区丘陵地貌所蕴含的场地特征。在兰特庄园，著名建筑师、造园大师维尼奥拉对该处变化丰富的丘陵地形进行了灵活巧妙的利用。在三层平台的圆形喷泉后，用一条华丽的链式水系串连绿色坡地，使得园林的中轴渐行渐高，并最终止于整个庄园的至高点，而在此处修筑的亭台更方便了俯瞰庄园全貌。文艺复兴时期法国的凡尔赛宫、沃子爵城堡的设计也同样反映出了当地的地形特点，严格的几何对称形式正是在法国平整规则地形特征的影响下产生的，并在庄园笔直的轴线、几何对称的静水景观和植物造景等方面得到集中体现。十八世纪英国园林中舒缓起伏的地形、自由种植的树群、不规则

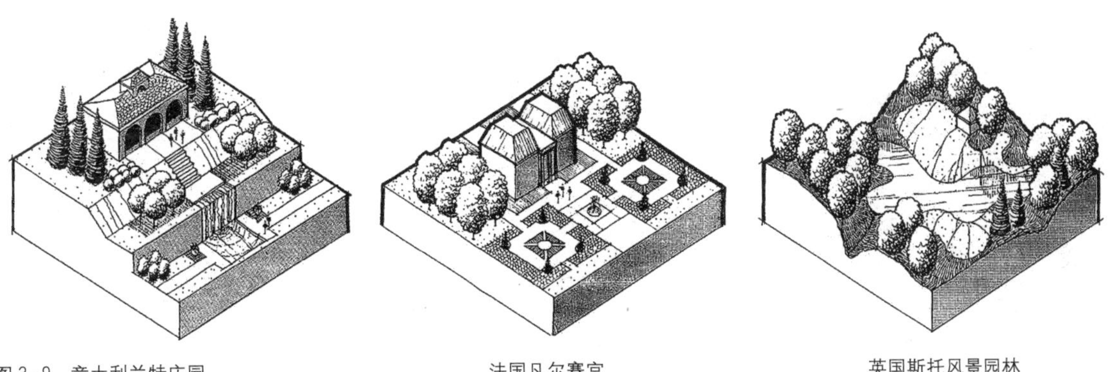

图 3–9 意大利兰特庄园　　法国凡尔赛宫　　英国斯托风景园林

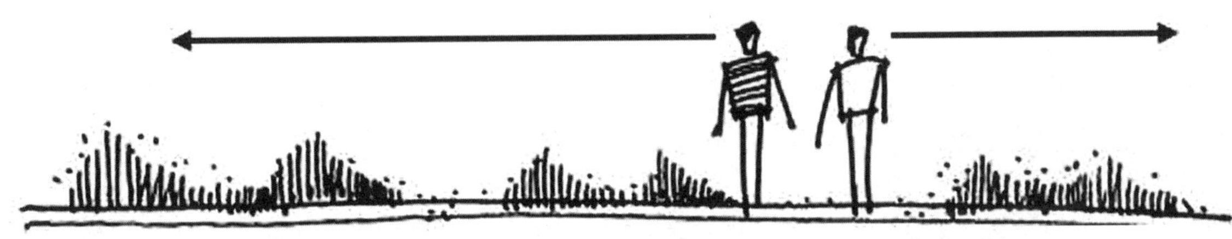

平坦地形，开敞空间

图 3–10 法国安·雪铁龙大草坪

形状的水池等同样呼应和强调了英国大部分地区平缓波动、高低起伏的地形特点。意大利、法国以及英国公园各自所采用的不同布局形式与所在地区地形特点的区别有明显的关联，如果将这三种公园形式互换位置，比如将意大利的台地式公园放到英国平缓轻松的地形中，必将因设计形式与地形的内在特质不匹配而产生分离和不协调的感觉。

2）提供不同空间感受的功能

地形会影响人们对外部空间尺度的判别和对空间氛围的感知。在没有其他如墙体、树阵等要素参与的情况下，宽敞平坦的地形因缺少能够起到竖向约束作用的元素而使人的视线可以无限延伸，因而人所感受的空间尺度往往比实际的要大（图 3–10）。而在坡地中，坡面及场地中的多个高点

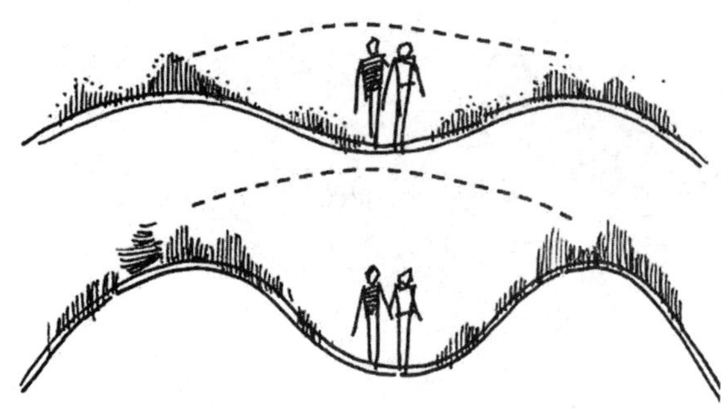
坡地中，坡度越大空间感越强

图 3–11　法国新城公园

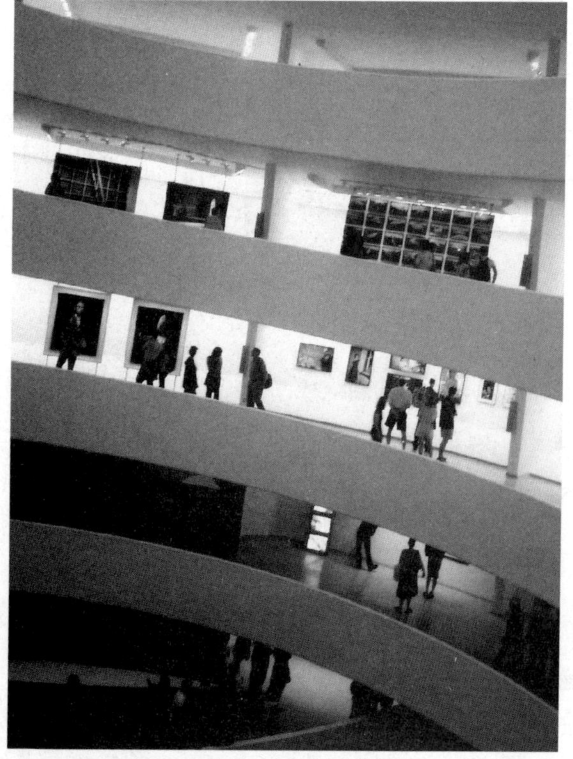
图 3–12　古根海姆博物馆

可以有效地阻隔视线的延伸，充当空间的竖向约束条件，进而实现空间划分。同时随着坡面坡度的缩小和高度的增加，其对于竖向空间的约束作用也将有效提高，空间划分会因此更加明显，提供给人的场所感也会更加清晰（图 3–11）。

另外，平坦的地形可以营造出放松、轻缓的空间氛围，而刚劲崎岖的地形则会培养出兴奋、激进的环境氛围。换句话说，平缓的地形常使人们能够停顿，静止下来，而高低起伏的地形则可以有效地引导人们以某种方式运动起来。有意识地利用坡地引导人们行动的一个经典实例出现在由著名建筑师弗兰克劳埃德赖特设计的纽约古根海姆博物馆中。古根海姆博物馆建筑的外部向上向外螺旋上升，内部则以曲线形斜坡直通六层。博物馆的整个参观路线以 3% 的坡度缓慢上升长达 430m，馆内的陈列品就沿着坡道的墙壁悬挂着。设计师认为，一方面，人们沿着螺旋形坡道走动时，周围的空间才是连续的、渐变的，而不是折叠的、片段的。这显然比那种常规的一间套一间的展览室要有趣轻松得多。另一方面，由于坡道具有不稳定性，因此以缓坡作为参观道路可以有效地促使参观者沿着拟定路线前进，并且自然地避免了参观者停留时间过长而不能在规定的参观时间内欣赏完每一个展品等问题（图 3–12）。

3）组织视线的功能

在景观设计中，景观空间的塑造和观赏视线的组织二者之间有着紧密的联系，并表现在诸多方面。高低起伏的地形能够影响观赏者的视域范围，并决定观赏者在不同的观察点处可以“看到什么”以及“看到多少”。在地形能够提供明显竖向约束，塑造空间的场地中，这种情况体现得尤为突出。景观设计师可以有意识地利用地形创建一系列变化的发展的景观序列，这样不仅能使观赏者在行进中体味到不断变化的景色，同时可以将不良的景观要素完全地隐藏起来。亦即我国古典园林设计中所强调的“移步异景”（图 3–13）。

此外，如前所述，地形还可以影响观赏者对于距离、高度以及场地空间尺度的正确判断，产生错视的效果。这在很大程度上与环境心理学有很多的联系。

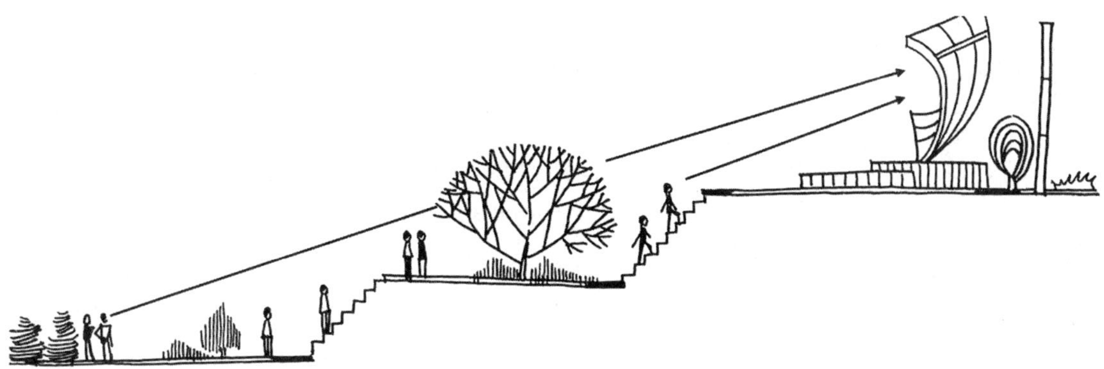
借由地形影响游人的视域范围从而塑造出变化的发展的观景效果

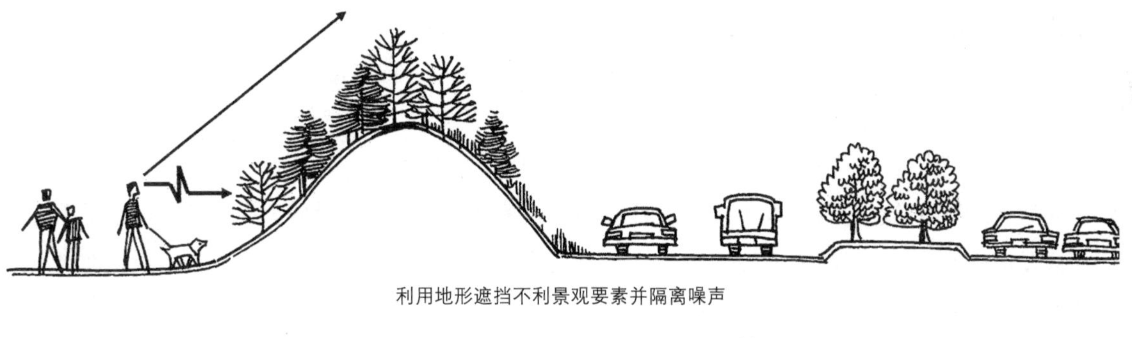
利用地形遮挡不利景观要素并隔离噪声

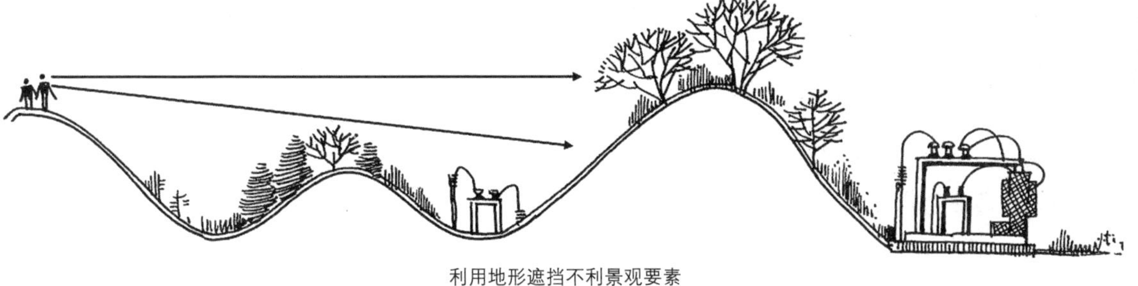
利用地形遮挡不利景观要素

图 3–13　视线组织

4）排水功能

落到地面上的雨水如果不能及时被地面吸收或是蒸发到空气中，便会形成雨水径流。雨水径流数量、流动方向以及流速与场地的地形特点直接相关。一般情况下，坡面越陡，形成的雨水径流量越多，流速则越快。但如果坡度过陡，由于径流流速大大增加则会导致其对土壤的侵蚀。相反，若坡度过小，则会影响排水的效果，造成雨后场地内积水潮湿等问题。对于仅种植灌木的坡面，建议将坡度控制在 10% 以下，以防止侵蚀土壤。而草坡的坡度至少要达到 1%，否则就会出现积水的问题。因此，分析场地地形条件对于排水的影响，并对其进行合理地修改，保证一定的排水速度并引导部分径流汇流到场地中恰当的位置，是景观设计中的一个关键部分。

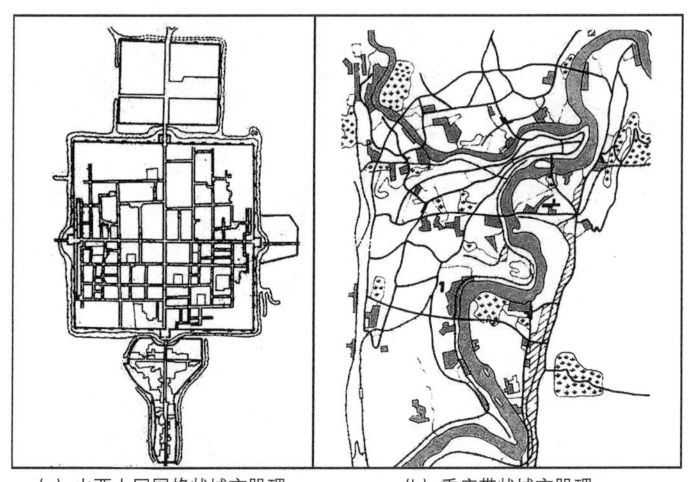

（a）山西大同网格状城市肌理　　（b）重庆带状城市肌理

图 3–14　不同城市肌理

5）影响场地功能安排和土地利用状况的功能

在景观规划设计过程中，各种用地功能在场地内的位置安排均受到地形特征尤其是坡度因素的影响。用地功能的有效发挥需要与之相协调的地形坡度，因此场地内的初始地形坡度条件是景观规划设计初期决定用地功能组织安排的重要约束条件。例如，广场的理想坡度在 1%—3% 的范围内。如果将广场选址在场地中坡度为 10% 的区域上则是极不明智的。因为这样的用地安排需要在施工期间投入大量资金用于平整地形，方能保证建成后广场功能的有效发挥。

一般而言，场地的地形条件越平缓，各种用地功能的选取和组织安排就越灵活多变。在以缓坡地形为主的场地内，通过较小规模的地形平整便允许建造多种一般性用途的建筑、道路以及其他配套基础设施。相反，在以陡坡地形为主的场地中景观设计则存在诸多功能上的限制，并且实现难度较大。但是不可否认，如果构思巧妙，安排得当，在这一场地条件下同样可以塑造出富于变化的景观环境。

场地内多种功能用地间的布局关系也会受到地形条件的影响而存在显著差异。平整的场地内，景观布局多呈现扩展蔓延的发展趋势。而在波动起伏较大的场地内，景观布局则更加紧凑，且多呈线性模式。不仅如此，在区域尺度上，不同的地形条件也对城市肌理体现出了明显的引导作用。以我国为例，地处华北平原的城市，城市布局以矩形地块为基本单元，通过复制拼贴得以扩大，道路横贯东西纵穿南北，城市肌理均匀规整（图 3–14（a））。而在著名的山城重庆，由于山脉主要从城市的东北角直接贯穿至西南角，城中多数道路的走向与主体山脉走向一致，以连接城市的东北角与西南角，而与山脉呈垂直走向的道路明显较少。城市肌理以带状呈现，呈线性发展模式（图 3–14（b））。

6）改变区域微气候的功能

地形可以影响甚至改变一定区域范围内的微气候环境，这主要体现在太阳辐射和风力两个方面。比如，冬季，在温带大陆性气候区域内，与其他朝向的坡面相比，迎南坡面得到的阳光照射最多，朝北坡面受到的太阳辐射最少。而夏季，午后最为强烈的阳光则会毫无遮拦地照射在朝西的坡面上。在风力方面，冬季在温带大陆性气候区域内盛行季风的方向主要与西北方向的坡面垂直，风速较高，风力较大而东南方向的坡面则被很好的隐藏起来，几乎不会受到大风的影响。而在夏季，由于受到西南盛行季风的影响，这一朝向的坡面则成为主要的迎风面。综上所述，在温带大陆性气候区域内，东南朝向的坡面最适宜进行土地的开发和利用，这是因为它在冬季可以得到最充足的阳光照射，受到最小的风力影响，而在夏天它不仅可以躲避午后最为强烈的阳光照射，同时可以享有足够的通风。

无论是在自然环境中还是在人工环境中，我们都可以找到坡向影响区域微气候环境的实例。约翰 .O. 西蒙斯在其著作的《景观规划》一书的前言部分就讲了这样一个故事：一个猎人告诉小男孩，如果想逮到田鼠，就到东南方向的坡面上寻找田鼠窝的洞口。这是因为故事发生在美国的南达科他州大草原，在东南坡面上开洞，田鼠可以在冬季里依然享受到充足的阳光，并且能避免大风侵袭以保证安全过冬。另外，《形式、功能与设计》一书的作者保罗 .J. 格里洛认为，比起坐落在美国西面或北面的城市，那些位于美国东面和南面的滨水城市具有更加明显的区位优势和良好的气候环境，也因此更可能获得快速和长远的发展。如辛辛那提、奥尔巴尼、普罗维登斯以及哈特福德等。

综上可见，地形元素在塑造良好景观环境中发挥着相当重要的作用。它在一定程度上影响设计师设计、安排和组织场地的方式以及观赏者在场地中所获得的感受，并最终通过影响其他景观物质要素进而影响场地的功能、特征以及形象。

3.1.2　地形的特征和分类

地形具有多种分类方式，如以坡度分类、以尺度分类、以形式分类和以地质成因分类等。所有这些分类方式均有助于对地形进行深入的分析和理解，但其中按照形式进行分类的方法在景观规划设计领域具有更加重要的意义。因为这种分类方式以地形的视觉特征为依据，与景观规划设计师进行场地规划设计时所关注的焦点不谋而合。

与建筑相同，景观也是一系列虚实空间的连续组合。“实”指定义空间的实体物质要素，而存在于“实”之间的空缺则是“虚”。在室外环境中，地形就像是建筑中的骨架，构成了室外世界的虚实空间。这里概括为以下三种：平地、凸地和凹地。需要强调的是，我们为了便于讨论和研究对地形进行了划分，但在实际中它们是连续存在密不可分的，并且常常通过彼此之间的对比而在视觉上得到强化。

1）平地

平地是平面概念的延伸，指整个地表始终保持与地平线平行（图 3–15）。但这只是理论上的概念，实际室外环境中是不存在这样的场地的。因为所有地面都或多或少存在一些凹凸不平和上下起伏。因此，这里所提及的平地更加强调视觉上的“平”，与严格的理论意义不同，它允许一些缓坡或轻微起伏地形的存在。

平地存在于各种尺度中。从场地尺度上的一小块平地，到区域尺度上的整个草原、平原，都能体现出其他地形条件所不具备的视觉与功能上的特征。首先，平地因缺少竖向的空间变化呈现出一种与地球重力相平衡的稳固状态，往往给人以静态、稳定的场地精神，使站立或行走在平地上的人产生脚踏实地，舒适自如的感觉。平地也是人们聚集、休息的首选场所，因为在平地上人们无需提供任何附加的支撑力来与重力的下滑分力平衡，也不会被动地受到任何促使他们向某个特定方向运动的外界因素影响。这也是人们更普遍地选择在平地上布置建筑及其他基础设施的原因。

图 3–15　平地：地表、地平线、视平线保持平行

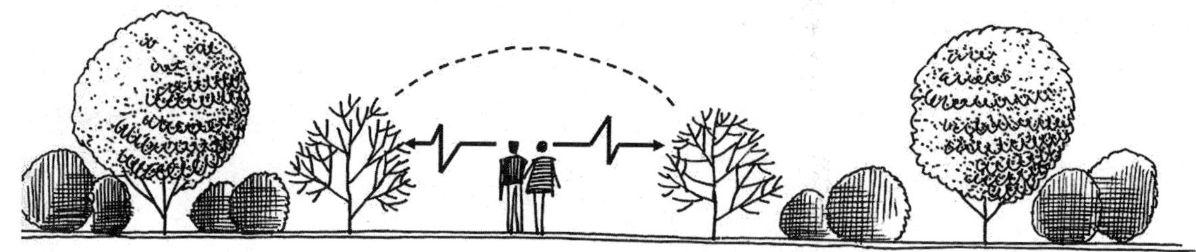

（a）平地中，借由植物提供竖向约束，围合空间

（b）平地中，借由景观墙提供竖向约束，围合空间

图 3–16

其次，平地自身缺少围合空间的竖向要素，因而在平地中，缺乏私密性，缺少能够起到隔绝视线或是屏障噪声的竖向立面，但却可以创建出开放、宽敞的空间氛围。如果想改变平地中缺少空间划分的状况，则需引入植物或营造其他构筑物以充当空间中的竖向要素，围合空间（图 3–16）。

在平坦的场地中，地形对于人类行为不具备约束性，因而人的行为活动随机性很强。这一点也体现在平地上的景观规划中。由于平地自身很难为设计师提供场地布局的思路和线索，因此很多景观设计师认为，比起在地形高低变化复杂的场地中进行设计，平坦场地中的设计存在多种规划和设计的可能性，更难入手。也出于这种特征，平地中的布局特点多呈现出扩展、蔓延的趋势。

最后，平地具有明显的中庸型，适合作为背景元素，或者与稳定、平整、均衡的景观要素形成

图 3–17　建筑形式与地形条件相呼应，营造统一和谐的景观画面

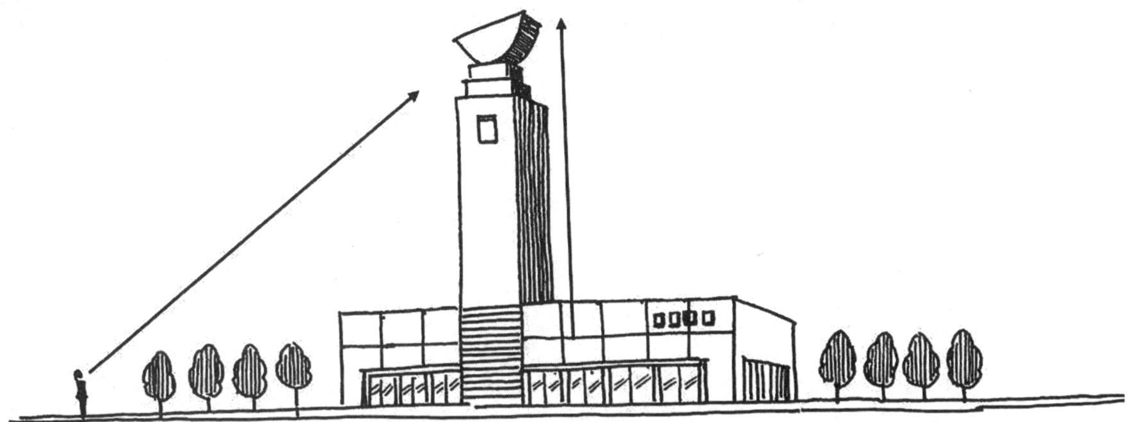

图 3–18　平地作为背景元素，与建筑形式形成鲜明的对比，起到衬托映衬的作用

恰当的呼应，互相协调补足，营造统一和谐的景观画面（图 3–17），亦或与竖直、高耸、变化的景观形成强烈的对比，互相衬托强化，形成舒缓有致，动静相宜的场景（图 3–18）。

2）凸地

凸地是第二种基本地形。“凸”意即“高出”，从远处观看，凸地以连续光滑的弧面，突出于周围地面，并多以小丘或高山的形式存在。纵观历史，山顶同时具有军事和政治两个方面的重要意义。众所周知，两军斗争中，首先占据山顶这一军事要地的队伍更容易有效地控制周边地区而取得军事胜利，而在景观设计中，凸地的意义也同样显要。

与平地不同，凸地常给人以动态、激进和兴奋的感觉，并以突出向上的形式含蓄地表现出其所具有的力量和地位。从人类心理感受的角度思考，“向上”可以产生强烈的崇敬或敬畏之感。这一点在宗教建筑、政府建筑以及其他重要建筑方面体现得尤为突出（图 3–19）。这类建筑经常选址在高地的顶端，利用这样一种“向上”的地势对建筑的重要性加以强化，同时象征出其地位的崇高。例如，南京鸡鸣寺、杭州保 塔、华盛顿纪念碑都坐落于其所在地区地形的制高点上。

立于凸地最高点，常能给人以外向、开敞的空间感受。因此凸地的制高点是极佳的观景场所，设计师常在此处布置观景建筑物或平台，为鸟瞰全景创造可能，以充分利用这一地形所特有的空间优势。同时，这样的制高点也常被作为场地的标志性景观节点，汇聚视线，引人驻足欣赏，对整个

（a）南京鸡鸣寺

（b）杭州保俶塔

（c）美国华盛顿纪念碑

图 3–19

景观环境起到支配或统一的作用（图 3–20）。另外，它具有类似于灯塔般指引路线的作用，游人通过参考与它的位置关系，可以快速地确定自己在场地中的位置或是行进的路线。

在空间塑造方面，凸地以其四周的坡面充当立面，在景观环境中建立竖向边界，有效地控制视域范围，从而发挥塑造空间的功能。一般情况下，凸地的高度越高，坡度越陡，其塑造空间的能力

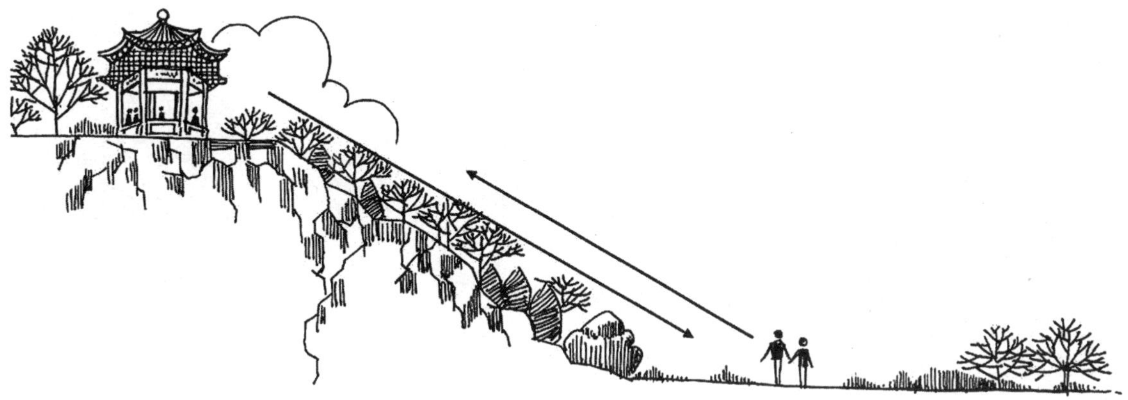

图 3–20　位于制高点处的建筑既作为观景建筑为游人提供绝佳的观景平台，同时自身作为重要的景观节点为地面的人所欣赏，形成“看与被看”的互动关系

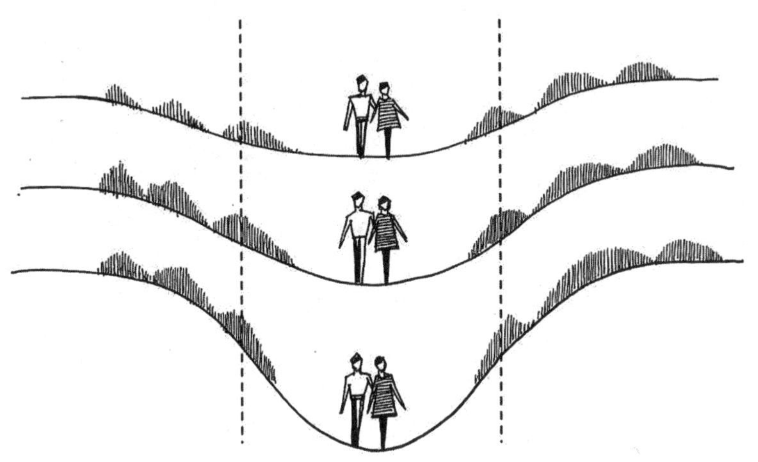

图 3–21　坡面的坡度越陡，坡顶的高度越高，凹地的空间感越强，私密性越明显

就越强。

另外，如前所述，凸地是重塑场地微气候环境的重要元素，方位和朝向可以直接影响坡面上的温度和风力。一般情况下，朝南或是东南方向的坡面由于在冬季有充足的阳光照射，并且受到风力的影响最小，因而成为最适宜开发的地块。

3）凹地

凹地是第三种基本地形。它所创造的空间是景观环境中的基本空间类型，许多的功能和人类的活动都选择安排在这样一个内凹的空间中。凹地塑造空间的能力与其坡面的坡度和坡顶的高度有直接的联系，这两个要素同时也决定了凹地所塑内凹空间的大小及开敞程度（图 3–21）。

与平地或是凸地不同，凹地所塑造的空间具有明显的以自我为中心的内聚性，常给人以隐蔽的、排他的、私密的空间感受。置身于凹地中，外向的视线将受到阻碍。在缺乏与外界环境间联系的情况下，人们会更多地将视线汇聚于凹地底部，从而使得内聚的场地精神得到进一步强化（图 3–22）。

凹地半封闭和内聚性的空间特征使得在凹地的底部进行舞台、剧场等的布置成为最理想的设计

(a) 北京奥林匹克公园下沉花园之一

(b) 北京奥林匹克公园下沉花园之二

图 3–22

(a) 纽约洛克菲勒广场鸟瞰

(b) 纽约洛克菲勒广场滑冰场

图 3–23

方案。位于凹地四周坡面上的观众会自发地将视线和精力汇聚于凹地的底部，从而形成良好的观赏与被观赏的视线关系。纽约的洛克菲勒中心广场正是在城市中利用下沉地形创建表演场地的一个经典实例，设计师将一个大型的滑冰场安排在场地中的最低处，这一处理大大吸引了观众及周边路人内聚的视线（图 3–23）。

除了空间塑造和视线组织两个方面的特点外，凹地内部的微气候环境也有别于另外两种地形，主要以少风，湿热为主要特点，这在凹地的底部体现得尤为突出。在没有工程措施干预的情况下，降水及周边地区的雨水径流会汇聚于凹地内部并积攒起来。鉴于这个情况，可以选择性地将场地内的某些凹地作为天然的雨水收集池，容纳形成径流的雨水，这样既可以满足了景观的审美需求，同时也可以实现一定的生态功能。

3.1.3　总结

综上所述，地形是景观环境中十分重要的元素之一。它不仅会影响场地空间的审美特性、视线的组织、排水、微气候环境以及场地用地组织分配。另外，由于景观环境中所有其他要素都会与其产生直接的联系，因此在设计过程中地形的形式特点是景观设计首先要思考和处理的。针对地形的塑造方式直接关系着后续建筑、植物、水、铺装等其他要素的组织和形式。

3.2　景观构成的物质要素——植物

植物是景观设计中极其重要的物质要素，它与地形和建筑一道对构建场地的空间结构、组织游人的观赏路线起到了决定性作用。另外，植物作为室外环境中的自然元素，为游人提供了亲近自然，体会自然的难得机会，这在高度人工化的城市景观中显得尤为重要和突出。

与其他构成景观的物质要素相比，植物有许多突出的优点。其中最重要的一点即植物是具有自然生命力的元素，而景观设计中涉及到的其他元素大多以人工要素为主，如建筑、铺装等。其次，植物是动态变化的元素。随着季节更替植物的颜色、肌理、遮光性等均会发生相应的变化。当然，这一特性可以有效地为景观环境增添丰富的趣味性和含蓄的生命力，但是不可否认，在实际设计中这也会带来很多的麻烦和不便。因此在景观设计的过程中，景观设计师不能仅关注于植物在某一季节或时刻下的形式和功能，必须要全面思考植物在整个生长周期内不同的状态及所能扮演的相应角色。另外，不同种类的植物对于环境的要求各不相同，因此在植物设计时景观设计师首先应了解下当地的环境特性如土壤的酸碱性、昼夜温差、风力的大小等等，以保证选取合适的植物种类，确保景观环境的可持续性发展。综上所述，为了合理而有效地利用植物造景，景观设计师要对于植物的视觉特性、功能特性以及正常生长所需要的环境条件充分地理解。本节将就植物在景观设计中的应用进行具体详细的阐述。

3.2.1　植物的视觉特征

植物的视觉特征包括植物的尺度、树冠的形式、树叶的颜色、树枝的肌理、植物群落的结构布局以及其与周围环境间的关系等。这些视觉特征会直接影响到景观环境中绿化设计的美学特征和空间效果，因此对于它们的理解至关重要。

1）植物的尺度特征

植物的尺度会直接影响场地内的空间尺度，视线的组织以及整体的景观结构。本节按照植物的尺度将其划分为五类，分别是：大中型乔木（9～12m）、小型观赏乔木（4.5～6m）、高型灌木（3～4.5m），中小型灌木（1～2m）和地被植物（15～30cm），下文将分别予以介绍。

（1）大中型乔木（9 ~ 12m）：

无论从景观环境的空间角度还是从美学角度，大中型乔木都具有极其重要的地位。主要包括白栎、桉树、白杨、槐树等。

由于这类树种的高度和体积较大，因此它具有与建筑内的钢筋结构、木结构相似的功能，即作为基本骨架构建起三维的景观空间结构。随着场地尺度的增大，其构建空间的功能也会更加明显和重要（图 3–24）。另外，景观环境中的大中型乔木常会引起游人较多的关注，而成为景观中的视觉焦点。特别是从远距离观看一片场地时，它们往往是能够被明显注意到的景观元素。随着观景距离的缩小，小型乔木和灌木才逐渐映入眼帘，丰富视觉感受（图 3–25）。因此，鉴于大中型乔木对于场地空间结构和景观氛围的掌控作用，在绿化设计时应首先进行这类树种的选择以及组织布局。待其布局确定之后，再将小型树木和灌木等植物安插在场地中，以配合大中型乔木所形成的整体空间结构，使彼此之间能够形成良好的呼应和映衬关系。需要强调的是，大中型乔木作为景观空间的骨架常应用在大尺度场地中，而小型乔木和灌木作为景观造景的细节元素更多地应用于与人的尺度相近的范围内。因此在景观设计中，要根据场地的尺度大小选择适合的植物种类，以塑造协调舒适的景观环境。

（a）巴特萨罗公园

（b）IBM 西海岸程序编制中心

（c）乔治 · 蓬皮杜公园

图 3–24

（a）远观，大型乔木塑造出景观的整体印象

（b）近观，小型乔木和灌木丰富景观效果

图 3–25

图 3–26　斯坦福大学临床科学研究中心

图 3–27　日本埼玉广场

图 3–28　瓜达几维公园

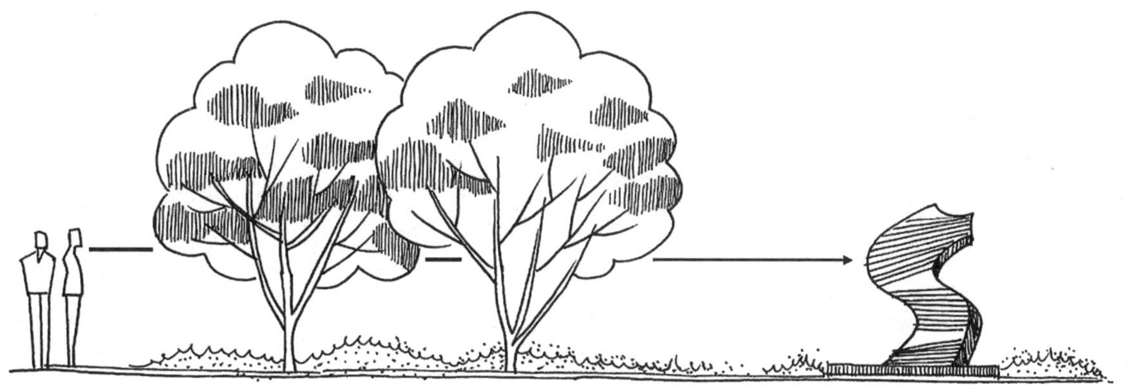
图 3–29　利用小型观赏性乔木作为半透明的前景要素，增强景观空间深度和远度，丰富观景层次的作用

大中型乔木高大的树冠和笔直的树干可以分别构成室外空间中的顶部平面和竖向立面（图 3–26、图 3–27），类似于建筑内部的天花板和墙壁，起到划分和围合室外空间的作用。此时，树冠的高度和宽度对于界定空间的边界具有重要的意义。而树干作为空间的边界元素其高度、宽度以及布局密度对于所围合空间的密闭程度具有显著影响。

夏季，大中型乔木茂密的树冠可以提供蓊郁的树荫，这对于夏季温度较高，阳光辐射强度较大的地区是必要的。景观设计师应将其置于场地或是建筑的西南、西或是西北方向，以使其遮阴效果能够有效发挥。

（2）小型观赏乔木（4.5 ～ 6m）：

小型观赏乔木，树高一般在 4.5 ～ 6m 之间。常见的有木豆树、海棠、紫荆、山茱萸等。

小型观赏乔木同样可以为室外环境提供顶部平面和竖向平面。景观设计师借助于小型乔木围合出的空间，更类似于庭园空间，与大中型乔木塑造的空间相比，给人的空间感受更加亲和舒适（图 3–28）。另外，小型乔木常被用作半透明的前景要素，通过将场地中的景观焦点要素如雕塑、喷泉水景等掩映在其枝叶后，以达到增强景观空间深度和远度，丰富观景层次的作用（图 3–29）。

(a) 小型观赏性乔木作为视觉焦点吸引游人视线，并起到引导行进的作用

(b) 观赏性乔木位于入口——苏州博物馆

(c) 观赏性乔木位于入口处

(d) 观赏性乔木位于转弯处

(e) 观赏性乔木位于线性空间的终点处

图 3-30

小型观赏性乔木常常被用作景观环境中的视觉焦点。这一功能的有效发挥依赖于其与周围其他植物之间在造型、尺寸、颜色等方面的对比。例如，果树或是开花的树，由于其具有明显的特征，因此更适合用作主景，充当视觉焦点。景观设计师常将这类植物布置于主入口、转弯或是狭长空间的终点处（图 3-30）。如将小型观赏乔木置于线性空间的终点，由于其汇聚视线作用明显，因此可以显著加强空间的指向性，引导人们径直从空间的一端走向另一端。如果以一定序列连续使用这一造景手段，便可以有效地引导游人按照既定的路线观景，既可以提高场地的层次感，又有助于场地观赏价值的全面发挥。但小型观赏乔木的季节特性明显，应予以充分考虑，趋利避害，创造出富于变化的景观效果。

(3) 高型灌木 (3 ~ 4.5m)：

高型灌木的高度一般在 3 ~ 4.5m 之间，常见的有金边黄杨、小刺柏、丝柏等。

高型灌木最突出的特征是它的树叶几乎是从树干的根部开始长起，位于树冠最低点的树叶基本可以挨到地面。与其他类型的树木不同，高型灌木的树冠与地面之间不存在可站人的空间，因此不能塑造顶部平面。

但也正是由于此类植物的树茂几乎可与地面相接且枝叶密实，能够有效抑制视线沟通，因此在景观环境中，高型灌木最为适合扮演室外环境中“墙”的角色，提供竖向立面，围合场地空间（图 3–31）。借由高型灌木围合起来的空间，由于自上而下浓密的枝叶可以有效抑制视线从四周与外界交流，缺乏通透性，因此该空间两侧的封闭密实，与顶部的开敞形成了鲜明的对比。置身其中，给人以强烈的纵向感（图 3–32）。借由高型灌木围合出的如走廊般的线性空间，如与观赏性乔木或其他焦点型元素配合使用，即将主景置于线性空间的终点，不仅能够使主景元素更为突出并且能够赋予线性空间明确的方向感（图 3–33）。高型灌木的这种屏障功能，与硬质的砖墙、栅栏相比，更为自然柔和，更易与周围的景观环境融为一体，使人感到亲切舒适（图 3–34）。另外，由于高型灌木枝叶浓密且叶色较深，适宜作为背景元素，烘托场地中的其他景观节点。

图 3–31　米尔顿凯恩斯公园

图 3–32　马丁路德金休闲广场

（4）中小型灌木（1 ～ 2m）：

中小型灌木的高度一般在 1 ～ 2m 之间，包括了日本木瓜、绣线菊、忍冬等。

由于高度限制中小型灌木不能依靠阻隔视线来定义或是分隔空间。它们对于景观空间的影响更多情况下是以心理暗示的方式实现。因此，景观设计师如若采用此类植物划分空间，便能够在不改变相邻空间原本开放沟通关系的前提下，暗示出两侧用地在功能或是管辖权方面的区别等（图 3–35）。

另外，中小型灌木还可以起到串连、整合场地内不同景观元素的作用，如图 3–36 所示。虽然地被植物也具有类似的功能但它所借助的是其单一、均质的特性，而中小型灌木依靠的是其保持线性连通的特性。

需要强调的是，由于中小型灌木尺度较小，若采用孤植的方式，会给人以参差不齐、凌乱松散的感觉。因此，在绿化种植时宜采用群植的方式，且群植的规

图 3–33　高型灌木围合线性空间，终点处雕塑赋予该空间明确的指向性

（a）北京蓝堡国际公寓

（b）杜伊斯堡克勒克纳建筑前广场

图 3–34　高型灌木屏障实例

（a）小型灌木在不改变相邻空间开敞关系的前提下，暗示出两侧用地功能的不同

（b）斯坦福大学临床科学研究中心

图 3–35　中小型灌木

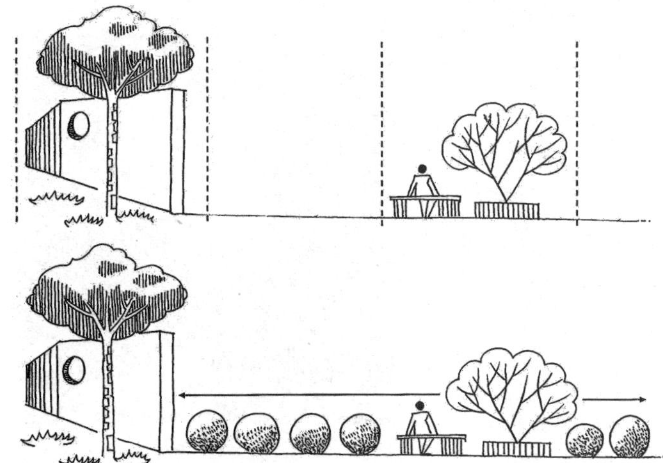

图 3–36　小型灌木在不影响视线关系的前提下，将场地中分离的景观元素串连整合在一起

图 3–37

模不宜较小，否则也会被忽视，而不能起到暗示空间或是衬托其他植物组群的作用，尤其是在大尺度场地中。

（5）地被植物（15 ～ 30cm）：

地被植物是尺寸最小的一类植物，可以将它看作是室外环境中的绿色软质铺装，涉及木本植物、草本植物等。常见的有小蔓长春花、三色堇、地毯草、钝叶草、草地早熟禾等。

在景观设计中，地被植物能够起到划分区域的作用。但是由于高度的限制，与中小型灌木类似，其对于空间的影响也同样是以心理暗示的方式实现。另外，地被植物以其柔软的质地，自然的色泽，明显区别于硬质铺装。因此它与硬质铺装的交界线常能吸引游人的注意，从而使游人在这交界线的引导下沿着既定的方向前进（图 3–37）。

地被植物也可以作为中性的背景元素，映衬场地中存在的视觉焦点或景观主景。例如，很多公园都选择将一系列雕塑或是观赏性植物放置在地被植物铺就的区域上。为了能够有效发挥其衬托功能，地被植物覆盖的面积应该足够大，以削弱周围环境产生的视觉干扰。

如前文所述，地被植物的另一重要功能是能够将场地中一些在视觉上缺乏联系的元素联系在一起塑造成一个整体。这源于其均质、单一的特性。如图 3–38 中所示，这样几组缺乏联系的图形，由于单纯、均一的地被植物普遍存在于它们周围，便在无形中将它们

图 3—38

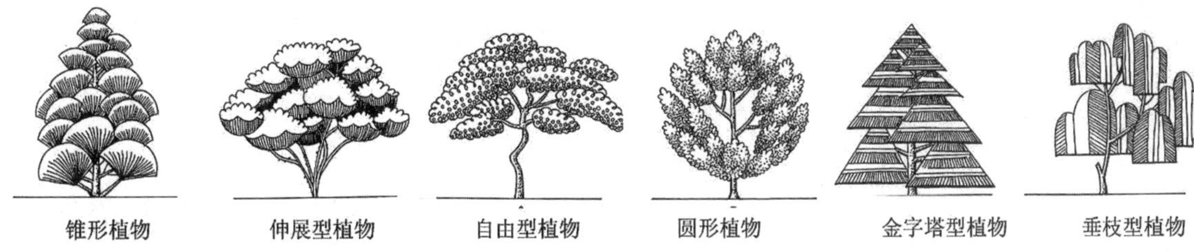

图 3—39　植物形态的 6 种典型形式

聚拢在一起组合成了整体。另外，大面积种植地被植物还以起到防风固沙的作用。

总之，植物的尺度特征在它的众多特性中最为重要。因为尺度特征为植物在室外环境中塑造各种竖向约束创造了可能，决定了植物与场地中的建筑地形相互配合呼应共同建构景观空间结构的形式，这直接影响了人们对于场地环境的第一印象和感受。而植物的其他特征如颜色特征、叶型特征等，则更多地反映在细节上，仅能对场地内局部环境的美学特征和视觉效果予以补充或加强，起到添砖加瓦的作用。例如，如果场地中的所有植物都是一种尺度，则其所构建的空间单一乏味。而如果将各种尺度的植物恰当地融合在场地中，并对场地中树群与树群间的尺度关系进行合理的组织安排，那么便可以使场地的整体空间氛围既协调统一又不失丰富多变。因此，在景观设计阶段，植物尺度的组合在绿化设计时应最先予以考虑，待确定后再对植物的其他特性进行研究。

2）植物的形态特征

植物的形态特征由单棵植物或是植物组群所呈现出来的外形轮廓线决定。形态特征虽然不具有构建场地整体景观空间结构的功能，但是它既能够影响整体景观空间形态的多样性，又关系到植物造景与其他景观元素间的协调性。不仅如此，它还决定了植物在场地中适合扮演的角色，或作为背景衬托其他元素，或自身作为景观节点吸引游人视线。这里，根据形态的不同将植物分为以下 6 类，分别是锥形植物、伸展形植物、圆形植物、金字塔形植物、垂枝型植物以及自由型植物（图 3—39）。

图 3–40 锥形植物强化空间竖向特征

图 3–42 德累斯顿大众——玻璃制成的工厂

（1）锥形植物

锥形植物纵向挺直，树冠由底部向上逐渐变窄，顶部最尖。常见的有钻天杨、北美香柏等。景观设计师常借助于锥形植物纵向挺直的特点，引导视线向上延伸，强化场地竖向延伸的空间特征。置身于以栽植锥形植物为主的场地中，往往会产生心理上的错觉，即感觉到的空间高度大于实际高度（图 3–40）。如果将锥形植物与低矮的圆形植物或伸展型植物组合使用，前者会成为植物群的焦点元素，其所产生的景观效果就好比村庄中教堂顶部的尖塔。由于锥形植物汇聚视线的效果明显，因此在绿化设计时应避免大量使用，并且对于锥形植物的栽种位置应谨慎选择，否则会因场地中的视觉焦点凌乱分散，而产生紧张的、忐忑的景观氛围。

（2）横向伸展型植物

横向伸展型植物最显著的特征是其横向的宽度往往大于纵向的高度。常见的树种有矮紫杉、木兰等。与锥形或是圆柱形植物的造景功能特征相反，在景观环境中，横向伸展型植物能够有效引导视线延水平方向延伸，进而起到连接场地中多种景观元素的功能。尤其是在场地中的其他景观元素，如地形、建筑也呈水平走向的情况下，其效果更为明显。将此类植物成排地栽植于建筑的两旁，便可以借由植物横向伸展的形态特点将建筑水平方向的轮廓线向周围延伸，促使建筑形式与环境的融合呼应，保证景观环境的协调统一（图 3–41）。当然，也可以将横向伸展型植物与锥形植物组合使用，创造对比，使彼此之间能够互相烘托映衬。

（3）圆形植物

顾名思义，圆形植物的形态类似球形（图 3–42）。常见的有鸡爪槭、山毛榉等。与上述三种植物不同，圆形植物的形态均衡对称，不具有方向感，性格中庸。因此，在景观设计中最常被用到，而且对它的处理可以更加随意和轻松，既可作为观赏性植物散布于场地中，也可以充当其他景观节点的背景，

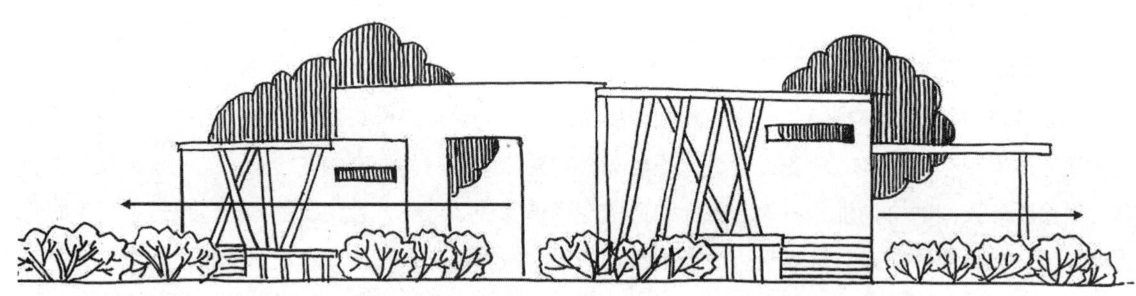
图 3–41 横向伸展型植物能够有效引导视线沿水平方向延伸，易与呈水平走向的建筑或小品形成良好的呼应

图 3–43　慕尼黑机场凯宾斯基酒店

图 3–44　垂枝型植物的枝条引导视线向下延伸

图 3–45　下垂的枝条与水流相呼应，烘托舒缓的景观氛围

起烘托衬托的作用。另外，圆形植物的圆弧造型使其能够与场地中的其他曲线型景观元素如高低起伏的地形、弧形雕塑、建筑等形成良好的呼应，以保证景观的协调统一。

（4）金字塔形植物

此类植物的外形与金字塔极其相近，树冠的宽度从根部到顶部逐渐变小，具有一个明显的尖形顶部。常见的有：云杉、枫香、连香树等。由于此类植物的外形轮廓明显区别于其他类型的植物，且具有一个突出的顶部，因此常作为植物群中的视觉焦点。另外，由于它具有金字塔般的几何规则造型，因此适合栽植于严格几何化的场地空间中或建筑前，以烘托严谨而和谐的景观氛围（图 3–43）。

（5）垂枝形植物

垂枝形植物的枝条呈下垂状。典型的树种有垂柳、垂枝山毛榉等。景观设计师常借助于垂枝型植物下垂的枝条引导视线向下延伸，将人们的视觉焦点从前方转移到脚下（图 3–44）。此类植物常见于水边，一方面可以将游人的视线引向水中，与水景形成良好的互动，另一方面曲线形的枝条与水流动的特质相辅相成，便于共同塑造柔和舒缓的景观氛围（图 3–45）。另外，也可将垂枝形植物栽植于墙缘、堤顶等处以有效突出此类植物的形态特点，充分表现其审美价值（图 3–46）。

（6）自由形植物

形态各异的自由形植物仿佛是出于艺术家之手，其姿态如雕塑一般具有很高的审美价值。形态优美的观赏性盆景是此类植物的典型代表。很多自由形植物的优美形态，源于其长期与自然环境相互作用的结果，是某种自然力的具体表现。景观设计中，此类植物由于具有较高的观赏价值常以孤植的方式栽植于场地中重要的位置上，以吸引人们视线，充当场地中的视觉焦点（图 3–47）。

当然，不是所有的植物形态都包含在上述七种类型中。有的植物形态很难被描述和分类。但是不管怎样，在绿化设计时，植物的形态特征都是景观设计师要重点考虑的因素。这不仅体现在对于孤植植物形态的考量，更体现在群植设计时树种的选择与树种间的组织布局。虽然采用群植方式时，单棵植物的形态特征会被削弱，但是此时树群外轮廓线所呈现出的形态特征变得尤为重要，应该给予更加充分和全面的考虑。

新加坡花景轩执行共管公寓

新加坡阿瓦朗共管公寓

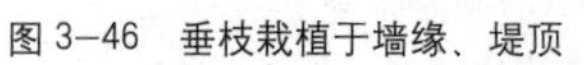

图 3–46　垂枝栽植于墙缘、堤顶

日本筑波广场

杜伊斯堡克勒克纳建筑前广场

图 3–47

3）植物的颜色特征

由于植物的颜色特征影响着人们对于景观环境氛围的感受，因此它更像是情感特征，而非视觉特征。如明亮的颜色易塑造出轻松、快乐的氛围，而灰暗的颜色常给人以沉重、严肃的感觉。植物的颜色很容易被人辨识，当观赏者与植物群间保持一定距离时，对于颜色的感知将更为敏感，因此绿化设计时有关植物的颜色特征应同样给予认真考虑。

植物各组成部分树叶、树枝、树干、果实、花朵的颜色各不相同。由于树冠所占比重较大，决定了植物的主色调，因此这里主要就植物树叶的颜色特征进行讨论。树叶的颜色以绿色系为主，从深绿到浅绿变化丰富，另外也有一些树叶呈黄色、蓝色和棕色的植物。

绿化设计时，针对植物颜色特征的设计，应主要考虑夏季和秋季树叶的颜色特征、冬季枝条和树干的颜色特征。因为植物在这两个阶段所呈现出的色彩维持的时间较长，对于场地景观色彩的影响明显且直接。而植物花、果实的颜色所能维持的时间不过几星期，所以一般情况下景观设计师在以颜色为参考依据选择树种时，应该主要以某种植物所呈现出来的叶色、枝干的颜色为重点考虑因素。

景观设计时，景观设计师通过选择不同的树种并经过合理的组织搭配，便可以借助于不同树种树叶所呈现出的不同明度的绿色，即利用景物在颜色上的维度变化，创建具有丰富视觉效果的景观环境。众所周知，颜色之间的关系或形成对比、或相互调和都具有很多美学上的意义。不同明度的绿色在场地中以某种方式组织安排可以实现或强化、或协调、或联系等多种设计意图。首先，深绿色的枝叶会使植物自身和其周围一定范围内的空间变得厚重、安静，给人以稳定、牢固的空间感受。但如果使用过多会使场地变得暗淡、沉郁。其次，深色的枝叶会在心理上拉近植物与观赏者间的距离（图 3–48）。如果选用深绿色的盆景作为廊道终点处的视觉焦点，叶色会在心理上缩短观赏者和盆景之间的距离。另外，如果将枝叶深重的盆景置于场地的核心位置，作为主景，由于观赏者对该植物尺寸的感知要比其实际的尺寸小很多，因此应选用更大尺度的植株，以保证其主景作用的有效发挥。而相反，浅绿色的树冠会给人以敞亮、轻松的空间感受，在心理上会扩大观赏者与被观赏物体之间的距离，加大被观赏物体的实际尺寸（图 3–49）。由此可见，各种明度的绿色植物组合使用，会直接影响到人们对于场地空间和景观氛围的感受。我们可以总结出这样两点设计规律：（1）由于深色会给人以稳定牢固的感受，因此景观设计师应选用低矮的深绿色植物，为近地平面增加重色，增加场地厚重稳定之感，否则高过头顶的重色树冠会使人略感沉闷。而浅绿色系的植物由于具有轻质、开敞的视觉特征，更适合塑造类似于建筑天花板的顶部平面，因此一般情况下，场地中的高大乔木宜选用枝叶颜色明度相对较高的树种。（2）深绿色的植物群更适合作为背景烘托其他浅色系的景观元素。

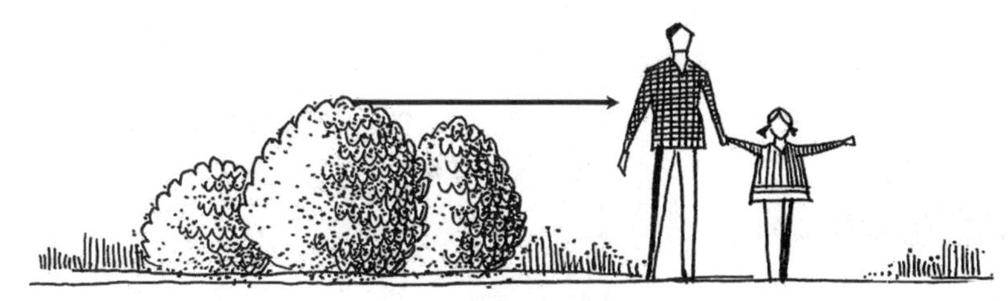

图 3–48　深色的枝叶会在心理上拉近植物与观赏者间的距离

图 3–49　浅绿色的枝叶在心理上会扩大观赏者与被观赏物体之间的距离

需要强调的是，一般情况下场地中的主要树种宜选用枝叶色彩明度适中的植株以保证场地中各种色系的景观元素能够较好地融合在一起。在处理树叶颜色为棕色、紫色等非绿色系的树种时应特别小心，要在满足植物景观多样性的同时避免过分使用而造成的零散和杂乱等景观问题。

总之，植物的颜色特征不仅会影响到场地景观的整体性和多样性，更会影响人们对于景观空间氛围的感知。在进行植物颜色的组织与设计时，要尤其注意植物颜色对于人心理感受的影响，注意与其他视觉特征间的配合，与场地功能需求特点的吻合，以实现各种设计意图和目的。

4）植物的叶型特征

根据植物的叶形特征可以将植物分为以下三种基本类型：落叶型、针叶常绿型以及阔叶常绿型。

图 3–50　以落叶型植物从春到冬的变化展现场景的季节魅力——颐和园

在景观环境中，每一种类型的植物都具有各自的特点和潜在的造景功能。

（1）落叶型

秋季，落叶型植物的叶子开始掉落，到了春季开始生长，周而复始。属于此种类型的植物其叶子形式多样，但以薄和平为普遍特征。位于同一气候带的不同种落叶型植物具有很多相似的特征，是所生长地区气候和环境的共同体现。常见的种类有栎树、槐树、枫树、白蜡等。

落叶型植物最为显著的特征是它具有时间维度上的变化，可以展示出季节的魅力（图 3–50）。如前所述，落叶型植物随着四季的交替变化而呈现出不同的形态特征和样式，这会直接影响到其所在场地的景观氛围。因此，我们称之为动态的景观植物。故地重游，每当游人为落叶型植物在不同季节中树叶颜色、树枝肌理所发生的变化而发出感叹时，这一类型的植物则为整个景观环境增添了无限的乐趣。

景观设计中，落叶型植物的应用最为广泛，在场地中栽植的数量也最多。如前所述，它不仅具有塑造空间、充当背景、作为焦点等功能而且由于落叶型植物树叶的颜色会随着夏季到秋季的转变而由绿变黄并且某些植物还会在特定的季节中开花结果，因此景观设计师常将此类植物引入到场地中增加景观的趣味性和多变性。

区别于另外两种植物类型，在冬季落叶型植物以秃枝交织出的形态和纹理呈现出来，形成特有的冬季景观，这与夏季树叶浓密，郁郁葱葱的植物形态相比具有同样高的观赏价值。在温带地区，冬季与夏季的时间跨度相近，植物要在秃枝的状态下保持较长时间，作为冬季场地中很重要的造景元素，落叶型植物单纯由枝条塑造出的植物形态特征极其重要。由于此类植物的枝条在密度、颜色及组织方式等方面各有特点，因此景观设计师在选择落叶型植物的种类，进行场地布局时要认真考虑。例如以白蜡和糖槭为代表的落叶型植物枝条密度较大，但肌理均匀，外形独特；以皂荚和鹿角漆树为代表的落叶型植物其枝条密度较小，呈开敞状，外形轮廓略显杂乱，不规则；以山茱萸和山楂树为代表的植物其枝条具有明显地水平延伸趋势；以千金榆为代表的植物枝条呈向上伸展的态式；以针栎为代表的植物其枝条呈下垂状；以柰树和紫荆为代表的植物其枝条呈多弯扭曲状等等。

将落叶型植物栽植于场地中颜色单一、质地均一的竖向面状要素前（如建筑的山墙、景观墙等），在冬季，由秃枝所塑造的植物形态，一方面能够得到单一面状要素的有效衬托，作为冬季里特有的视觉焦点，而营造出别样的景观效果。另一方面，枝条在竖向立面上的投影，也在无形中丰富了单调立面的视觉效果，减少了人工装饰手段的涉入，使场地中人工与自然元素得到有效融合（图 3–51）。

图 3–51　日本长冈邸宅庭院

（2）常绿针叶型

从“常绿针叶型植物”的字面意思便可得知，这类植物的叶子呈针状，并且四季常绿，种类涉及乔木和灌木，常见的种类有乔松、云杉、铁杉、柏树等。

与另外两种植物类型相比，常绿针叶型植物的树叶颜色最深，明度最低，这一特征在冬季尤为明显。从前文中有关植物颜色特征的描述可知，此类植物在心理上常给人以厚重、稳定之感，适宜塑造幽暗、沉思的景观氛围。因此，一般情况下，不宜过多栽植。与整个场地中落叶植物的数量相比，常绿针叶型植物仅应占据较小比例，但在场地中的局部区域内，可综合考虑区域内的具体情况和功能需求，适当增加栽植数量。另外，一般情况下常绿针叶型植物宜采用群植方式，切忌以孤植的方式散落分布于在场地各处，否则会产生零乱嘈杂等景观问题。

常绿型植物的另一突出特征是四季常绿。与落叶型植物相比，这类植物属于静态的植物元素，适合营造出一种永恒不变的景观氛围。如果将随季节变化的落叶型植物与四季常绿的针叶常绿植物结合起来运用到景观环境中，不仅可以突显各自的优势特点并且可以产生互补的效果。例如，向以种植落叶型植物为主的场地中引入常绿针叶植物，可以避免冬季树叶完全凋落后，场地中萧条清冷的氛围。相反，向以种植常绿针叶型植物为主的场地中引入落叶型植物可以避免由于植物颜色较深，枝叶密实且四季不变所带来的乏味单调之感。因此，景观设计师应试图以场地自身的条件为依据寻求二者间合理配比，使彼此能够形成较好地呼应。

另外，由于常绿针叶型植物的枝条、树叶密度较大，因此它不仅有利于遮挡视线，营建私密空间而且可以通过将其栽植在场地或建筑的多风侧，而起到防风避沙的作用。根据一项测试表明，合理选择常绿针叶型植物的栽种位置，借助于其密实的枝叶可在建筑和植物间形成一个空气的停滞区，进而能够将风速降低至开敞空间中风速的 40%，同时还可以减少建筑 33% 的散热量，从而发挥其改善环境小气候的功效。

（3）常绿阔叶型植物

此类植物在外形特征上与落叶型植物相近，区别在于前者的四季常绿。常见的种类有杜鹃、月桂、马醉木、木藜芦等。

常绿阔叶型植物的叶子在不同的光照条件下，所呈现出的颜色在明度上有明显的区别。如果将其栽植于背阴处，则树叶呈暗绿色，明度较低，与常绿针叶型植物叶子的颜色相近。如果将常绿阔叶型植物栽植于太阳下，其叶子表面会发生明显的反射现象，而呈现出闪闪发光的视觉效果。景观

图 3-52

(a) 慕尼黑凯宾斯基酒店花园

(b) 植物塑造立面，界定空间

图 3-53

设计师可结合场地的特点选择适合的栽种位置，以充分发挥此类植物的特性。另外，由于大部分常绿阔叶型植物还能够开花，因此可采用孤植的方式，将其栽植于场地的入口等重要位置，以吸引游人的视线，塑造景观节点。但是由于常绿阔叶型植物对于气候、温度、水分以及土壤的要求较高，因此限制了其在景观设计中的应用。

3.2.2 植物的功能

1）创造空间的功能

空间的创造依赖于地面、立面以及顶面要素的塑造，以达到或真实性或暗示性界定空间的目的。在景观设计中，景观设计师可以借助于植物这一景观物质要素实现塑造上述平面的目的，以达到围合空间的效果。

在地平面上，地被植物或低矮的灌木由于高度限制主要依赖于材质对比所形成的交界线暗示出场地的空间区域。这种情况下，虽然没有在场地中添加任何立面要素，却仍达到了暗示空间的效果（图 3-52）。尽管这种方式界定出的空间边界比较模糊，具有一定的延伸性，并且相邻空间保持有高度的连通性，但却实现了通过简单地添加或改变地面元素而划分空间的目的，这是最为简洁和经济的方式之一。

在立面上，景观设计师同样可以借助于植物影响人们对于空间的感知，从而达到界定空间的目的（图 3-53）。在景观环境中，成排地树干犹如建筑外廊的立柱一般，作为竖向要素能够含蓄地界定出一定的空间范围。这种围合空间的方式与树干的尺寸、数量以及布局形式直接相关。树干越密，界定空间的作用越明显（图 3-54）。这里要特别强调的是，植物塑造空间具有随季节变化的特性。众所周知，冬季落叶型植物的叶子会完全掉落。因此在夏季由落叶型植物塑造的内聚性空间，到了冬季，由于视线能够从枝杈间与外界产生交流，而使空间变得相对通透开敞，心理上所感知到的空间尺度也会扩大而大于实际的尺寸。当然，采用常绿型植物可以实现空间心理尺度和空间氛围均不随季节变化的效果。

如前所述，景观设计师还可以借助于植物的枝叶充当场地空间的顶部平面，起到和室内天花板相同的功效，进而围合出一定的室外空间。该空间的特点与枝叶的密度和高度直接相关，高过人头顶的树冠，尺度越大，枝叶越密集，界定空间的能力就越强。如果树冠间存在重叠，则塑造顶平围合空间的效果会更加明显（图 3-55）。需要特别指出的是植物的此项功能并不适用于任何树种。正如 Herry F. Arnold 在其所著的 *Trees in Urban Design* 一书中写道，当植物的高度超过 9m 时，由于其抑制视线的功能明显减弱，从而也失去了塑造顶部平面的功能。

(a) 美国学院测试公司园区

(b) 惠普公司罗斯维尔园区

图 3-54

图 3-55　树茂彼此相交形成顶平

(a) 低矮的灌木和地被植物塑造开敞空间

(b) 中国台湾台北中山美术公园

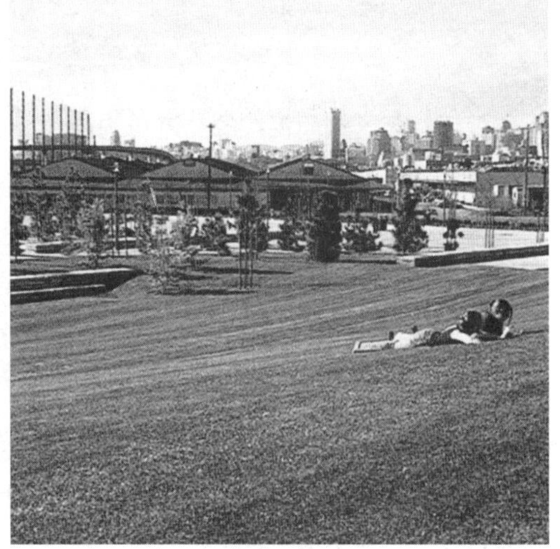
(c) 某大学绿地

图 3-56

在景观环境中，如果想借助植物界定场地空间，那么设计师首先应该确定出符合设计理念的空间性质，或开放或封闭，或明快或安静，或纵向延伸或竖向开敞等。之后，进行相应树种的选择和栽种位置的组织以实现上述的设计目标。下面介绍借由植物围合的几种基本空间类型。

(1) 开放空间：开放空间的塑造可以借助于低矮的灌木和地被植物。它们通过材质的对比暗示出场地不同空间的边界，进而起到创建空间的作用（图 3-56）。由于这两类植物的高度很低，

(a) 半开敞空间，具有明确的指向性

(b) 美国俄亥俄州辛辛那提大学校园

图 3–57

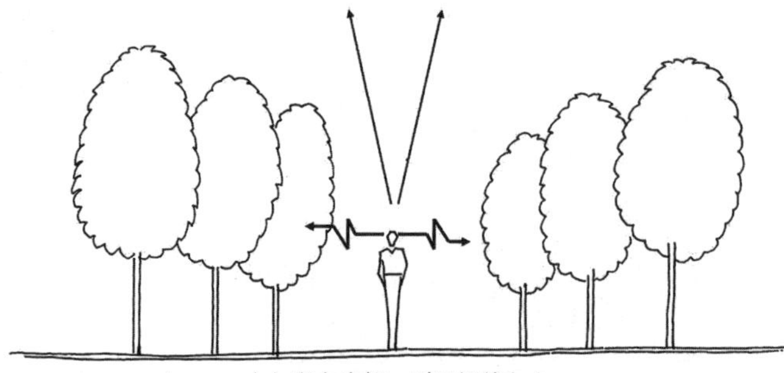

(a) 竖向空间，引导视线向上

(b) 美国 IBM 销售中心

(c) 南开大学校园

图 3–58

能够保证相邻区域间视线的交流与沟通，因而所围合的空间一般以轻快、开敞、外向为主要特征。

（2）半开放空间：利用植物塑造半开放空间，适宜选用大中型乔木或灌木将其栽植于场地中的某几侧，抑制视线从这些方向与外部交流，但至少保证某一侧的开敞（图 3–57），因而半开放空间具有明确的指向性和方向感，有利于内部景观的进一步组织协调。

（3）竖向空间：将以高为特征的树种栽植于场地中某一区域的两侧便可围合出顶部开敞，两侧封闭的竖向空间（图 3–58）。竖向空间具有与哥特教堂相近的设计意图，即抬高人的视角，引导人们的视线指向天空。

（4）罩盖空间：罩盖空间是指借由顶部平面围合出的空间类型。在室外环境中，枝叶浓密，树冠高度在 2 ～ 9m 之间的植物恰好能够塑造出类似于建筑室内天花板的顶部平面，从而限制竖向空间范围，起到创建罩盖空间的作用（图 3–59）。此类空间的特点是虽竖向封闭，但却保留了视线在水平方向上与外围环境的交流与沟通。另外，植物塑造的罩盖空间具有明显的季节性。夏季，大部分阳光被浓密的树冠遮挡，仅有少量的阳光可以透过树叶间的缝隙，撒下星星点点的光亮，整个空间幽暗、清爽，富有诗意。但是到了冬季由于树叶脱落树冠所塑造的顶部平面，其密实度明显降低，塑造空间的功能也因此大幅削减，加之阳光可以毫无遮拦地照射，整个空间通透明亮。

（5）全封闭型空间：全封闭型空间是罩盖空间与竖向空间的叠加。它不仅需要由树冠塑造的顶部平面，同时也需要由大中型灌木充当的竖向立面，以限制视线在竖向、水平等多方向上的延伸，

(a) 树冠充当顶部平面，塑造罩盖空间

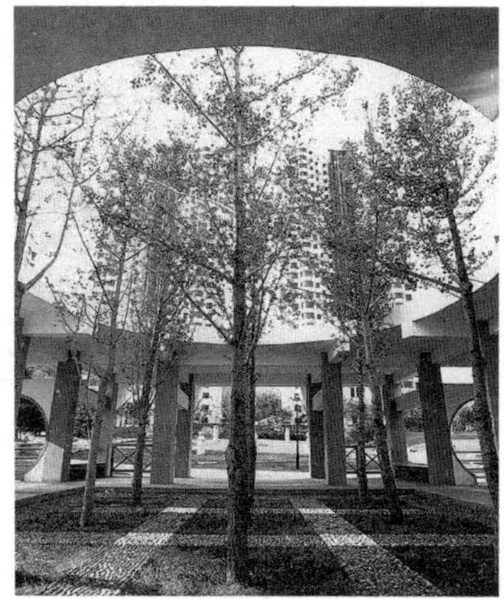

(b) 中国大连海昌欣城

图 3-59

进而形成围合效果明显的封闭空间（图 3-60）。适用于道路等线型功能区的营造，通过束缚视线与两侧及顶部方向的交流而使其集中汇聚于前方，起到强化线性空间的作用。全封闭型空间以封闭、私密、隔离为主要特征。

总之，景观设计师可以借助植物这一物质要素创建出各种各样的空间形式。这不仅仅局限于单个孤立的空间的界定，也可以通过精心地组织和设计创造出一连串具有一定秩序性和趣味性的空间序列。如图中所示，设计师借助于植物创建的空间序列，约束并引导人们以设计师的设计意图穿行于场地中，空间时而收紧，形成紧张的空间氛围，空间时而放开，营造轻快舒适的氛围。

以上我们关注的焦点仅局限于借助单一要素——植物塑造空间的设计手法和问题。更为普遍的情况是，景观设计师将植物与其他景观要素结合起来共同发挥组合空间的作用。

例如与地形的配合。植物对地形所创建的空间既可以起到强化的作用，也可以起到消减的作用。若将植物栽植于场地中地形的高点，由于显著增加了高点的高度，因此必然凸显了与高点相连的凹地的内聚性，从而起到了强化空间的作用。相反，如果将植物栽植于与场地高点相连的凹地内，则会显著削弱地形自身高低起伏的空间效果。

植物与建筑配合塑造空间的实例更是数不胜数。在城市空间中，单纯由建筑围合的空间尺度过大，远远超过了人活动的尺度，常给人以冷峻、机械、陌生的空间感。借助植物这一自然元素，可以有效地将建筑所围合出的大尺度空间划分成若干个符合人活动尺度的子空间，以创造舒适和谐的人性化室外空间。

图 3-60　卡尔克里泽博物馆公园

2）屏蔽视线的功能

植物常被用作自然的竖向屏障起到遮挡视线的作用。常见的是，利用植物屏蔽影响或是破坏场地景观效果的元素（如停车场、变电站等），并借助于植物枝叶的密度控制屏障的透明度。根据场地具体的情况既可以全部遮挡，也可以采取半透半掩的方式。为了建立一个有效而适度的植物屏障，景观设计师需要分析许多相关因素包括地形的特点，游客的观察点、被遮蔽物体的高度以及观赏者与被遮蔽物体之间的距离。这些因素将直接影响到植物种类的选择、栽植位置以及种植方式的确定。

3）植物造景的审美功能

植物在景观设计中不仅仅具有创建空间组织视线的作用，从审美的角度思考，它对于整个场地景观效果的塑造，场地审美价值的提升也具有非常重要的意义。景观设计师可以借助于植物将场地中的建筑和环境有效地融合在一起，可以统一协调场地中不同形式或种类的景观元素，也可以强化某些元素的景观效果等。下面就植物的场地中所能发挥的审美功能进行简要介绍。

（1）融合性：借助于植物的多种形态特征及组合方式通过再现周围环境中其他要素如建筑立面或铺装等的肌理形式或通过延长建筑的边界轮廓线等可以有效地将建筑与周围的环境协调融合起来（图 3–61）。植物作为不同景观要素间的过渡元素，其作用不可小视。

(a) 植物栽植方式再现并延长建筑的边界轮廓线，起到过渡融合作用

(b) 植物栽植方式再现建筑形式

(c) 植物栽植方式呼应石景小品的形状特征

图 3–61

（2）统一性：相同的植物类型，或者相同的栽植方式作为场地中的共性元素，能够将场地中不同形式或质地的要素联系起来。例如，一般情况下街道两侧的建筑形式及门脸装修风格各不相同，景观设计师可将尺度相近的同种树种栽植于街道两侧，以此作为场地中共性的元素将各式的建筑统一在一起（图 3–62）。

（3）强调性：某些植物也可以作为场地中的景观节点，吸引人们驻足欣赏。作为景观节点的植物往往在尺度、颜色、形式及质地等方面具有显著特点，从而使其能够在整个环境中脱颖而出，得到大家的关注。这类植物往往位于场地的入口处、转弯处或是与场地中的其他景点形成对位等（图 3–63）。

（4）可识别性：景观设计师可以借助于某些植物的自身特点或典型的栽植方式暗示出场地中某一区域与周围环境的区别，使游人能够借助于对这一组植物的识别，获得有关场地的某些信息。

（5）柔化场地的能力：栽植于场地中的植物作为自然元素可以柔化场地中的人工要素如硬质铺装、建筑等所产生的拘谨、冷峻的环境氛围（图 3–64）。

3.2.3　总结

综上所述，植物是景观设计中最为重要的物质元素之一。它不仅能够以其自然的形态，明快的色彩装点室外空间，更为重要的是它能够塑造出不同的景观效果，并具有很多的造景功能包括空间的创建、视线的组织、场地氛围的营造以及防风固沙、改善局部微气候环境等。在进行绿化设计时，植物的尺度、形式、颜色等特征都应予以充分考虑并灵活运用以塑造出与设计目的和意愿相符合的景观效果。总之，植物作为自然元素可以为整个场地的景观环境带去无限的生命力和多样的趣味性。

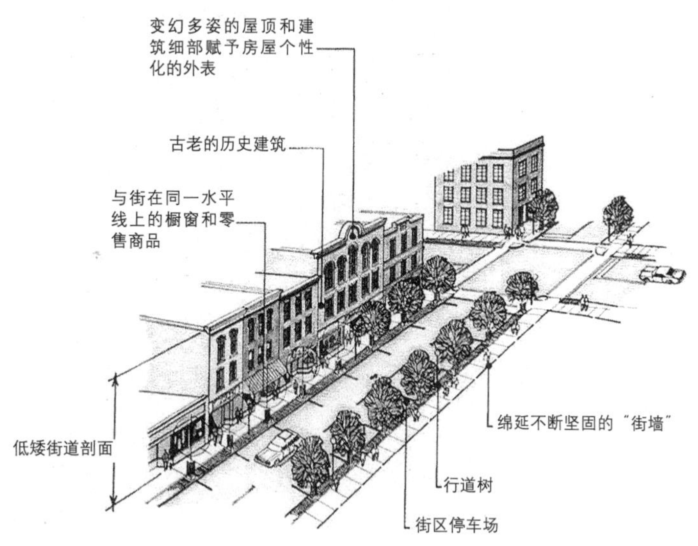

图 3–62　街道剖面——一致、统一的行道树可将多种建筑形式、装饰风格联系在一起

（a）斯图加特罗伯特 · 博世基金会

（b）德国柏林环境技术革新中心露天设施

（c）迪克空地上的新建花园

图 3–63

(a) 日本东京都港区

(b) 借由植物弱化边线

图 3–64

3.3 景观构成的物质要素——建筑

建筑在景观环境中无论以组群还是单体的形式存在都是继地形与植物之后最为重要的景观构成要素。它不仅发挥着定义室外空间和组织视线的功能而且影响着多种相关景观元素的组织与协调。建筑与其他景观物质要素不同，它不仅会对外部空间环境产生影响，同时其内部空间功能的发挥同样需要得到满足。建筑的内部空间及其围合或影响的室外空间作为构成人们生活的基本环境而显得十分重要。

景观设计中，建筑与其所在环境间的关系是需要重点考虑并解决的问题。尽管问题多种多样，但可以概括为以下三种。（1）如何在场地内协调安排多栋建筑之间的位置关系以形成布局合理的建筑群。（2）如何塑造某一单体建筑在场地中所扮演的角色。(3) 如何改进场地中已有建筑与环境的关系，并对其进行适当改造和增减。

在第一种情况中，景观设计师最为关注的是新添加到场地中的建筑群其布局形式能否与场地中现有的景观环境和场地氛围建立协调统一的关系。空间定义、功能实现以及审美需求三者间是否可以同时得到满足。此时，设计的重点是建筑群与环境的融合统一性。每一个单体建筑的立面设计及独立空间的考量都不是最重要的。

第二种情况下，设计师更多地关注于单体建筑本身在场地中所扮演的角色，或作为主景决定并控制其所在环境的景观氛围，或作为场地中其他景观的衬托元素，以融合到环境中去。

第三种情况指的是场地现状的更新设计，因此特别强调的是场地新旧两种面貌之间文脉及场地精神的延续和发展，以及原有场地中景观问题的解决方式。

综上所述，以景观设计为依托的建筑设计过程需要这两个领域的紧密配合。建筑设计师的任务以建筑立面设计及建筑内部空间设计为主。而在景观规划设计中，考虑建筑外部空间的组织方式并合理选址则是景观设计师的责任。他们更强调建筑在外部环境中的布局以及其与环境的融合协调程度。例如城市广场设计中，广场空间与相关建筑之间的协调是评价设计成败的主要因素之一。可见，景观设计师与建筑设计师之间的合作对建筑这一重要景观物质要素的合理应用至关重要。

这一节将就建筑定义的多种外部空间类型进行介绍，并提出多种不同的设计方法以保证在外部环境中建筑与景观之间的相互协调和统一。

3.3.1　影响建筑群定义空间的主要因素

建筑在外部环境中以实体形式存在，通过提供竖向边界，限制视线，来围合空间、一般认为，单体建筑定义空间的能力较小。若经过一定的组织安排，以建筑组群的方式呈现，则实体建筑之间的空缺将成为室外环境中聚集、停留、疏散、娱乐的重要空间（见图 65）。

利用建筑定义空间与利用自然元素如地形、植物定义空间的手法相比有其自身的特点。建筑坚硬的边界条件、严实封闭的立面使其对于空间的定义更加清晰明确，不易受到外界条件的影响。虽然建筑围合的空间不能像植物定义的空间那样随着四季的更迭而有所转变，但是太阳照射角度的变化带来了空间内阴影明暗的交替。

另外，窗户为建筑内外空间的交流创造了可能，带来了彼此之间角色的转变。这基于昼夜光线的强烈反差。傍晚，室外光线明显变暗，建筑墙体的边界效应被削弱。同时由于室内光线强于室外，置身于建筑围合的室外空间中，透过窗户可以看到室内的场景，如商店内琳琅满目的商品，办公楼内现代化的办公设备等。此时，建筑内外空间发生交流，室外空间在心理感知上被扩大。相反，白天室外光线较强，建筑墙体的边界清晰明确，从而强化了室外空间的围合感。但此时，置身于建筑内部的人，可以透过窗户看到室外的景色。对于他们而言，内外空间发生交流，室内空间在心理上被扩大（图 3–66）。

借由建筑围合的空间其形式、氛围受到多种因素影响。但其中，人视点到建筑的距离与建筑高度的比值、建筑群的平面布局，以及建筑立面特征对于室外空间的影响最为突出。下文将分别予以介绍。

1）距离与建筑高度的比值：

在景观环境中，人视点到建筑的距离与建筑高度的比值是衡量建筑定义空间能力和程度的重要指标。景观设计师加里・罗比内特在其所著的《植物、人和环境特征》一书中这样写道：借由建筑围合的空间，若自中心位置到四周建筑的距离与建筑高度相等，即比值为 1 ：1 时，则该室外空间如同围合完全的室内空间一般，给人以封闭、内聚的空间感受（图 3–67a）。随着这一比值的逐渐增大，空间逐渐变得开敞，人对于空间的感知度也将随之降低。当该比值达到 4 ：1 时，则该建筑组群就会丧失围合空间的实际能力（图 3–67b）。换句话说，当建筑的实际高度等于或是大于其投射在人视域内的高度时，则建筑组定义空间的效果明显。空间呈封闭、私密等特点。相反，当建筑

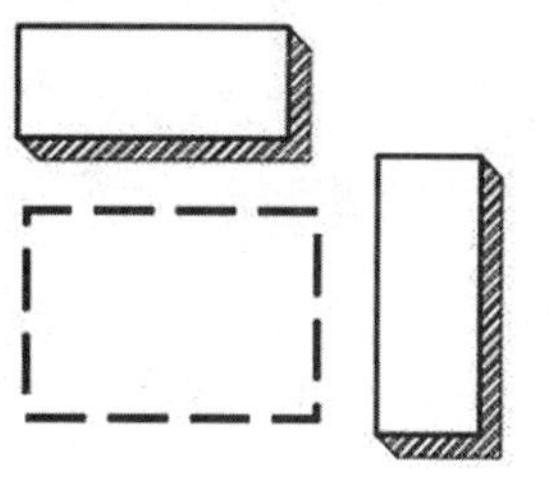

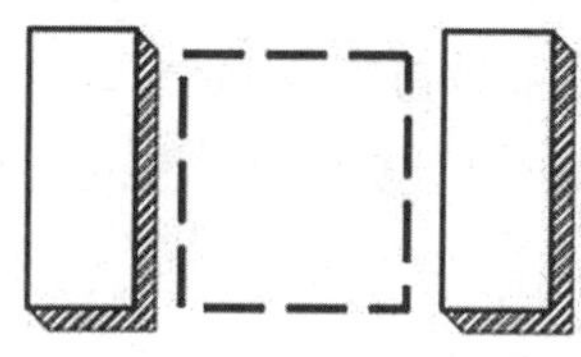

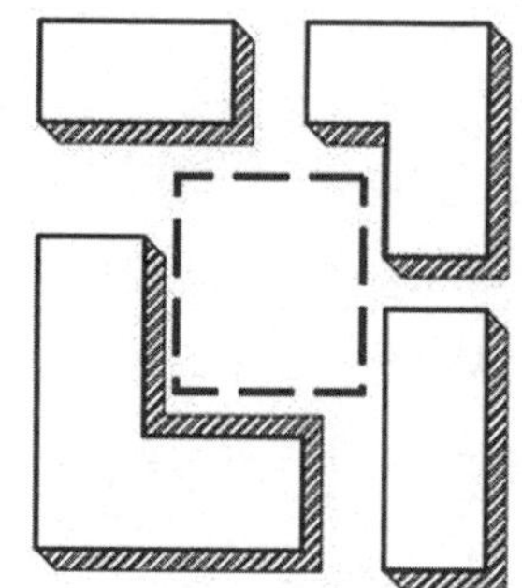

建筑群定义室外空间

德国罗特林大街住宅区—住宅空间

德国慕尼黑市工程局露天广场—办公空间

罗马纳沃那广场—广场空间

德国斯图加特步行街—街道空间

图 3–65

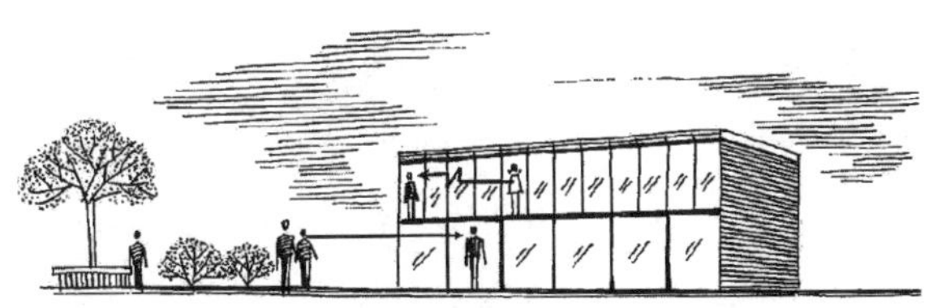

（a）晚上建筑墙体的边界效应被削弱，透过窗户可以看到室内的场景，室外空间在心理感知上被扩大

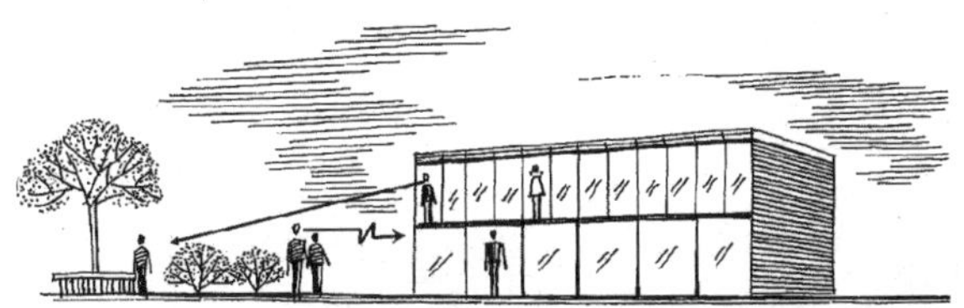

（b）白天，建筑墙体的边界清晰明确，从而强化了室外空间的围合感。

图 3–66

高度较低并且建筑组群中建筑彼此间距离较大时，则建筑群的组合效果被削弱，几乎不能起到围合空间的作用。

日本景观设计师芦原义信在其《*Exterior Design in Architecture*》一书中同样写道，当自建筑所围合空间的中心位置到四周建筑的距离与建筑高度的比值在 1 到 3 之间时，建筑群所围合的外部空间好似室内空间一般，空间感明显，舒适（图 3–68）。但当这一比值大于 6 时，则会丧失定义空间的能力（图 3–69）。

虽然强烈的空间感受常常是景观设计师在进行建筑群设计布局时所追求的，但是应保证建筑组群的高度和密度不超出其所处外部环境的承受能力。距离与建筑高度间的比值应控制在 1 到 3 之间。这样既避免了比值过小，空间感的丧失，也避免了比值过大，“井”式空间的出现（图 3–70）。

2）建筑群的平面布置方式：

建筑围合空间最常见的方法是将建筑物布置

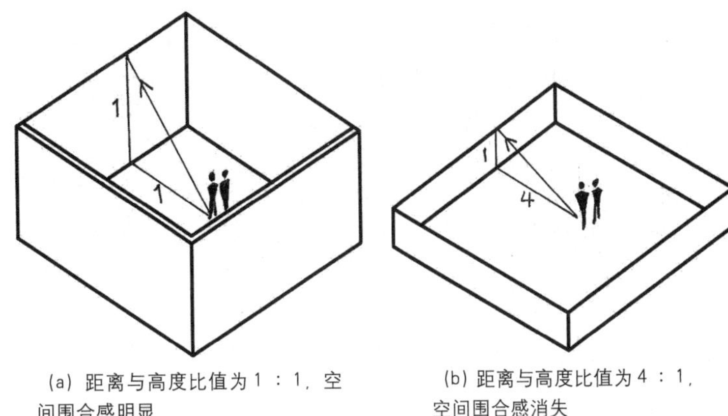

（a）距离与高度比值为 1 ：1，空间围合感明显

（b）距离与高度比值为 4 ：1，空间围合感消失

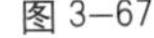

图 3–67

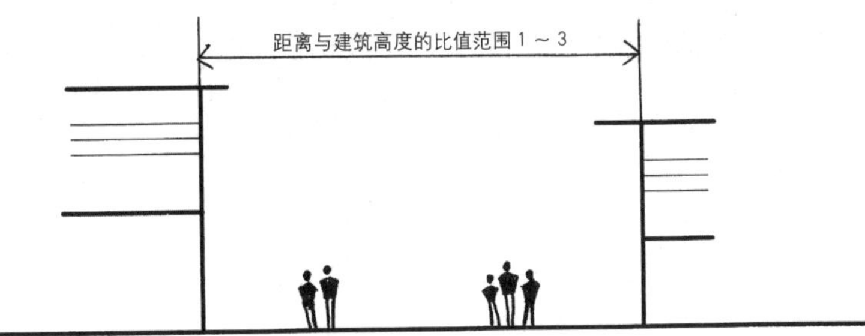

图 3–68　距离与建筑高度比值在 1 ~ 3 之间，形成内聚空间

图 3–69　距离与建筑高度比值大于 6，丧失定义空间的能力

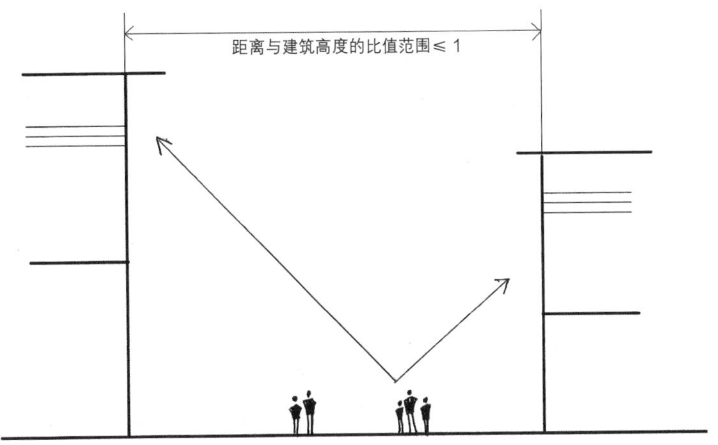

图 3–70　距离与建筑高度比值小于等于 1，空间感封闭压抑，形成“井”式空间

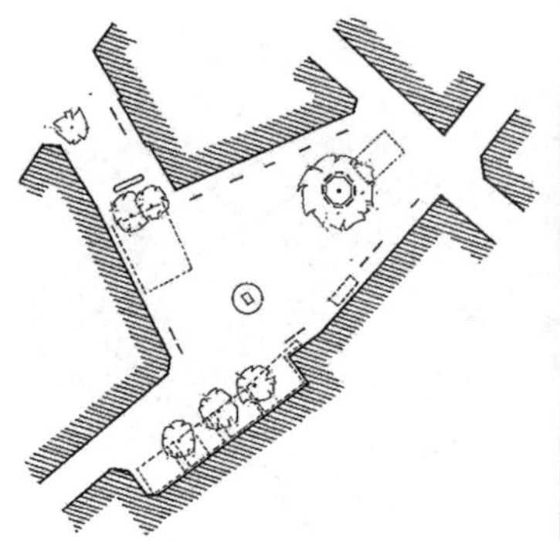

(a) 丹麦格拉布鲁德广场平面

(b) 丹麦格拉布鲁德广场鸟瞰

(c) 丹麦格拉布鲁德广场一角

图 3–71

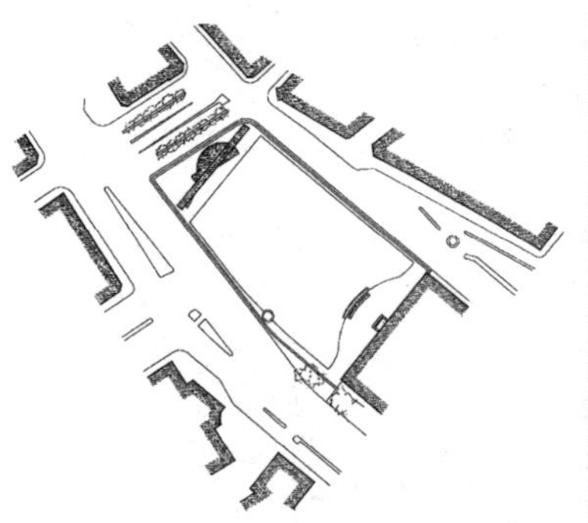

(a) 哥本哈根市政广场平面

(b) 哥本哈根市政广场鸟瞰

(c) 哥本哈根市政广场一角

图 3–72

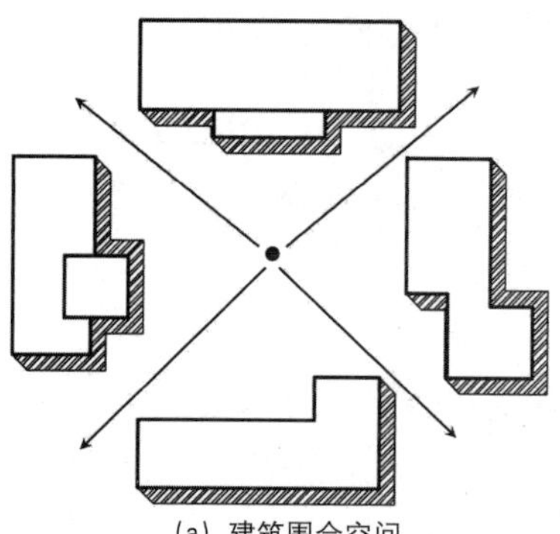

(a) 建筑围合空间

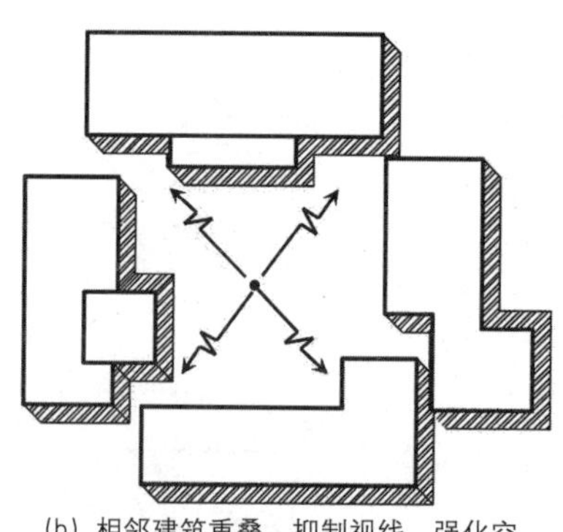

(b) 相邻建筑重叠，抑制视线，强化空间感

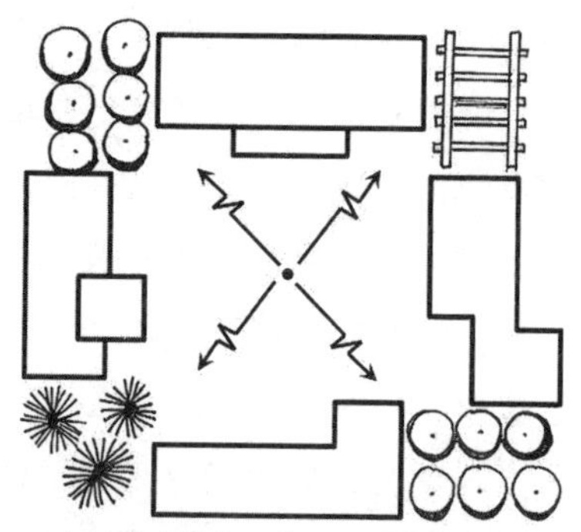

(c) 借由植物、建筑小品等补足空间缝隙，抑制视线交流，强化空间感

图 3–73

在方形场地的四周，常见于西方的广场空间如丹麦格拉布鲁德广场、哥本哈根市政广场等（图 3–71、图 3–72）。由于四周的建筑能够有效抑制视线与该空间以外区域的交流，因此这种全围合的布局形式所塑造的空间以封闭、内聚为主要特点。这种情况下，若垂直相邻建筑在布局上存在重叠，则此类空间的内聚性将得到极大强化。另外，借助于植物、地形补足相邻建筑间的空隙，辅助建筑围合空间的效果，同样可以起到强化的作用（图 3–73）。

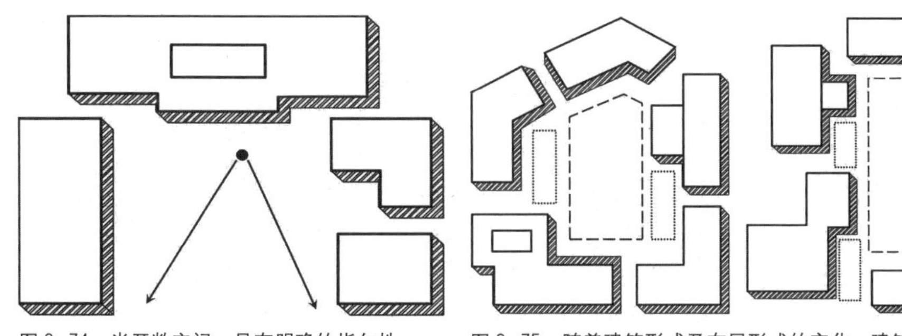

图 3–74　半开敞空间，具有明确的指向性

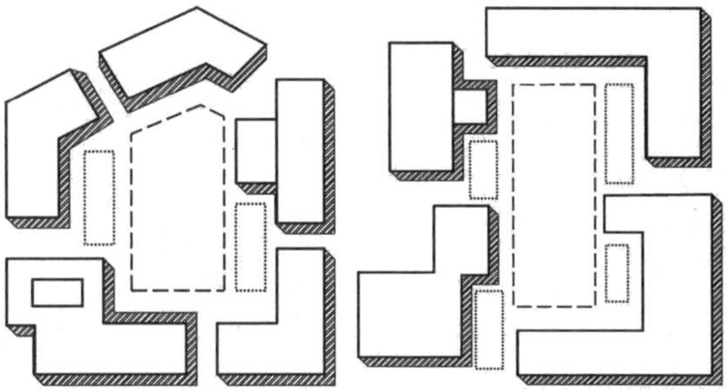

图 3–75　随着建筑形式及布局形式的变化，建筑围合空间层次丰富，主从空间明晰

图 3–76　丹麦赫宁市政厅广场

指向性的半封闭空间是在上述封闭空间的基础上发展而来的。建筑群采用多侧封闭，一侧开敞的布局形式（图 3–74），主要适用于从建筑所围合空间的某一侧可以观赏到高山、标志性建筑以及河流湖泊等极佳景观要素的情况。半封闭指向性布局形式通过保留建筑群某一侧的开敞，满足视线在该侧与外部空间的交流，而将场地以外的美景借景于建筑围合的空间内部，形式巧妙和谐。

上述两种布局形式简单清晰，但是借由它们围合的空间缺少主从空间的层次关系。置身其中，整个空间一览无余，缺乏趣味性和多样性。

近些年，随着建筑自身形式的发展与变化，建筑围合空间的形式也趋于丰富和复杂。这源于主从空间的存在及它们之间良好层次关系的形成（图 3–75）。游览其中，时隐时现，舒缓有致的空间变化常使人流连忘返。但若处理不当，则会造成子空间过多，彼此间缺少联系，整个场地繁杂混乱等问题。因此，景观设计时应保证主空间形状的完整以及尺度的绝对优势，以实现其在场地中的主导作用，同时还应避免子空间太过孤立、封闭等问题。

3）建筑特点

影响建筑围合空间的第三个主要因素是面向围合空间的建筑立面。建筑立面的颜色、材质、肌理以及细部处理都会对建筑所围合的空间特性产生直接影响。如采用灰色系材质的建筑立面，由于冷色给人以后退之感，因此借由这类立面围合的空间会略显开阔，视觉上的尺度大于实际尺度。若辅以简洁硬朗的细部处理，置身其中，会给人以严谨正规的空间氛围（图 3–76）。相反，对于采用暖色系材质的建筑立面而言，由于暖色可以在视觉上拉近物体与观赏者间的距离，因此有助于强化空间的内聚性。若辅以柔和丰富的细部处理，置身其中，会给人以细腻亲和之感（图 3–77）。

常见于建筑外侧的通透柱廊作为室内外空间的过渡元素，有助于虚实空间的渗透与交错，可以有效丰富外部空间的层次（图 3–78）。另外，建筑顶部的处理手法也会影响围合空间的氛围，相比线条笔直材质坚实的建筑顶部，线条柔和，虚实相间的建筑顶部有助于亲和，人性化空间的塑造。

建筑近地立面面材缝隙所形成的分割线肌理，对于围合空间与人之间的相对尺度至关重要（图 3–79）。若分割尺度过大，则有助于在心理上扩大空间尺度，营造庞大、恢宏的视觉特点。相反，若分割尺度细腻，则有助于实现聚拢空间，增强联系的设计目的。

图 3-77　瑞典海尔辛堡港口广场

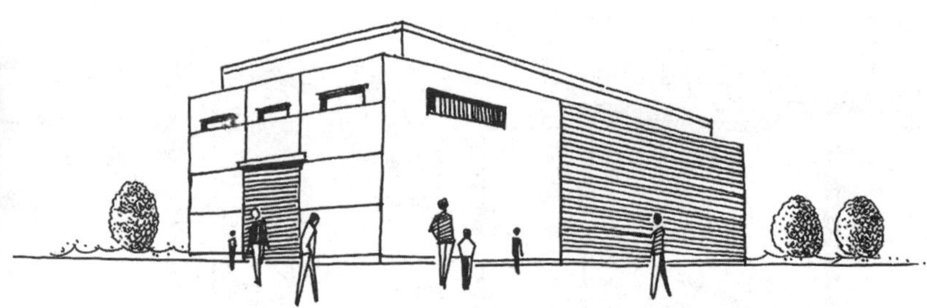
图 3-79　建筑近地立面面材缝隙所形成的分割线肌理影响人们对于空间尺度的判断和感知

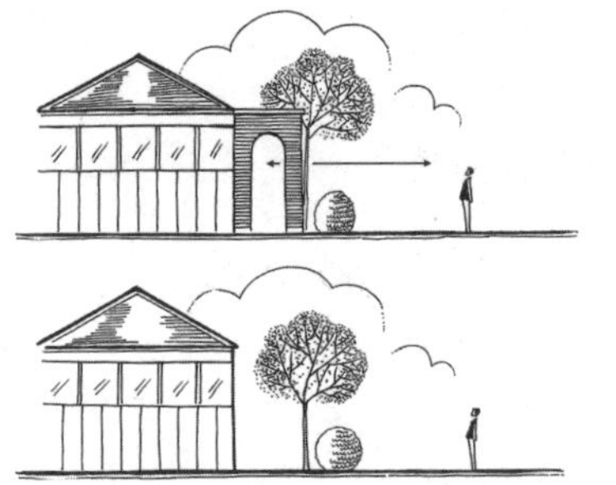
图 3-78　建筑外侧的柱廊作为室内外空间的过渡元素，可以有效丰富外部空间的层次

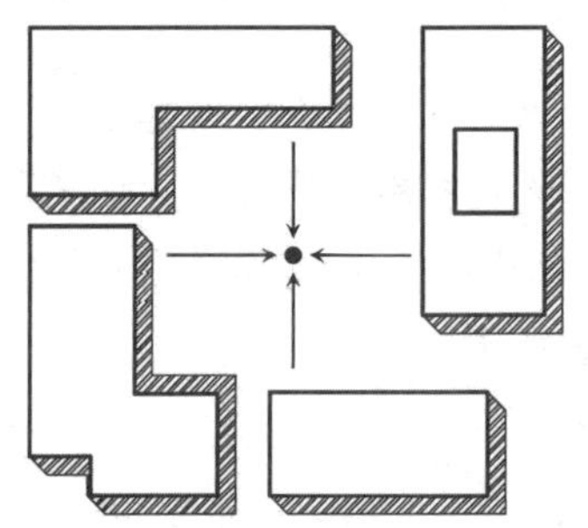
图 3-80　中心式空间

图 3-81　圣马可广场鸟瞰

3.3.2　建筑群塑造空间的主要类型

建筑的平面布局形式及其所围合的空间类型多种多样，景观设计师应结合具体场地的实际情况和设计目标开展设计。下面介绍四种最为典型的建筑空间类型。

1）中心式空间

最常见，最基本的建筑空间类型是以建筑为边界的中心式空间，即以一片空地为中心，将建筑布置在场地的四周（图 3-80 ～图 3-84）。中心式空间像磁铁一般与每一栋建筑直接相连，呈现出自我为中心的内聚性空间特点。它不仅是整个场地的焦点空间，同时也是周边一定区域内居民聚会休闲的首选场所。

如风车一般的旋转式中心空间是中心式空间中围合感最强的类型之一。如图 3-85 所示，与常见的拐角处相邻建筑以 90° 角垂直布局方式不同，风车旋转式中心空间的围合不仅借助于四周的建筑立面，同时还通过巧妙布局，并结合建筑自身的形式特点以及相邻建筑间的组合方式，将中心空间中原本开敞的转角封闭起来。这样极大地避免了视线和内部空间透过未围合的转角与外部环境产生联系，显著提高了视线向内汇聚的程度，有效增强了中心空间的围合感。位于锡耶纳的坎波广场是这一空间类型的极佳代表（图 3-86）。广场周围的建筑以风车旋转式布局，有效地遮蔽了广场内外空间及视线的交流，如密闭的容器一般具有很强的围合感和内聚性。另外，如图中所示，通向

图 3–82　丹麦阿马林堡广场

图 3–83　波波罗广场鸟瞰

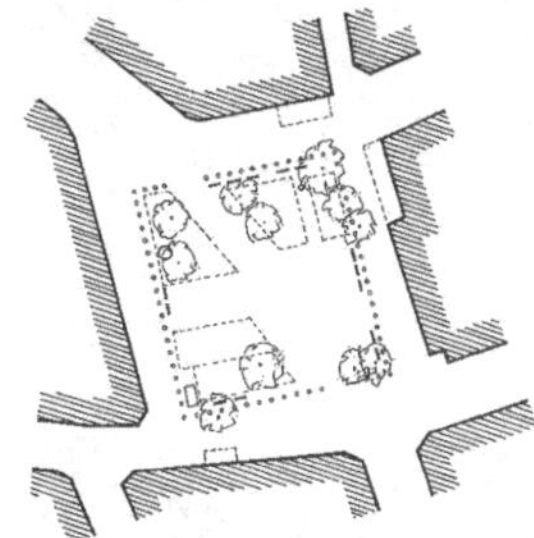
(a) 广场平面

(b) 广场鸟瞰

(c) 广场一角

图 3–84　丹麦卡尔广场

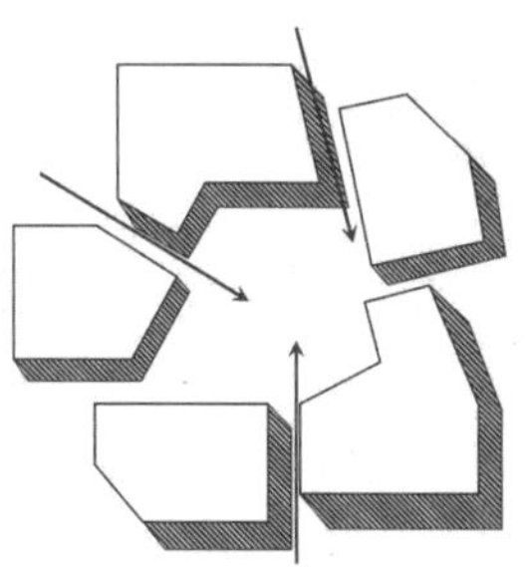
图 3–85 中心式空间的变异——旋转式中心空间

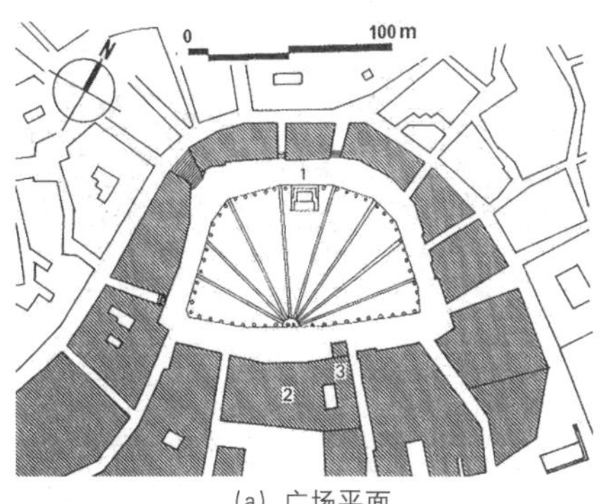

(a) 广场平面

(b) 鸟瞰

(c) 锡耶纳坎波广场一角

图 3–86　锡耶纳坎波广场

广场的街道均在与中心空间的连接点处终止，导致游人不能径直穿越广场，而诱使他们在场地中或静止下来或游览观光。

为了突出中心式空间“中空”的特点，应保证这类空间中心核心区域的中空和开敞，尽量避免安排较大尺度的实体景观要素如树阵、花坛、观景墙等建筑小品（图 3–87）。否则会导致中心空

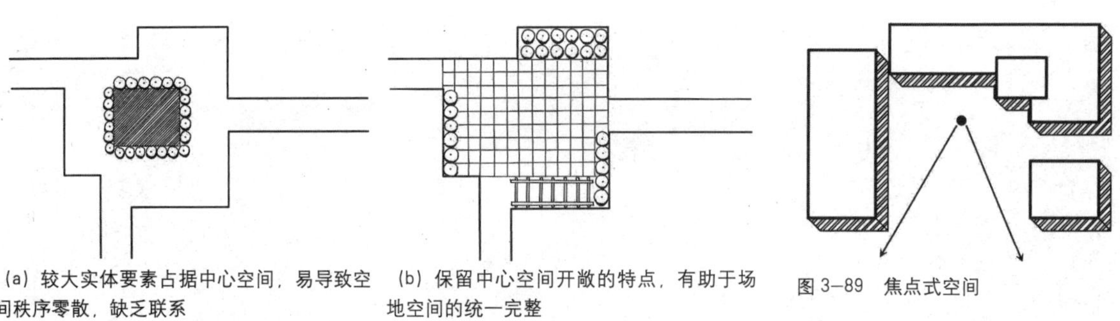

(a) 较大实体要素占据中心空间，易导致空间秩序零散，缺乏联系

(b) 保留中心空间开敞的特点，有助于场地空间的统一完整

图 3–87

图 3–89　焦点式空间

图 3–88　波特兰先锋法院下沉式广场，强化中空，汇聚视线

(a) 新西兰曼努考广场

(b) 澳大利亚阿德莱德北台地博物馆前广场

图 3–90

间的零散而缺少统一完整性。另外，降低中心区域的地面标高，也是强化"中空"特点的有效手段之一（图 3–88）。

2）焦点式空间（指向性空间）

焦点式空间是在中心式空间的基础上衍生出来的。如图 3–89 中所示，在焦点式空间中，建筑仅围合了空地的绝大部分而非全部。这或是由于基地现状条件所限或是由于场地的一侧存在具有较高欣赏价值的标志性建筑、高山、河流湖泊等，因此仅将建筑布置于场地的其他方位，保留了空间内视线在该侧与外界的沟通（图 3–90）。这样不仅满足了围合空间的需求，同时可以将空间以外的景观优势借景于内部空间中，可谓一举两得。置身于焦点式空间中，在空间开敞一侧美丽景观的引导下，视线必汇聚于此，因此这类空间具有明显的指向性。

需要注意的是，在处理这类空间时，一方面要确保借景一侧空间的开敞和通透，切忌其他景观要素如树阵、小品的遮挡，另一方面，要避免开敞一侧的尺度过大，而造成空间围合感的明显削减。

3）线式空间

线式空间是建筑围合空间的第三种常见形式，以长和窄为显著特征，其间不存在转弯或可能被遮挡的子空间。置身其中，空间的终点清晰可见（图 3–91）。

在线式空间中，与两侧建筑的竖向立面特征相比，空间终点处的景象具有更为重要的地位，控制着整个线性空间的景观特点（图 3–92）。行走其中，视线受到两侧建筑的约束而局限于前方，因此游览者的关注点主要集中在线式空间的终点处。线性空间常常应用于约束视线以烘托某些景观节点（如雕塑、标志性建筑等）的重要地位，或是用于引导运动，使人们按照特定的方向行进。

4）有机线性空间：

有机线性空间与线性空间不同，它不是从一点到一点的简单直线空间，而是多个线性子空间的有序联接与组合（图 3–93）。行走其中，游客的视觉焦点和重心会不断发生变化。如图 3–93（a）所示，起初，观赏者受到所处线性空间终点处景象的吸引，不断前行。当到达先前所一直关注的景观节点时，一个之前被遮挡的子空间呈现出来，接着观赏者会在新的景观焦点的指引下开始下一个阶段的活动。类似的空间序列交替循环出现便构成了有机线性空间丰富的空间层次，它一方面促使人们按照设计的路线行进，以充分体会场地中各种的景观氛围，另一方面也由此制造出了强烈的景观参与性和互动性。

景观设计师常常将这四种基本空间类型结合起来使用，尤其是在大尺度场地中。在这种情况下，每一种空间类型的形式特点常常会在相邻的不同类型空间的对比下而得以加强。例如，当游人从狭窄悠长的线性空间进入到中心式空间时其内聚、静态的特点得以凸显。

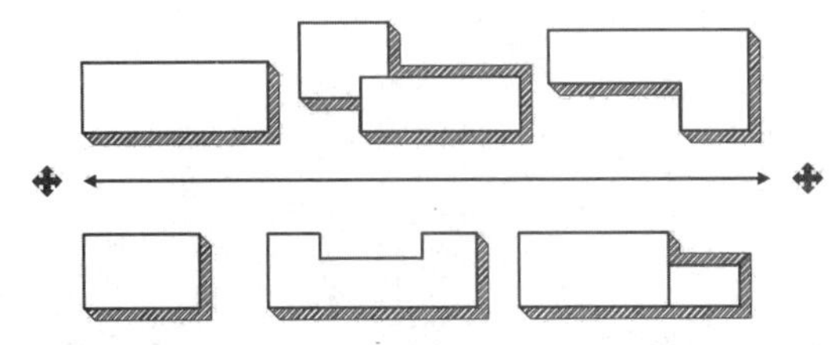

（a）线性空间

（b）丹麦菲奥步行街

图 3–91

图 3–92　佛罗伦萨乌菲齐美术馆前街道

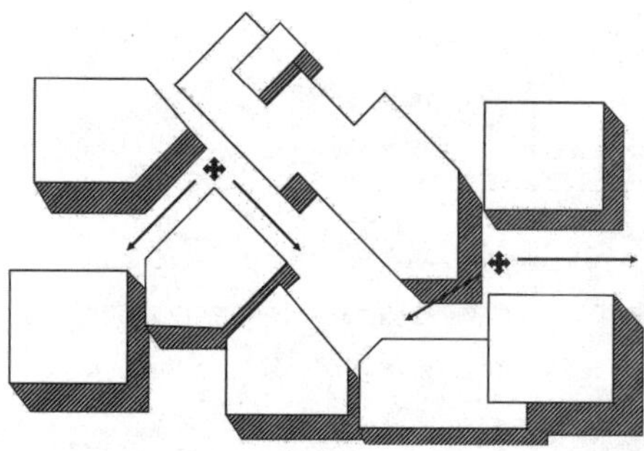

（a）有机线性空间

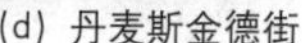

（d）丹麦斯金德街

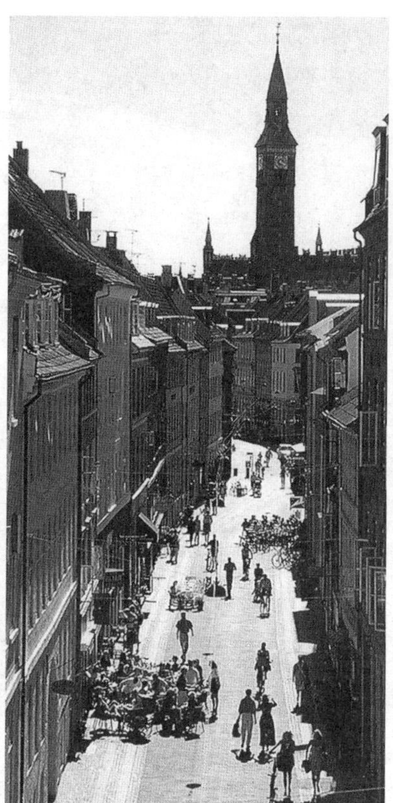

（b）丹麦斯特拉德街

（c）丹麦哥布马格街

图 3—93

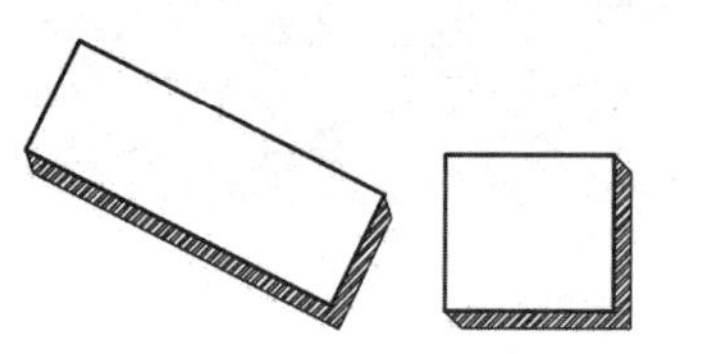

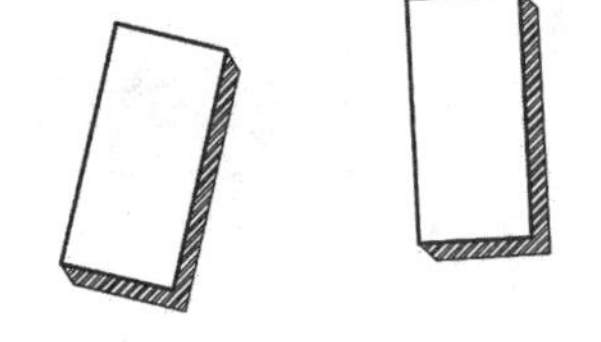

图 3—94　散落的建筑使场地无序混乱

3.3.3　建筑群的平面布局设计建议

采用哪种平面布局形式能够使建筑组群与环境很好的融合是景观设计师在规划设计初期常常要思考的问题。这与很多因素有关，如场地的现状、建筑之间的功能联系、建筑外部环境的活动需求以及设计的意图等等。这一部分将就建筑组群的平面布局形式提出一些基本的建议。

景观设计师应该力图建立场地中单体建筑间的有机联系，以创建出协调统一的景观空间秩序。若不加思考地将建筑散落在场地中，会导致场地空间的混乱和破碎（图 3—94）。虽然将相邻的单体建筑按照 90°角垂直布局是确保景观空间合理有序最为普遍和简单的方式之一，而且在任何场地条件下都可以实现。但是不可否认，单调和重复是它最为突出的缺点。我国城市中这类空间的大量复制和繁殖形式了城市单一的网格空间，穿行其中很难体会到空间变化的趣味性或是建筑间联系的多样化，并且已经带来了千城一面等系列问题。

面对这个问题，解决方法可以从两个方面着手（图 3—95）：①不改变建筑间 90°夹角的布局形式，

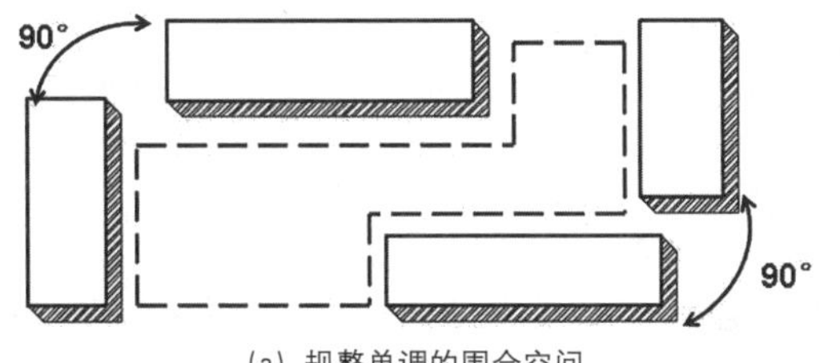

(a) 规整单调的围合空间

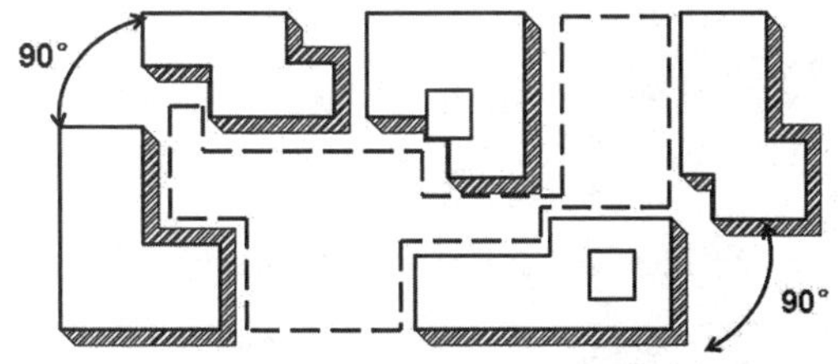

(b) 通过建筑形式的变化，丰富围合空间的层次及秩序

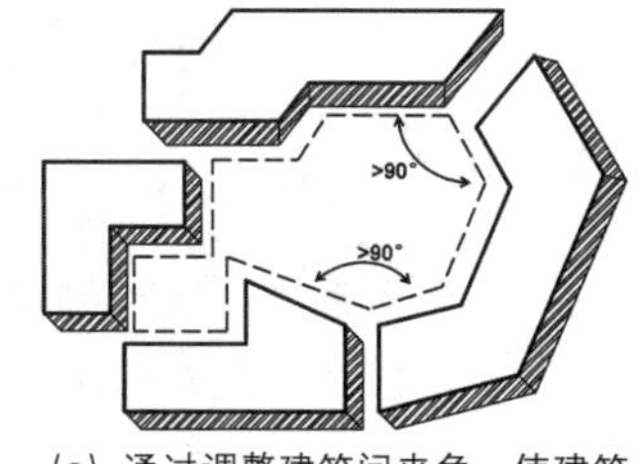

(c) 通过调整建筑间夹角，使建筑围合空间舒缓有致、主从分明

图 3—95

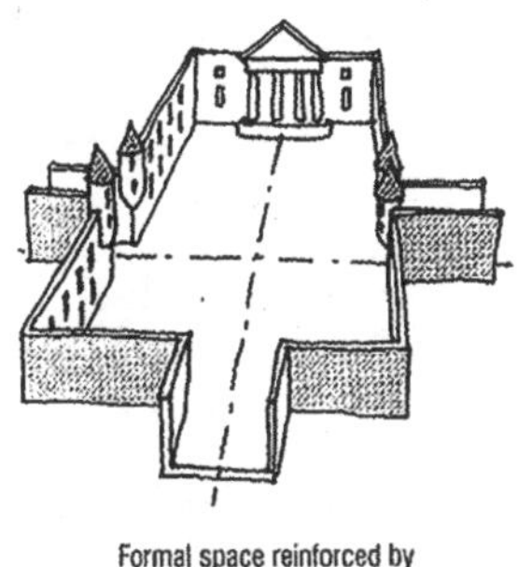

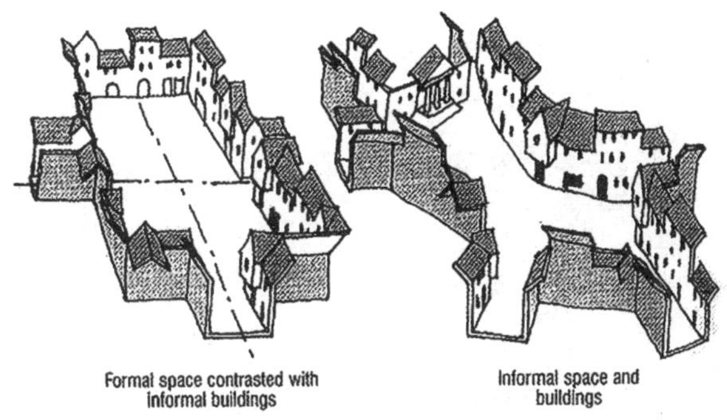

Formal space contrasted with informal buildings
Informal space and buildings

图 3—96　建筑形态组合与空间意向

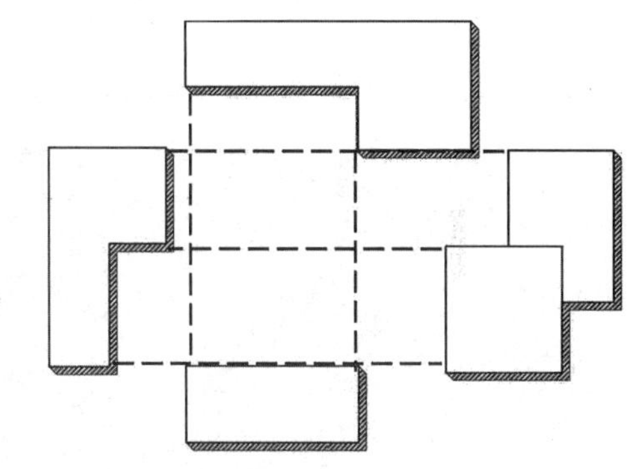

图 3—97　延长建筑边界线，以辅助线间所形成的关系为依据，调整建筑位置关系

但从建筑自身的形式着手，丰富单体建筑体块的形式。②对建筑群中相邻建筑的位置关系进行调整，塑造局部呈钝角的围合空间。在调整建筑间夹角时要特别注意场地的地形条件，防止调整后的建筑走向与场地现有等高线夹角过大，造成后期大量的土方施工。总之，借助于上述两种方法，可以在场地中塑造出变化而有序的主从空间，解决单一均质的空间问题（图 3—96）。

在实际操作中，设计者可通过在平面图上延长建筑边界获得描述建筑位置关系的辅助线。这些辅助线在平面图中所形成的交叉、平行等多种位置关系，将有助于找到建筑间适宜的位置关系，以塑造联系有序的景观空间（图 3—97）。

另外，由于建筑高度与室内外日照条件，空间平衡等具体问题直接相关，因此在充分考虑了建筑间平面位置关系的同时还应考虑建筑高度对于实际空间效果的影响。

3.3.4　有关景观设计中的单体建筑

在景观设计中，如何处理单体建筑与场地环境的关系也是景观设计师会经常遇到的问题。处理方式上主要有两种：①将单体建筑处理为场地中的焦点元素，使之从场地中脱颖而出。②将单体建筑视为场地环境中的一个组成部分，试图将其融入环境。

第一种情况下，单体建筑应在体量、形式、色彩或质地等方面在一定程度上与周围环境形成对比或反差，以保证其能够充分发挥吸引视线，充当视觉焦点的功能（图 3—98）。在处理这种情况

(a) 澳大利亚维多利亚艺术学院意念中心

(b) 澳大利亚维多利亚科技大学新演讲厅

图 3-98

(a) 澳大利亚新南威尔斯蓝山回声谷，在建筑材质的选取以及立面肌理的处理上均实现了建筑与环境的融合

(b) 贝希特斯加登洲际胜地，建筑的形式与地形形成了良好的呼应，促使了建筑与环境的融合

图 3-99

的时候，应该尽量减少场地上其他大体量设计元素的引入或是大规模的开发，防止对单体建筑的主景优势地位产生干扰，以使人们能够清晰地意识到其在场地中的重要性。

与前者相反，第二种情况强调建筑与场地环境的融合（图 3-99）。这源于“建筑和环境如硬币的两个面，同样是环境的组成部分”理论的影响。在处理这种情况的时候，应该尽可能地消减建筑和环境两者之间存在的不协调因素，尝试将场地的地形特征或是本土建材引用到建筑设计中，以达到二者融合的目的。比较起来，第二种情况更加敏感，在设计时考虑得要更为全面。另外强调的是这两种方式没有对错之分，只与设计意图和目的相关。

3.3.5 总结

综上所述，作为景观环境中最为重要的三个物质元素之一，建筑对于场地景观环境的特征和各景观元素的组织协调至关重要。借由建筑围合的外部空间环境多种多样，小到街边一般的内聚空间大到城市广场一般的开场空间，其空间特点和氛围主要取决于建筑的布局方式、比例尺度以及建筑立面特征。景观设计师可通过控制这三个方面的因素，并辅以地形、植物、水景等其他设计因素的结合，以实现建筑和环境无论在功能还是在视觉效果方面的协调统一。

3.4 景观构成的物质要素——铺装

一般情况下，无论是城市还是乡村，无论是公共空间还是私密空间，景观环境的总体空间结构都是由前文所述的三个主要元素即地形、植物和建筑支撑建构起来的。这三种物质元素通过提供围合场地空间所需的平面即地平面、竖向平面以及顶平面，界定并塑造场地的空间结构和特征。

与地形、植物、建筑三种空间围合元素不同，硬质铺装、水景以及地被植物常以“面”的形式存在，更多情况下仅使用在地平面中，通过组织、拼凑、交替完成多种设计意图（图 3-100）。铺装作为其中唯一的硬质元素，在城市空间中大量存在，主要在街道广场等人流集中的空间中使用。这一节将就景观环境中硬质铺装的类型、审美以及功能进行具体讨论。

(a) 澳大利亚南澳阿德莱德多伦斯散步道

(b) 德国埃内尔格恩室外设计

(c) 德国埃伯斯瓦尔德后工业化花园

(d) 新西兰曼努考市曼努考广场

图 3–100

硬质铺装有许多优点：①铺装是硬质的，耐用的，它相对固定、保持不变，而地被植物和水景则会随着时间发生很多变化，可控性较低。②在地平面上铺装能够精确组合定义出各种图案和形式，增强场地的景观效果。③虽然场地开发前期铺装的资金投入额较大，但是其在后期维护中，和地被植物相比，能够有效地节省资金。

硬质铺装也有其自身的缺点。如夏季，在太阳光的强烈照射下，与地被植物覆盖的地面相比，硬质铺装表面温度较高，是城市热岛效应的主要原因之一。并且由于硬质铺装反射强度大，烈日下可能会产生强烈的光，造成光污染。更为值得关注的是，硬质铺装的排水性能极差，不能吸收雨水径流。如果在城市中过分使用，由于其阻碍了雨水的下渗吸收过程而会大大增加洪水发生的可能性，造成巨大的城市安全隐患。另外，在景观设计中如果对硬质铺装的细部处理不够，也会导致非人性化的空间的产生等。目前这些问题在现代化大都市中已逐渐显现，亟待解决。

（a）慕尼黑马克格拉芬街区小学庭院内的指示性铺装

（b）德国柏林喀斯克基茨 1

（c）德国柏林喀斯克基茨 2

（d）澳大利亚昆士兰理工大学校园

图 3–101

3.4.1 硬质铺装的功能

1）保证高强度使用

硬质铺装最为首要的功能是保证道路或广场等人流集中、高频使用区域的安全有效使用。与草地和土地相比，硬质铺装能够承受很大的摩擦和压力，且不易变形，不易受到腐蚀。另外，覆以硬质铺装的地面受气候条件影响较小，能够避免雨雪过后路面泥泞湿滑的现象，确保通行。

2）划分用地区域，表明用地功能

城市的地平面由硬质铺装、水景和地被植物组成覆盖，而人们的活动则主要集中在硬质铺装上。因此，景观规划设计过程中，景观设计师常试图借助于地平面上铺装形式的不同，划分并标识出场地中不同地块的用地功能，使游人能够根据铺装形式迅速地判断出哪些区域是用来休息的，哪些区域是用来集会的，哪些区域是引导行进的等（图 3–101）。铺装块材质地、形状、颜色的更新以及铺砌技术的发展为这一目标的实现提供了必要条件。经验告诉我们，只有当用地性质发生改变时，铺装的形式才会变化，否则它会以某一种形式延续下去，保持不变。

我们可以根据用地功能和性质的不同，将城市中覆以硬质铺装的地面划分为两大类：①表明行进的道路用地（图 3–102）。②表明停留的节点用地（图 3–103）。硬质铺装在这两种用地性质不同的地面上发挥的功能有相近之处但各自又有所侧重。比如表明方向的功能、暗示运动速度和韵律的功能等虽然它们在广场节点的铺装设计上有所融合，但是应用在道路狭长的空间中效果更为显著。而针对广场的铺装设计则主要注重铺装对于广场尺度、统一性以及空间特点的塑造和影响。

3）表明方向

硬质铺装表明方向，引导行进路线的功能在道路铺装设计中显得尤为突出。景观设计师常借助于硬质铺装与周围地面在材质、颜色等方面形成的对比，引导视线沿着特定的方向从一点出发指向

（a）德国克洛纳赫 2002 州园艺展

（b）德国慕尼黑维也纳广场内院

图 3—102

（a）德国斯图加特信息学院庭院

（b）德国慕尼黑巴伐利亚论坛前广场

图 3—103

另一点，从而强化道路的方向，促使游人按照特定的轨迹行进。应用于以大片草地为背景的带状小路上的铺装正是这一功能的经典实例（图 3—104）。特别强调的是，景观设计者利用铺装表明方向时应保证其所暗示的运动轨迹与人们运动的普遍规律相一致，即在场地中不存在任何干扰和参考要素的情况下，人们总会自发地选择距离最短的路线到达目的地。而在有些情况下，景观设计者希望延长场地中的游览距离或是刻意指定游览路线，此时则需要在利用铺装表明行进方向的同时借助其他设计手段和设计素材加以补充如沿线增设景观节点，约束视线范围，遮挡部分景观空间等。

硬质铺装设计时，景观设计师可以以人的一般心理感受和场地中各部分功能区的有效联系为依据，在场地的平面图中粗略地勾画出一些“方向线”。以这些方向线为参照能够帮助景观设计师设计出即满足人们普遍出行习惯又保证功能区域间有效沟通联系的带状铺装形式（图 3—105）。如果

(a) 德国慕尼黑里姆景观公园

(b) 澳大利亚维多利亚公园

(c) 德国卡尔克里泽博物馆公园

图 3–104

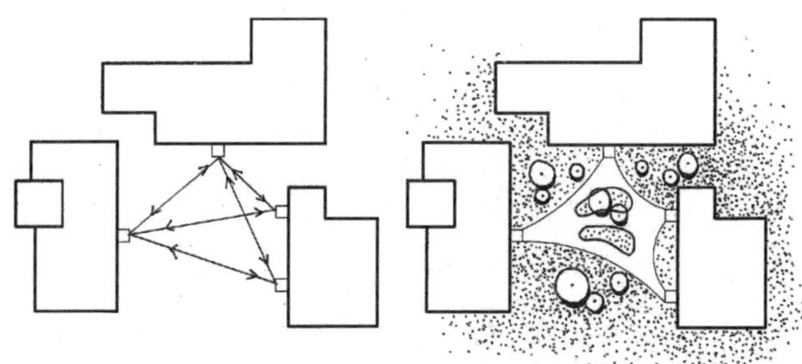

图 3–105 以方向线为参考，设计出的铺装范围和形式

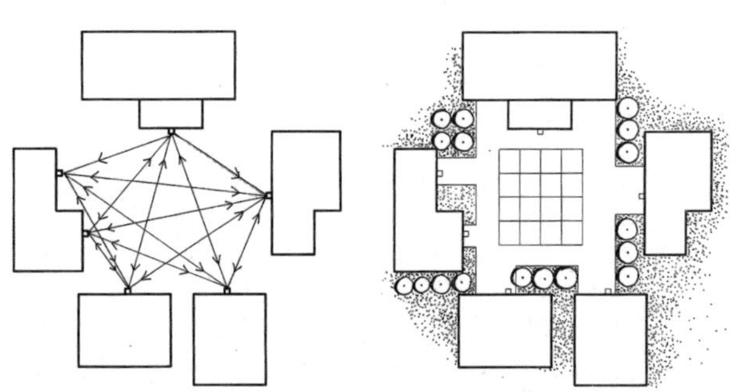

图 3–106 局部方向线过于密集和凌乱，可在此创建面状硬质铺装，塑造局部节点空间

平面图中某一区域的方向线过于密集和凌乱，则可考虑在此创建面状硬质铺装，形成小广场，塑造局部节点空间，为满足更多人的出行要求创造可能（图 3–106）。

在城市的中心区、商业区，由于空间层次错综复杂，彼此之间缺乏有效联系，常使首次到这里的游客感到迷惑而缺少方向感。这种情况下，景观设计师可选用一种与地面上其他铺装能够明显区分的硬质铺装形式。该铺装形式作为复杂空间中的易识别元素，能够起到表明方向，提高可辨识度的功能。当某一种形式的铺装结束，另一种形式的铺装出现时，说明已经进入了另一个空间序列。这种借助硬质铺装引导方向，表明空间序列的设计手法已在很多城市的景区内使用，并取得了明显的收效。

4）影响运动速度和韵律

景观设计师借助于铺装形式的变化影响甚至改变人们行进速度和韵律的设计手法主要体现在道路铺装设计中。因为道路和广场相比，前者是人们运动行进的主要场所，而后者则以聚会停留为主要功能，这一散一聚两种用地性质导致了在铺装设计上的思维差别。

道路中的硬质铺装多以带形呈现，其宽度不仅能够限定道路空间的范围，同时能够显著影响该道路中行人或车辆的行进速度。仅就步行道路而言，硬质铺装的跨度越宽，行人的步行速度越随机，有的快有的慢，道路的平均流通率越低。而在一定范围内，随着铺装宽度的减小，人们对于铺装形式的关注度增加，铺装引导方向的功能显著提高，行进速度加快，道路的平均流通速率自然随之提高。铺装影响运动速度的功能也可以借助于铺装块材颜色、质地、形式的变化而加强。据调查，同等宽度的街道，采用光滑硬质铺装块材的街道其上行人的流通速率明显较高。

道路的铺装形式还会影响到人行进的韵律。人行走的韵律取决于他每一步的跨度，而这一因素常会受到地面上单个铺路块材纵向跨度、铺装块材间距或不同种铺装形式交替出现的频率等多种要素控制（图 3–107）。例如，道路方向上同种铺装块材的等间距铺装形式常促使人匀速运动。而同种块材间不等间距的铺装形式，常诱使人的行进速度随着同种铺装块材间距的变窄变宽而时快时慢，从而使游人具有与同种铺装块材间间距变化韵律一致的行进韵律。这种设计手法常应用在公园的观赏道路上（图 3–108）。

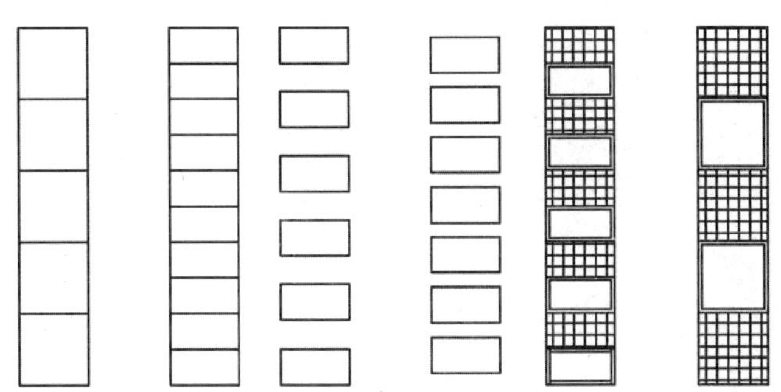

图 3–107　单个铺路块材纵向跨度、铺装块材间距及不同种铺装形式交替出现的频率均可影响行人的行进韵律

5）塑造停顿空间

与前文中所提到的铺装能够引导行进，表明方向的功能恰好相反，在大型广场、小型街道空地等节点空间中铺装能够有效地塑造停顿空间，暗示聚集、聚拢的空间氛围。此时的铺装不强调指向性，常以匀称、均衡、向心为主要形式（图 3–109）。景观设计师在进行此类铺装设计时，既要保证其与周围环境的融合与衔接，同时又要设计出具有一定风格特点，符合场地精神的铺装形式以吸引人们驻足其中。

6）影响空间的尺度感

铺装块材的尺寸、铺装的形式以及铺装材质的肌理能够影响人对场地尺度的感受和判断（图 3–110）。如果所选铺装块材尺寸较大，则铺装对缝产生的肌理稀疏。这种类型的铺装就赋予了场地一种开敞的空间氛围。置身其中，

（a）新西兰汉密尔顿住宅——均匀的铺装形式促使人匀速运动

（b）澳大利亚昆士兰理工大学校园——铺装块材大小的差异诱使行进速度不同

（c）奥地利维也纳李伯克内希大街内院——铺装块材无规律性排列诱使行进速度变化

图 3–108

(a) 慕尼黑新建乔治弗罗恩多夫广场

(b) 埃尔富特约翰——古滕贝尔格中学校园

(c) 深圳香榭里花园

图 3-109

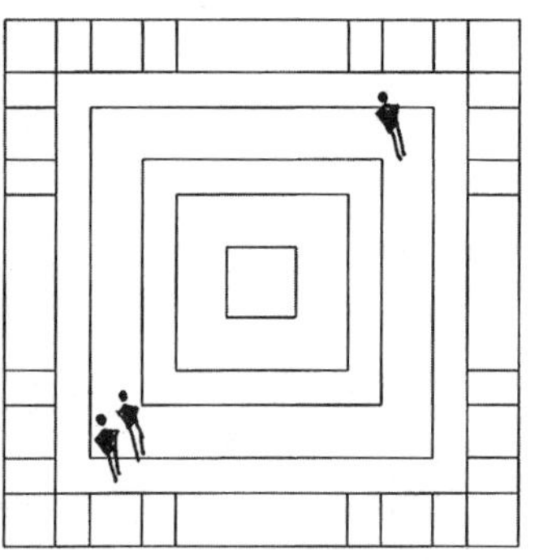

图 3-110　铺装能够影响人们对于场地尺度的感受和判断

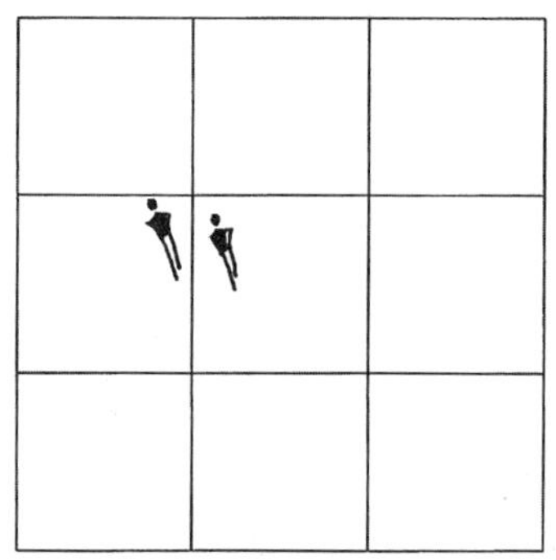

(a) 铺装对缝的肌理稀疏，则所感知到的空间尺度往往也比实际的大

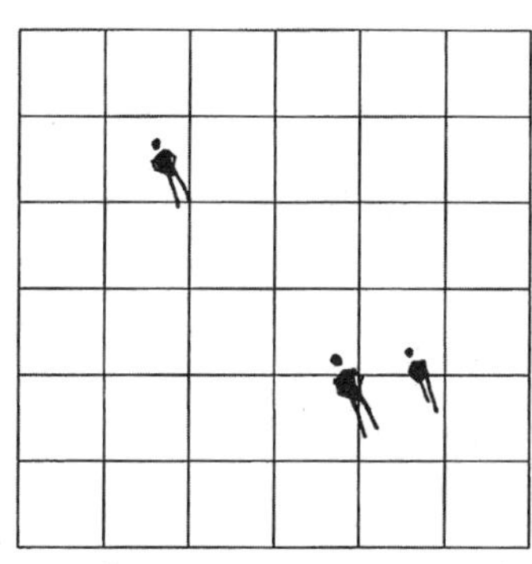

(b) 铺装对缝的肌理紧凑，则所感知到的空间尺度往往也比实际的小

图 3-111

(a) Marlson 滨水区购物广场铺装

(b) 某住宅区小广场铺装

(c) 丹麦 Jarmers 广场铺装

(d) 丹麦阿马格广场铺装

图 3-112

游人常感到松弛，轻快，对于场地尺寸的判断往往大于场地的实际大小。相反，如果所选铺装块材尺寸较小，则铺装对缝紧凑。场地就会呈现出内聚、私密的空间氛围。置身其中，游人常感到亲和、舒适，所感知到的空间尺度往往也比实际的小（图 3-111）。

另外，在某一种材质的铺地中，以一定的组合方式添加一些其他材质或形式的铺装同样可以影响场地的尺度感。并且，随着场地中铺装种类的增加，空间的划分越细致，产生的空间氛围越紧凑（见图 3-112）。但需要注意的是，铺装在颜色和样式方面的变化不要过多，除非有特殊的需要，否则会将人的注意力过多地吸引到地面上，造成对地面上其他景观元素的干扰，也会使整体空间缺乏统一性。

7）塑造整体性

在景观环境中，相同材质和形式的铺装由于彼此之间的共同性而成为重要的统一要素。即使地面上的其他景观元素在尺度或是特征上均不相同，但借助于同种具有高度可辨识性的铺装形式便可以轻松巧妙地将它们联系在一起，从而形成一个整体。这一设计手法多用于市中心、商业区等建筑形式、空间特点繁杂的区域内。例如，位于旧金山的 Embarcadero 中心，设计师将小瓦片组合出的同心圆铺装应用在中心的各处，使同心圆铺装所及范围内的景物联系在一起（图 3–113）。游人可以凭借对于该典型铺装形式的辨识判断自己所在的区域和位置。

8）作为背景元素

在景观环境中，铺装常作为背景元素烘托置于其上的景观焦点。这种情况下，景观设计师应充分理解其在环境中的作用和功能，采取有针对性的设计方法，尽量减少细部的刻画，避免独特形式和突出材质肌理等任何能够分散注意力的因素的使用，以防止作为背景要素的铺装削弱核心元素如建筑、雕塑、植物、小品等的主景地位（图 3–114）。

9）提供视觉焦点

在室外空间特别是大尺度空间中，人的视线常汇聚于地面，因此有时景观设计师也会选择将铺

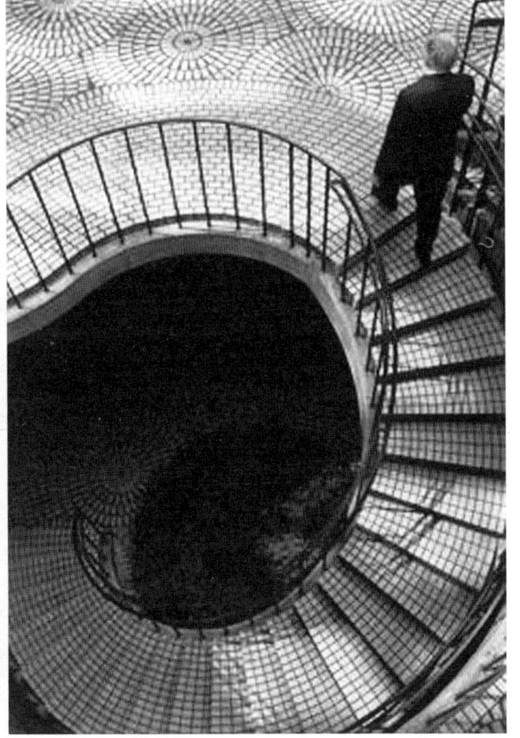

图 3–113　旧金山 Embarcadero 中心起到提高可辨识性的瓦片同心圆铺装

(a) 奥地利维也纳莱恩街内院

(b) 奥地利维也纳森林岛

(c) 澳大利亚维多利亚公共休息空间

(d) 澳大利亚阿德莱德河岸散步径

图 3–114

(a) 澳洲塔斯马尼亚巴伦角岛

(b) 澳大利亚悉尼历史大道

(c) 新西兰奥克兰花卉展

图 3–115

装作为视觉焦点，作为主景要素。这与上文中所提到的利用铺装充当背景的功能截然相反。这种情况下，设计师通过精心设计铺装的形式、颜色和质地使其成为了重要的景观元素，并以此决定了场地整体景观设计的特点和魅力（图 3–115）。另外，新颖独特的铺装形式，也可以透过窗户为工作或是居住在周围建筑中的人们提供很好的视景。

最后要特别强调的是，铺装或作为背景元素衬托其他视觉焦点，或自身成为环境中的核心要素，都与整体景观设计思路有直接的关系，不能一概而论，而是应该根据场地的具体情况，结合其他设计元素，选择适当的形式。

3.4.2　铺装的设计要点

1）铺装材料的选择

一定区域内，铺装材料的种类不宜过多以保证场地的整体性，否则便会造成场地的无序和混乱。合理美观的铺装设计，大多以一种材料为主，并通过适当添加或点缀的其他铺装材料以增添场地的趣味性和变化性，同时起到空间划分的功效（图 3–116）。主体铺装材料也可应用在场地的多个区域中，建立整体统一的视觉效果。

(a) 深圳波托菲诺住宅区内小广场

(b) 哥本哈根市政厅广场

图 3–116

2）铺装形式的设计

好的铺装设计不仅要具有美观大方的平面图案还要保证图案在透视作用的影响下仍具有良好的观赏性。以往的铺装设计主要关注其在平面图上的样式，而忽视了人站在地面上实际观看铺装时由于透视作用，而产生的图形变形。因此有些铺装设计在建好后，设计师会奇怪的发现其所呈现出的视觉效果与他之前设想的存在较大差别。由此可见，铺装的形式要在综合考虑了透视作用与影响之后才能最终确定。

铺装设计时，景观设计师一方面应致力于设计出新颖美观的铺装样式，另一方面应关注于铺装形式是否能够与场地中的其他设计元素相协调，这些元素大到地形、建筑，小到树池、小品、座椅等。例如相邻两种铺装形式间是否协调，灰泥接缝在它们的衔接处能否对齐。建筑、景观小品乃至座椅的边界线能否与其周围的铺装肌理相吻合等等（图 3–117）。

另外，无论是铺装的形式还是材质都应与其所在场地的景观氛围相协调。例如，严谨、规则的铺装形式，更适合于公共场合，而自由、灵活的铺装形式，则其更适合于私密空间等。

(a) 耶拿希勒大学绿——树池的边界线与条状铺装形式吻合呼应

(b) 杜伊斯堡可勒可纳建筑前广场——座椅的边界线与铺装的纹理吻合

(c) 日本 IBM 总公司庭院——铺装的形式及边线与建筑立面协调呼应

图 3–117

3）铺装设计的细节问题

（1）在一般情况下如果场地中相邻两块区域在功能、用途、空间特点等方面没有任何的区别，则应采取相同的铺装形式。即铺装形式的改变必然标志着在用地功能、用地特点或管辖区域等某一方面的不同。

（2）两种不同形式的铺装之间应增添过渡元素，以保证整体的协调性和连续性。如借助高差即在两种铺装形式的衔接处增设阶梯踏步加以过渡（图 3–118）。这样既能够进一步强化两种铺装所在区域间的差别也可以避免它们直接相连可能产生的矛盾。另外，同一平面内，在两种铺装形式之间设置带状中性铺装也可达到上述效果（图 3–119）。该中性铺装的质地宜平滑，颜色宜中庸，形式宜简洁。

（3）由于光滑均质的铺装材料常给人以平和的视觉感受所以在铺装设计时应选取这类材料作为场地中铺装的主体材料，占据绝大多数面积。而质地粗糙的材料由于肌理复杂，易分散人的注意，所以在铺装中应少量使用，以点缀装饰为主，避免其对场地的整体景观效果产生干扰（图 3–120）。

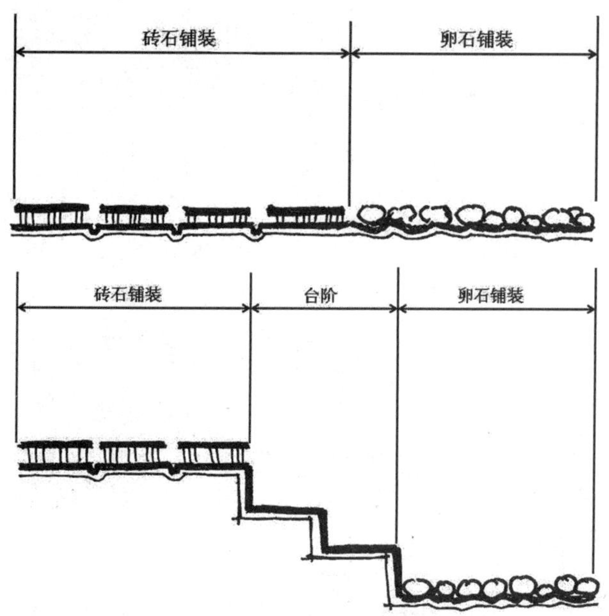

(a) 借助高差变化即在两种铺装形式的衔接处增设阶梯踏步加以过渡

(b) 哥本哈根市政厅广场——两种铺装形式借由阶梯加以过渡

图 3–118

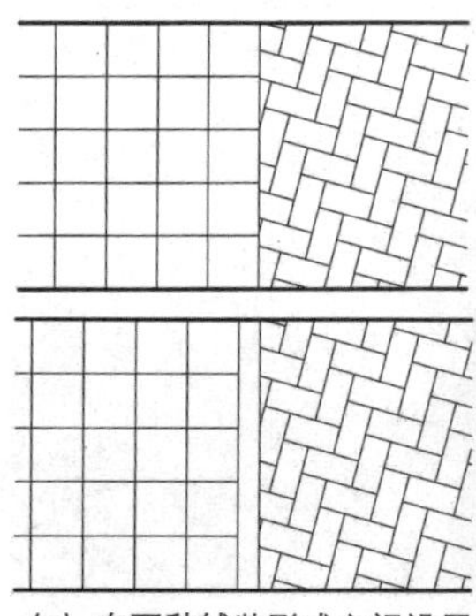

(a) 在两种铺装形式之间设置带状中性铺装加以过渡

(b) 日本箕面市购物中心广场——中性带状铺装将两种铺装形式衔接起来

图 3–119

(a) 澳大利亚莫尔兰市政府大楼前广场

(b) 丹麦 Vejle 车站站前广场

图 3–120

3.4.3　总结

综上所述，在景观环境中铺装兼具审美和实用两个方面的功能。作为重要的基础设施，铺装不仅能够为行人和车辆提供必须的路面条件，而且可以借助其在颜色、质地以及形式等方面的不同塑造出满足人们各种意愿的优美室外环境。景观设计师常借助铺装引导方向、暗示运动轨迹、改变场地尺度感、塑造整体性等等。正是由于铺装在景观规划设计中的广泛应用，使得铺装设计时要考虑很多的因素和条件。但是不论选取哪种材料和形式，都要确保铺装与其他景观要素间的和谐统一。另外，对于铺装材料如石材、砖材、瓦块、混凝土等多种材料不同形式和特性的深刻理解会大大有助于铺装形式的多样化以及功能的合理性。

3.5　景观构成的物质要素——水景

水是景观规划设计中常见的物质元素之一，其存在形式多种多样，如平静的池水、涌动的溪流、雀跃的喷泉等。水的性质丰富独特，这决定了它在景观设计中高度的可变性和多样性。它既可以单纯地作为审美要素营造宜人悦目的景观环境，也可以作为生态要素起到改善微气候环境的作用如减弱噪声、湿润净化空气以及灌溉等。同时场地中水景的存在为人们多种与水有关的休闲娱乐活动的展开创造了条件。

我们可以说，水是诸多景观元素中最引人注意，最令人神往的元素之一。很少有人能够忽视周围环境中水的存在，也很少有人能够不与环境中的水景产生或心理上或行为上的互动。纵观历史，人类早期便发展起来的国家或部族大多坐落于水域附近，并且其文化内涵的形成和发展也都与周边的河流湖泊具有千丝万缕的联系。人们之所以热衷于近水而居，一方面由于水可以提供给人们生活必须的饮用水、灌溉水，以及后来工业社会所需要的工业水，另一方面，也源于人们与生俱来的对于水的向往和留恋。许多滨水城市的快速形成和发展以及滨水土地的高价值正是上述原因的具体体现。截止到 21 世纪初，我国有将近十分之一的人口居住在海岸城市。对于这些居民而言，滨水城市因水而具有的便捷交通、发达的社会经济以及良好的居住环境大大抵消掉了他们对于滨水城市易发生洪水、海啸等潜在危险的恐惧。

人类似乎天生具有与水互动的强烈愿望。这一点在小孩的身上体现得尤为突出。小孩在玩水时都会表现出非常的兴奋和激动，并且很长时间下来都不会觉得厌烦。许多成人也是如此，走过水池或是河流的岸边时，常常会弯下腰拨弄几下水甚至会不由自主地坐下来将脚浸在水里，从中享受无限的轻松和快乐。可见，“水”不仅具有可观赏性，更为重要的是它能激发人们活动和参与的欲望，是室外环境中重要的参与性景观（图 3–121）。

另外，在一定程度上水还具有治疗的作用。走在湖边、海边或是溪边，听着水流动的声音和闪闪的波纹常能使人忘却生活工作中的压力，而倍感轻松和平静。海水拍打海岸所形成的韵律和节奏对于平复人的情绪具有明显的功效。20 世纪 70 年代早期名为“The Psychologically Ultimate

(a) 悉尼曼莉转换站

(b) 苏黎世敖林康新区瓦伦公园图

(c) 德国慕尼黑威斯特恩德城市广场长廊

图 3-121

图 3-122　澳大利亚南澳阿德莱德北台地博物馆前乘装在形状各异容器中的水景

Seashore" 的专辑就收录了海水拍打海岸的声音，使更多的人们透过专辑中的海声也有机会享有身处海边的放松心境。

简单介绍了水与人之间的密切关系后，下面将主要就在景观设计领域中水的特征、功能以及形式进行具体细致的介绍和讨论。

3.5.1　水的特征

"水" 是所有景观物质要素中唯一一个以液态形式存在的元素，具有多种特征。对于它们的了解将大大有助于景观设计师根据自己的设计意图选取最为恰当合理的水景形式，实现对于水景的巧妙运用。

1）可塑性

水不具有确定的形状。它的形状完全由乘装它的容器决定。相同体积的水放在不同形状的容器中，可以塑造出不同形状，不同特质的水景。因此通常认为水的样式是无限的，其完全取决于容器的大小、样式、颜色、质地以及位置等等（图 3-122）。换句话说，如果想要创造出特定形式的水景，首先是要设计出具有相同特征的容器。

2）流动性

在重力作用的影响下，如果水体不能得到有效支撑，满足重力平衡，水就会产生流动，直至到达一个能够实现平衡的场地便以静水的形式存在。因此，根据水体的运动状态不同，可以将其分为动水与静水。

静水，多以湖泊和池塘的形式存在，常给人以安静、放松、柔和的心理感受，使人能够在这样一个不受扰动的环境中得到舒缓和释放（图 3–123）。法国文艺复兴时期的花园设计大量运用了静水造景，这在 17 世纪英国的花园景观中也屡见不鲜。虽然它们的具体形状不同，但是都被用作一种中性元素，在景观环境中起到如镜子一般映衬周围其他景观节点的作用（图 3–124）。

动水，常以河流、溪流、瀑布以及喷泉等形式存在。与静水的特征相反，动水以其动态给人以活力、振奋的心理感受。并且动水在水流声音的辅助下，更容易吸引人的目光和关注（图 3–125）。16 世纪文艺复兴时期的意大利公园设计多借助动水的多样性去营造公园内丰富的景致。将喷泉置于公园的轴线上作为视觉的焦点是最典型的例证（图 3–126）。

(a) 德国慕尼黑里姆景观公园

(b) 德国拜耳制药公司花园

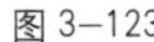

图 3–123

(a) 英国韦斯伯里庭院

(b) 英国斯托风景园林

图 3–124

(a) 新西兰惠灵顿东方海湾

(b) 德国埃内尔格恩室外设计

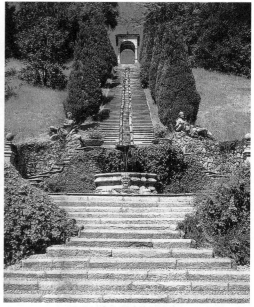

图 3—125

(a) 意大利艾斯塔园

(b) 意大利马佐尼园林

图 3—126

3）可听性

可听性是水景的又一重要特征。当水体运动或是撞击到其他物体时，便会发出悦耳的声音。景观设计师通过人为约束或创造水体的运动形式，可以创造出多种多样的声音效果，大大增强了景观环境的趣味性和变化性。另外，不同的音效可以营造和烘托出不同的景观氛围。小溪流动的声音常给人以放松、舒缓的感觉，用以烘托怡情山水、朴实自然的环境氛围。而如瀑布般的巨大声音更加适宜强化振奋激动的环境氛围。

4）反射性

水具有或真实再现或象征性表征周围环境的能力，它的这一重要特性称为反射性。最容易想到的是，一片平静的湖面可以像镜子一样复制周围的景象。理想的情况下，水面中所反射出的景色与真实场景一模一样，甚至使人难以分辨出哪个是真实景色哪个是反射画面（图 3–127）。如果水面受到微风等因素的轻微扰动，其所反射出的画面虽然会丢失一些真实场景中的细节，但却可以艺术性地塑造出如印象派品中模糊的形象和斑驳的颜色效果（图 3–128）。

图 3–127　奥地利多恩比恩城市花园

图 3–128　德国齐陶——奥尔贝斯多夫景观公园

特别强调的是，水不仅仅能够真实地再现周围的景色同时还可以含蓄地反映出其所处环境的一些物理特征，如水体所在渠道或坑塘的坡度、形状、尺度、质地以及周围环境的温度、风力和光照条件等。

（1）反映坡度

河流或是溪流的流速与其所在渠道底面的坡度有着直接的联系。坡度的大小直接体现在流速的快慢上。坡度越陡流速越快，视觉冲击力和音效就会越明显。

（2）反映形状和尺度

如前所述，水体没有固定的形状，它的形状完全由乘装它的容器决定，即渠道或是坑塘。如果坑塘的边界是不规则的曲线形状那么水体的边界必然呈现出不规则的自然形。反之亦然。另外，一定程度上，坑塘或是渠道的尺度大小可以由水流的快慢得以体现。水量一定的情况下，渠道中宽敞段的水流速度明显快于狭窄段。因此在渠道的狭窄段我们常可以观察到气泡和浪花，这正是渠道变窄流速增快的外在表现（图 3–129）。

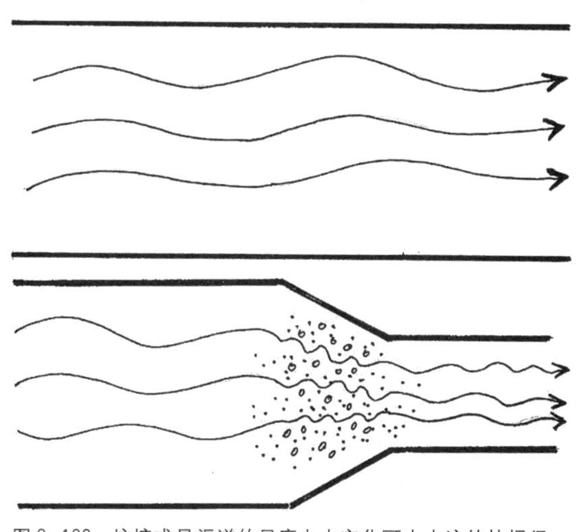

图 3–129　坑塘或是渠道的尺度大小变化可由水流的快慢得以体现

（3）反映坑塘或渠道的质地

水体的流速和流态同样可以反映渠道或坑塘的表面质地。因为在相同尺寸的渠道中，水量一定的情况下，渠道的侧壁和底面质地越光滑，水流速度越快。因此在设计中我们可以通过改变坑塘或渠道的表面糙率以实现对于水流速度和形态的控制。改变糙率的方法也是多种多样，既有采用植物护岸实现糙率变化的生态方法，也有通过更换护岸铺装材质改变糙率的工程措施，并且这些方法都可以与水景的视觉效果结合起来，以达到审美和生态的双重目的（图 3–130）。

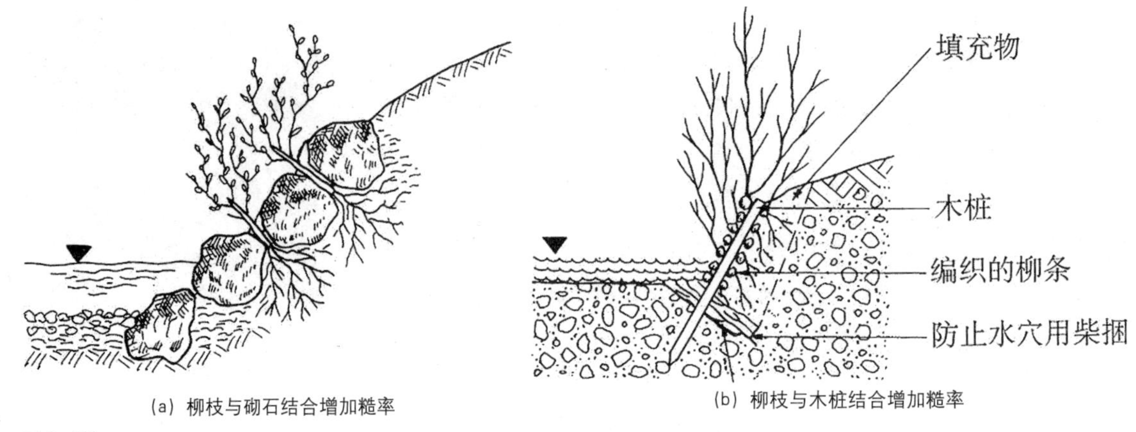

(a) 柳枝与砌石结合增加糙率

(b) 柳枝与木桩结合增加糙率

图 3—130

(4) 反映光照

阳光投射到水面上可以创造出丰富的视觉效果和环境氛围。例如某些情况下，水面则如玻璃器皿或是透明塑料一般可以反射强烈的阳光，形成闪烁灿烂的视觉效果。而在另一些情况下，水面更类似于深色的璞玉，能够将投射过来的阳光吸收，呈现出温婉含蓄的环境氛围。总之，多种情感或兴奋或快乐或忧郁或悲伤都可以通过阳光与水面之间的互动而得以萌生或加强。

综上所述，一定程度上水景是其所处环境的外在表现。它所呈现出的所有视觉特征都直接或间接地依赖于其所处的外界环境。改变外界环境中的某些要素都可能会带来水景特征的变化。另外，水作为具有高度可变性的物质要素，和其他景观元素相比，具有明显的四维特征，所呈现出的景致会随着时间发生着多种变化。因此，对于景观设计师而言，了解水的多种特征，了解外界对水景可能产生的影响，是日后灵活运用水元素造景实现多种设计意图的重要基础。

3.5.2 水景的分类与视觉功能

在景观环境中，水具有多种功能，主要表现为气候环境功能和视觉功能两方面。这里主要介绍水元素的视觉功能。设计初期，景观设计师必须首先制定出水景元素在景观环境中的功能定位，是视觉焦点，是中性背景，亦或是屏蔽景墙，进而分析什么形式的水景恰好与这一功能相吻合，最终设计出恰到好处的水景形式。这样的设计过程至关重要，因为水景形式多种多样，视觉效果丰富多彩。下文将水景的普遍视觉功能与形式结合起来进行详细的介绍：

1）静水

在室外环境中，舒缓、平静的水景具有重要的景观功能，大多以水池和池塘这两种形式出现。它们虽具有相似之处，但是在形式和造景功能上则各有特点。

（1）严格地讲，“水池”是指边界划分明显，呈几何规则形状的水域，但是它并不局限于纯粹的几何对称。如历史上泰姬陵内的中心水池、法国沃子爵花园的水池以及法国凡尔赛宫内的喷泉水池等。这种水景形式也常见于现代景观设计中，如美国波士顿基督教科学总部前平静规则的水池，德国柏林伤残者公园内与雕塑墙结合设计的方形水池等等（图 3—131）。

水池区别于池塘，其以人工构建、非自然的边界形式为显著特征。因此，水池更适合于城市景观，因为这里有大量的人工建筑物和硬性边界，并且总体上呈现出一种以人为中心的景观氛围。

水池中的水体呈现平静、稳定的视觉特点。平静的水面具有镜面反射的功，可以能将天空及四周的建筑、树木、雕塑以及游人等尽收池内。池水的反射功能为人们提供了一个全新的观景视角，使人能够以一种更为有趣的方式欣赏周围的景色。

不仅如此，池水还能够在一定程度上影响场地中景物间的明暗关系。尤其是在晴天，阳光明媚，由于水的反射性能明显高于其他材质（如植物、石材、混凝土等），因此与周围的草坪、路面、建筑立面相比，水面显得更加明亮光泽。于是，水面上便形成了一种轻质模糊的空间，其与周围的重色实体景物相映衬，在场地中塑造出了正负空间虚实对比的艺术化景观氛围（图 3—132）。

池水反射功能的强弱与以下几个因素有关，景观设计师可以通过对于这些因素的控制与调节塑

（a）法国凡尔赛宫喷泉水池

（b）波士顿科学总部前水池

（c）德国柏林伤残者公园

图 3—131

（a）丹麦 Vejle 城市公园

（b）丹麦哥本哈根 Nordea 银行

图 3—132

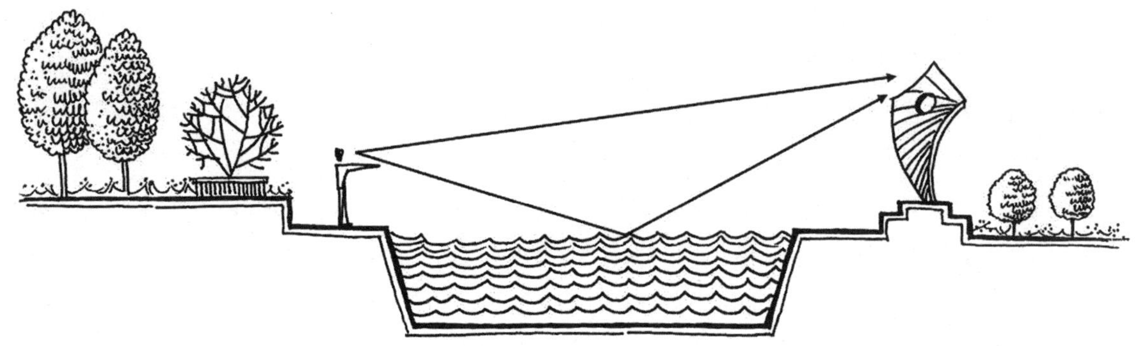

图 3–133　水池应位于待反射景物与人观察点之间。水池的尺寸取决于待反射景物的大小以及所需反射的程度

（a）德国柏林波茨坦广场贝斯海姆中心

（b）美国德克萨斯 Nasher 基金会雕塑中心

图 3–134

造恰当灵活的景观效果。①水池的位置和尺度。一般情况下，水池应该位于待反射景物与人观察点之间。水池的宽度、长度则取决于待反射景物的大小以及是否要反射出景物的全貌。景观设计师可以在剖面图中运用光的反射定律，结合人普遍的视域范围，推算出水池应有的尺寸（图 3–133）。②池底铺装材质。一般情况下，池底的颜色越深，水面的反射能力越强。因此低明度的铺装材质可以有效改善水面反射图像的清晰度。③池水的深度。一般情况下，池底的颜色会随着池水的加深而变重。另外，高水面能够减少水池边壁投射在水上的阴影面积，使更大的水面暴露在环境之中，从而扩大水池的有效反射面积。④水质。水面上漂浮的水藻、杂物会大大降低水的反射能力。最后需要强调的是，旨在反射周围景物，增加景观层次的水池，其形式应该尽可能的简单，以免与反射出的画面产生干扰。

另外，平静的池水也可以作为景观环境中的中性背景元素。池水均一含蓄的特点同样可以有效地衬托场地中的雕塑、建筑小品、喷泉、盆景等。此类水池的形式仍然要尽可能的简化，以避免分散观赏者的注意力而削弱了主景凝聚力（图 3–134）。

（2）“池塘”，严格地讲是指边界形式自由，呈自然不规则形状的水域，但是它并不局限于天然形成也可以是人工建造。如中国杭州的西湖、南京的玄武湖、日本芦之湖、法国安锡湖等（图 3–135）。

池塘同样拥有平静、稳定的水面，因此和水池一样它也能够反射周围景物，塑造明暗关系，充当背景元素。但是池塘又区别于水池，其以随形就势，形式自由为显著特征，因此多以予舒缓自由的自然景象为主。

一方面由于人对水的向往与生俱来，使水景能够显著区别于周围环境中的其他元素而得到人们最多的关注；另一方面，由于池塘以随形就势、形式自由为显著特征，能够将场地中的不同区域通过弯曲的水岸线连接起来，因此在景观设计中常借助于池塘将场地中的不同景区，不同要素整合在一起，塑造场地的整体感（图 3–136）。而在以池塘为核心元素或视觉焦点的场地内，它的这一功能往往能够得到更为有效地发挥。特别是在大尺度的场地中，这类场地大多会被划分成若干相对独立的部分，往往缺少整体感，而中心池塘的存在能够有效改善这一现状。因为当观赏者在相隔一段距离的两个区域中先后看到同一池塘时，相同的水面将唤起观赏者对前一场景的回忆，进而令观赏者将两个相对独立的区域有机地联系在一起。

（a）中国杭州西湖

（b）法国安锡湖

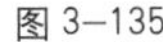

图 3–135

（a）丹麦科灵 Slotssen 湖

（b）南京玄武湖

图 3–136

(a) 某公园内溪水

(b) 温特哈兴谷地景观公园内溪流

图 3—137

与上述功能极其相似的是，景观设计师可以利用池塘景象的时隐时现激发观赏乐趣，引导游人沿着特定的空间序列进行游览。因为当池塘的一部分消失在山丘、树群或是道路小径之后时，一种强烈的景观趣味性和神秘感便形成，而促使人们前往探究。在所有类似情况中，游人将在好奇心的驱使下沿着设计师预先设计好的路线去探究那些被遮挡的场景，直至欣赏到先前未能一见或是仅草草一瞥的景象。

2）动水

景观环境中，除了以静水形式美化环境的湖泊、水池、池塘等，利用水的动态造景也是景观设计中常见的手法之一，大致可以分为流水、跌水和喷泉三种主要形式。

（1）“流水”特指在渠底纵向倾斜的渠道中受重力的影响而以一定方向和流速流动的水，自然界中以小溪江河等形式存在（图 3—137）。流水以其奔流不息的视觉特点能够很好地表达出景观的变化性、方向感及其所蕴含的能量。

流水又可以分为缓流和湍流，景观设计师可以根据不同的设计目的和不同的场地环境塑造不同的水流形式。这取决于水量、渠底坡度、渠道尺寸以及渠道材质等因素。如前文所述，渠道尺寸一定的情况下，顺直的渠道形式，糙率较小的渠道材料有助于缓流的形成。缓流水流顺畅、平静、悠缓，适合于恬静舒缓的景观氛围。而湍流水流激烈、振奋，伴随有大量的气泡和浪花，能够为场地添加动感活力的景观元素。湍流可以通过改变渠道上下游尺寸，或者在渠底、渠壁等处添加岩石等有助于提高糙率的材料而得以实现。

流水产生的汩汩气泡和溅起的白色浪花使得它比起静水更易吸引游人的注意。因此，在景观设计中常以流水作为动态元素去映衬和烘托那些动感活跃的场景，并从视觉和听觉两方面增加景观的丰富性和趣味性。在自然风景名胜区，游人可以在湍流中漂流或划独木舟，这已成为极为重要和珍贵的旅游娱乐资源。

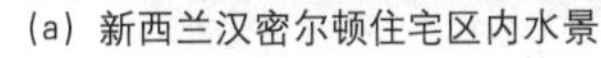

（a）新西兰汉密尔顿住宅区内水景　　（b）天津市水上公园水景

图 3–138

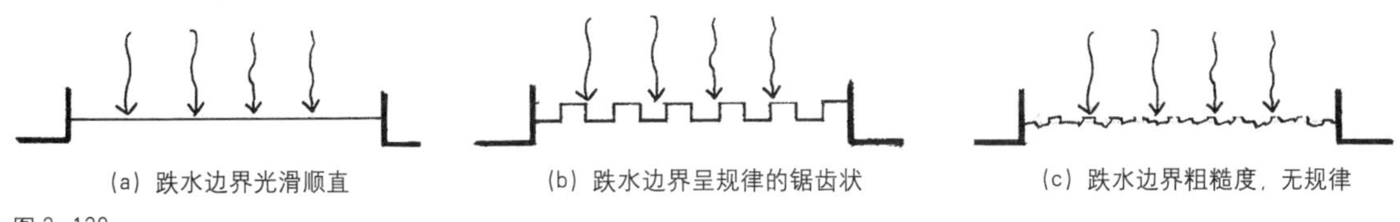

（a）跌水边界光滑顺直　　（b）跌水边界呈规律的锯齿状　　（c）跌水边界粗糙度，无规律

图 3–139

（2）“跌水”是指由于渠底平面呈阶梯状而形成的瀑布跌落式水流，常作为景观环境中引人注意的视觉焦点，充当主景。主要分为三种形式：单级跌水、多级跌水以及缓坡跌水。

①单级跌水（图 3–138）指水流直接从高处下落至低处，整个过程中没有任何障碍物干扰。此类跌水的视觉特点与流量、流速，高差以及发生跌水的边界条件有着直接的联系。这些影响要素经多种组合后可以产生极其丰富多变的听觉和视觉效果。

作为影响跌水形态的主要控制因素，设计师应该对发生跌水的边界条件进行详细研究以创建出满足设计意图的跌水水流形式，特别是在跌水水量较小的情况下。在下图中列举了三种跌水的边界条件。图 3–139a 中跌水边界光滑顺直，紧贴边界的水流附着于表面，使得跌水水面如镜子一样没有任何的波纹，光滑明亮。位于波士顿基督教科学总部大楼外的跌水正是此类跌水的很好代表。图 3–139b 中跌水边界呈规律的锯齿状，由于锯齿的内凹处水流量积累较快，最先发生跌落，因而跌水水面上波纹间的距离均匀相等，呈现出极强的规律性。而随着跌水边界粗糙度的提高如图 3–139c，跌水水面的纹理变得极其复杂凌乱。

景观设计师也可以通过改变跌水最低处碰撞面的材质以塑造多种形式的视听效果。当跌水下落后撞击到坚硬材质如石块板材等时，则水花四溅、撞击声清脆动听（图 3–140a）。如果跌水下落后

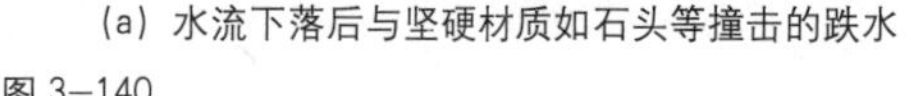

(a) 水流下落后与坚硬材质如石头等撞击的跌水　　(b) 水流下落后直接入水的跌水

图 3—140

直接落入到池水中时，由于一部分跌水的能量被池水吸收，因而产生的水花数量较少，声音低沉（图 3—140b）。

另外跌水设计时应考虑其所处场地的方位和日照条件，以便利用光影效果塑造更具变化和美感的景象。例如当阳光从垂直下落水面的背后射入时，由于水面遮挡，光线变得柔和、舒缓甚至有些慵懒。而如果阳光从正面直射进水面，由于反射作用，水面会变得非常明亮如水晶一般，但如果处理不当会造成刺眼晃眼等问题。

“水墙”作为单级跌水的代表形式常用于城市景观设计中。这种形式通常是通过不断地将水均匀地泵至墙的顶部然后使之自由下落而实现的，从而形成一种兼具声音、光影效果的立面景观。例如曼哈顿城中的佩里公园以水墙作为整个公园的视觉焦点，不仅为游人提供了富有乐趣的水景同时以水流清脆动听的声音屏蔽了花园外面都市的喧嚣（图 3—141）。

②多级跌水：指水流从高处下落与若干障碍物或是平台撞击后下泄至低处的水景形式（图 3—142）。与单级跌水相比，多级跌水的水流在下泄过程中，与障碍物发生多次碰撞产生停顿，水流时快时慢，水花时大时小，视听效果丰富多

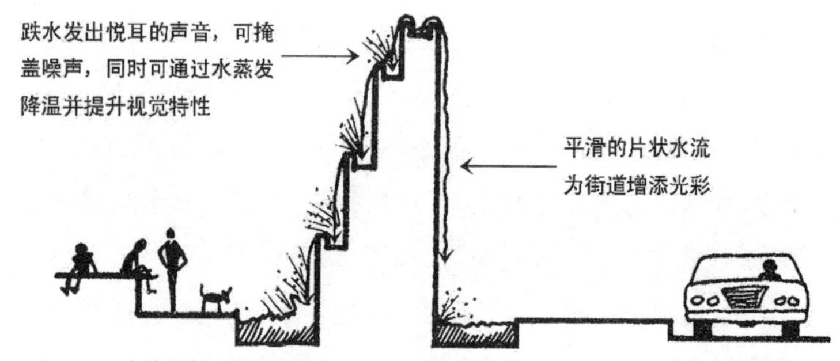
跌水发出悦耳的声音，可掩
盖噪声，同时可通过水蒸发
降温并提升视觉特性
平滑的片状水流
为街道增添光彩

图 3—141　水墙既能为街道增添光彩，也可屏蔽噪声，降低温度，提升视觉特性

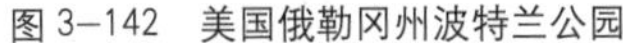

图 3–142　美国俄勒冈州波特兰公园

图 3–143　德国魏因加藤城市公园内水景

变，且随机性强。多级跌水的景观效果可以通过综合考虑水流量、边界条件以及障碍物的位置加以控制。另外，在设计多级跌水时应特别注意障碍物的数量和位置，以免过分削弱水流的整体感和顺畅感。

③缓坡跌水：指水流沿着大角度的缓坡从高处下泄到低处（图 3–143）。如果水量较小，则水流顺畅，在阳光的照射下看上去润滑闪亮。而如果下泄水量较大，水流就会变得紊乱随机。另外，坡面的材质特征也会影响到坡上水的流态。与单级和多级跌水相比，这一水景形式更加平和、保守。例如，波士顿 copely 广场的中心水景便采用了这种形式。中心喷泉首先将水射向空中，待水下落与喷泉的锥心底座侧壁发生碰撞，溅起美丽的水花后，便沿着大角度倾斜的侧壁下泄直至底部，水流细腻顺滑。

总之，这几类跌水在景观设计中可以以一定序列结合起来使用以满足设计意图和目的。另外，由于水景与光线之间的映衬效果，使得水景具有了时间维度上的含义，能够塑造出仅属于某一特定时刻的美丽景色。

3）喷泉

喷泉在一定程度上克服了重力作用将水射向空中，成为景观设计中一种常见的水景形式（图 3–144）。由于喷泉能够在竖向空间中塑造变化的景观效果且与光线的互动特性明显，使其常作为场地中的视觉焦点。设计师常试图通过对喷泉构造物进行一些简单甚至微小因素的改进从而设计出变化丰富的喷泉样式。喷泉常置于于平静水池的中心位置。这样，在池水这一均质要素的映衬下，它会显得尤为引人注意。根据形式的不同可以将喷泉划分为四类，分别是：单口喷泉、喷雾式喷泉、充气式喷泉以及造型喷泉（图 3–145）。

(a) 美国加利福尼亚马丁路德金休闲广场

(c) 加利福尼亚旧金山 Security Pacific 国家银行

(d) 日本 Muragame 中央火车站广场

图 3–144

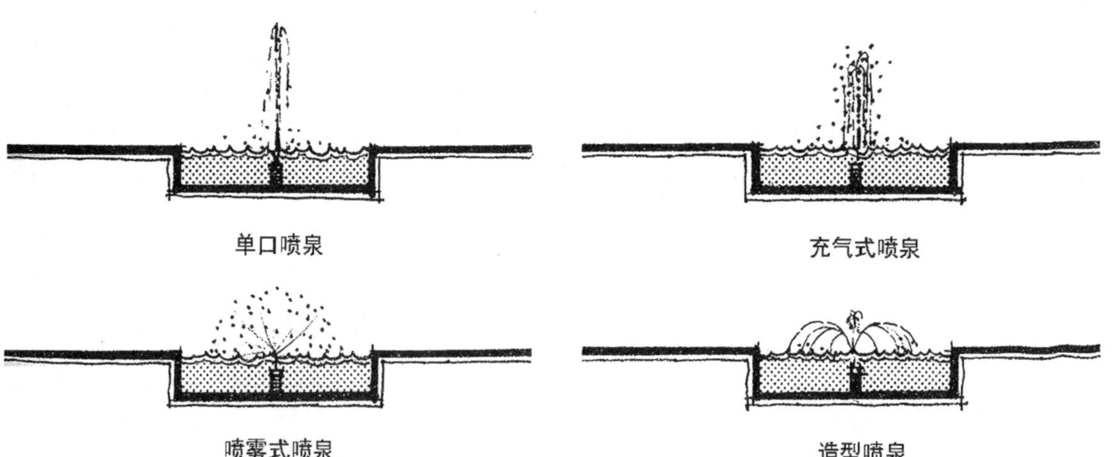

图 3–145 喷泉类型

3.5.3 总结

综上所述，水是景观设计中极富变化的元素之一。水景所呈现出来的特质在一定程度上是由与它直接相关的外部因素决定，其中包括可控因素如渠道的形式、尺寸、材质、坡度等，也涉及不可控因素如阳光、风、温度等。在景观设计中，景观设计师可以利用静水的反射特性提供新的观景角度，增加场景的视觉层次，可以利用动水的动态特性和音效为场地增添活跃积极的景观元素，也可以利用喷泉的竖向特性塑造场地中的视觉焦点。总之，水是所有景观元素中最为特殊的一个，因为它能给场地带来自然的气息和无限的生机。

3.6　景观构成的物质要素——山石

古人云："石乃天地之骨，园之骨。"石、山是营造秀美景观不可缺少的载体，设计师可借其在有限的空间中以写实、艺术、凝练、细腻的手法创造出自然多变的景观画面。中国有着悠久的石文化史，并在中国古典园林中体现得尤为突出，叠山在西汉园林中即已见于记载，梁孝王兔苑之"岩"，"岫"，袁广汉园的"构石为山，高十余丈"《三辅黄图》，秦汉时期的"一池三山"，唐代帝王公主造园亦多叠山，"在苑中取石造山，有若天成"《池北偶谈》，南北朝山水画的出现和发展，使人们对山的感情由写实走向写意的过程，"片石生情""智者乐山"更是表现出山的神韵以及人们对于山石情感的新境界。现代园林及景观设计中山石的使用方式、表现手法也呈现多样化，结合材料和技术的发展，山石在城市广场、屋顶花园以及室内庭园等景观空间中表现出了较强的造景能力，同时其作为创造个性空间的重要手段也渐为成熟。鉴于中国古典园林中叠石掇山的高超技艺，本节将依托于传统园林置石造景的理念和方式，就山石的功能及造景手法、石材的选取进行具体的介绍和讨论。

3.6.1　山石的功能及造景手法

1）山石的点景作用

山石不仅具有如《园冶》所述"片山有致，寸石生情"的传情作用，同时其形式美感也引来人们对它的诸多欣赏和赞美。从这种意义上说，我国园林中的山石与现代西欧抽象雕塑有着异曲同工之妙。

《园冶》掇山篇中把山石分为若干种类型，其中称为"厅山"和"楼山"的山石在园林中正是起到塑造主景、突出主题的作用。顾名思义，厅山和楼山分别指位于厅堂前院和楼前的掇山石。如《园冶》所说，厅山宜"稍点玲珑石块"，楼山宜"高，才入妙"。由此可见，起到点景作用的山石，造型应优美生动，符合传统标准的透、漏、瘦、皱原则，并且上大下小，具"似有飞舞势"，体量宜凸显醒目以突出景区的重点和主题。例如留园的冠云峰、揖峰轩、颐和园寿星石等（图 3–146 ~ 图 3–148）。但山石整体不宜过分冗杂，要主从明确，以一两块形质优美的石峰作为主景表现庭园空间即可，否则就会造成"环堵中耸起高高三峰，排列于前，殊为可笑"的局面。上述掇石的手法又可称之为"特置"，接近于现代园林中的抽象雕塑，以优美的形式，良好的质地，成为场地中的视觉焦点。

图 3–146 留园冠云峰

图 3–147 留园揖峰轩

图 3–148 颐和园寿星石

图 3–149 拙政园海棠春坞

图 3–150 上海豫园玉玲珑

另外，起到点景作用的山石还有一种常见的处理手法即是在墙中嵌理壁岩。如《园冶》所述："峭壁山者，靠壁理也。借以粉壁为纸，以石为绘也。理者相石皴纹，仿古人笔意，植黄山松柏、古梅、美竹，收之圆窗，宛然镜中游也。"这种处理手法在江南园林中屡见不鲜，有的将石嵌于墙内，好似浮雕，别有一番新意，有的虽与墙面离开一小段距离，但效果与前者相同，好似一幅古朴的山水画（图 3–149、图 3–150）。

2）山石的补景、引景、对景作用

补景山石即指稀疏散落在园林中三五成群玲珑剔透的石峰，其不仅起到补充园林中剩余空间的作用，而且常与主景山石形成良好呼应，增强园林景观的整体感。其摆放形式或竖立或平卧或斜倚，在保证整体感的同时塑造场地良好的起伏节奏。布置时，应统筹兼顾，着眼全局，注意朝向呼应，忌等距排列，应或“攒三聚五”或“散漫理之”，使补景山石或延续主景山石之余脉，或散落如风化残石（图 3–151 ～图 3–154）。

引景山石即指位于园林空间、道路转角处的山石，其不仅具有较好的观赏价值，而且可以起到引导行进路线的作用（图 3–155、图 3–156）。

对景山石多位于墙角、树旁、当窗、对户、临池等位置，以与其他景观元素如侧松、竹梅、亭台等呼应，设立在视线上的对应关系，丰富园景（图 3–157 ～图 3–159）。

3）山石分隔空间组织空间的作用

在园林中，山石可以充当竖向要素，把单一的主空间分隔为若干较小的次空间，并借助其上的沟涧洞壑在保证游人视线渗透连贯的前提下，近乎不着痕迹地将人从一个空间引入到另一个空间。与利用建筑立面和墙面分隔空间的方式相比，前者可以塑造出相互连绵、延伸、渗透的空间序列，从而找不到一条泾渭分明的分界线。例如，拙政园中部景区，便借助于山石将单一的大空间分为前后两个空间，在增强了空间层次变化的同时，由于两个在空间由山石中间的沟壑相连，而使景区更具曲折深邃的游览乐趣（图 3–160）。

4）山石遮挡视线的作用

山石还可以起到类似于影壁那样遮挡视线的作用。一方面，可借其隐藏场地中的一些景观不利因素。山石虽由人作，但仍属于自然形态要素，可以巧妙缓和地将不利因素遮挡起来，而不致产生生硬之感。另一方面，可以借山石遮挡视线的功能增强场地景观含蓄幽深的意境，通过阻隔视线，使场景不能一览无余，而获得神秘感和趣味性（图 3–161 ～图 3–163）。例如拙政园内探幽园入口处理，进门后，怪石嶙峋，苔藓斑驳，犹如一道翠嶂横在眼前。若无此石，园内景色尽收眼底，含蓄深邃之感便荡然无存。

图 3–151　留园猕猴峰

图 3–152　留园断霞峰

图 3–153　留园印月峰

图 3–154　留园拂袖峰

图 3–155　石隐园“蛙鸣”石、“鱼跃”石

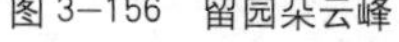

图 3–156　留园朵云峰

图 3–157　留园一角

图 3–158　留园奎宿峰

图 3–159　留园青芝峰

(a) 拙政园中部景区平面图

(b) 拙政园中部景区剖面图

图 3–160

图 3–161　苏州拙政园探幽园入口

图 3–162　沧浪亭入口山石

图 3–163　颐和园乐寿堂庭院入口前

5）山石作为阶梯的作用

园林内的地形常以“有高有凹，有曲有深，有峻而悬，有平而坦”为特点，局部需增设踏步或台阶加以过渡。而利用山石堆叠而成的阶梯，区别于其他台阶规整统一的特点，可与周围的环境中水、树等自然元素形成和谐的关系。若处理得当，不仅可以解决园内交通往来的问题，同时还可以借助于山石不规则的自然形态增加空间的变化性（图 3–164）。

另外，以山石堆叠的阶梯还可以充当建筑内的楼梯，从而使游人可由室外迂回而上，直接登上楼层。正如《园冶》掇石篇所记：“阁皆四敞也，宜于山侧，坦而可上；便以登眺，何必梯之。”这种处理手法有效地使人工建筑与自然山石自然紧密地联系在一起，能以不着痕迹的方法将游人从室外环境引入室内空间中（图 3–165）。

图 3–164　虎丘拥翠山庄

图 3–165　拙政园内小景

6）山石塑造室外环境虚实空间的作用

这种功能常见于规模较大的叠石造景中，实的峰峦峭壁与虚的沟涧洞壑形成虚实空间的对比与映衬，塑造出含蓄深邃的景观氛围（图 3–166 ～图 3–169）。例如苏州环秀山庄，造园者通过巧妙地堆山叠石而使山池萦绕，蹊径盘回，特别是峡谷、沟涧纵横交织和洞壑的蜿蜒曲折，二者虚实相映创造出一种极富情趣的景观空间。

图 3–166　苏州环秀山庄之一

图 3–167　北京北海公园快雪堂

图 3–168　苏州环秀山庄之二

图 3–169　苏州狮子林

图 3–170　网师园内驳岸处理

图 3–171　拙政园内驳岸处理

图 3–172　留园瑞云峰——太湖石

图 3–173　留园岫云峰——太湖石

7）山石塑造驳岸的作用

山石还可以作为水池的驳岸，如《园冶》所述："池上理水，园中第一胜也。若大若小，更有妙境。就水点其步石，从巅架以飞梁；洞穴潜藏，穿岩径水；峰峦飘渺，漏月招云；莫言世上无仙，斯住世之瀛壶也。"可见，以山石处理驳岸时，石块应大小相间，排布宜疏密有致，并具有不规则的节奏感，石块的形状以自然随意为首选。这样既可以石加固岸基，也可利用山石的自然形态，形成池边犬牙交错的自然边界，作为水陆之间的过渡，有效避免了一般驳岸的突兀、生硬之感（图 3–170、图 3–171）。

3.6.2　石材的选择

堆山叠石对于石材的选择同样有很高的要求。石材的品种类型应符合选石的审美标准，同时还应与其具体的功能，所处的环境相吻合。唐代，著名诗人白居易在《太湖石记》中对古代人选石的标准做了全面的阐述。他说："石有大小，其数四等，以甲乙丙丁品散。每品有上中下，各刻于石阳，曰：牛氏石甲之上，丙三中、乙之下。"概括而言，选石以四项内容为依据，分别是：①造型和轮廓；②色泽和质感；③肌理和脉络；④体量和尺度。

景观石材有天然石和人工石之分。常见的天然石包括：太湖石、黄石、英石；人造石包括：塑石、玻璃纤维增强水泥（GRC）假山。

1）太湖石

太湖石产于苏州洞庭山的水边，以西山消夏湾所产为最好，为园林叠山首选之石，用于造园已有上千年的历史。白居易曾在《太湖石记》中有这样的记载："石有聚族，太湖为甲，罗浮、天竺之石次焉，今公之所嗜者甲也。"可见其对太湖石的推崇。

太湖石"性坚而润，有嵌空、穿眼、宛转、崄怪势。一种色白，一种色青而黑，一种微黑青。"石质纹理"纵横，笼络起隐，于石面遍多坳坎"，是由于风浪冲击而成，因此又称之为"弹子窝"，其皴皱、披麻皱和解索皱也源于此，常被比作云、波涛、狮子等。

太湖石以高大为贵，造园时，常将其置放在园中的重要位置。如建筑物的中轴线上，道路的交叉口、分岔口、出入口等，位于视线的焦点位置或作为障景或对景。《园冶》选石篇述："此石以高大为贵，惟宜植立轩堂前，或点乔松奇卉下，装治假山，罗列园林广榭中"（图 3–172、图 3–173）。

2）灵璧石

灵璧石产于古宿州灵璧县的磬山，兼有形、质、色之美，且扣之声如钟磬，为园林用石之上品。文震亨认为："石之灵璧为上，英石次之，然二品种甚贵，购之颇艰，大者尤为不易得，高逾数尺，便属奢品。"

灵璧石形态各异，"随其大小具体而生，或成物状，或成峰峦，巉岩透空，其眼少有宛转之势"，且须凭借斧凿雕琢然后细磨，才能使其完美。其色黝黑，润泽光亮，石身起伏褶皱，入景极佳。计成在《园冶》中也说到灵壁石的优点："可以顿置几案，亦可以掇小景。有一种扁朴或成云气者"（图 3–174）。

图 3–174　拜石轩庆云峰——灵璧石

3）黄石

黄石产地众多，以产于常州黄山者为佳，在江南园林中的应用仅次于太湖石。

黄石形体棱角分明，富于折线变化，纹理古拙，近乎垂直呈斧劈状，叠山具有强烈的投影效果，方刚质朴，苍劲有力，显出出一种阳刚之美，与太湖石之阴柔形成对比，表现出截然不同的艺术风格。

黄石一般用于叠山，拼峰，极少独峰特置。值得一提的是在黄石较平的一面常题诗刻字，或将刻有文字的石板、铜板镶嵌在黄石表面，为周围环境增添了文学意境。此外，黄石呈深暗的赭黄色，犹如北方巍峨的崇山峻岭。扬州的个园，便借由黄石塑造秋山的形象，以其色泽创造出秋季独特的季节特点（图 3–175）。另外，随着太湖石资源的枯竭，黄石成为当今和今后一段时间中用作叠石理水的主要石材。

图 3–175　扬州个园秋山——黄石

图 3–176　杭州曲院荷风之皱云峰

4）英石

英石产自广东英德县的含光、真阳两地之间，具有"瘦、皱、漏、透"等特点，宋代即列为贡品，清代与太湖石、灵壁石、黄蜡石齐名，称作"四大园林名石"。

英石，据《园冶》所载："产溪水中，有数种：一微青色，间有通白脉笼络；以微灰黑；一浅绿，各有峰、峦、嵌空穿眼，婉转相通。其质稍润，扣之微有声。"可见，其以呈现自然形态为主要特点，多充满沟、孔、洞，多做盆景或掇小品。杭州的皱云峰便是英石的代表，千态万状，如古松挺立，傲岸自如（图 3–176）。

5）宣石

宣石产于安徽省宁国县。宣石石色洁白，并有积雪般的团状肌理。如《园冶》中称："惟斯石应旧，逾旧逾白，俨如雪山也。"宣石洁白，坚硬如磐，有很强的造景作用，用其掇山可塑造出冬

图 3–177 扬州个园冬山——宣石

图 3–178 大连大型 RC 恐龙岩壁

图 3–179 GRC 塑山，巨大的岩洞纹理真实

景的季节特点，堪称奇观。扬州的个园即用宣石掇成四季假山之冬景（图 3–177），呈现出白雪皑皑，绵绵起伏之山势。

6）千层石

千层石产于浙江、安徽一带，呈铁灰色，中带层层浅灰色，常作旱溪、跌水的造景材料。

7）六合石子

六合石子产自六合县，又称雨花石，是花色石头，属石英类的玛瑙质矿石。如《园冶》所载："其温润莹澈，择纹彩斑斓取之，铺地如锦。或置涧壑及流水处，自然清目。"因此，可用六合石子镶嵌拼贴呈各种具有园林意趣的图案以增添景观效果。

8）人工石材

人工石材的诞生不仅解决了石材资源逐渐减少、运输困难等客观事实，同时因其具有较高的可变性和适应性，更能满足现代景观对于山石多样化的造景需求（图 3–178、图 3–179）。

综上所述，湖石空灵、黄石古拙、英石峻峭，灵璧石古雅，造园选石时应结合石材形、色、质的特点，运用或对比或融合的处理手段，选用恰当的山石种类，以期与周围的建筑、花草、水景以及景区的氛围有机地结合在一起，塑造出和谐自然的景观效果。

3.6.3 总结

综上所述，山石在园林等景观空间中应用多样广泛，既可作为主景，突出场地景观主题，又可作为地形骨架，划分并组织场地空间，并与花木、建筑等结合起到障景、框景、夹景等作用，也可与水景融合，塑造山水之乐，突出意境。目前，随着当今社会文化的多元化，山石的设计风格、意境创建也不可避免地朝着多元、并存、变化的方向发展，且与现代西方雕塑艺术逐渐融合，因此景观设计者仍需要不断地探索完善，使山石这一景观要素的造景潜力得到更好的发挥。

第4章

景观构成的艺术要素

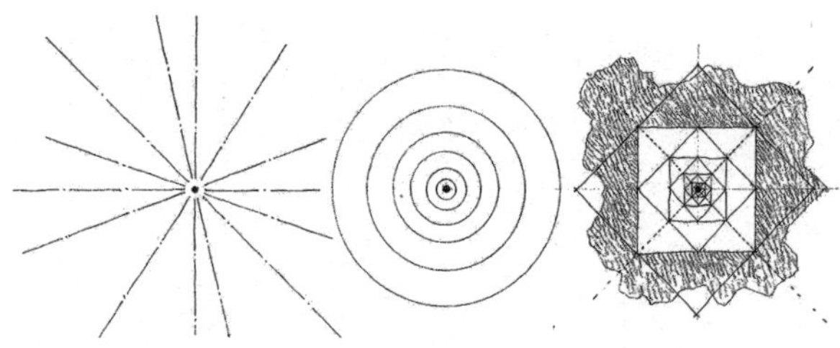
图 4–1　点识标出空间中的一个位置

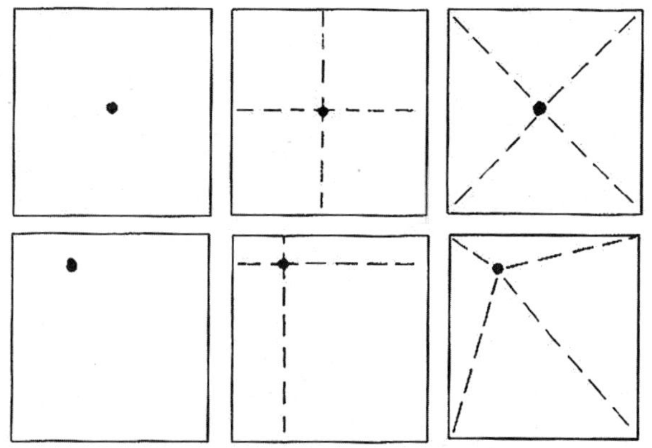
图 4–2　当点从中心偏移时，它会变得具有动势，并开始争夺在视觉上的控制地位

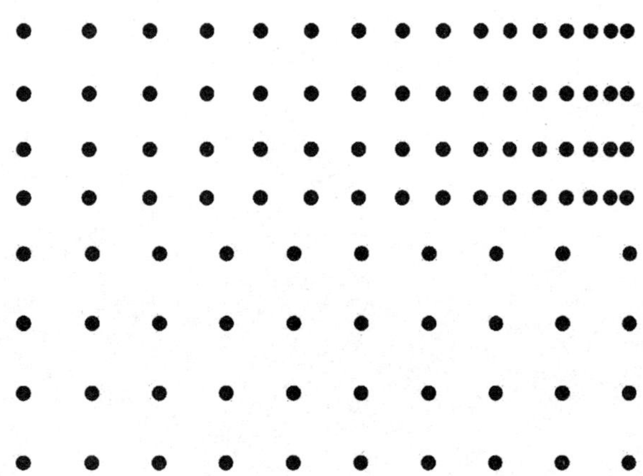
图 4–3　以一定的递进规律对点进行排列会产生渐进式韵律

4.1　景观形态要素——点、线、面、体

点、线、面、体首先被认为是概念性要素，然后才是构成建筑设计、景观设计语汇中的视觉要素。作为概念性要素的点、线、面和体是不可见的，只能在头脑中被感知到。实际上，这些要素并不存在，但我们却经常能够感觉到它们的存在。当我们身处于实际的景观环境中，在植物、山石、建筑、水体等物质的掩盖下，仍然可以在两条线的相交处感觉到点的存在，识别出一条线所标识出的面的轮廓，感受到若干个平面所围合出的空间。可见，当这些概念性的艺术要素与真实存在的、可被触及的物质元素相结合时，就演变为具有实体、形状、内容、规模、色彩、质感乃至情感等特性的要素。

4.1.1　点

1）“点”的定义及特性

在几何学上，点被界定为没有长、宽、厚度而只有位置的几何图形。因此，普遍认为一个点标识了空间中的一个位置，是可见的最小形式单元（图 4–1）。但是无论在景观设计还是在建筑设计中，没有面积的点既要占据一定的位置又要具有一定的可视性，是不合乎逻辑的。因此，当点作为视觉构成的基本元素时，它是兼具面积和形状的。如包豪斯教育家康定斯基在他的《点、线、面》一书中所说：“点具有相对而言外在形态的轮廓，作为现实的形态，点的表现形式无限多。”

“点”在景观设计中，一方面以其稳定性、均衡性、向心性起到组织协调场地中围绕它的多种要素的作用，控制一定范围内以它为中心的图式或场景。这主要体现在将点置于场地中心的情况下。另一方面，点也同样可以表达运动性。主要体现在四个方面：①点的位置：当点从场地的中心偏移，所形成的图式会因此变得具有强烈的动势，并开始争夺视觉上的控制地位（图 4–2）。②点的集群关系：当点群以一定方式均匀排列时，会使人感觉到点的匀速运动。当点群以疏密相间的方式排列时，会使人感觉到点的渐变性运动状态（图 4–3）。③点与点所在环境的“图—底”关系：当点所处的背景环境本身在空间或视

图 4–4　位于次要位置的点因背景而具有运动感　图 4–5　赋予动态含义的点状要素

线组织上具有某种动感，便有可能带动位于次要位置的点表现出运动感（图 4–4）。④点所代表的符号意义：在一些情况下，点体现着某种实际意象。比如场地中以“奔跑”“跳跃”“启程”等为意象的动态造型雕塑，它作为点状元素，以其形态及符号意义暗示出一种动感（图 4–5）。

景观中的多种物质要素都可以在场地中充当点状元素。因为点在不同尺度的背景环境中可以有着大小差异很大的尺度，也可以有不同的外在轮廓。如植物（孤植植物、观赏植物、结果或开花的植物）、水景（各式点状喷泉、中心小水池）、建筑（亭、塔、楼、阁）、石景（孤赏石、石矶）建筑小品（雕塑、桥、艺术墙、塔、柱）等。

在景观环境中，不同物质要素所赋予的点状要素具有多种组合形式，运用在与之相适应的场地中可以产生不同的景观效果。

2）“点”在景观中的应用

（1）创建视觉焦点的点状要素：

如前所述，点具有强烈的向心性和汇聚性，因此在景观设计中常选取造型新颖、主题突出的“点”状要素作为景观环境中的视觉焦点，以吸引游人的注意，进而营建富于变化而又不失秩序性的景观环境。这在我国传统的造园艺术理论中被称为“点景”。一个点没有量度，因此在空间中或地平面上，如果要明确其存在，必须使其具备一定的形态，如一座塔、一株观赏植物、一处水景等。值得注意的是，虽然上述景物均具备一定的宽度、高度或厚度，但是它们在整个场地空间中都可以被看作是一个点，从而具有点的视觉特征（图 4–6 ～图 4–11）。

图 4–6　云南大理古城城楼

图 4–7　安斯利山和战争纪念馆之一

图 4–8　安斯利山和战争纪念馆之二

图 4–9　常熟古城方塔

图 4–10　巴黎老城区埃菲尔铁塔

图 4–11　宜兴团氿滨水区世纪广场雕塑

图 4–12　山顶上起到点景作用的点

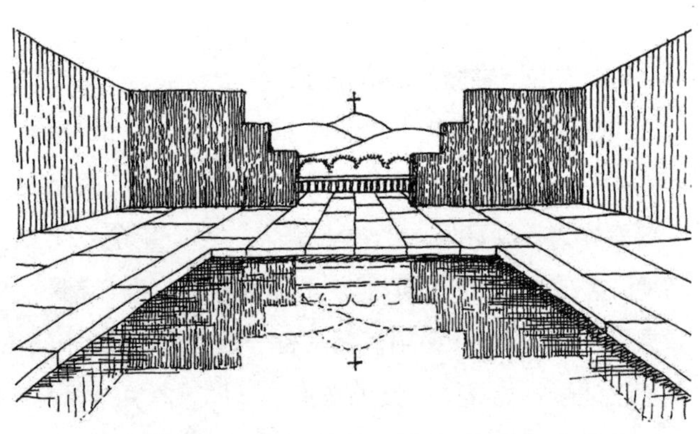

图 4–13　山顶上强调含义的点

发挥“点景”作用的点元素通常运用在以下几种情况中：①场地中的制高处（图 4–12 ~ 图 4–14）。这一运用手法在我国和西方传统造景方法中屡见不鲜。我国传统园林常在场地中的制高处如山顶、台地上设置亭、塔、寺等建筑。在西方，设计师在制高处多以安排教堂、神庙、雕像为主。②道路或轴线的转弯或终点处（图 4–15、图 4–16）。位于此处的点状要素作为汇聚视线的焦点，可以有效地发挥设计动线，引导游人行进的作用，时常能够显著突出景观的主题。③几何构图的中心处（图 4–17）。如广场的中心、规则几何形状水池的中心、植坛的中心等，这一运用同样起到汇聚视线，吸引注意的功能。另外，由于位于此处的点状要素具备稳定性和汇聚性，因此能以其自身的存在组织围绕着它的诸多要素，并控制着一定的视景区域。④位于大尺度开敞空间中。指点状要素以较为自由松散的形式摆放在大尺度开敞空间中如大片草地、广场等，起到装饰和点缀场地环境的作用。

（2）定义直线的点要素：

两点可以确定一条直线，因此一定范围内，空间中的两个点即使不通过实际元素加以连接，在视觉上也可以暗示出线的形态和特点。这种情况下，可以认为这条线将沿着自身的方向无限延伸。在景观设计中，点定义直线的性质常使用于下述两种情况中：

①确定轴线：利用场地中两个或多个柱状要素或集中式要素，以其作为点状要素，定义出一条轴线。从古至今，这种方法无论是在建筑中还是在景观中从古至今都有很多种成功的实例。点的存在使得场地中的轴线在视觉上更为明确和突出（图 4–18、图 4–19）。

②表明入口：在建筑或是某一特定区域的入口处常可以见到孤植于左右两侧的植物。它们作为点状要素暗示出一条线，强调出一个门道，划分出内外两个区域（图 4–20）。具有与此相同功能的还有观赏石、公园或建筑门口两侧的石狮、石瓶、装饰灯柱等。

图 4–14　山顶上具有历史意义的点

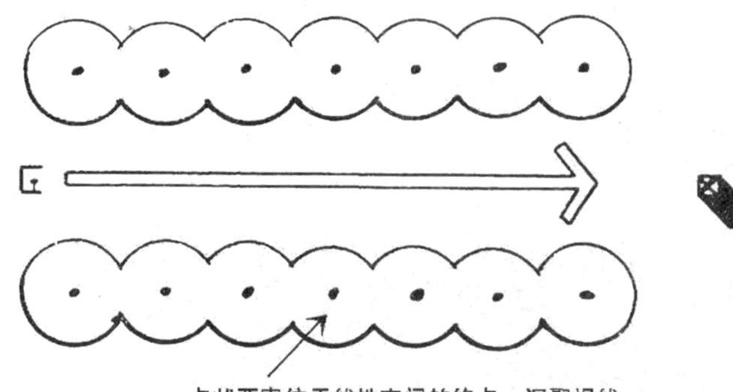

图 4–15　位于线性空间终点处的点

图 4–16　位于线性空间转弯处的点

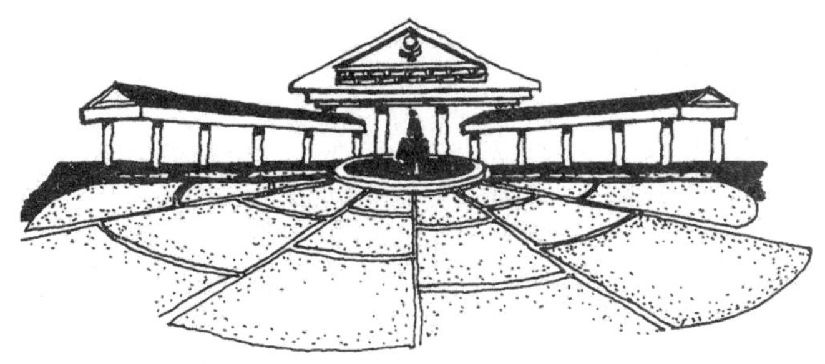

图 4–17　位于广场几何中心处

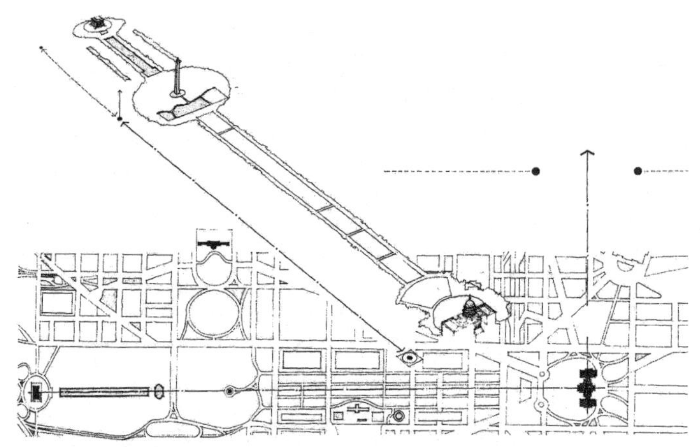

(a) 华盛顿纪念碑和美国国会大厦坐落在华盛顿中心区轴线上作为点状要素以明确轴线的存在感和走向

(b) 华盛顿中心区轴线鸟瞰

图 4–18

图 4–19 北京紫禁城内太和殿、中和殿以及保和殿塑造出明确的场所轴线

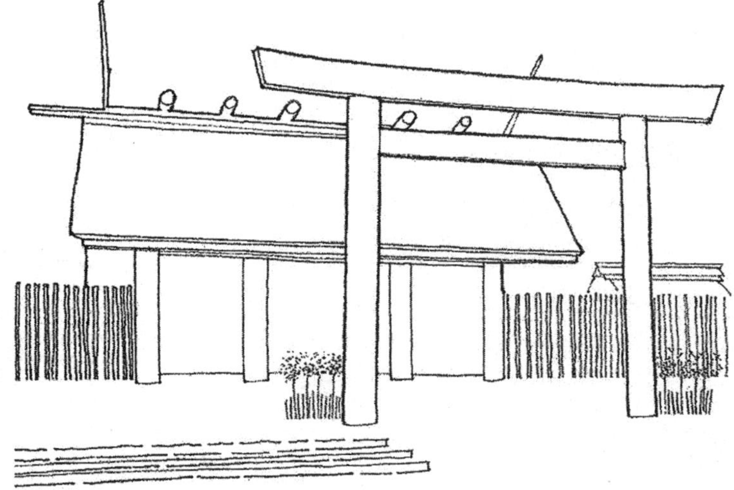

图 4–20 平面内两个点可以指示出一个门道。伊势神社，三重县，日本

4.1.2 线

1) “线”的定义及特性

在几何学上，线是指一个点任意移动所构成的图形，具有长度，但是没有宽度或深度。由于线是一个点运动轨迹的体现，因此它能够在视觉上表现出方向、运动和生长，这正是线的本质（图 4–21）。康定斯基在他的书中这样比较点与线的不同本质：“点是静止的。而线的产生源于运动，表示内在活动的紧张。”从理论上讲线是一维的，但是在实际设计中，线之所以能被我们感知必须依赖于它一定的宽度和厚度，只是此时我们仅以其长度为参照，忽略其宽度和厚度的结果。

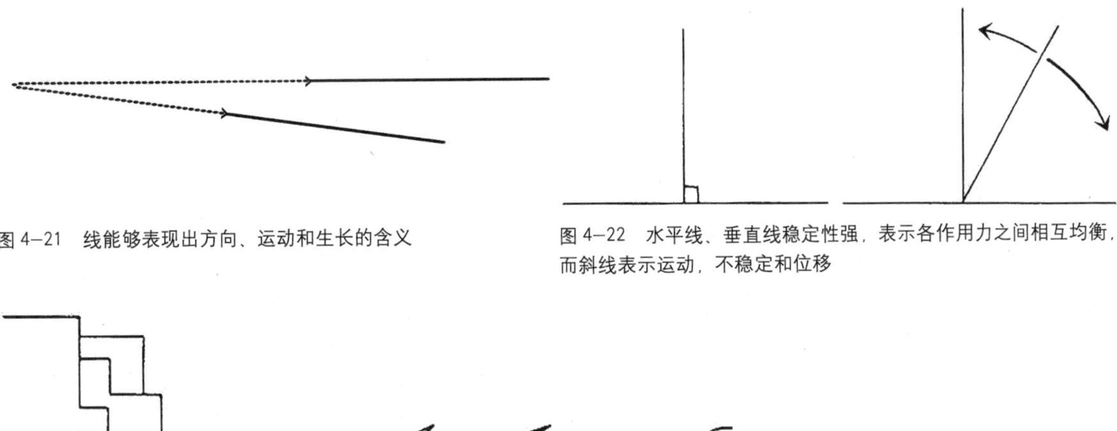

图 4–21　线能够表现出方向、运动和生长的含义

图 4–22　水平线、垂直线稳定性强，表示各作用力之间相互均衡，而斜线表示运动，不稳定和位移

图 4–23　建筑特征（均衡沉稳）　　人工特征（动态刺激）　　自然特征（柔和优雅）

根据形态特征的不同，线可以分为直线和曲线两大类。直线包括水平线、垂直线、斜线和折线等。曲线包括圆弧线、抛物线、双曲线、螺旋线等。不同线形的性格特征存在着很大的区别，具有各自的表达含义。垂直线给人以刚劲、挺拔、向上的感觉，表达一种与重力平衡的状态，或是标识出空间中的一个位置，具有向上、下两个方向延伸的趋势。水平线代表地平面或天空，给人以沉稳松弛的感受，具有向左右方向延伸的趋势。斜线因其处于不平衡状态而更具动势，常给人以视觉上的刺激和振动。曲线常给人以柔和、优雅的感受，并可借助于不同频率和程度的方向变换，表现出不同程度的活力和动势（图 4–22、图 4–23）。

相同或类似的要素通过简单的重复，并达到足够的连续性，便可以塑造出线的形态，同时提供给人以重要的质感特征。因此，景观中的多种物质要素都可以通过一定的排列组合方式在场地中发挥“线”的功能。如由铺装块材塑造的园路、由植物塑造的林冠线、林缘线、由水元素形成的溪流、驳岸线，以及围墙、长廊、栏杆等建筑小品塑造的线形等。

在景观环境中，不同物质要素所赋予的线状要素具有多种组合形式，运用在与之相适应的场地中可以产生不同的景观效果。

2）“线”在景观中的应用

（1）引导视线的线性要素

①柱子、方尖碑和塔等构筑物作为垂直的线性要素，可以有效地将人的视线引向空中，营建崇敬庄重的氛围，因此被广泛应用于广场等开敞空间中，用以纪念重大历史事件或伟人。同时，它们又可被视为开敞空间中的点，起到汇聚视线，控制整个广场空间的作用（图 4–24 ～图 4–25）。

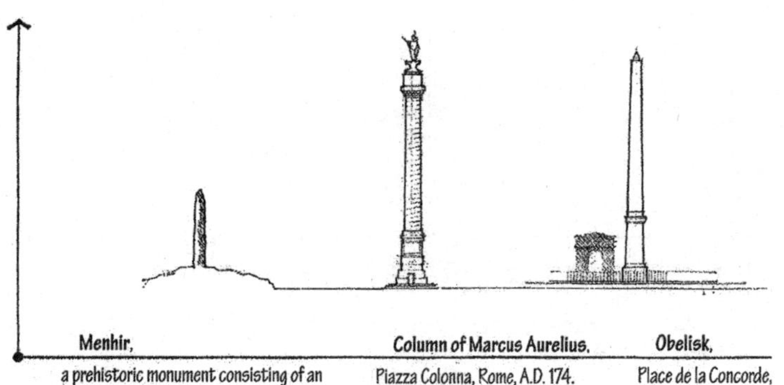

Menhir,
a prehistoric monument consisting of an upright megalith, usually standing alone but sometimes aligned with others.
Column of Marcus Aurelius,
Piazza Colonna, Rome, A.D. 174.
This cylindrical shaft commemorates the emperor's victory over Germanic tribes north of the Danube.
Obelisk,
Place de la Concorde,

图 4–24　史前纪念石柱　　M. 奥雷里亚斯柱　　协和广场方尖碑

(a) 西班牙大台阶萨鲁斯天尖顶方碑

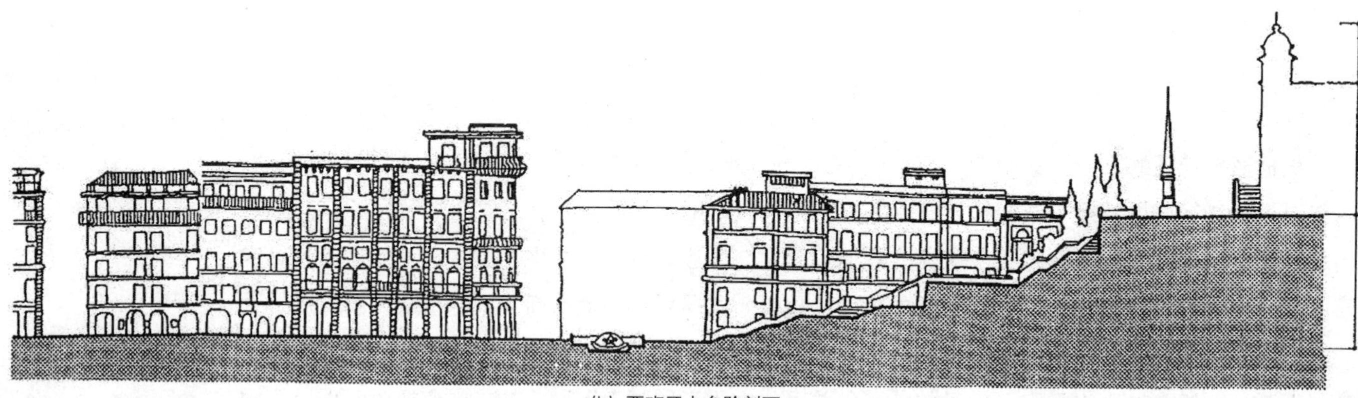

(b) 西班牙大台阶剖面

图 4–25　西班牙大台阶

图 4–26　曲线铺装约束活动轨迹

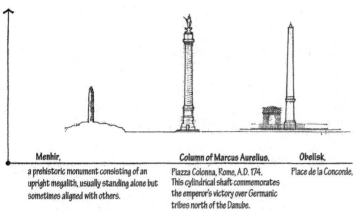

图 4–27　直线性铺装具有明显的方向特性

②形式简单的柱状喷泉作为垂直的线性要素，同样可将人的视线引向空中，给人以克服重力的快感。高直水柱白天与阳光交相辉映，晚上则可在夜景灯光的辅助下塑造出充满变幻的视觉效果。它们大多位于场地中央，兼作为视觉焦点汇聚并引导视线。

③带状铺装尤其是铺装块材之间的缝隙作为具有延伸性的线性要素，通过引导人们的视线，在一定程度上促使行人按照设计师的意图行进，形成特定的动线或活动轨迹（图 4–26、图 4–27）。景观设计师可将该动线与整体景观空间的组织布局协调统一起来，使游人在行进中所欣赏到的一连串景观场景具有秩序性和层次感，连续而富于变化。这样的设计具有很强的目的性和针对性，建成后的效果一般较好。

④更为常见的实例是街道两旁的行道树。相同种类和大小的行道树彼此之间虽然具有一定的间隔，但通过简单重复的方式塑造出了充分的连续性，具有线性要素的形态和特征（图 4–28）。行道树作为线性要素无限延伸，表达出道路的走向，并将视线约束于道路的正前方，引导人们沿着道路方向行进。

（2）定义平面和划分区域的线性要素

在心理上，两条平行线之间可以形成一块透明的薄膜，该薄膜沿着两条线不断延伸从而确定出一个平面（图 4–29）。一定范围内，两条平行线间的距离越近，平面的感觉就会越强烈。若不断在两条平行线间之间增加与之平行的直线数量，由于简单的重复会强化了我们对于这些线所确定的平面的感受，之前源于暗示而存在于心理上的面就转变成为具有界定空间功能的面（图 4–30）。

①在建筑的正立面或长廊等建筑小品中，我们常可以看到一排立柱支撑着构筑物的顶棚而形成柱廊。形制尺度相同的柱子重复地排成一列形成似墙面一样的结构，使人能够清晰地区分出内外或前后两个空间。柱子作为竖直的线性元素所构成的平面不仅起到划分空间的功能，同时也具有帘幕的效果，借助其半透明的性质将柱廊内外空间中的各种景观元素在一定程度上联系起来，进而增加场地的景观深度（图 4–31、图 4–32）。

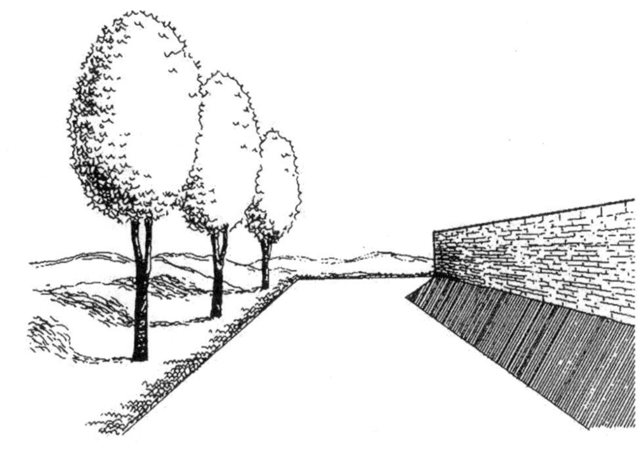

图 4–28 行道树暗示走向、界定空间边界

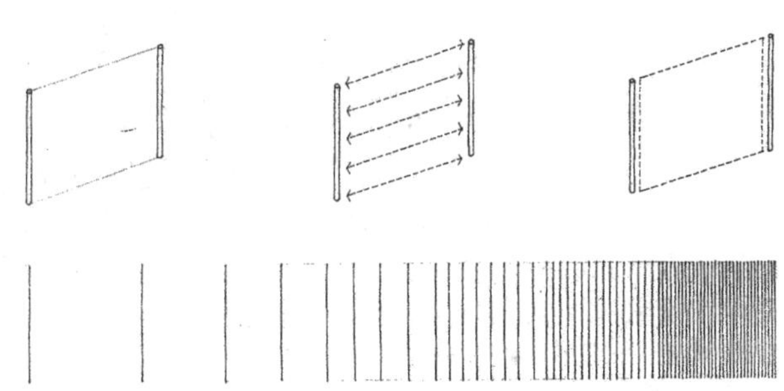

图 4–29 两条平行线能够在视觉上、心理上塑造一个平面

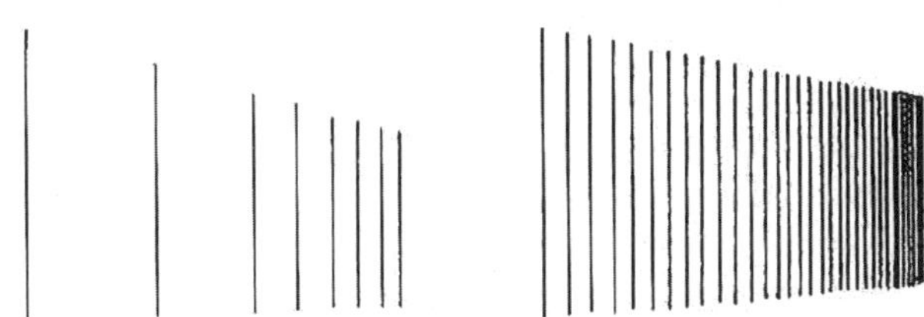

图 4–30 增加平行线的数量可以强化平面的感受，明确界定空间的功能

图 4–31 阿尔蒂斯博物馆外立面，柏林

图 4–32　阿塔洛斯回廊，雅典

图 4–33　灌木丛衬景之一

图 4–34　灌木丛衬景之二

图 4–35　乔灌木结合使用作为屏障塑造私密空间

②在景观设计中，常利用乔木或高型灌木等植物作为线性元素成排布置，塑造竖向立面。这样不仅可以起到衬景、分割空间、围合私密环境的作用，同时又保障了阳光和微风的流通，形成良好的微气候环境（图 4–33 ~ 图 4–35）。

③与上述相似，以一定间隔成排布置的柱状线性喷泉，亦可起到塑造竖向平面的效果，形成水幕。在阳光、灯光、风等外界因素的影响下，水柱喷泉所塑造的平面更加富于视听变化。

④线性要素塑造平面、划分区域的功能在地面铺装中似乎表现得更为简练和巧妙。在公园、广场、道路中常可以看到两种不同铺装形式或铺装材质之间形成的边界线。这简单的一条线作为两个区域共用的外部轮廓线，限定并表达出相邻区域或空间存在差异的概念（图 4–36、图 4–37）。如软质铺装——草地和硬质铺装——沥青之间的界线，就表明了交通和休息两个空间环境，仿佛在交界线的上方无限延伸出一个无形的面。

（3）协调布局的线性要素

线性要素尤其是直线形式简单、干练，指向性强，因此可起到协调统一场地布局的作用（图 4–38 ~ 图 4–40）。①景观环境中的建筑由于体量和尺度明显，常作为场地中的重要景物吸引和汇聚游人的目光。但由于其人工化强度极高，在景观环境中与其他自然要素形成的反差较大，尤其是在建筑立

图 4-36　线性要素划分区域之一

图 4-37　线性要素划分区域之二

面材质为玻璃幕墙、金属网架结构的情况下。因此，可以利用简单的线性元素如乔木灌木组成的线性绿化、铺装块材缝隙所形成的肌理通过再现建筑中某些元素的形式或延长建筑边界线的方式将建筑统一到整个场地环境中去。此时，这些线性元素的补足或呼应作用不可小视。②其他的情况，如场地形状不规则、场地中某些元素间的形式差距较大等都可以通过直线，借由其可塑性强、简洁朴素的特性，作为中性因子，起到组织和协调布局的作用。

（4）强调尺度感的线性要素

无论是地面上的铺装块材缝隙还是建筑立面上由窗框、立面块材形成的分割线，它们作为景观环境中的线性要素都起到在心理上缩小场地或景物尺度的作用。假想下，如果地面和建筑立面不存在上述线性元素，而都以单一均质的平面示人，由于绝大多数情况下地面、建筑的尺度和人体的尺度相比极其巨大，因此人置于其中常会产生恐惧感和陌生感。正是线性

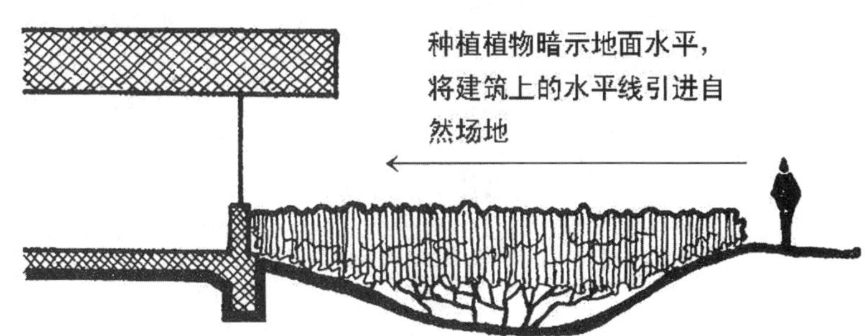

种植植物暗示地面水平，
将建筑上的水平线引进自
然场地

图 4-38　植物线性栽植，掩盖地形，促使建筑与环境的协调融合

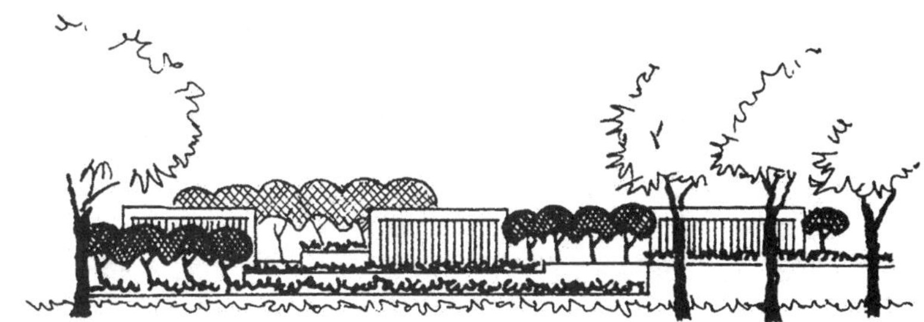

图 4-39　借由线性要素将多种植物及栽植形式相统一

图 4-40　建筑形式以直线为主，易于与周围复杂地形环境相融合

图 4-41　建筑正立面分割线与空间感知

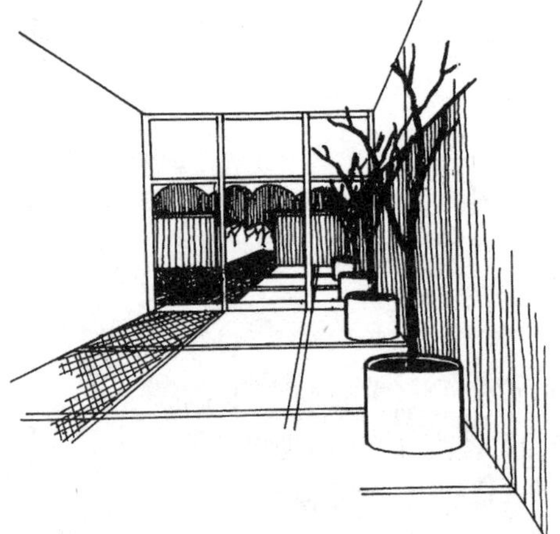
图 4-42　建筑立面、地面分割线与空间感知

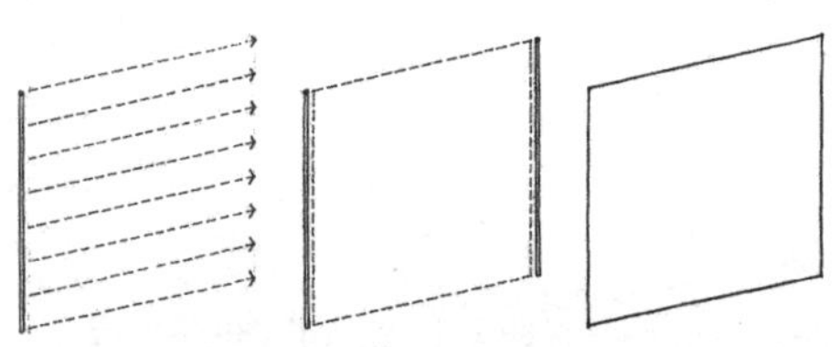
图 4-43　线沿非自身方向延伸形成面

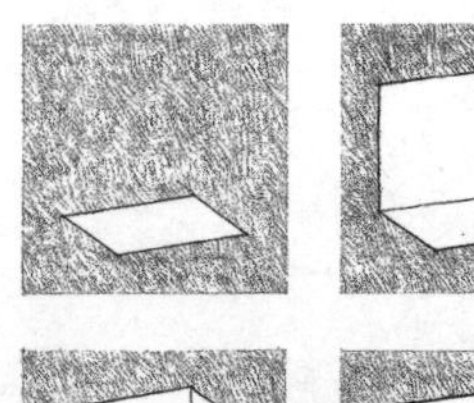

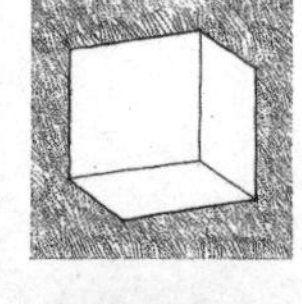
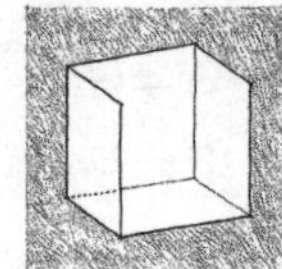
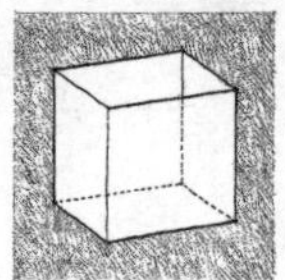
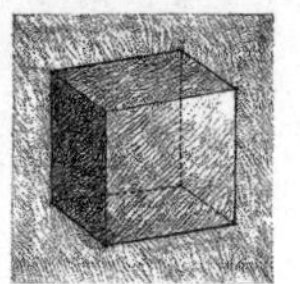
图 4-44　面起着限定空间的作用

要素在立面和地面中的存在将大尺度的平面分割成与人尺度相仿的众多小块，才使整个场地具有近人的尺度和较好的亲和力（图 4-41、图 4-42）。

4.1.3　面

1）“面”的定义及特性

在几何学上，面是指一条线沿着不同于自身延伸方向展开所产生的有长度、宽度而无厚度的形状（图 4-43）。面的特征首先表现在形状上，这取决于其边界轮廓线。但是在透视效果的影响下，人所感知到的面的形状是失真的，从而扩大和丰富了面的变化范围。当然，面的特性还表现在其表面的色彩、图案和纹理等方面。例如，相同厚度的玻璃和石板，受到材质、纹理和色彩的影响，大多数人都会觉得石板更坚固，更厚重。可见，色彩、图案等元素影响着面的视觉重量和稳定性。更为关键的是，在视觉形式的构成中，面具有限定容积边界的功能（图 4-44）。面的特性如尺度、形状、色彩、质感以及面与面之间的位置关系等会进一步直接影响其所界定的三维空间的视觉感受和空间质量。面的这一特性对于景观设计和建筑设计这类与空间和体量关系密切的学科而言至关重要。

面可以分为平面和曲面两类。平面包括了正方形、长方形、梯形、圆形等规则平面，常给人以严谨、规范的秩序感。在景观环境中，常见于广场平面、建筑立面等。不规则平面的边界轮廓线多为曲线或不规则折线，给人以抽象、明快的时代感。在景观环境中常见于追求自然风格的不规则形水池，草坪、铺装路面等。曲面指球面、圆柱面等几何曲面和多异的自由曲面，给人以自然、亲切柔和之感。从大尺度角度考虑，地形便是典型的曲面。以山地、丘陵等为例，其波动起伏、高低错落正是曲面所具有的典型特征。但是如果仅着眼于小尺度范围内的地形，则往往可将其按照平面考虑和处理。

在景观环境中，不同物质要素所赋予的面状要素具有多种形式和功能，运用在与之相适应的场地中可以产生不同的景观效果。

2）“面”在景观中的应用

（1）限定空间区域的面元素

①地面。从根本上说，地面包容和支撑着所有的自然元素、人工建筑物及人的活动。平坦的地形作为均质的平面元素限定出宽阔平静、可无限延伸的大尺度地上空间。而高低起伏的地形作为曲面元素，在限定地上空间的基础上，进一步围合出一系列具有放射性的开敞高地空间以及一系列表达内聚

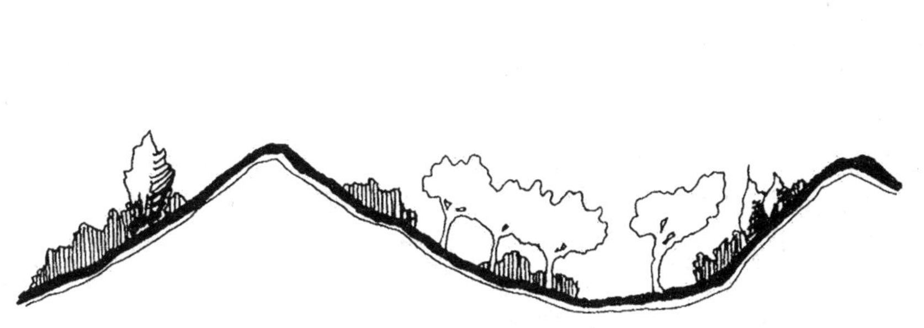

图 4-45　曲面易于塑造出具有人性化尺度和韵律感的量度空间

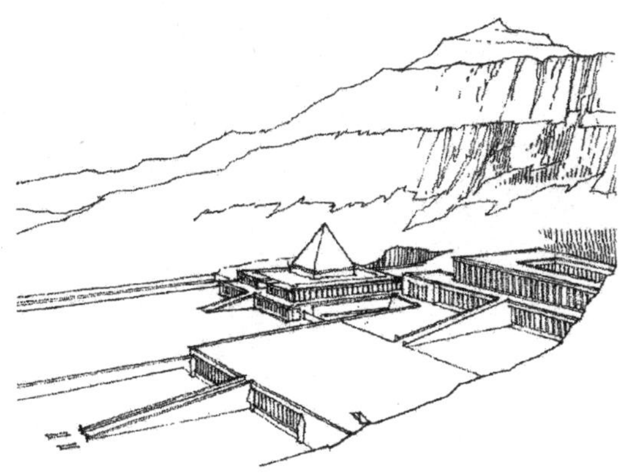

图 4-46　哈特什帕苏女王陵殿．三层台地由坡道相连逐渐升高通向峭壁的底部，在那里主圣殿深深地嵌在岩石之中

图 4-47　高低变化的地面层次丰富景观的空间变化，塑造多样的景观视域

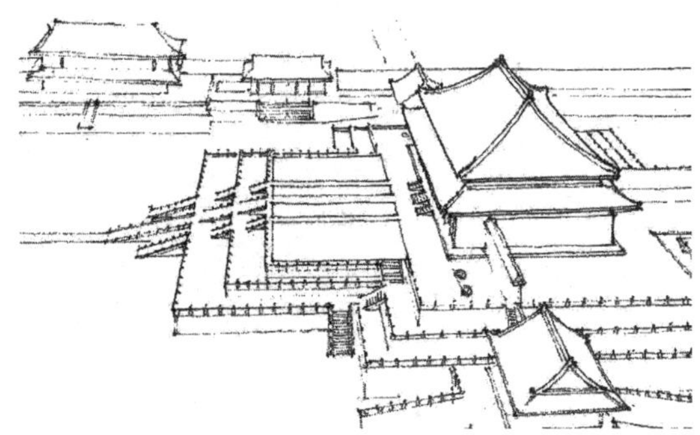

图 4-48　太和殿．北京．地面的一部分升起来形成了一个平台，借由台地有意抬高建筑使其高于周围环境，以强调其在地景中的地位和形象

性的私密凹地空间，从而使得地上空间被分解为一系列具有人性化尺度和韵律感的量度空间。由此，在高地上形成了观景、远眺的绝佳场所，在凹地内形成了表演、交流的合理平台（图 4-45）。在景观设计中，即使场地原本的地形条件不能提供上述富于变化的地面元素，在综合考虑了施工成本和实现可能性的前提下，可以通过塑造阶梯、坡地或台地达到相同的效果（图 4-46 ～图 4-48）。另外，地面作为决定景观设计成败的首要元素，其形状、色彩、图案和质感决定着它对于场地空间限定的程度和对于空间中不同要素的协调统一能力，这也正是铺装设计需要考虑的主要方面。

②竖直立面。竖直立面通过阻碍视线交流而隔离出相邻的两个空间，其目的是将功能不同或风格相异的区域分隔开来，并塑造符合人性化尺度的空间。竖直立面的尺度、材质、色彩、透明度以及多个立面之间的位置关系共同决定了由立面围合而成的空间的氛围和质量。在景观环境中，能够充当竖向立面的物质元素主要以建筑和植物为主。建筑立面具有双重属性，一方面创造可控的室内环境，满足人们对保障室内空间私密性和免受气候因素影响的要求（图 4-49），另一方面作为描绘建筑物外部空间形式和体量的元素，明确地界定出城市环境中诸如广场、街道、庭园等公共聚集空间（图 4-50、图 4-51）。也就是说，建筑物连续的立面形成了城市空间的“墙”。由此可见，

图 4-49　劳伦斯住宅室内墙面

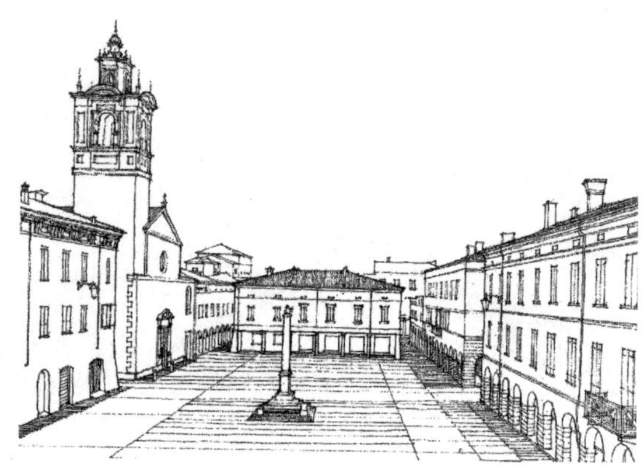

图 4-50　作为容器壁的建筑，限定了室外空间的体量．马焦雷广场．意大利

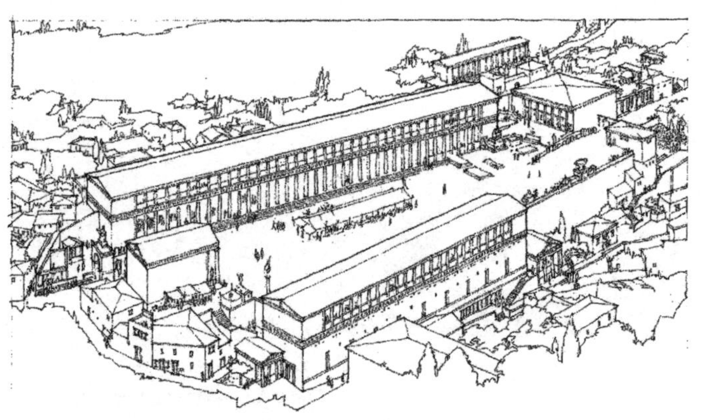

图 4-51　阿索斯的广场．小亚细亚

图 4-52　巴黎三号大街

建筑的立面特征对于城市环境的景观效果起到了决定性作用。植物同样具有塑造竖向立面的能力。如前文所述，成排的树木如同建筑外围的柱廊，在视觉上确定出一个竖向平面（图 4-52）。设计师可借助于植物本身枝条的疏密、枝叶颜色的深浅以及枝叶外形特征的不同塑造出相比建筑立面而言质轻自然且各具特色的立面。如河边下垂柳枝塑造的平面轻柔自如，而成排松柏塑造的立面则刚劲厚重，因此，应根据不同的设计意图或场地环境选取适合的植物栽植。

建筑立面和植物塑造立面相比，前者尺度大，硬质化程度高，对于空间的限定更为清晰明了，并能通过墙体上的门口和窗口重新建立起室内空间与相邻室外空间的联系和连续性。因此一方面满足了与光、热等外界因素交换的需求，另一方面透过窗户和门口塑造出了“人看人”的机会，令所见所闻成为景观空间感受的另一个主要部分。后者，同样可以满足了光照、微风以及视线交流和沟通等要求，但对于空间的界定则比较模糊和轻松。植物作为自然元素，使得植物立面更容易与周围的环境相融合，在界定空间的同时还可起到统一协调场地布局的作用。

③顶平。在以室外空间为主的景观环境中，顶平出现的几率很小，但是这丝毫不会影响它在景观环境中的重要性。在景观设计中，顶平的功能主要体现在以下三个方面：一是景观环境中的顶平

图 4–53　树冠充当室外环境中的顶平，遮蔽阳光和雨水

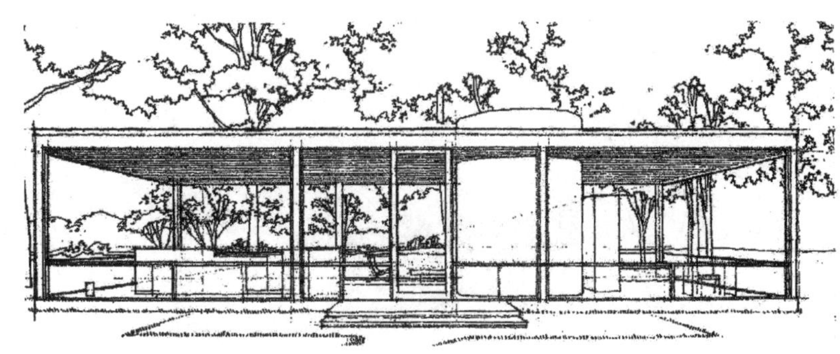
图 4–54　中性的顶平可以组织位于其下方的一系列形式和空间

图 4–55　树冠充当中性顶平组织不同景物形式

图 4–56　顶平及天际轮廓线一

图 4–57　顶平及天际轮廓线二

图 4–58　顶平及天际轮廓线三

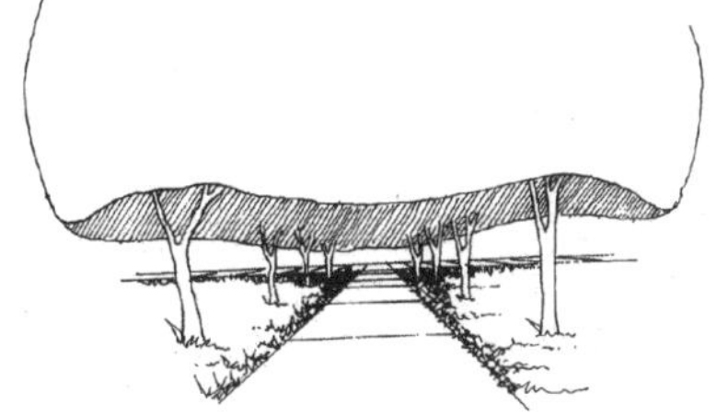
图 4–59　横向伸展型植物塑造顶平之一

图 4–60　横向伸展型植物塑造顶平之一

与建筑中的顶平相似，首先作为基本的庇护要素，在一定程度上避免或隔绝外部环境对于其下方空间的影响，可用于遮蔽阳光和雨水（图 4–53）。二是顶平作为中性元素可以有效地将位于其下方的所有要素汇聚统一到一起，保证区域的整体性（图 4–54、图 4–55）。三是顶平直接影响着场地天际轮廓线的形式和特点。当人们远距离欣赏或观看场地的景观风貌时，首先映入眼帘的便是场地中由远及近的景物所构成的天际轮廓线。因此顶平的形式决定了人们对于场地景观风貌的整体印象和体会（图 4–56 ～图 4–58）。错落有致、疏密相间的天际轮廓线会吸引人们走向场地，进一步体会。凌乱松散的天际轮廓线则会给人以排斥感。

在景观环境中，能够充当顶平的物质元素有植物、建筑和景观小品。植物充当顶平的能力取决于树冠的大小尺度和枝条的疏密程度。如果采用横向伸展型植物，由于树冠能够彼此重叠，更好地遮挡视线，其围合空间的效果也更为明显（图 4–59、图 4–60）。但如果树木高度在 9 米以上，位

图 4–61　面状要素衬托下的水景

图 4–62　面状要素衬托下的建筑

于其下方空间的人们则能看到大片天空，树冠抑制视线的功能将因此明显减弱，进而丧失塑造顶平的功能。由于落叶型植物在冬季树叶会全部掉光，树冠充当顶平的效果明显减弱，因此利用植物构造平面限定空间应充分考虑季节因素。

（2）烘托主景的面元素

地面和竖向立面都可以被表现为一个中性的基面，作为背景元素，起到烘托或衬托主景的作用（图 4–61、图 4–62）。常见的形式有如大片自由形草地上放置若干主题雕塑，草地作为均质连续的中性要素，充当背景，衬托雕塑的主角地位。另外，灌木丛可以作为竖向立面衬托位于其前面的主景要素等等。

（3）隔离视线屏蔽噪声的面元素

无论是由石块、砖材等人工材料构建的坚固密实的顶面或立面还是由植物、水等自然元素塑造的透明模糊的顶面或立面，它们都可以通过隔离视线屏蔽噪声创建良好的私密性空间。植物和构筑物的功效自不必说。水充当立面或顶面不仅可以有效地发挥上述功能，并且能够营建更加富于变化和活力的景观效果。“水墙”正是一个很好的实例。它一方面通过反射和折射阳光塑造自身的光影和色彩效果，一方面借由水流悦耳动听的哗哗声屏蔽掉外围环境中的噪声。

4.1.4　体

在几何学上，体是指一个面沿着非自身方向延伸所产生的具有长度、宽度和深度三个方向量度的形体（图 4–63）。作为景观设计或建筑设计中的关键，体这一三度要素既可以是实体的，即用空间中的质体代替空间，也可以是虚空的，即由面围合或界定而成。因此，在景观环境中，既可以将体视为一些被各种景观物质要素如植物、地形、建筑等质体所取代的空间实体，也可看作是由地形、植物、建筑围合和界定而成的虚空间（图 4–64 ～图 4–67）。体的虚与实是构建人类生存空间的两个方面，二者相互联系，缺一不可。正如老子在《道德经》中所述，三十辐，共一毂，当其无，有车之用。埏埴以为器，当其无，有器之用。凿互牖以为室，当其无，有室之用。故有之以为利，无之以为用。有关体这一特性的理解对于在景观设计中合理安排场地空间、组织视线至关重要。

体可以分为几何形体和非几何形体。几何形体包括立方体（正方体、长方体）、四面体、球体和锥体等。正方体具有稳定性、汇聚性，和球体具有相似的视觉效果和功能。长方体造型简单，在

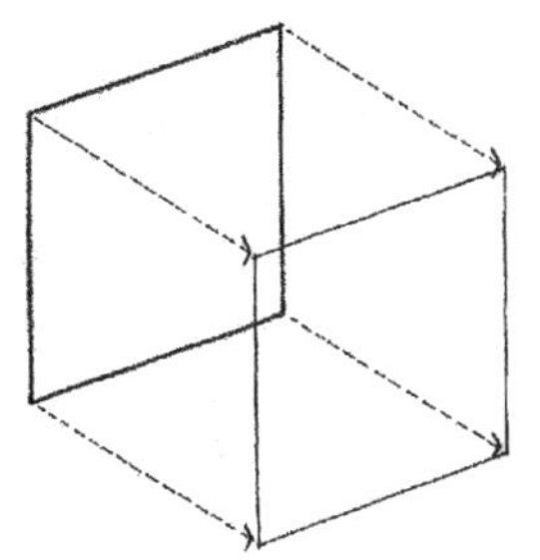
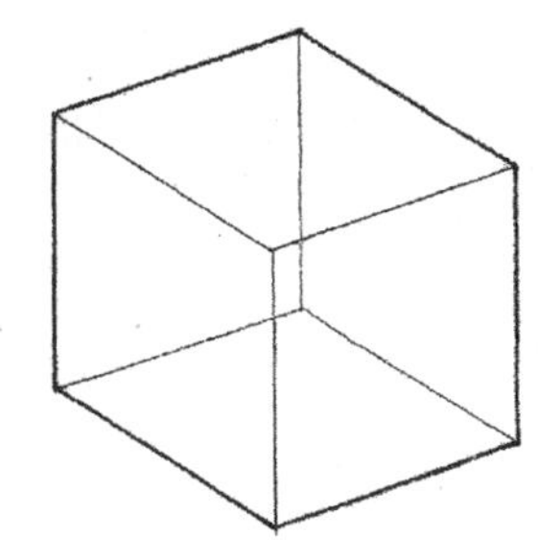

图 4–63　面沿着非自身方向延伸形成体

图 4–64　梯形山体自身作为实体占据空间，同时也围合空间塑造虚空间

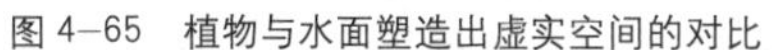

图 4–65　植物与水面塑造出虚实空间的对比

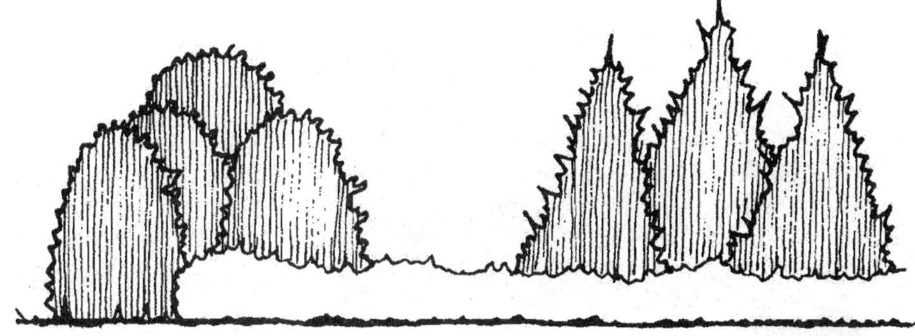

图 4–66　植物借由自身实体围合出虚空间

图 4–67　虚实交替的景观空间

景观环境中较为常见。四面体由于斜线的存在更加具有动势和方向性，给人以活跃积极的感受。正球体由于仅有位于中心的单一圆心，具有强烈的汇聚性，因没有特定方向而最易统一。椭球体在球体的基础上发展而来，但由于自身两个中心的存在而具有放射性和动态性，与斜线的性质相近。锥体的顶部突出明显，直指天空，能够突出强调竖直方向上的指向感，给人以挺拔冷峻刚劲的感受。非几何形体在景观中大量存在，主要体现在自然要素，如地形、植物等之中。非几何形体因其自由放松的特性与人工化的几何形体区分明显，是景观环境中不可缺少的形式之一。在更多的情况下，它们作为场地中的背景元素占有较大的场地，不仅起到减弱城市人工化程度的作用，同时可为市民提供更为舒适优雅的生活环境。

景观环境中的体不仅体现于地形、植物、建筑、建筑小品等要素本身所占据的实体空间，也体现在起伏地形中的凹地、群植树冠下的空间、阵列树木围合的空间、建筑群围合的空间、借由铺装划分出的空间等虚空体中。

综上所述，地形、植物、水和建筑作为景观环境中的物质载体一方面通过各种规模和方式的排列组合以点、线、面、体的形式出现，作为空间中的实体要素塑造出完整的景观画面，供人观赏。

另一方面借由点、线、面、体这些基本的视觉构成要素，围合、界定和隐喻出具有多种形式和各种氛围的虚空间，用以满足人的各种需求，容纳人的各种活动，从而形成环境与人之间有效地互动联系，塑造出“人——景”一体的景观环境。

4.2 景观色彩

色彩对于人的视觉效果和心理感受起着不可替代的作用。如果将外形比作物质要素的骨骼，那么色彩则是它的表情，具有强烈的象征意味和感情内涵。在景观环境中，既有天空、植物、水、山石等所具有的自然色彩，也有由建筑、铺装、小品等所承载的人工色彩，彼此组织配合在一起，对于景观空间构图和艺术表现力的发挥、场所功能的完善、景观意境的创造以及人心理情绪的调整都具有十分重要的意义和显著影响。

图 4–68 古希腊由建筑石材所塑造的地区景观色彩

环顾日常生活环境，恐怕很难找到仅有一种颜色的区域。环境中的景物是由多种色彩组合而成，因此，在色彩设计中无法回避色彩搭配的问题。配色是依据设计的意图和立意，考虑与功能、形态、肌理的匹配，以及确定各种色彩所占面积比例关系的过程。表面上，虽配色形式多种多样，但是本质上舒适宜人的景观色彩都应实现以下四个方面的内容。

图 4–69 热带城市达尔文市的景观色彩

4.2.1 景观色彩的地域要求

1）地产气候

不同的地产气候有着不同的色彩特征。工业文明之前，建筑外墙的色彩，在一定程度上是由所选择的建筑材料决定的，由于选用石材、砖木、灰沙的出产地域不同，由建筑及街道组成的城市景观色彩也就具有了各自的特点。如有着“石头文明”之誉的古希腊时代，其建筑色彩风格就是由自然物产大理石、花岗岩及石灰粉决定的。白色的神庙、雕像和民居致使希腊城市拥有一种单纯、古朴而又神圣的气质（图 4–68）。另外，日照、温度、气流等气候条件也是形成地域色彩的一个方面。一般情况下，气候炎热的地区，其建筑色彩，大多选择色性偏冷而明快的颜色作为建筑的主体色彩（图 4–69）。相反，气候寒冷的地区，其建筑色彩，大多选择能够给人带来暖意并且比较沉稳的颜色作为建筑的主体色彩（图 4–70）。

图 4–70 瑞典北部寒带城市吕勒奥的城市景观色彩

图 4–71　承德避暑山庄

图 4–72　苏州留园

2）区域文化

色彩的象征含义因文化和地域的差别而各有千秋。正像心理分析学家卡尔·荣格（Carl Jung，1875～1961 年）所言——"色彩是潜意识的母语"。从地理位置看，我国南方与北方的距离跨度比较大，地域文化的特征就比较突出。北方皇家园林的色彩以暖色调为主，具有华丽、高贵的色彩意向，象征皇权的神圣，突显帝王的气派，同时可减弱冬季园林的萧瑟气氛。标志性的景观元素有红墙、红柱、黄瓦、彩绘、汉白玉栏杆等（图 4–71）。而江南私家园林受老庄倡导的简约与朴素的色彩思想影响，多以黑、白、灰、褐色组合。典型的景观元素有深灰色的青瓦屋面、棕色木作、白粉墙等，具有素雅质朴的色彩意向，显示出文人高雅淡泊的情操，在江南的青山秀水、细雨绵绵中犹如中国的水墨画，耐人寻味（图 4–72）。可见，具体的景观色彩设计应建立在深入了解当地民族文化、体验当地生活，领会场所精神的基础上进行，注重本地区、本民族色彩元素的挖掘，以创造出别具风格与个性的景观空间。

4.2.2　景观色彩的功能要求

1）使用功能

不同的景观为了满足不同的使用需求而设计，不同的使用功能对景观环境的色彩要求也不同。以娱乐性为主题的儿童活动场所，需要营造出活泼、欢快、热烈的气氛，配色时就应该充分利用明度和纯度比较高的对比色调，起到一种明快、丰富的视觉效果；而安静、休闲的场所，则需要的是舒适、宜人、平和的气氛。配色时应该采用近似色调为主的调和色，来满足人们放松、休闲的心理需要；老年活动区的配色，应采用稳重大方的调和色，这样更符合老年人的心理需求；而低纯度的色调更适用于庄重、肃穆的场所。如纪念性建筑、烈士陵园等景观环境（图 4–73～图 4–76）。

图 4–73　美国迪斯尼公园

图 4–74　安静舒适的场所

图 4–75　苏州街边公园

图 4–76　南京大屠杀纪念广场

2）分区功能

色彩具有易识别的特性，因而具有分区的功能特点。将该特点巧妙应用于景观设计中，会取得事半功倍的效果。例如在大型主题公园中，一方面，园内若干主要功能区可分别选取一种具有代表性的色彩为主色系，并将其贯彻在铺装、景观小品等细节设计中。这样游览者便可以根据区域的颜色判断自己所在的位置，并推测区域的功能、景观氛围等。另一方面，园内色彩鲜明的导向图也可作为行进中的目标物以引导路线。再如，20 世纪 80 年代日本东京进行的城市色彩规划。该规划为了突出城市中不同区域功能的特点，分别赋予不同区域不同的色调，充分发挥了景观色彩的功能性。规划将历史古区皇宫所在地定位为沉稳色调，银座商业区定位为对比色调，住宅区定位为温馨色调，办公区定位为素雅的色调，极大地丰富了城市的景观风貌，并满足了人们对于环境可辨识度的心理需求（图 4–77）。

(a) 东京皇宫所在的历史街区

(b) 东京银座商业区

(c) 东京 CBD

(d) 东京某住宅区

图 4–77

4.2.3　景观色彩的协调性要求

1）视点与配色协调

人的视点在活动中会不断变化。伴随视点的远近、上下转换，人所获得的景观色彩感知也会产生变化。例如，一片黄绿颜色的树叶，由于视距的增大会逐渐接近树木的颜色，继续发展变为树林的颜色，并最后呈现蓝灰色。究其原因，一方面是由空气分子的散射造成的。当阳光透过空气层时，光线中大部分青、蓝、紫等短波长的色光被反射，使空气呈现蓝色，一切远景都被透明的蓝色空气所笼罩；另一方面，视距愈远，景物的色彩随距离的增加而减退得愈加明显，其色相的亮度和饱和度愈低，最后与天空同色。因而，如若追求引人注目的色彩效果，应选用具有较高彩度和明度的远景要素来解决视距增加所产生的色彩透视问题。另外，在进行盆地景观规划时，还要考虑俯视观看时的实际情况，应保证建筑立面的上半部分及屋顶色彩与周围景观的自然色彩相协调。当有水面存在时，还要考虑从对岸观景时的效果。

2）季节与配色协调

植物的色彩是动态的，随着季节而变化。与建筑在四季中保持同一色彩不同，多数植物在夏天呈绿色，秋天为红色，冬天以树木本身的棕褐色呈现或因白雪的覆盖而变成白色。可见，植物因其在四季中的色彩变化而能够为景观环境提供具有时间维度的背景基调。因而，对于那些与季节无关、任何时候都保持原有色彩的人工建筑物、地面铺装等来讲，它们的色彩设计应将其所处环境随季节颜色变化的因素考虑进来。例如在以落叶型植物为主的区域内，由于从秋季到春季三季中环境中的自然色仅由土地和岩石的颜色决定，因此设计时应着重考虑景观中人工元素的色彩与土地和岩石的色彩对比与协调关系。

4.2.4 景观色彩的美学性

1）相似调和

差异性要素多的色彩组合，易形成强烈的对比关系；而共同性要素多的色彩组合，易形成相似调和的关系（见图 4–78 ～图 4–80）。“相似调和”配色，对于任何人来说都是比较有把握的色彩设计。例如草坪、树林、灌木带，这些深深浅浅的绿色就属于相似调和。以绿色这一中性色调为主色调，易于形成朝气、安全、和平的景观意象。而在深秋景色中，红叶、黄草、褐色的土地也同样属于相似色调和。这种暖色调的调和可产生温暖、活跃、华美的景观意象。当几种色彩在配置上发生冲突时可采用统调法加以调和：①在各色中加入相同的色相而取得色相统调；②加白或黑，实现整体环境色调明度的相似，又称为明度统调法；③加灰，保证整体环境色调纯度的相似，又称为纯度统调法。另外，

图 4–78 以绿色为主的相似色调

图 4–79 以蓝色为主的相似色调

图 4–80 以蓝灰为主色调的城市景观

需要注意的是，若景观环境中存在较多的色彩，应确保主色调的把握，否则会造成视觉效果杂乱等问题。一般在以自然要素为主的景观环境中，易于实现色调的相似调和。这源于环境中大量植物的存在，或浅或深的绿色作为多种要素间的过度和调节易于保证色调的和谐。而在以建筑、道路为主的人工景观环境中，大多以纯度调和为主。大量使用的砖、木、玻璃幕墙、混凝土、沥青等均以低纯度的色彩呈现，聚集一起大抵具有纯度相似的特性。

图 4–81　绿色植物为背景色暖色甬道和石块为点缀色

2）基调色和加强色

占据最大面积的颜色支配整体印象的能力较强，这样的颜色称为基调色或背景色。城市景观中，街道、建筑立面的颜色往往即为基调色。而旨在塑造具有动感、富于变化的景观氛围时，对于如原色一般鲜明强烈的颜色即加强色或前景色的使用和配合最为关键。大多以散点的方式点缀于场地中。植物可在景观设计中兼具上述两种功能。①作为背景色或基本色。以大面积的绿色为基色调，起柔化剂的作用以调和景观色彩。它在整个色彩结构中具有一致、均匀、悦目的性格特点；②作为加强色，用于突出场所的某种特质。多指花卉的使用。

从景观色彩设计的角度思考，在以叶色浓郁、终年常绿、枝叶茂密的树种形成的绿色背景色为主的环境中，宜选用具有暖色、明色的花木及小品（图 4–81），发挥加强色造景的功能。而在以建筑、道路铺装等人工元素形成的砖红色背景色中，应选用中性偏冷颜色的花木及小品点缀其中，作为前景色（图 4–82）。建筑形成的灰、白背景色中，应用中性偏暖颜色的花木及小品作其前景

图 4–82　砖红色铺装及建筑为背景色，白色凉亭、售货亭为点缀色

图 4–83　建筑形成的白色背景色中，应用中性偏暖颜色的花木及小品作其前景色

色（图 4–83）。上述色彩关系，以对比为主，易于塑造清新、活泼，令人赏心悦目的景观意象，运用这种配色方法时，应特别注意色块大小、集散、浓淡的关系。如过分强调一方，都会将色彩间的和谐关系打乱。

3）色彩调和的四原理

色彩调和的规律是实现色彩美的手段。色彩调和是相对于色彩对比而言的，调和就是增强两色的"统一感"和"秩序感"，也就是将对比的幅度控制在一定范围之内。由于两种以上的色彩在搭配中，总会在色相、纯度、明度、冷暖、面积等方面存在不同的差别，这种差别必然导致不同程度对比的出现，因此有色彩就有差异，也就有对比；没有对比就没有调和。可见，色彩对比是绝对的，色彩调和则是相对的，可通过色彩的变化统一中体现出来。过分对比的色彩，可通过增强共性因素取得调和，过分暧昧的色彩，可通过增强对比实现调和。在色彩组合中，凡色相、明度、纯度有一个因素统一，可获得对比的调和；两个因素统一，可获得近似的调和；三个因素都统一，则不存在调和的问题；如果三个因素都无共性，色彩则很难调和。以下是调和色彩的四个基本原理，将有助于景观设计中配色工作的顺利完成：

（1）秩序性原理：从色谱中有规律地选出来的色是调和的。因为，色彩在连续变化之间存在一定的秩序关系，例如色彩从暖到冷、从明到暗、从鲜到浊等。

（2）熟悉性原理：在自然界中，人们已经习惯了的颜色变化是调和的。明度渐变的配色关系就符合熟悉性原理。

（3）共通性原理：具有任何一种共通性的色彩是调和的。例如色相、色调在其中某一方面都含有共同要素的色彩搭配。

（4）明确性原理：明确色彩差异的配色是调和的。

对于景观环境的色彩设计，共通性原理具有更广泛的应用范围。在街道景观色彩评价模型的研究中得知，街道的调和感与共通性间有很大的关系。因此，营造共通性或是在设计上使用相似色，是景观空间配色的基础。

4.3　质感与肌理

质感

4.3.1　质感的定义

质感是人通过触觉和视觉感知到的物体素材结构的材质感，大体可以分为粗糙和平滑两类。对于材质的感知包括体会物体表面的变化，各构件的大小，光线的特性（包括色度）以及视觉环境和距离等等。景观设计师可以借助对质感的组合运用，控制景观效果的视觉情趣、空间的深度感以及场景的感情基调。

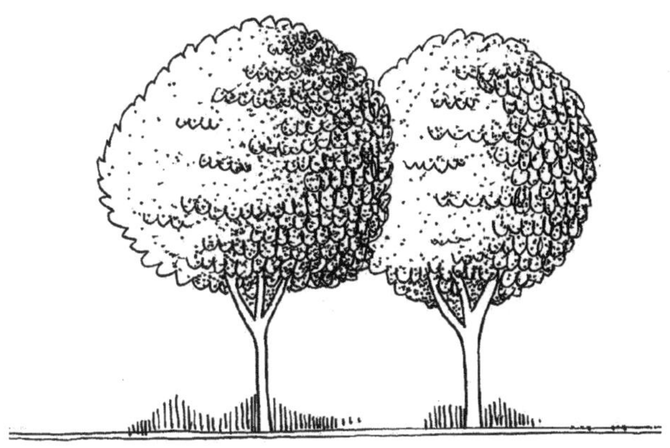

（a）近观：物体表面变化决定质感

（b）中观：要素组合塑造质感

（c）远观：重叠实体暗示质感

图 4–84

4.3.2　质感的分类及特性

1）首先，质感的获得与观赏距离有着直接的关系。近观，观赏者所获得的材质感即是针对物体表面材质形式和变化的感知和体会。远看，单一物体表面的纹理已经不能被观察和感觉到，而场地中各组成要素（如植物以一定的排列方式所形成的纹理），决定了观赏者对于整个场地纹理的感知，从而获得相应的质感。而当距离更远时，质感便仅限于对重叠实体如植物建筑等暗示的感知（图 4–84）。

2）质感按照粗糙程度可以分为粗质型、中质型以及细腻型（图 4–85）。这三种质感类型遍布于景观场景之中，并在心理感知、空间塑造等方面各具特色。因此景观设计师可以通过对它们的巧妙布局和合理组合，塑造出既具统一性又富变化性的景观画面。

粗质型：粗糙型质感可见度高，给人以自信的感觉但略显鲁莽、具有一定的视觉冲击力或攻击性，有时也会给人以质朴、天然的感觉。质地粗糙的景物和那些具有明显明暗变化的物体在场地中最易被发现，因而容易得到更多的关注。粗质型景观要素往往具有不规则且突出的边界轮廓线。在空间上，由于其本身常给人以过于强大之感，因此具有明显的渐进性，并且在无形中使得场地空间的尺度缩

(a) 粗糙型质感：可见度高，视觉冲击力强

(b) 中质型质感：能被注意但并不醒目

(c) 细腻型质感：不突出，令人感到精炼玄妙

图 4—85

(a) 中度质感可强化前景质感的多样性

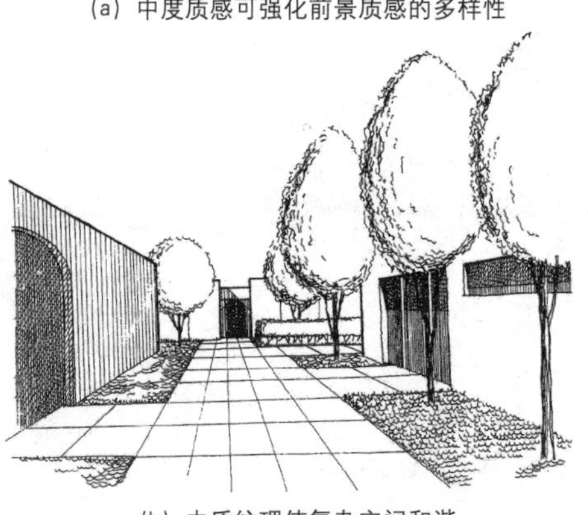
(b) 中质纹理使复杂空间和谐

图 4—86

减。与具有另外两种质感的景物配合使用时，可以改变游人对场地的感知深度。

中质型：具有中质型质感的物体轮廓线相对平滑，在场地情感的塑造方面同样体现出中性的特点。这类景物和那些明暗变化不大的景物在场地中看起来既无侵犯性也不畏缩，能被人注意到但并不醒目，也不会产生逼人的气势。但中质型质感是相对的，当其所处环境的质感细腻时，它就会变得醒目。如果被置于粗糙质感的背景中，则会给人以消退感。

细腻型：具有细腻型质感的景观要素常以完整的表面形态呈现，看起来精炼、玄妙，甚至给人以细致精巧之感。这类要素能够扩大小空间在视觉上的尺度感，在其处于与视线等高且距离较近的位置时，该特点体现得尤为突出。但是当其与具有中质或粗质的物体共同使用时，常使人产生消退感。

4.3.3 质感在景观设计中的应用

在景观设计中，景观要素的质感，以及要素之间的质感差异既可以弱化场地中景观效果的不足之处，也可以表现并强化场地中的景观优势。这主要体现在以下几个方面：

1）可以借助于大面积具有中质质感的物体协调融合场地中的各种要素、联系场地中各组成成分或相邻的场地空间，也可以将其单纯地作为背景要素烘托场地中的主景（图 4—86）

2）可以通过控制具有不同质地的景物之间的位置关系来影响空间的深度感和尺度感。例如，要表现实际的深度和尺度，前景、中景和背景要素的质地应采用相对一致的组合方式。否则细腻的前景质感和背景中相对粗糙的质感会压缩空间的深度感和尺度感。相反，前景材料具有粗糙的质感，而远景材料质感细腻时，则会扩展或拉长空间的尺度感和深度感（图 4—87）。

3）在私密空间中，纹理疏密的组合、质地粗细的组合至关重要，但是随着空间尺度和观看距

(a) 前景要素质感细腻，背景要素质感粗糙，压缩空间的深度和尺度感

(b) 前景要素质感粗糙，背景要素质感细腻，扩大空间的深度和尺度感

图 4—87

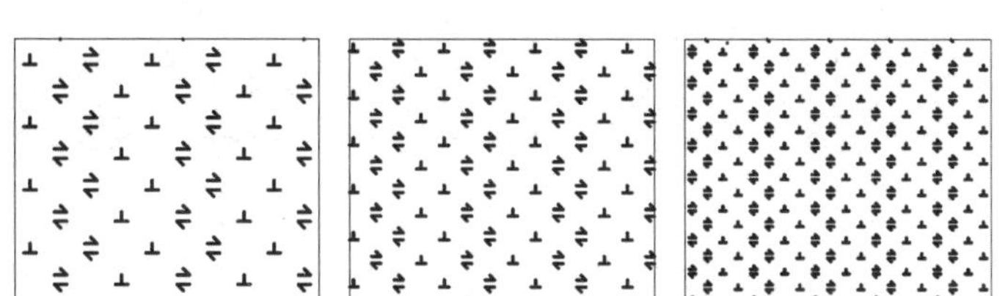

(a) 细质要素随要素间间距变化而呈现出的肌理变化

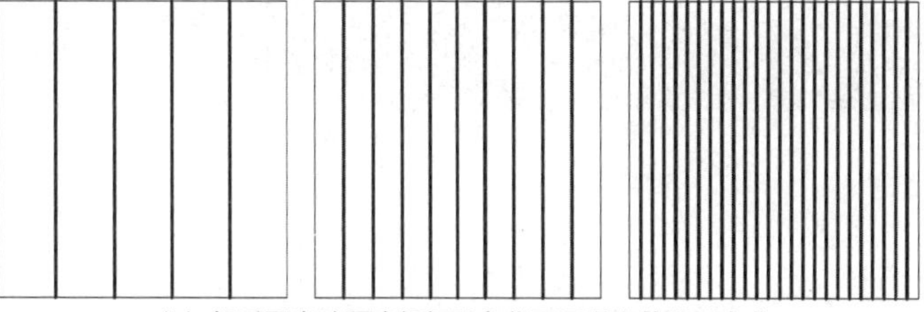

(b) 粗质要素随要素间间距变化而呈现出的肌理变化

图 4—88

离的增长，它们的重要性会相对降低。因为小空间中，人们主要关注物体表面的质地和纹理形态，而大空间中，由于观看距离的扩大人们则容易忽略物体表面的质感，而更关注于景观实体要素排列和叠合所形成的肌理。

肌理

从单个要素的质地到多要素组合形成的景观肌理，后者的表现形式更为多样。景观要素的类型、质感、密度及间距均影响着景观肌理的呈现形式。

肌理与间距关系密切。客观上，体现在构成肌理的要素之间的距离。如细质要素之间的间距越小，肌理越细；粗质要素之间的间距越宽，肌理越粗（图 4—88）。主观上，肌理与距离的关系还体现在观察者与被观赏场景间的距离。随着观看距离的变化，肌理也会有极大的变化。以梯田地区为例，观赏者站在农田的中央时，所感受到的肌理主要是由成排庄稼形成的横纵交错的网格型肌理，但是当观赏者站在山顶上时，感受到的肌理就是由成片庄稼所形成的与山体等高线相一致的带状肌理。同样，站在高处鸟瞰城市，城市肌理则是由建筑、街道构成的网状肌理，而当视点降低，立于街道上，所获得的城市肌理则是由建筑立面窗框、地面铺装缝隙、植物所形成的肌理（图 4—89、图 4—90）。

(a) 远观，与山体等高线走向一致的带状肌理

(b) 近观，局部网格型的农田肌理

图 4-89

(a) 城市鸟瞰，肌理随建筑的密度而变化

(b) 肌理因建筑立面而不同

图 4-90

不同的景观画面显示出不同的肌理，屋顶、墙面、道路、田地、森林、荒野等展现出来的肌理是多样而各有意味的。如墙面，其因所用砖材的种类不同（光滑、粗糙、柔软、坚硬）以及抛光、人工制作或砌筑方法的不同（凹陷接缝、满溢接缝）会呈现出迥然不同的肌理形式（图 4-91）。单株植物的肌理是从树枝、叶、花的缝隙中衍生出来的，但当把植物以一定的方式组织在一起时，又会产生截然不同的景观肌理（图 4-92）。不同城市的景观肌理也有所差异，城市形成发展过程的不同、地理条件的不同以及人文观念的不同都可能导致这一差别的产生（图 4-93）。

（a）颇具现代感的平滑金属窗户框架与混凝土墙面的肌理形成了强烈的对比，塑造视觉冲击力

（b）柏林美国大使馆外立面借由上下两部分墙面肌理的对比营造严肃的感觉与大使馆的功能相符合

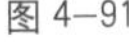

图 4–91

（a）单株杨树肌理

（b）杨树林的肌理

图 4–92

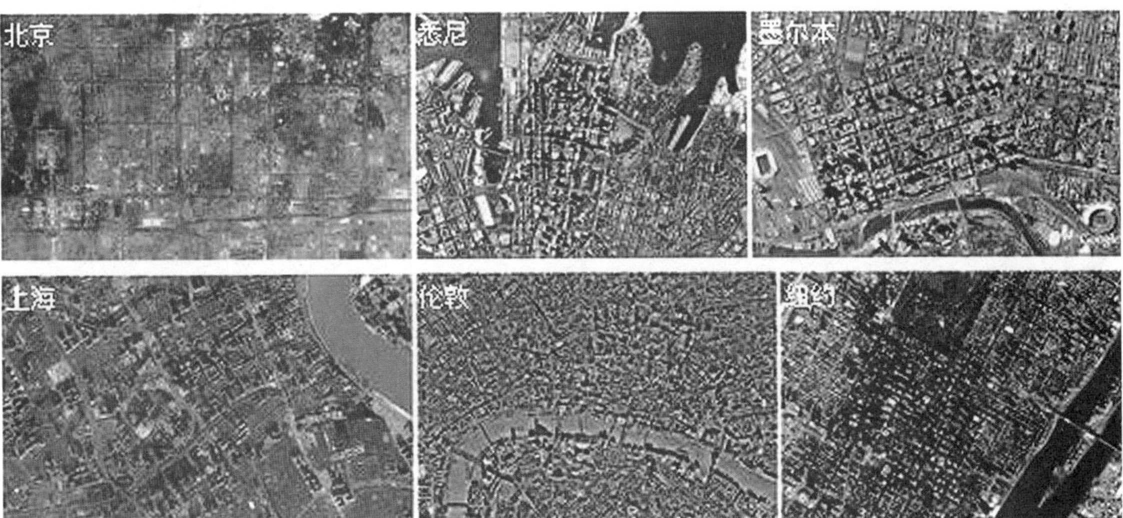

图 4–93　城市肌理对比图

第5章

景观构成的文化要素

图 5–1　文化景观

“人类是符号动物，景观是一个符号传播的媒体，是有含义的，它记载历史、讲述故事、传达信息。”林奇在其所著的《场地设计学》中这样讲到。可见，景观不是单纯体，而是一个由多种要素复合而成的场景意向，它除了包含有地形、植物、建筑等物质载体，具有点、线、面以及颜色质感等外在形式，同时更为重要的是，在物质景观自身及其形式的背后潜藏着隐性的历史文化、道德情操、民俗习惯、价值观念、审美情趣、宗教情绪等景观的文化内涵，当然还包含有设计者或建造者的思想和意图，观赏者的认知以及内在情感精神的投射（图 5–1）。

5.1　景观与文化的关系

5.1.1　文化与景观的发展

随着社会的发展以及所处时代背景的不同，景观虽然分别经历了以情感、功能和生态为主导的三个不同发展阶段，但是景观对于时代和地域文化内涵的表达始终贯穿其中，成为景观构成的重要组成部分。人类最初的景观设计便具有了很强的情感性，史前的壁画、岩画、巨大的石列阵、地画等等，都是以情感的表达作为主要目的。由于当时科学技术等因素的匮乏，早期人类透过简单的外在形式所传达的朴素情感作为景观文化内涵的一部分表现得更为直接和外显（图 5–2）。

同样，旧石器时代在没有天然洞穴可利用的情况下，人类寻找背风向阳的有利环境，并用垒石块和编树枝的方式围合成圆形，表明领地，塑造了独特的史前景观。英格兰史前巨大的石环正是这

西班牙阿尔塔米拉洞穴画：

阿尔塔米拉洞窟画是1万多年前旧石器时代晚期人类留下的遗迹，岩画大多为彩色，主色调是赭红和黑色，也有些许黄色和紫色，色彩艳丽，动物形象逼真。这些洞穴岩画是目前发现的最早且最为纯粹的景观设计作品。

卡纳克巨石林：

该景观遗址始建于公元前2500年，此时人类虽已进入青铜时代，但多用巨大石构来自我表达。青铜时代及随之而来的铁器时代促使了阶级社会的逐步形成，农业与畜牧业发展，手工业出现。此时人类在不自觉中产生了对于自己往日与自然抗争能力的自豪感。与其同时，对于祖先的崇拜以及对于死者的敬畏之情愈加浓烈。由此，出现了以石阵的形式表达情感，提供祭祀场所的景观现象。

图5–2　史前岩画、石阵景观

图5–3　英格兰史前巨大的石环

种现象的代表，该景观形式的内因便源于最初的领地意识（图5–3）。有的学者认为这些均来源于人类的原始冲动和本能。但是不可否认，它们作为人类建造环境最为纯粹的表现形式，其中浓缩了当时的思想观念，潜含着一定的艺术价值，可谓是景观形成的开端。这些景观现象不仅表明了人类开始有意识地改变着自然环境，而且直观地表达出属于那个时代的文化内涵。

随着人类社会的不断演进，人类在漫长的文明过程中积累了无数认识自然和改造自然的成果。价值观念已由最初单纯的领地意识转化为对于美观、功能、效率等多重综合内涵的追求。社会制度、宗教信仰、思维方式等上层建筑的变迁和进步带来了世界范围内文明中心的转移，从最初西亚的美索不达米亚文明到古中国、古埃及、古希腊、古罗马的文明再到中世纪欧洲的文明以及文艺复兴运动的兴起等这一切无不在建筑、景观等外在形式中有所表现，形成了属于那个时代和地域的特有景观风貌。保存下来的景观遗迹作为独特的载体为生活在今天的人们记录下来了当时的社会历史文化背景（表5–1）。

自20世纪70、80年代起至今，景观的概念不断与相关学科融合且进一步发展外延，景观研究和规划设计的手段也越来越科学和复杂，景观的表现媒介更是趋于多样化和数字化，在新时期多变新颖的表现手法及艺术风格下，景观作为人类文化内涵的载体，表达人类意识、情感、观念等的功能，丝毫未被改变。例如，1988年由哈格里夫事务所的乔治·哈格里夫（George Hargreaves）为加利福尼亚San Jose市设计的市场公园。公园内的喷泉设计融合了新的技术手段，形成了自我排水的节水高效系统，并且喷泉的形式变化多样，可随着一天中的时间转换，由清晨的雾霭、小涌泉，到下午强烈的水柱喷泉，晚间的水柱在灯光作用下变得更加晶莹剔透和眩目。尽管公园的景观设计采用了新的技术手段，但其间仍蕴含了大量的历史隐喻和生活片段。公园内网格型喷泉形式的灵感来自 1800 年场地附近挖掘的自流井，它们一天中的变化形式隐喻了水使 Santa Clara 山谷兴旺的这段历史。西边用地的果园也正是为了唤起人们对两次战争期间周围果木农场丰收景象的记忆。维多利亚风格的路灯反映的则是城市 300 年来的历史，而夜间灯光照射下的喷泉景象是对当代 Silicon 山谷高科技的暗示。这里的景观表现形式不仅为一些设计人士所解读，而是通过新的表现技术将这些历史元素和片断组织到公园的主要公共景观片断里，传递给大众（图 5–4）。再如，1983 年美国著名的景观设计事务所 SWA 为约翰 · 曼登（John Madden）公司位于科罗拉多绿森林村庄的行政综合区一组玻璃幕墙的办公楼群设计的万圣节（Harlequin）广场。广场内有冷却塔、通风管等现代工业元素以超尺度形式存在，且玻璃幕墙、镜面材质等现代材料随处可见。设计者恰好借助于这些现代社会中常见的要素塑造出令人意想不到，既充满幻想、又有点迷惑的超现实后现代主义空间，赋予场所强烈的对景观体验主体——人而言，消解的解构特点，促使人们完全融合到这个梦幻的场景里，进而流露出当下景观设计者对于人与环境间关系的认识成果（图 5–5）。

(a) 市场广场鸟瞰

(b) 市场广场局部

图 5–4　市场广场

(a) 万圣节广场鸟瞰

(b) 万圣节广场局部

图 5–5　万圣节广场

但是，不可否认近几十年社会的快速发展，信息的高速传递以及科学技术所带来的简化便捷对于景观的地域性、多样性造成了前所未有的冲击，产生了诸多问题，如景观表现形式雷同、缺乏地域特点及人文特性等。究其原因是过分依赖景观表现技术的创新以及单纯追求视觉效果的新异，忽视景观氛围、意境、内涵的表达与营建所造成的。因此，在当下这个技术手段日新月异的"快餐"时代，强化景观与文化的关系、分析景观内在的文化要素、掌握景观文化要素的表意方法对于日后景观规划设计的发展而言愈显重要。

5.1.2 景观与文化的内在联系

景观反映不同时代的文明程度，是社会文明的标志。从景观形成及其规划设计的过程来讲，景观是"物的人化"和"人的物化"两个方面相互联系，相互促进、相互共存的结果。前者是由外向内的过程，而后者是由内向外的过程。

1）景观的"人化"

当人具有思维能力时，便开始不断地赋予其生活的自然环境以含义并认识这个陌生的世界。例如人们对于神的认识和想象。在人类社会形成的早期，人对于自然界的力量几乎毫不了解，因此对自然界产生了诚惶诚恐的敬畏和崇拜，使人相信这是一个超越自身力量的"众神"的世界。但即便如此，人们对于神的想象却依然是以人的形象和思想为参考。如著名人类学家费根所说："神话的一个共同特点是让那些非人的动物和其他生物或自然力也具有和人相似的动机和情感，这种拟人化倾向来自于产生意识的背景。意识就是通过在自己的情感中进行模仿来了解他人行为的社会工具。把同样的动机转移到非人类的。"在景观的设计过程中，景观设计师也常会自觉不自觉地将个人的或是社会普遍存在的某些观念通过象征、引用、意向等手段赋予到景观的外在形象上。在我国古典园林设计中，利用文学的手段赋予自然景物以文化含义的手法屡见不鲜（图 5–6、图 5–7）。古典

图 5–6 拙政园内"野航"

图 5–7 拙政园内"静性"

园林最高层次的意蕴，似乎多存在于文学家笔下所写的景观，如在拙政园中看到“与谁同坐轩”的匾额时，会想到原诗后半句“明月清风我”以品尝和体味孤芳自赏的况味（图 5–8）。可见，景观的“人化”即是赋予含义的过程。

(a) 与谁同坐轩全景

(b) 与谁同坐轩内部

图 5–8　拙政园之与谁同坐轩

2) 景观的“物化”

景观是人类自发或自觉地改造环境，建设理想家园的过程，物质化的显现形式才是景观设计与建造的最终目标，因此对景观形成而言更为直接和外显的是其“物化”过程。而物化形式的来源，却是人类自身，来自人类对环境和身体的认识和理解。从原始社会的巨石景观，到农业时代的农田景观，再到工业时代至今的城市景观，人类所有的景观设计过程以及设计成果总是一定时期人们审美意识、伦理道德、历史文化和民族情感等精神因素的物化产物。这些人类所具有的意识、情感、历史等因素，借由这些物质形式表达出来，作为人类生活方式的载体承担起一部分人类精神的表达功能。

以我国“天人合一”传统文化观念为例，“天人合一”观念本身是无形的、抽象的，作为一种哲学观念，囊括众多，潜移默化地规范着人们的思维方式，制约着人们的价值取向。当我们以这种环境观念为准则应用到园林设计和城市规划建造时，这种观念便在园林和城市中的空间组织、建筑设计等方面得到了物化，具有了具体的表现形式，形成了特有的景观风貌。江南古城的城市布局和细部设计都巧妙地运用了当地的自然地理条件，这正是“天人合一”“因地制宜”传统文化观念的充分体现。如南京城的“据龙盘虎踞之雄，依负山带江之胜”、苏州城的“万家前后皆临水，四槛高低尽见山”、扬州城的“两岸花柳全依水，一路楼台直到山”等（图 5–9）。由此可见，当传统文化观念与某些实体如建筑、城市、园林、工艺等相契合和呼应时，抽象的传统文化观念就变得实在具体，并且能够用眼睛观看，用手触及，这一景观风貌的形成便是“天人合一”、思想“物化”的结果。

综上所述，景观的“人化”过程是赋予场地以更深层次文化内涵的过程，即通过文字、诗词、寓言、神话等方式将景观资源（自然资源和文化资源）所潜藏的文化内涵予以表达和强化的过程。而景观的“物化”过程是文化的再现过程，即通过适当的方式将景观资源（自然资源和文化资源）所蕴含的无形文化内涵用具体的物化产品表现出来，以建设有意义的人类生存环境。换句话说，就是形式如何表达精神，主体如何选择形式的过程。可见“人化”与“物化”两个过程相互依存，相互促进，对于景观文化层面的完整塑造及充分表达具有重要的作用和意义（表 5–1）。

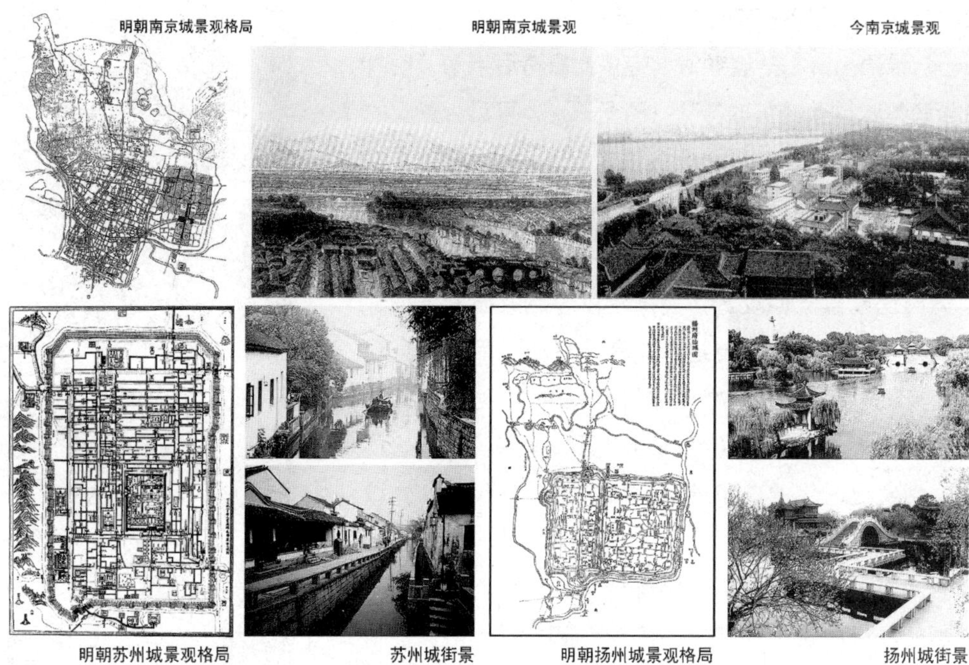

图 5–9　明朝时期南京、苏州、扬州三城的景观格局

18 世纪前（现代景观设计兴起之前）世界范围内不同历史文化背景下的代表性景观设计思潮　表 5-1

文明中心：西亚——美索不达米亚文明

起始年代：公元前 4 世纪

历史文化背景：苏美尔人的社会基础是自然经济，其文明与秩序的基础是等级制度。统治者是至高无上的国王和拥有法律仲裁权的祭司。

宗教思想：①诸神概念，在众多的神灵中包括一位至高无上者，他控制着人世间的一切。②一个可望而不可及的永恒世界的存在。前者反映现实生活关系的理念，后者反映了人类物质理想。

生存观念：一方面要尽情享受短暂的人生时光；二是对宁静的未来生活沉思，而星空就象征着这种宁静并给人以无尽的遐想。

实例：新巴比伦城“空中花园”

续表

文明中心：西亚的伊斯兰世界

起始年代：公元 600 年

历史文化背景：对于阿拉伯人来讲，生命是短促的，只要能恪守教规，当然可以尽情享受人生。其宗教信仰为伊斯兰教，信条是《可兰经》，而教规是斋戒、沐浴以及礼拜祈祷。这样的宗教观念带有一定的宽容性。

在哈里发帝国自由思想的培育下，诞生了一座与希腊类似的哲学院。伊斯兰教的哲学家博学多才，他们对实用的事物，如医学、农业、冶金兴趣浓厚。因此，穆斯林景观空间反映着强烈的伊斯兰宗教情感与冷静的逻辑哲学家的两种思维方式的兼容。

实例：耶路撒冷的奥马尔礼拜寺

文明中心：古印度

起始年代：公元前 3 世纪

社会历史背景：在这个国度里几乎没有世俗的纪念物，所有的纪念物几乎都是宗教性的，有象征意义的。可以说这个国度里的一切几乎都是宗教中不可知世界的物化，是对于本土宗教思想与雅利安哲学的思想表达：对于生命的理解与对数理逻辑的思考。印度教用动物形式的转世来代替邪恶的世界，通过修炼进入一种永恒的状态和美好的世界。佛教继承了印度教的轮回说，强调伦理道德。超越人之本体，达到的是臆想中的出神入化，超凡脱俗的境界。

实例：戈纳勒格的太阳神庙

续表

文明中心：古希腊

起始年代：公元前 6 世纪

社会历史背景：希腊人认为人是宇宙间最伟大的创造物，他们不肯屈从祭司或暴君的指令，甚至拒绝在他们的神祇面前低声下气。因此希腊人的世界观基本上是非宗教性和理性主义的。他们赞扬自由探究的精神，使知识高于信仰。他们的推理不是神话，而是在科学事实积累的基础上，用智慧去推断事物的法则。因此，希腊人认为有序的景观有利于治学，庙宇是整体大宇宙观的微缩，建筑不是去控制景观而是与风景联系或协调。

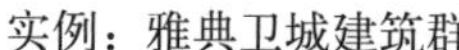
实例：雅典卫城建筑群

文明中心：古罗马

起始年代：公元前 6 世纪末

社会历史背景：自古以来，没有一个帝国有如古罗马一般如此广大的疆土、不同的民族和地域上丰富的人文与自然景观。也因此，为了维护稳定的社会秩序并攫取巨量的物质财富，上层统治阶级制定了军事和民政管理法律。罗马人在这个强大的军事社会里几乎没有产生自己的哲学，教育上也只能借鉴希腊人的思想。由于罗马的强大，罗马人更重视现实生活，持有一种去控制自然景观的设计理念，在建筑形式的综合处理上，在城市外部空间的组织上比希腊人走得更远，也更为深入。

实例：梯沃利哈德良离宫

续表

文明中心：古埃及
起始年代：公元前 3 世纪
历史文化背景：由于尼罗河的水患问题，古埃及如同在美索不达米亚，以家庭和部落为单位难以满足大兴水利的要求，这里所需要的是组织和权威来确保人们共同生存的利益，中央政府因此而产生。因此法老享有至高无上的权利，其统治机制是官僚、军事寡头与祭司的结合。埃及人的信仰是多元的，所信奉之神不计其数。人的智慧与猛兽强悍的身体的结合产生了斯芬克斯的形象等。埃及人追求一种非现实的永恒人生，对于自然事物的原因并不深究，他们所取得的大量的数学成就来自于其经验而不是推理。对埃及人来说，审美是视觉的，而不是实用的。所有的表现性艺术都带有几何形状的原型，人们似乎以此来捕捉现实的生命力量。埃及人上述的生死观与哲学思想，使其造就了壮观的纪念性景观场景。
实例：埃及神庙

文明中心：中世纪欧洲
起始时间：公元 11 世纪
社会历史背景：中世纪的基督教修道院制度对于西方中世纪文化、建筑及景观环境具有深远的影响。修道院制度不仅具有一种独特的宗教功能，因为它促成了与大众化教会有别的精英式的僧侣教团的形成，而且由于其独特的补赎理念和组织形态，具有了深远的社会文化功能，因而它是欧洲文化传统形成的重要因素。
实例：斯图德尼察修道院

续表

文明中心：源自意大利的欧洲文艺复兴运动
起始时间：公元 14 世纪
社会历史背景：文艺复兴运动是一个极为重要的转变时期，其间的各方面变革造成了与中世纪文化巨大的差异。其中一个重要的区别在于：文艺复兴运动不但造就了一批巨匠，同时也唤起了人们自主的创造精神。这是一个变化的时期，同时也是一个创造性的时代。文艺复兴造就了艺术与工艺的分离，同时也造成了设计与生产的分离。此时，在意大利，人们开始反对教皇的政治权利，因此在神学和道德思想上的自由成为可能。到了 15 世纪，古典的人文主义已主宰了知识分子的思想，人类的理性力量得到了全面的肯定。由此，文艺复兴时的环境设计从先前的象征主义向现实主义转折。随之而来的是住宅开始向外部空间延伸，在设计表达上更注重内外空间的联系。园林设计的目的转为以体现人的尊严为目的，其形式旨在合理多元地体现花园拥有者的个性、建筑师的创造性以及地方特色间的融合。
实例：意大利埃斯特庄园  
文明中心：巴洛克时期
起始时间：公元 17 世纪
社会历史背景：随着一系列天文学的发现如牛顿的万有引力定律、开普勒的地球轨道运动规律等，思想家发现自己已超越了当时宗教思想的限制，但广大普通民众仍然保持着强烈的宗教信仰，也正是因为这种激情，反宗教改革派决定通过艺术以及教育来把握自己的命运。带头反攻的是耶稣会教士，他们认为：人类对自身终极目标的形成可以产生影响，这种思想是对中世纪神学思想的突破。他们接受了人与自然之间关系变迁的事实，并认为世界是动态的，而教堂空间则必须能服务于人的这种激情和下意识。伴随着宗教的复杂变迁，人们的思想和空间概念有了很大的变化，而这一变化又转而深刻地影响了艺术的各个领域，特别是景观设计和城市规划领域。此时，景观设计强调物与物的相对关系和无限联系，所有的人与物共同启发着设计思想，反映整体环境和景观之间无限联系的设计手法得到了很大的发展。
实例：意大利兰特庄园  

续表

文明中心：中国
起始时间：公元前 5 世纪
历史文化背景：中国哲学的起点建立在中国古人的经验和想象力的基础之上。孔子的哲学和伦理学成为了中国人的基本思想。与孔子的思想平行发展的还有老子的哲学。孔子所创立的儒家是一种在混乱中建立秩序的理论，关注的不是自然而是社会生活，其对于中国传统环境观、城市规划与景观设计方面的影响体现在空间组合、形式的等级秩序和礼法观念上。而老子所秉承的道家认为："道常无名，并且永远处于运动之中，事物间的矛盾存在相互联系和转化的关系，自然之美正是体现在各种矛盾因素的微妙关系和总体的气韵之中。"因此，道家所提倡的哲学观点对中国人有关"有和无、美和丑、伸和缩、强与弱"的理解产生了重大影响，对于中国绘画和景观设计的影响是深刻、全方位的。
实例：拙政园

5.2　景观的文化要素

5.2.1　文化的定义及要素

文化是文化学的中心概念和研究对象。国内外的文化学家对于文化的研究，历经百年，对于文化的定义、特性以及本质的研究已经取得了斐然的成果。本节将从文化学领域取得的众多研究成果开始，这无疑是进一步展开有关"景观文化要素"讨论的基础。

中文"文化"一词可以追溯到《周易·贲卦》：

"《象》曰：贲、亨、柔来而文刚，故亨；分刚上而文柔，故小利有往，天文也；文明以止，人文也。观乎天文，以察时变;观乎人文，以化成天下。"这里"文化"的含义是推行教化，促成礼教。这与现代"文化"一词的含义存在差异。

文化的现代含义更侧重于对西方"culture"一词词源语义的响应，分为广义和狭义两种。所谓广义的文化，泛指人类创造活动的总和，人类学家思科维茨曾指出：文化是人类环境的人造部分。所谓狭义的文化，是指在一定特质资料生产方式基础上发生和发展的社会精神、生活方式的总和。它并不是与自然相应，而是与社会经济基础及其政治制度相对应，相当于广义文化的精神层面，特别是其意识形态。

任何一种文化都是由多种要素按照一定方式或结构组成的有机整体。大多数文化学家认为，从广义文化概念出发，文化有三方面要素，或者说有三个不同的层面：一是文化的物质要素，也就是文化的物质实体层面，一般称为物质文化，包括各种生产工具，生活用具及其他各种物质产品；二是文化的行为要素，也是文化的行为方式层面，一般称为行为文化，包括风俗习惯、生活制度、行为规范等；三是文化的心理要素，也是文化的精神观念层面，一般称为精神文化，包括思维方式、思想观念、价值观念、审美趣味、道德情操、宗教情绪以及民族性格等。因此，物质文化又可以称为"显性文化"，精神文化和行为文化又可统称为"隐性文化"或"狭义文化"。

5.2.2　景观的文化要素

基于"文化"及"文化要素"的概念讨论，我们可以进一步按照上述三个层面对景观的文化要素进行划分：分别是①景观的物质文化要素，包括景观中涉及的地形、植物、建筑、水体等。②景观的行为文化要素，涉及人们生活中规定或潜在的行为规范、风俗习惯、法律法规体系、管理体制等。③景观的精神文化要素（心理文化层面），涉及人们的价值观念、思维方式、道德准则、审美情趣、宗教信仰等。不难看出，精神文化要素是景观形成发展的灵魂，是形成物质要素和行为要素的基础。行为文化要素作为中间层次体现了其他两个方面对于人们在行为上的要求。而物质文化要素作为景观文化内涵的载体，是人类创造环境、改造环境的物质成果。三者相互影响，相辅相成。

换言之，就景观文化要素的三个层面来讲，物质要素作为物化了的景观成果，直接受到狭义文化要素（即行为层面和精神层面）的制约和影响，且需要与之相呼应，相匹配的精神要素和行为要素去对应。因此，我们可以认为景观的文化要素即指不与自然相对应的，而是与社会经济基础及其政治制度相对应的狭义文化要素，即文化的精神要素和行为要素。其中文化的行为要素包含民俗习惯、生活制度、行为规范等；文化的精神要素包含价值观念、思维方式、审美趣味、道德准则、宗教情绪以及民族性格等。

下文将主要针对景观文化要素的核心构成因子进行概念的陈述，将有助于景观设计者对于这些抽象元素的理解。

1）民俗习惯：民俗按其表现形式可以分为：心理习俗，如信仰、崇拜和禁忌等；行为民俗，如祭礼、婚丧仪式等；语言民俗，神话、传说、歌谣、谚语等。民俗是在当地居民长期的生产活动和社会文化活动历史中形成的，并逐渐为当地群体所接受而成为一致的行为。民俗是当地居民或民族的传统文化的一部分，既受当地自然和人文环境的制约，也反映出受文化不同来源的影响。

人类的行为与民俗大多表现在社会规范中，它是人们在相互交往和长期共同生活中确立的、为多数成员所承认和期望的行动方式。这种行动方式不一定有明文规定，但反映了一定社会中成员对日常生活行为的态度标准。社会规范具有指导和评价行为的功能。遵从和维护它是维持社会秩序、强化群体团结的手段之一。风俗、禁忌、习惯、礼节、社会基本道德和法律是它的不同类型。其中，有的为整个社会普遍承认；有的则只是在某些社区里适用，但是都是离开个人的观念而普遍存在的；有的历史悠久，成为其成员的社会支柱，作为文化遗产而得到很高评价，并富有权威性。社会规范被社会成员吸收为日常活动的规则之后就相对持久地固定下来。当然，某些不能适应新的变化的规范称为旧习而逐渐消失。

2）价值观念："人类是在一定的价值体系中生存、思维和创造的，而批评体系又是建立在一定的价值体系之上的。价值体系是行为、信念、理想与规范的准则体系，是社会性的主观规范体系。"在价值体系中价值意识是最能代表主体的属性。

人生活在一个充满价值的世界上，人的每一活动中都包含着价值追求。在实际生活中，人们总是有所选取有所舍弃，有所喜好有所憎恶，赞成什么反对什么，认同什么抵制什么，总要有一定的态度，这就是价值观念在起作用。人们对一定事物的具体追求和评价，本身不是价值观念，但它一定受到价值观念的制约。

具体地说价值观念是人们心目中关于某类事物价值的基本看法、总的观念，是人们对该类事物的价值取舍模式和指导主体行为的价值追求模式。价值观念的内容，一方面表现为价值取向、价值追求，凝结为一定的价值目标；另一方面表现为价值尺度、评判标准，成为主体判断客体有无价值及价值大小的观念模式和框架，是主体进行价值判断、价值选择的思想依据，以及决策的思想动机和出发点。

以我国古代文人为例，"崇尚自然，追求意境"即为他们在当时环境下所秉承的价值观念。在这种价值观念的影响下，造园师为了迎合它，故在园林中缩形山水，享受丘壑的乐趣。庭园成为了宇宙的缩影，假山池水成为了大自然的象征。

3）道德准则：在中国哲学史上，"道德"指"道"与"德"的关系。孔子主张："志于道，据于德。"（《论语・述而》）这里的"道"指理想的人格或社会图景，"德"指立身根据和行为准则。道德是人类社会生活中所特有的，由经济关系决定的，依靠社会舆论、传统习惯和人们的内心信念来维系的，并以善恶进行评价的原则规范、心理意识和行为活动的总和。道德是社会物质条件的反映，是由一定的社会经济基础所决定的一种社会意识形态。社会经济基础的性质决定各种社会道德的性质，有什么样的经济基础，就有什么样的社会道德。而在社会经济关系中居于统治地位的阶级，其道德也必然居于统治地位。社会经济基础的变化，又必然引起社会道德的变化。

5.3　景观文化要素表意的方法与意境的创造

前文已经对景观文化要素的内涵和概念进行了阐述，并且已经多次强调这些深刻丰富的文化要素必须借由一定的形式和一定的实体得到物化而有所表现。那么，如何将这些文化要素巧妙地融合在景观设计中，已成为现代景观设计师一直在思考和研究的问题。下文列举了四种典型的景观物化的方法，相信对于景观文化要素的表意以及景观意境的创造能够起到抛砖引玉的作用。

5.3.1 符号象征

索绪尔认为符号是能指与所指的结合。能指是指声音、形象，是符号可感知的部分，所指是社会性的集体概念。两者之间的关系是，只有能指存在才可能有所指，所指是能指指向的东西。大部分的符号表意都是“所指优势”符号。正如朗格所说：“词仅仅是一个记号，在领会它的意思时，我们的兴趣会超越词本身，而指向它的概念。”与索绪尔二元的分法不同，皮尔斯提出了符号的三元关系，将符号可感知的部分即“能指”称为“再现体”，而将符号的所指部分一分为二，即符号所代替的“对象”及符号引发思考的“解释项”。其中“对象”在文本意义中就确定下来，不太会因为个体的解释而改变，而“解释项”是完全靠个体的理解而产生。

苏珊朗格认为艺术形式具有两重性：形式直接诉诸感知，而又有本身之外的功能。它是表象却又负载着现实。根据符号学的定义，符号一方面是物质的呈现，另一方面又是精神的外观。由此来看，文化意象具备了符号的一切特性。在景观设计中，景观的结构与形式可以称为朗格所说的“艺术形式”，它们也具有两重性，有负载着现实的功能性，也有渗透于景观中的氛围、意义即意象，因此借由特定符号约定俗成的象征内涵创造有意义的景观环境，使人在看到类似形状时，条件反射地获得符号背后所代表的含义的方法是景观文化要素表意最为常见的方法之一。

在景观设计中可以把文化意象符号的抽象层次大体分为两级，一个是景观的结构层级，往往是高度形式化的纯几何形式，是把景观的某种特殊性质准确地抽取出来，表现出某种文化精神、情感的“力”场，具有高度抽象的形式。另一个层级是景观的元素层级，这一层级相较于结构层更加具体些，由于高度抽象的结构层虽然内涵较窄，但其外延很宽广，可以同时表达很多事物和文化内涵。因此，究竟是哪种内涵，还需要通过景观元素进行相对具体的抽象，从而突出某一方面的特性、意义，简化体验者对景观空间的理解。

马修·波泰格认为隐喻、转喻、提喻和反语是在景观文化理论研究和景观文化意境创造中最为重要和突出的方式。

1）隐喻：隐喻是把一个事物某些方面的特征转移到另一个事物上去，这样谈及它时就好像在说第一个事物，它常用于语言学代替和类似的规则中。不明示相似性，而是通过暗示方式表明类比意思的比喻方式。隐喻的说服力在于它将不熟悉的事物同熟悉的事物联系起来，形成诸多要素间的新的关系。如里伯斯金设计的德国犹太人纪念馆，就是通过三条不同的路径隐喻犹太人三种不同的人生。

2）转喻：转喻是通过联想来建构意义，转喻是在空间的邻近、共存关系，时间先后关系，因果关系的基础上形成的。转喻是园林中的主要修辞手法。联系语境、相似之物或场地特有的联想的共同目的是转喻性的——它是生态过程所决定的秩序表象。历史遗产也具有转喻的行为，因为它保护的是和某些事件、时期人物和风格相联系的遗址。

3）提喻：提喻使用某物的部分代表全部或用全部代表部分。提喻在景观叙事中是一种特别有效的方法，因为它只需要通过故事中的一个片段就能构想出一个故事，形成言简意赅，幽默隽永的效果。钱钟书曾说“省文取意，乃绘画之境”就是提喻的表现方式。枡野俊明的景观设计作品，每个元素都是将体验意象与形体一并考虑的，每个元素都有其超越形体本身的意义，如加拿大驻日本大使馆庭园，设计师仅通过水与石两种元素就形成了象征大西洋、尼亚加拉大瀑布、冰川、山脉、日本传统庭园等丰富的景观意象，呈现出日、加两国具有代表性的景观及文化内涵，园林意象通过精简提炼，虽然没有绿植的部分，但是周围有绿色植被大量地介入到景观中，形成了丰富的背景元素。

4）反讽：当某物在期望和现实、自然和人工、揭示和掩饰等之间表现出的一种不连续的模糊性时，它就是反讽的、矛盾的修辞。不同于替代或部分代表整体的表达方式，反讽更着力于表达真实事物以外的内容或含义，或者形成一种既不是这个也不是那个的意思。观赏者需要从整体环境中去揣摩其用意。如果说其他修辞是说服人，反讽则是具有冷漠感，这种冷漠能产生一种批判。

景观设计师应选取与景观功能、场地背景、环境氛围意义相符，文化内涵相映的具有象征意义的符号如几何形状、数字等，采用隐喻、转喻、提喻或反讽的方式，通过景观要素的组合、叠加、变形，以达到塑造场景，赋予气氛、提示和各种感知可能性的目的。

以天坛为例，天坛中的建筑形式及整体景观空间布局均反映出古人的多种象征寓意，从而赋予了天坛以深厚的文化内涵。借由天坛内圜丘坛、皇穹宇、祈年殿等圆形建筑，象征天。借由圜丘坛外面的第一重方形土墙和第二重圆形土墙，象征“天圆地方”。“天圆地方，人居方中”是古代中国人想象中的宇宙空间图式，即上有圆天覆盖，下有方州承载。《周易·说卦》曰：“乾为天、为圆、为君、为父……坤为地、为母、为布、为釜……”以圆形象征乾卦代表天，以方形代表地，象征坤卦的符号象征意义从秦汉至明清的两千年间，历代帝王们均把他们祭祀上天和大地的场所分别建造成圆形和方形，借助于约定俗成的符号，反映建筑或区域景观祭天祈福的功能，同时也暗示出“君为本、天为用”的传统文化观念（图 5–10）。

在我国的传统民居中符号象征也同样得到了广泛应用。中国人喜欢幸福、喜欢亮堂、喜欢圆满、喜欢长寿，因此中国的传统民居建筑上布满了这些象征，其内容以吉祥图案为主（图 5–11）。如在梁枋、窗上等或雕或画的“鹿、鹤、狮、蜂、猴、象”等动物形象以象征着六合同春、太师少保、挂印封侯、父子拜相的吉兆。

国外也同样将符号象征表意的方法应用在各种领域中。例如古爱尔兰人传说耶稣出生在马厩里，因此赋予了马蹄形以宗教的神奇力量，苏格兰西部农民传统上习惯在庭院门前用树枝捆扎成拱形，认为这样可以保护牲畜免受侵害。拱形在很多文化信仰中非常受到重视，已经抽象提炼成吉祥的符号。

与他相类似的还有十字形，可能源于基督教中耶稣受难的十字架。意大利瓦雷泽位于教堂前的

(a) 天坛象征天圆地方的景观格局

(b) 北京天坛全景

(c) 天坛鸟瞰

图 5-10 天坛

(a) 山西民居雕刻之一

(b) 山西民居雕刻之二

图 5-11 山西民居

圣久廖广场（Piazza San Giulio）改造设计，就运用了十字形的符号象征，将教堂门前广场与教堂本身的意义相联系。该广场主要为人口密集的附近地区提供宗教活动、公共集会以及庆典活动的空间。广场针对教堂建筑的重要性，设计了通往教堂的台阶以及正对教堂的十字形铺地，以十字形为中轴将广场分为两个部分：一部分用来停车，一部分地面略微升高作为集会场地，周围用树限定空间，广场上的矮墙和坐凳用混凝土建造，阶沿石、十字形铺地和台阶都是花岗岩和当地的斑岩。巨大的十字形铺地将这个 3000 多 m^2、交通复杂、功能多样的广场简洁有效地组织起来，明确其方向感、朝向感，以及场所感、含义感，是非常杰出的设计。

5.3.2 图解意向

图解意向表意的方法与绘画表意具有相似之处，都是去营造一种图像效果。但是后者所塑造的场景的原型大多是存在于视觉之中的客观实景，而前者所塑造的场景原型并非是存在于客观世界中的，而是存在于人的价值观念，审美观念，宗教信仰当中的虚幻的形象，即将特定的价值观念、思维方式、审美趣味、道德准则、宗教情绪等与特定的形式结合起来，透过特定的意象使人联想到特定的画面效果或称图解，由特定的图解形式引导人们联想到特定的意向。

传统园林就是将集体文化进行图解，并提炼浓缩于微小的空间中的典型范例。传统园林是民族文化景观的体现，每一个国家，每一个民族都留有不同的文化遗产体现民族精神与集体的记忆，而传统园林浓缩了该时期的政治、经济、技术、哲学思想、民俗趣味、审美水平等文化的各个方面。不同时期传统园林中的变化也体现了集体记忆与文化始终处于动态的运动中。

道家思想对中国传统景观文化的影响深远，其精神本质不仅体现在中国古典园林的哲学思想中，而且也表现在中国古典园林的空间形式和具体的表现手法上，是图解意向表意方法最为杰出的例证之一。

道家思想对我国传统景观文化最为主要的影响是其对仙境般自然的热爱。老子“道法自然”的思想，以自然为宗，强调无为，它认为自然界本身是最美的，即“天地有大美而不言。”在老庄看来，大自然之所以美，并不在于其形式，恰恰在于它最充分，最完全地体现了这种“无为而无不为”的“道”，大自然本身并非有意识地追求什么，但在无形中却造就了一切。我国古典园林正是古代造园者试图将存在于这种审美情趣和价值观念中的景观情景和美好境界加以图解的产物。当然这种尝试并没有停留在对自然形式美的模仿，而进一步着眼于对于潜在自然之中“道”与“理”的探求。在道家自然仙境思想的影响下，中国古典园林在空间形式上有着对仙境的模仿与幻想。古代造园者总是试图按照道家笔下所描述的关于景观情景和形象的描述来图解这种景观理想。周维权在《中国古典园林史》中讲到，神话传说中“海上仙山”是中国园林的“原型意向”之一，即“一水三山”模式，并最终成为中国景观时空形态的一种图解模式。如秦朝上林苑内的长池、西汉建章宫内的太液池、苏州留园的“小蓬莱”以及杭州三潭映月景区的“小瀛洲”等（图 5–12 ～图 5–15），都通过具象表达存在于精神层面的神仙境界，而使欣赏者超脱于简单的图解而进入复杂玄妙颇有意境的世界。

以对称、中轴的图解方式表达秩序、威严和纪念意向的情境更为明显和多见。无论是巴黎由北到南贯穿军功庙、协和广场方尖碑和下议院柱廊的轴线，还是华盛顿中心区贯穿林肯纪念堂和国会大厦的大轴线；无论是贯穿北京紫禁城的轴线，还是串连西安古城的轴线，都是某种时代、某种思想观念下的图解表达（图 5–16）。

在西方传统园林中（表 5–2），15 世纪的意大利文艺复兴以佛罗伦萨为中心开始，这一时期的园林吸收了人本主义思想的观点，在文学、艺术中产生的形式秩序法则及寓言手法的影响下，园林的结构特点表现为：①园林沿明确的轴线布置形成一个整体。②园林作为一个讽喻的环境，人们沿着游览路径进入，不断发现隐含的意义并融为一体。③别墅园在功能

图 5–12　秦上林苑长池中的蓬莱山

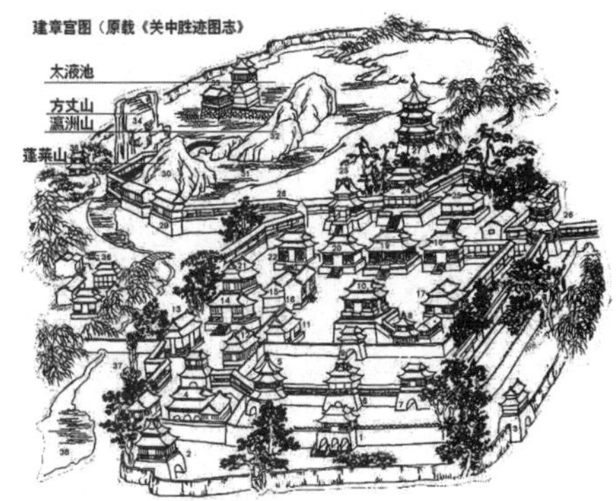

图 5–13　西汉建章宫太液池中的“三山”

图 5–14　留园中的“小蓬莱”

图 5–15　杭州三潭映月景区的“小瀛洲”

图 5–16　法国巴黎中心区、美国华盛顿中心区、中国北京中心区、中国西安中心区对称式景观格局

上有退隐之所的意义。④别墅与花园成为完整组成部分，体现出了自然人文主义的态度，以及自然界和谐的秩序意象。园林通过柱廊、喷泉等元素，长条形、弧形等形式，以及隐喻寓言的方法，营造出了宁静的沉思漫步的空间，以及情感充沛的生动意象。16 世纪文艺复兴的兴盛时期，以罗马为中心，这一时期的哲学观延续了人本主义思想的观点，这一时期的园林就是典型的艺术代表，园林已经开始作为了第三自然，出现了许多的园林精品。

如望景楼庭园、朱利亚别墅、埃斯特别墅等，园林呈现出多种主题的寓言内容，轴线的组合形式变得多样，构图呈现出了故意的不均衡，设计结合自然，同时也出现了许多优雅的曲线与古怪的空间。16 世纪晚期，园林向巴洛克风格转化，一反文艺复兴时期的清晰感与明快感，取而代之的是浮华炫耀的细部装饰。装饰上大量使用灰泥雕刻、镀金的小五金器具、彩色大理石等。还有造型树木、迷园、庭园洞窟、水魔术法。花园形状从方形变为矩形，并在四角加上各种形状的图案。花坛、水渠、喷泉及细部线条较少用简洁直线，更喜欢曲线，从而使景观意象呈现出奢华感以及猎奇求异的戏剧化效果。

15 世纪意大利文艺复兴时期的园林特点　　表 5-2

地点	哲学	艺术	景观特点	景观结构	意象	景观形式	意象
意大利以佛罗伦萨为中心	人本主义思想	1.《建筑四书》："和谐理论" 2.《梦境中的爱情纠葛》：数学与神话、几何与寓言的结合 3. 空间秩序与几何布局成为基础 4. 线性透视与一点透视的发展	1. 园林沿明确的轴线布置形成一个整体 2. 园林作为一个讽喻的环境，人们沿着游览路径进入，不断发现隐含的意义并融为一体 3. 别墅园在功能上有退隐之所的意义 4. 别墅与花园成为完整组成部分	1. 山坡与景观结合 2. 柱廊成为室内外的过渡空间 3. 露台 4. 别墅与田地直接相接	1. 自然界的秩序与和谐 2. 自然人文主义态度	1. 柱廊 2. 喷泉 3. 长条形状 4. 弧线 5. 讽喻	1. 阳光与阴凉 2. 宁静 3. 沉思漫步 4. 充满情感

图 5–17　IBM 公司驻日本公司总部的景观设计

在当代的景观设计中，仍不乏借助于图解意向的表达方式对于某种文化观念起到隐喻作用的实例。如 IBM 公司驻日本公司总部的景观设计，其设计的形式来自对早期“计算机打孔卡”的理解，以机械打孔式的条格形状为基本图形，用以暗示技术和自然的对应，这也正是对 IBM 公司业务领域的诙谐对照。设计中运用有机和无机材料，并在整个模式中相互组合、互换，各种植物和混凝土、石板采用变化的绿色色调描述自然的变化；排成带状的绿色条石板、方正水池对应着修建整齐的树篱，二者有序的几何形状隐喻着科学的系统化和秩序。运用对比和反转暗示着计算机工业所带来的对自然和人工秩序的两可选择。这一景观的意向图解隐喻着自然景观、科学的系统化、秩序感，计算机所带来的不同以往的自然与人工秩序，以及在全新手段下现代对传统的冲击（图 5–17）。

5.3.3　历史引用

历史引用，又可称为记忆引用。从信息加工的角度，记忆被隐喻为“储藏室”，其功能是贮存和提取对过去事件的回忆。加斯东 · 巴什拉在《空间的诗学》一书中，对记忆进行了讨论，他认为记忆虽然不精确，却可以让遗忘已久的事物重新浮现在眼前，而我们每个人都在记忆的洪流中流淌，记忆是人的重要组成部分。

现象学也着重讨论过记忆，认为记忆是抵达过去的通道，虽然动态性的特征使其随时发生微变，但却始终保持着许多典型场景与经验的鲜活。记忆具有强烈的当下性，个体始终都是用当下的情感、思考、观念去解读、建构过去的事情，回忆始终为当下的需求服务，因而他也是由众多碎片组构而成的。记忆不是完整详细的呈现过去的经验图式，而是受人们当下状态的主动组构。

记忆的展开需要提示线索，哪怕只是只言片语或微小的局部。马克西穆斯 · 泰利乌斯在《古代文明国民的绘画》中表达了他对记忆的理解，他认为感官从外界只需获取极少的信息片段，就可以激活个体的记忆，经过知觉的加工，记忆就可将其补全，甚至引发出更多的记忆内容，因此，只需要一个极其微小的片段，大脑就可以补全有关其回忆的全部意象。

因此，我们能够发现现代景观设计中的某些要素具有与某种传统风格相似的文脉或具有某些记忆线索，顺藤摸瓜，或可以找到历史上经典的先驱，或可以促使人们回忆起某种场景，并产生相似的感受。

引用历史表意的方式有很多种，如直接地学习、借用、移植历史上的经典片段，或间接地借由某种形式反映某个历史典故，或将历史的风格语言符号化作为新景观装饰和拼贴的素材等等。

在建筑设计和景观设计领域通过引用历史达意的最为典型实例就是文艺复兴。事实上，整个文艺复兴运动就是古希腊罗马景观语汇、建筑语汇以及文艺语汇的历史引用或者说是一个历史文明和审美价值的复兴，以借助于古代希腊罗马的人学文明来反对和冲击中世纪占统治地位的神学文化。其代表作是意大利的别墅花园景观和纪念性的广场建筑群，如威尼斯的圣马可广场、维罗拉的兰特别墅花园等（图 5–18、图 5–19）。

图 5–18　意大利圣马可广场

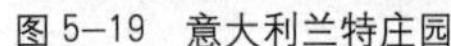

图 5–19　意大利兰特庄园

现代风格的景观设计也不乏对于历史形式的引用。如位于德国慕尼黑机场中心的凯姆品斯基酒店的景观设计（图 5–20），在其中树篱园的设计中引用了 17 世纪法国诺特尔式人工修建树篱、植物图案化设计以及在园林中营造迷宫式体验，在建筑内提供整体性观赏等一系列的传统设计手法，借由法国勒 · 诺特尔式园林（图 5–21）中图案、韵律和秩序的引用来表达该酒店具有与法国宫廷相呼应的宏伟、高贵，崇尚古典的内在气质。

土耳其伊斯坦布尔由普清真寺附近的城市景观更新设计也充分运用了引用历史的方法，从而将古老的土耳其伊斯兰风格体现在全新的城市空间设计中。由普清真寺所在的黄金角在 18 世纪中叶以前一直是著名的皇家夏季避暑山庄和历代苏丹在继承皇位时接受祝福、立誓许愿的地方。由于工业时代长时间的疏于管理而没落。近代，政府希望通过清除海岸工业残余、为城市居民建造新的绿地开放空间，修复历史宗教中心以及重新恢复黄金角地区的景观风貌。整治规划旨在解决现代旅游、生活、宗教等实际问题的同时着力表现传统土耳其的伊斯兰风格。因此，在广场设计上引用了传统

图 5–20　凯姆品斯基酒店庭院设计

图 5–21　法国诺特尔式园林的杰出代表——凡尔赛宫花园景观

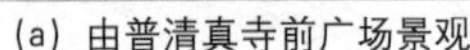
(a) 由普清真寺前广场景观

(b) 由普清真寺前广场景观小品

图 5-22　由普清真寺

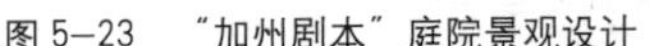
图 5-23　“加州剧本”庭院景观设计

图 5-24　美国波特兰坦纳斯普林斯公园中的“艺术墙”

奥特曼苏丹时代惯用的大理石与花岗岩喷泉水池、白色陶瓷锦砖饰面的长椅以及特殊设计的灯具小品等，甚至种植的树木都是引用传统奥特曼苏丹喜欢的品种（图 5-22）。由此可见，通过引用历史的方式，将历史中的某些场景、风格、手法镶嵌于新的景观中，能够唤起观赏者对其所引用风格所在时代的追忆，并通过夸张、比较、并置等现代的手法，使新的景观被赋予更深的文化含义。

此外，景观设计中关于记忆引用的例子，也非常多。野口勇在“加州剧本”的景观庭园设计中，就已塑造加州的意象予以展开。通过布置一系列的石景与雕塑来表现主题意象，如北方的红木森林、南方的沙漠、东部的高山、壮丽的瀑布等，在这个微型的庭园中，每个意象都试图唤起体验者对加州的一个记忆片段，设计师以加州为意象中心，其他意象均在这一主题下展开，充分体现了加州的气候和地形，唤起体验者对加州意象，创造了属于每个人不同的加州回忆（图 5-23）。

美国波特兰坦纳斯普林斯公园中的“艺术墙”，利用铁路轨道回收的旧材料切割拼装成，通过波浪的造型强烈地冲击着人们记忆深处对历史铁路的记忆片段，是人们陷入回忆和惊喜的发现中，瞬间引发的记忆与联想使体验者脑中的记忆碎片不断拼接，陷入一段段回忆和思考中。亦或在废弃的历史场地中，保留大部分的历史元素，将现代的手法、知觉方式插入其中，这种处理方式在旧建筑改造、工业景观、生态景观及各种文化景观中经常被使用，就是利用人通过记忆的片段就可以联想出整体的意象的特点（图 5-24）。

图 5–25　京都中心区规划的中心水池

再如丹凯利的景观设计作品。其景观作品中文脉的表达都有意将这种文脉融入生活之中。如京都中心区规划（1998），雇主希望将风格不同的建筑，通过景观的和谐处理而成为一个特殊的有机整体。丹凯利将日本的茶文化内涵引入设计，茶道的本质是从微不足道的日常生活中感悟宇宙的奥妙及人生哲理，通过静思从平凡的小事彻悟大道。由此，简洁与和谐成为整个景观设计的指导思想，设计师试图寻找合适的茶道中的形态元素以及对应的意象，从而使体验者从空间的形态、韵律、体验关系等景观体验中领悟到茶道中的哲理。丹凯利通过水作为景观环境与意象语境的连接点，同时，对水元素的使用也是在延续文脉的基础上，营造出一种生活氛围。水在长岛的历史发展中有很重要的意义，它既是自然循环的标志，娱乐休闲空间中的重要元素，同时也对日本禅宗园林的暗示，景观由水主导，形成了多种不同氛围的景观空间，隔绝了城市的吵闹声，同时对水景序列与位置的设计，也可以看出设计师对何种水景，产生何种景观意象，是经过理性分析得出的，丹凯利的水景布置都是以功能、以生活的使用为出发点经过艺术与文脉的融合，从而形成了沉浸于城市文脉中的城市生活意象（图 5–25）。

5.3.4　再现记忆

我们也可以通过景观叙事的方式表达感情、塑造意境。由于景观不是无意义的字词的拼合，而是以独特的逻辑组织的结果，因此景观叙事的方式不仅可以通过完整的叙事来抒情达意，更可以纪念一段历史或故事。

纪念当动词理解，是指“对于已过去的时间中发生的较为重要的事情的怀念”，纪念当名词理解是旧时史书的一种题材。纪念与人类的群体记忆有关，从某种程度上讲，纪念景观是群体某段时间的记忆再现，它是对集体文化的记录及再现。根据人类群体记忆而建造的景观往往是群体中发生的大事件、重要的人物等，它是一种文化传承以及集体精神的象征。

纪念景观是引发群体记忆产生的中介，生活在群体中的人通过纪念景观产生与纪念主题有关的纪念意象，从而成为连接体验者从此时抵达过去的通道。尤其是事件型纪念景观它聚集了群体高度的关注度，事件本身对民众有强烈的敬畏感及一定的情感刺激，人们需要一个场所来释放或宣泄情感，因此，纪念景观是通过唤起个体对事件的意象回忆及相关思考，并释放情感而达到的纪念功能，同时，对历史事件的纪念也是对群体记忆的强化，同时也是集体精神的象征，它包含了民众强烈的情感。

在柏林犹太人博物馆设计中，设计师选择了将“伤口撕开”的设计方式，让体验过这段历史的犹太人产生关于那个年代的回忆而释放伤痛，并在情绪释放之后产生对生活的希望以及对生命的敬

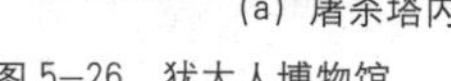
(a) 屠杀塔内部

(b) 霍夫曼花园鸟瞰内部

图 5-26　犹太人博物馆

畏。设计时通过三条不同的路径，营造出 3 种不同的情感氛围并引发敬畏情绪，死亡、流亡、永生的主题分别代表犹太人三种不同的悲惨命运。死亡之路通往屠杀塔，塔内空间狭窄阴冷，唯一的光源来自建筑设计的“裂痕”，在塔内可以听见外面世界的一切声音，可是这里没有出口，除了那道光是与外界的直接关联；流亡之路通往霍夫曼花园，花园由 49 根高耸的柱子构成，每根柱子上都种满了植物，营造出阴暗斑驳的空间效果，花园内的路高低不一，崎岖不平，想要表达的就是流亡者颠沛流离的生活；永生之路由长长的阶梯构成，两边只有十字架窗格和高墙，体验者处在一片空虚之中，然而前方的道路又被遮挡住，似乎永远看不到出口。在里伯斯金的建筑中，建筑本身成了一个诉说者，向来访的人们讲述那段伤感的社会记忆，同时又将这种记忆转化成个人的力量，让人们珍惜现在的美好生活，对生命充满敬畏，为人们内心深处带来希望与光明（图 5-26）。

位于美国华盛顿的越战纪念碑的景观设计也是这一表意方式的典型代表(图 5-27)。越战纪念碑，又称越南战争纪念碑，位于美国首都华盛顿中心区，坐落在离林肯纪念堂几百米的宪法公园的小树林里，邻近华盛顿纪念碑和林肯纪念堂。该纪念碑由用黑色花岗岩砌成的长 500 英尺的 V 字型碑体构成，用于纪念越战时期服役于越南期间战死的美国士兵和将官，熠熠生辉的黑色大理石墙上，以每位士兵战死的日期为序，刻划着美军 1959 年至 1975 年间在越南战争中 57000 多名阵亡者的名字。整个设计好像是地球被战争砍了一刀，留下了这个不能愈合的伤痕。黑色的像两面镜子一样的花岗岩墙体在相交的中轴处最深，约低于地面 3m，逐渐向两端浮现，直到地面消失。这个设计以人为主体，讲述了人们从战争开始掉入悲痛的深渊到逐渐接受了死亡的现实，再到从阴影中走出来，最后战胜、超越它们的事实，可以说整个设计就是对越战事实的真实写照和讲述，并从中强烈地表达出希望人们能够主宰自己，回归到光明与现实的愿望。虽然纪念碑的碑身上对于越南战争只字未提，设计者却通过逐渐升高的 V 形设计涵盖了越南战争事件的全部内容。正如设计师林璎所说：“当你沿着斜

(a) 公园鸟瞰

(b) 公园局部

图 5–27　美国华盛顿越战纪念公园

坡而下，望着两面黑得发光的花岗岩墙体，犹如在阅读一本叙述越南战争历史的书。”由此可见，通过景观叙事的表意手法不仅可以有效地传达具体的事件信息，同时可以真切地流露出相应的情感信息。

再如美国 911 纪念碑公园。美国 911 纪念园位于美国曼哈顿世贸中心双子大厦遗址，由建筑师 Michael Arad 与 PWP 景观事务所共同协作完成，包括纪念展馆和纪念公园两部分，共占地约 8 英亩，是世贸中心重建的重要部分。以彼得 · 沃克为核心的 PWP 事务所在“空之思”这一概念的基础上，设计完成了纪念碑公园的部分。纪念碑公园主要由两个区域构成：纪念池、橡树林纪念广场（图 5–28）。两个区域通过对丰富意象因子的组构，营造了一个可以吸引身心进行哀思与纪念的场所，同时在繁华忙碌的城市中心创造出了一片宁静与思考的空间。

纪念池是纪念公园的主体景观（图 5–29），是由双子塔留下的两个九米多深的坑改造而成，

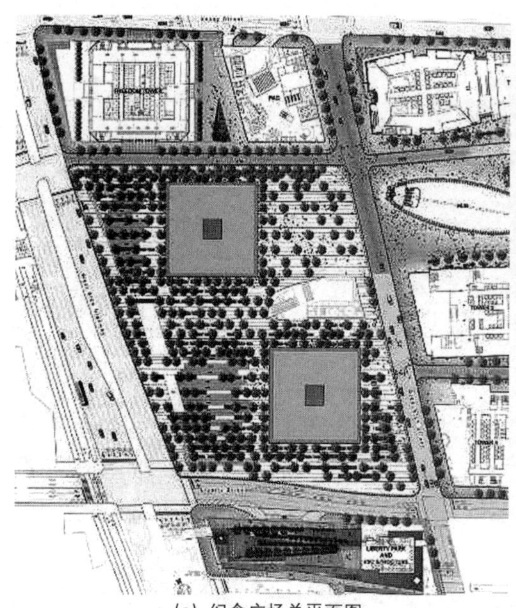

(a) 纪念广场总平面图

(b) 纪念广场鸟瞰图

图 5-28　911 纪念碑公园纪念广场

(a) 瀑布水池光照

(b) 瀑布水池光照

图 5-29　911 纪念碑公园纪念池

每个占地约四千平方米，水池四周为瀑布，瀑布巨大的高差，使得瀑布跌落格外壮观，水流不断漫下使体验者感受到了时间与生命的消逝一去不复返，瀑布水池中央的方形“黑洞”虽然在实际功能上是汇集水体供水流不断循环流动，但在整体的氛围及意象的影响下，它仿佛是一个无底的深渊，吞噬了在灾难中丧命的人们，同时又像是一个可以连接过去的通道，顺着水流的下坠，最后跌落到黑洞中，一个个意象画面也随之展开，与双子塔有关的过去画面以及灾难场景一一呈现，使人们沉浸在回忆、悲痛和对生命意义的思考当中。水池四周的青铜扶手上全部镂空刻着遇难者的姓名，念诵抚摸着亲人的名字，在雷鸣般的瀑布声中释放痛苦与思念。纪念池的灯光设计，进一步加深并升华纪念的意义，如同火光一样的黄色灯光照在瀑布上，仿佛重现了爆炸时，燃烧、跌落、废墟的场景，将人们直接拉入灾难时的恐惧、悲痛中，使体验者的心情沉重，并陷入深深的思考中。扶手铜板上，从镂空的名字内点亮的黄色灯光，又宛如一个个圣洁的光环，指引死者进入永生的天堂。

图 5–30　触觉引发的纪念活动

图 5–31　911 纪念碑公园景观纪念和景观序列示意图

在纪念池的设计中，设计师抓住了引发回忆、释放痛苦的最本质元素遗址与死亡者名字，使其直击体验者的内心，在看到、抚摸到的同时，回忆的画面、思念与沉痛的情绪就瞬间产生，同时水元素作为一种极易产生联想的符号，经设计师通过瀑布的设计与呈现，升华了体验的意义与内涵。设计又极其巧妙地利用了弱意象元素水声、光照与触觉，将体验者直接带入在对生命的震撼、敬畏与灾难的痛苦中，整个纪念池犹如一首纪念诗，每个元素的利用都可以唤起引发共鸣的意象，所有的意象组织又浑然天成直击每个体验者的内心（图 5–30）。

由于纪念公园位于纽约人口最密集的地区，因此，橡树林广场具有两部分的功能，首先它是一个城市公园，提供给周围工作、生活的人们一个宁静、舒适的休息空间；其次，它是连接纪念水池与城市的通道，是酝酿、平复情绪，并可以沉思以及举行纪念活动的地方。橡树林广场的设计采用了极简、削弱形式感的设计方法，削弱的形式感不仅可以更加衬托纪念水池的震撼，同时削弱的形式感有助于形成广场宁静的氛围，解放体验者对形式的关注，让体验者的目光散落在绿荫、草坪中，更易使情绪得到平复，找回内心的宁静。

在树种的选择上，整个广场经过精心考量，只选用橡树一种树种，橡树对于该纪念广场具有丰富的符号内涵：①橡树是美国的国树，可以代表美国的精神。②橡树具有粗壮的树干，可以传达一种坚毅、坚强的精神。③橡树的树冠在夏天可以提供给广场一片片浓荫，同时，秋天橡树的叶子会出现缤纷的色彩，丰富了广场空间，同时也传达了时间的意义。④精心选择后的橡树形态，在透视的方向可以形成一组组树荫拱廊的效果，可以唤起对原世贸中心底层标志性柱廊的回忆与联想。在材料的选择上，座椅与铺地均为同一种花岗岩石材，最大程度上弱化形式，形成整体的宁静氛围（图 5–31）。

5.3.5 景观常见物质要素的文化意象

任何的文化意象和内涵都需要借由景观的物质要素予以表达。如枡野俊明所述，庭园主要通过材料意象的选择及配置并以象征的方式营造氛围。枡野俊明在《看不见的设计》中对景观营造的几种材料的意象提出了自己独到的见解。

1）石头的意象：在禅的思考中，石头是不会改变的。它在定位之后，无论时代变化还是生活改变，只要不改变石头的位置它是不会变化的，因此，石头有“不动”的意象，因此，在园林表达中石头最适合表达不变的真理。

石组是庭园的骨架，它们的选用和组合方式会对空间的意象与氛围产生巨大的影响。枡野俊明认为，每个石头都有自己的表情，都有前后、上下、左右之分，在设计时，首先要确定石头的顶面，这是能体现石头品格的重要部分，具有平坦顶部的石头就会有沉静的意向；然后是前面，这是表达丰富表情的重要部分。石头也分左右，有些石头右侧很有力道，有些石头左边更有特点。需要根据场所的氛围将石头合理摆放。根据石头自身的表情和特点不同，它所适用的场所也不尽相同，有些适合山石，有些适合河石，因此，意象也随之发生变化。除此之外，“贤石”适于更广泛的场合，这种石头具有多种摆放方式，而且无论何种摆放方式都不会抹杀石头的特性。“役石”也叫不动石，是庭园中瀑布的结构中心，具有厚重的特点，摆放在瀑布口两侧，具有不畏惧目光的特点。“鲤鱼石”在瀑布下落处摆放姿态逆流而上的鲤鱼石，意指修行的重要性，具有鼓励的意象。同时在庭园中石头还有鲤鱼的意象（图 5-32）。

2）植物的意象：在《看不见的设计》中，枡野俊明指出了在庭园设计中植物的主要三个职能：①柔和空间，拿人做比喻，石组像是身体的骨架，而植物如同衣服，休闲装、正装、时装等不同的打扮，会呈现出不同的感觉，因此，植物的搭配可以深深的影响空间的意象与氛围，像衣服一样柔软着石头硬朗的骨架。②弥补缺点，植物可以遮盖用地形状、石组等场地原始及设计过程中产生的

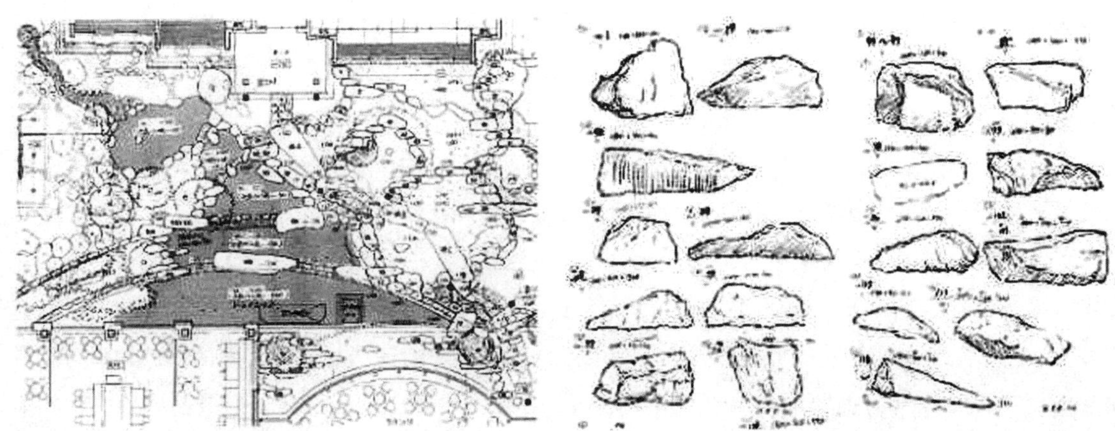

图 5-32 金冶国际旅馆庭院石组布置

(a) 融水苑枯山水

(b) 融水苑溪流

图 5–33　融光苑水流设计

缺点。③呈现季节感，植物是最能表现季节的事物，初春新芽的娇嫩，盛夏绿荫的清凉，秋天的红枫，寒冬的凋零，这些都是不同季节的美景。只有植物可以用多姿的景色展现季节。

择树与择石一样，都要与其深度对话、沟通，找出他们不同的表情与品格。除此之外树木还包括自然生长和人工栽培两种类型。有的树木稳重雅致、有的笔挺精神等，树木可以传达风的意象，也可以体现空间的远近深邃，因此，设计师需要根据场所特点选择不同的树木，并发挥其特点。

3）水的意象：枡野俊明认为水是禅言中所说的“柔软心”，不论容器的形状是什么样，水总可以顺应容器的形状，在他的设计作品中，将水暗指“人心”的意象，风拂过水面掀起涟漪，是人的喜怒哀乐；水面倒映出周边的景色，一切景物映照在明镜的水面上，是真理的意象；水的流动，或湍急激流或山间潺潺溪流，是佛心的意象。水流动的声音可以清净人的心情，水的流动方式，或直落而下，或蜿蜒迂回等，都深深地影响庭园的氛围（图 5–33）。枡野俊明在德国柏林的“融水苑”水流设计象征了德国的历史。在那部历史中，既有遭遇诸多磨炼与试炼的停滞期，也有令人瞠目结舌发展迅速的时期，他将历史以水流的形态象征化，沿着游览路径设置瀑布及水流，通过流水的形式和声音升华访客的心灵。

4）现代材料意象：枡野俊明认为日本庭园的审美意识和价值观无法和现代建筑融合，即使共在一处，也常常是楚河汉界，各自表述。现代建筑配合现代人的生活模式，呈现出利落、锐利、坚固、线条坚硬的意象。而日本木造建筑常常并不雄伟，却能和石头、植物、自然以及季节的变化相协调、均衡，呈现出共生、泰然的意象。

枡野俊明认为花岗岩是沟通现代建筑和日本庭园的桥梁。花岗岩可以有大尺寸配合现代建筑巨大的尺度，而且除了自然的表面还可以切割，表现出自然的力量和人的意志力，具备与现代建筑相符的利落感。枡野俊明因此通过花岗岩设计现代的枯山水，并在许多项目中得以实践，如艺术之湖高尔夫球俱乐部、加拿大大使馆庭园、金属材料技术研究所中庭等（图 5–34、图 5–35）。

图 5–34　青山绿水庭的片状石组与条石瀑布墙

图 5–35　青岛海信天玺叠水景观

第6章

典型空间的景观规划设计

6.1 城市广场景观规划设计

广场作为城市中最具公共性的职能空间，不仅可以满足市民集会、娱乐、交通、商业买卖、文化交流等多种需求，而且能够充分反映出其所在城市的都市文明和时代气息。它仿佛是散落在城市各个区域的明珠，与市民的日常生活息息相关，同时也支撑起城市整体的景观风貌形象。

6.1.1 城市广场的分类

广场具有多种不同的分类方式：既可根据广场的主要功能、用途为依据进行分类，也可根据广场的平面布局形态或空间形式分类。需要强调的是，如今的城市广场为了满足现代化城市的多元需求、配合复杂的交通组织，很少会以单一功能或形式孤立存在。绝大部分的城市广场都融合了多种设计形式和功能需求。

1）按照城市广场的功能分类

（1）市民广场

市民广场是市民集会、休息、娱乐以及发布公共信息的场所，大多位于城市中心、区中心等重要位置。而且市民广场与城市的主要干道相连，四周布置的建筑大多以公共建筑为主（例如各级政府的行政办公建筑、公共性服务建筑以及文化体育建筑等）。由于市民广场在节假日时人流量大，因此广场与外围城市主要干道的联系应以满足快速疏散为设计核心，并在此基础上合理布置公共交通设施如公交站点、地铁出入口等。而在广场内部，其交通路线的组织应与视线组织协调起来同时进行，以实现广场内部观景的趣味性与交通的快捷性。另外，市民广场的尺度往往较大，因此需要在保证广场中心空间充分开敞的基础上局部借助铺装设计、植物种植等手段缩小人们对于广场的心理感知尺度，以塑造舒适宜人的空间环境（图 6–1、图 6–2）。

图 6–1　西安钟楼广场

图 6–2　波士顿市政厅广场

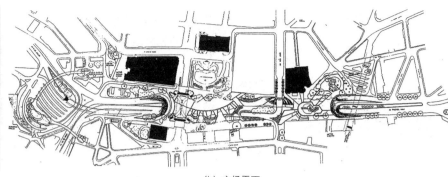

（a）广场鸟瞰

（b）广场平面

图 6–3　巴西圣保罗安汉根班交通广场

图 6–4　费城中心区结合地铁交通换乘的下沉式广场

图 6–5　东京涉谷车站前广场（结合了国铁、私铁、地面公交和一般汽车交通、人行的广场空间组织）

图 6–6　俄罗斯圣彼得堡东宫广场

（2）交通广场

交通广场作为道路交通的节点，或位于几条交通干道的交叉口上，或直接与交通枢纽转换站相连。主要以引导、疏散、组织人流、车流为目的，以保证广场上车辆与行人互不干扰、畅通无阻。交通广场常采用立体的空间布局形式，通过竖向交通层的划分，来实现人车分流和高效疏散的设计理念，最大限度地保障行人及乘车安全（图 6–3 ～图 6–5）。

（3）纪念性广场

纪念性广场或具有较高的政治意义，或蕴含较为深厚历史文化积淀，是能够体现城市文化内涵，具备鲜明地域特色的重要广场。这类广场往往以历史文化遗址、纪念性建筑为主体，或在广场上设置有突出的纪念物（如纪念碑、纪念塔、人物雕塑等）。如位于俄罗斯圣彼得堡的冬宫广场，以位于广场中心的亚历山大纪念柱为核心，以俄罗斯昔日沙皇皇宫——冬宫为背景，成为纪念性广场的典型代表（图 6–6）。置身其中，能引发人们对于一连串历史事件的回顾和思考。纪念性广场大多采用中轴对称或规整严谨的空间布局，以塑造庄严的场地精神。在当代纪念广场的空间布局和设计手法中，呈现出更多更灵活多样的趋势，也更兼顾市民活动、休闲等使用功能的需求，如德国犹太人大屠杀纪念碑群、美国 9.11 国家纪念广场。

图 6–7　东京钟塔广场

图 6–8　东京中央广场

图 6–9　东京新宿广场

图 6–10　德国慕尼黑某街道广场

图 6–11　纽约派雷袖珍广场

图 6–12　悉尼市马丁步行街中广场

图 6–13　柯普利广场

图 6–14　日本横滨开港广场

(4) 商业广场

商业广场往往是指商业区内由商业建筑所围合出的开敞空间。它作为商业步行街的节点，不仅起到重新组织协调商业街区人流的目的，而且形成了开敞和活跃的商品买卖空间。商业广场在功能上既要满足疏散人流、组织人车合理动线的功能，又要提供一定面积的商品展示区、演示区，以作为商店内部经营空间的外延。同时，为人们提供购物之余休息餐饮的功能区也是必不可少。因此在设计时应该注意这三者在空间尺度上划分和视线的交流（图 6–7 ～图 6–9）。

(5) 街道广场

街道广场与市民生活紧密相关，为居民提供健身、休闲、交流所需的开敞空间。它作为居住空间系统的重要组成部分，是居民最易到达、最易接近的广场空间。这类广场的尺度依周边建筑的尺度以及建筑的围合形式不同而大小不一。设计以舒适宜人为核心目标，布局形式轻松自由，内部应设有凉亭、雕塑等小品以及座椅、健身器械、阅览墙等基础设施，以增加场所的趣味性和实用性（图 6–10 ～图 6–14）。

(6) 建筑前广场

建筑前广场是由建筑后退而形成的开敞空间，其设计风格与手法往往与建筑的功能和形式相呼应。同时作为道路与建筑的过渡空间，建筑前广场中人车动线的衔接与分流、视线的联系、方向的暗示以及噪声的隔离都是需要重点考虑的因素。景观设计师常借助于喷泉、植物以及雕塑等元素来塑造既与街道空间相协调，又与建筑的主题相一致的广场景观（图 6–15 ～图 6–18）。

2）按照广场的平面布局分类

广场的布局形式与其所处的地理位置、自身的功能用途及设计师的设计意图都具有密切的关系。根据广场平面布局形式的不同可以概括性地将其分为规则型和不规则型广场两类。

（1）规则型广场

规则型广场用地形状规整，轴线明确，能够使人产生强烈的方向感。这类广场的布局形式以均衡为主，轴线两侧的景物或沿轴线严格对称，或者虽不对称，却仍可保证景物体量上的均衡与平稳。市民广场、纪念性广场等大型广场多以规则型为主（图 6–19）。

图 6–15　布里斯班演艺中心下沉广场

图 6–16　上海石库门新天地内小广场

图 6–17　日本新宿东京新都厅与前广场

图 6–18　堪培拉新议会大厦及前广场

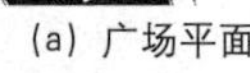

(a) 广场平面

(b) 广场一角

(c) 广场俯瞰

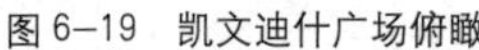

图 6–19 凯文迪什广场俯瞰

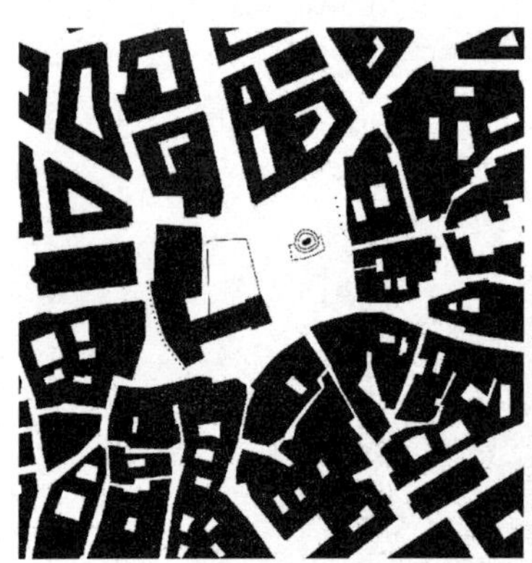

(a) 旧城广场平面

(b) 旧城广场中心雕塑

(c) 旧城广场鸟瞰

图 6–20 布拉格旧城广场

由于规则型广场规整的形态，易给人以庄严、稳重之感，因此在进行此类广场的设计时，应结合具体情况和设计意图，在趣味性和多变性方面做适当的调整。

（2）不规则型广场

受周围已有建筑、道路等构筑物的约束和影响，不规则型广场的用地形状多样。因此设计时，要确保广场内布局形式与广场周边建筑道路布局形式的呼应与融合，以免使整体空间布局复杂凌乱，给人以迷失感。设计师会试图首先从已有的环境中提炼出某一普遍存在的特征元素，它或存在于图形中，或表现在颜色质地上，并将其运用到广场的设计中。由于该元素同时存在于周围环境和广场内部，因此可以有效地将场地中的各个部分联系起来，促使它们更好地融合在一起（图 6–20）。

另外，由于这类广场不规则的用地状况源于基地周围环境长时间发展演变的结果，且多与城市居住区空间联系密切，因此在设计时要特别注意场地长期积累下来的人文特性和特有的场所精神，以塑造既符合时代要求又具有浓郁地域特征的广场景观。

(a) 广场中心下沉广场

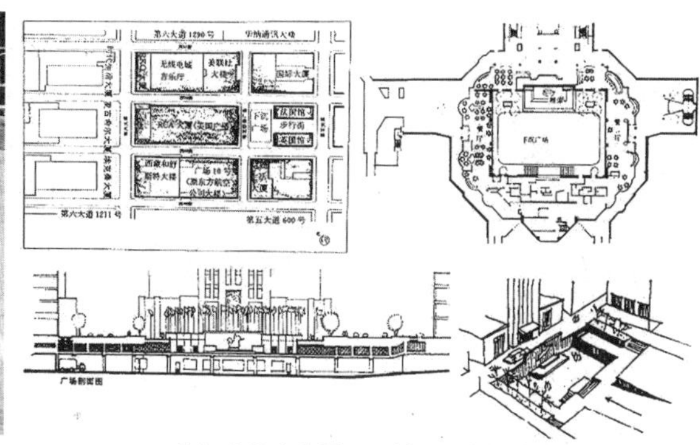

(b) 广场中心平面、剖面及空间结构

图 6–21　美国洛克菲勒中心下沉广场

(a) 广场鸟瞰

(b) 广场局部

图 6–22　上海静安寺下沉式广场

3）按照广场的空间形式分类

采用这种分类方式可以将广场大致划分为三种类型，分别是平面式广场、上升式广场以及下沉式广场。从古至今，广场虽以平面式为主导，但是随着对于广场功能要求的逐步提高以及科学技术材料的进步，很多上升式以及下沉式广场开始出现在我们的周围，并得到越来越多设计师的关注。

上升式广场的出现主要是为了解决日益严重的交通问题。在以人车分流为理想交通组织方式的情况下，上升式广场可以有效地实现这一目标。这类广场一般将车行置于较高的层面，将人行和非机动车交通放在地下，以实现人车分流。

下沉式广场同样可以实现人车分流的目标。同时，由于广场平面的降低，增强了基地周围建筑围合广场空间的能力，强化了空间的内聚性，因此下沉式广场是城市中相对私密的公共空间。这种空间形式可以在一定程度上遮蔽广场内外视线的交流，隔离噪声，塑造出围合有致、安静安全，并具有强烈归属感的广场空间。另外，下沉式广场还可以与地下通道、地下铁的竖向布局形式相结合，使自身的存在形式更为自然合理（图 6–21、图 6–22）。

6.1.2 城市广场规划设计步骤及内容

1）现状调研分析

现状调研包含对基地的感性体会和理性分析两部分。前者涵盖视、听、嗅、触不同方面对场地的直观感受；而理性分析则包含对场地区位环境、交通条件、气候特点、文化特指以及场地自然环境条件的踏勘分析等。

2）规划设计依据

城市广场规划设计的依据主要来自于上位规划、规划设计规范以及使用人群需求三方面。通过上位规划，需要了解该广场在更大区域范围乃至城市中的地位、与相邻城市公共空间、绿地空间的关系、明确广场服务的人口组成、分布、密度等信息；通过规划设计规范获取设计要求和要点；通过对使用人群、民众、业主以及相关管理部门的访谈、交流，了解使用人群对广场的诉求。此外，还可通过文学作品、地方区志、图片记录等途径，获取基地及周围地区的历史事件、文化传承等信息。

3）规划设计理念与构思

在现状调研和规划设计依据的基础上，需要明确广场规划设计的理念和构思。由于城市广场一方面是以城市为背景的社会型和开放型的公共空间，其不可能离开城市而独立生存；另一方面，广场还应是提高居民生活品质的重要城市空间要素，因此广场规划设计的理念与构思，应以了解广场的城市属性和公共属性为前提。

4）空间布局与功能分区

（1）空间设计

广场的空间设计体现在宏观和微观两个方面。在宏观上，广场由周围的建筑围合而成，建筑的布局形式决定了广场的整体空间结构和氛围。微观上，广场内部空间的界定和组织主要依靠地形、植物、水景和景观小品等元素，它们的出现带来了广场空间的二次分配。两种不同尺度上的空间形式和组织方式相辅相成，共同塑造广场的景观空间效果。

宏观而言，借助格式塔心理学中的“图—底”关系，可将建筑围合广场的形式概括为以下几种情况：

（a）仅在广场的一侧存在建筑

一侧建筑作为唯一的竖向平面，界定出广场空间。这种情况下，广场的围合度很低，开敞性很强。此时，该侧建筑成为广场内的主景，因此广场的风格一般应与建筑特点保持一致。另外，由于建筑作为场地中的视觉焦点，有效地汇聚游人视线，因此广场内的铺装设计、种植设计在视线组织方面应注意与宏观上广场的主导方向相配合。

当广场的占地面积较大时，单侧建筑围合广场空间的能力大幅减弱。此时，可考虑采用局部下

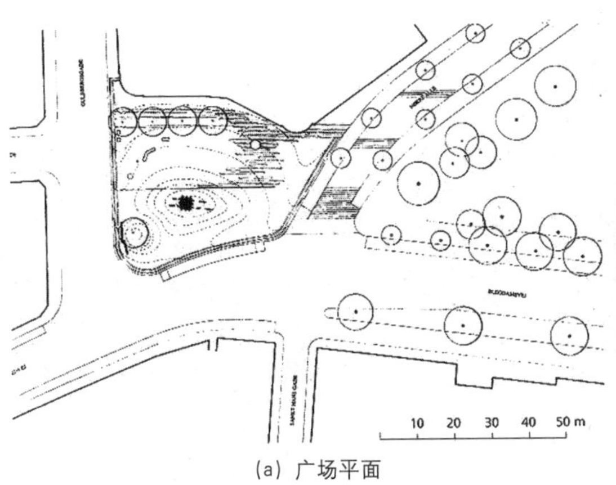

（a）广场平面

（b）丹麦圣汉斯广场鸟瞰

图 6–23　丹麦圣汉斯广场

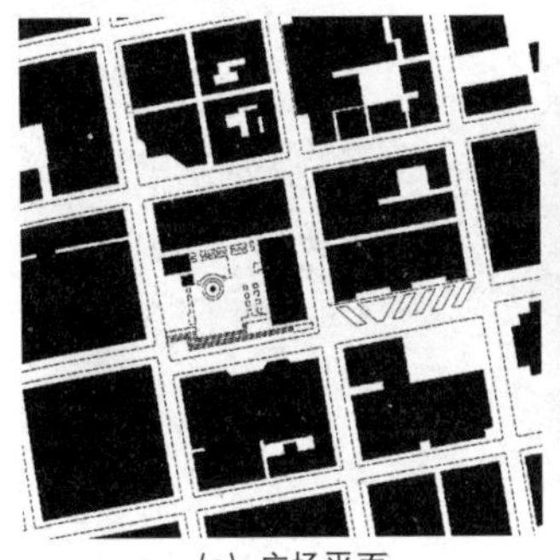

（a）广场平面

（b）喷泉广场南侧

（c）广场中心喷泉

图 6–24　辛辛那提喷泉广场

沉的布局方式。这样的处理手法一方面使得广场的空间感得以加强，另一方面可使建筑由原来的视觉焦点转换为广场的背景元素，将原本集中于建筑的视线转移到广场的下沉区域内，利于创造多样化的视觉效果（图 6–23）。

（b）两面围合的广场

这类广场主要位于大型建筑间的转角处，平面形态以“L”形和“T”形为主。围合度较低，空间感较弱，视线与外界环境的交流性较强（图 6–24）。

（c）三面围合的广场

这种广场的空间布局形式较为传统。由于广场的空间布局形式仅在一面上缺少竖向约束，因此整个空间必然朝空缺一侧敞开，具有明确的指向性。游人的视线也会主要集中于缺口方向的场景，使该方向上的景物成为焦点。在这类广场中，其他景观元素的组织和设计如喷泉水景、景观墙、植物造景等都应确保视线在开敞方向上的通透和开敞。另外，三面围合的广场空间形式可以向外围环境借景，将远山、远处的标志性建筑等景致融合在广场中，起到充当视觉焦点，丰富广场景观的作用（见图 6–25、图 6–26）。

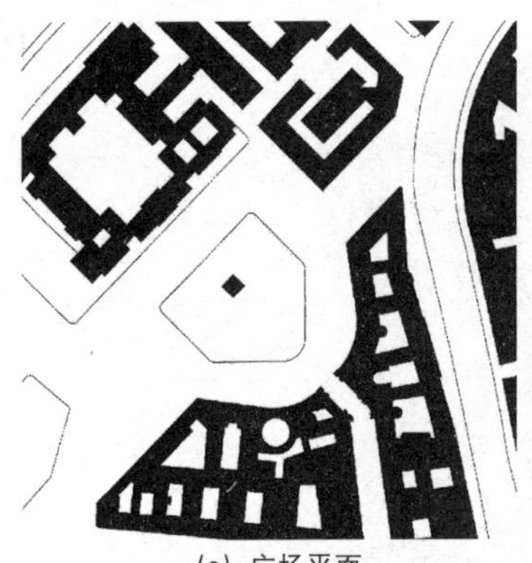
(a) 广场平面

(b) 宝殿广场一角

图 6–25 圣彼得堡宫殿广场

图 6–26 俄罗斯东宫广场

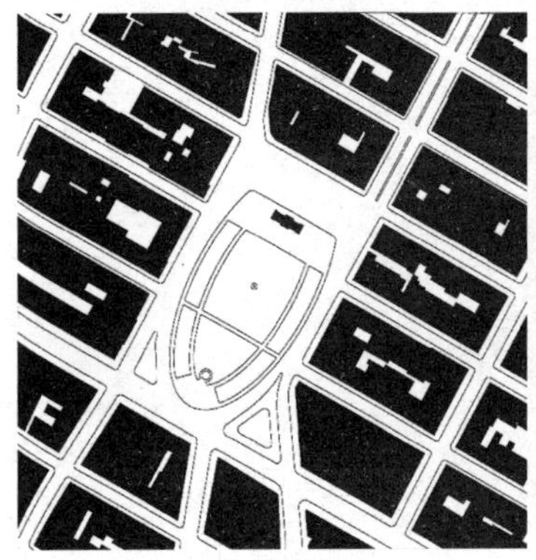
(a) 广场平面

(b) 广场局部

(c) 广场鸟瞰

图 6–27 纽约联合广场

(d) 四面围合的广场

这种广场的空间布局形式更为传统和普遍，形成了以建筑为边界的中心式空间。这一空间如磁石汇聚广场内游人的视线，呈现出以自我为中心的内聚性空间特征。因此，在进行种植、铺装等其他景观元素的设计时，要试图强化广场的中心式布局特征，使整个广场的景观具有统一性（图 6–27）。

(2) 平面布局设计

广场的平面布局不宜过于复杂和零散，一方面要突出主要功能，另一方面要考虑广场场地的空间特点。广场的布局形式主要可以概括为以下四种：对称布局、平衡布局、周边布局及曲线布局。

(a) 对称布局

对称布局具有明确的中心轴线，轴线两侧的构筑物呈对称形式，主景一般位于轴线之上，以表明广场的主导方向。适用于较大尺度的市民广场和以肃穆、崇敬氛围为主导的纪念性广场。同时，这一布局形式能够与规整的地形条件，均衡的空间形态很好地结合在一起（图 6–28）。

(b) 平衡布局

平衡布局与对称布局的形式相近，同样具有明确的轴线，只是轴线两侧的构筑物并非严格对称，

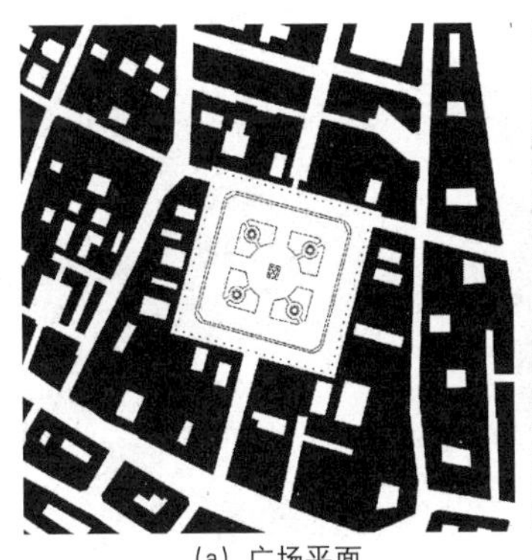

(a) 广场平面

(b) 广场一角

(c) 广场鸟瞰

图 6–28　巴黎孚日广场

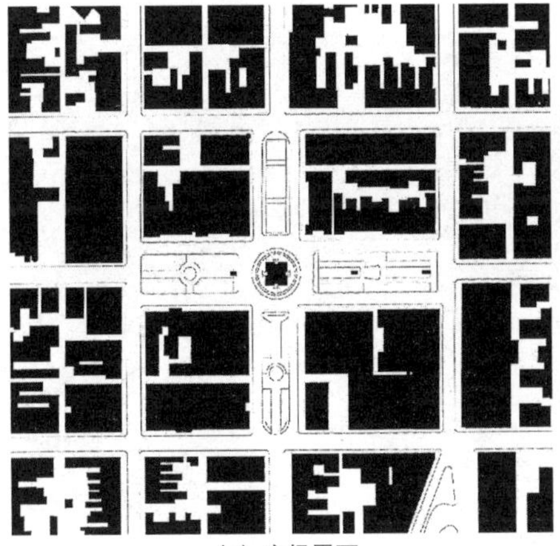

(a) 广场平面

(b) 广场中心纪念碑

(c) 广场中心景观

图 6–29　巴尔的摩弗农山广场

仅在体量感上保持均衡（图 6–29）。

（c）周边布局

这种布局方式将景物和人的活动安排在广场的四周。广场的中间区域多以水景雕塑、草坪为主，但预留出通道以保证人流的通行和视线与外界的沟通。周边布局方式主要与四面围合或三面围合的广场空间布局形式结合使用。在四面围合的场地中，周边布局能够有效地强化广场的内聚性和向心性。而在三面围合的广场中，周边布局的平面形式能够确保广场开敞一侧视线的通透，平面形式与空间布局彼此相得益彰，使广场的整体感得到明显加强（见图 6–30）。

（d）曲线布局

这种布局形式大多出现于街道广场或建筑前广场中，常常是因为广场用地现状限制所致，如两面围合的“T”形和“L”形场地。在处理这样的布局形式时，应强化出一条主要的游览动线，以避免整体性的缺失，给人以零散、复杂之感（见图 6–31）。

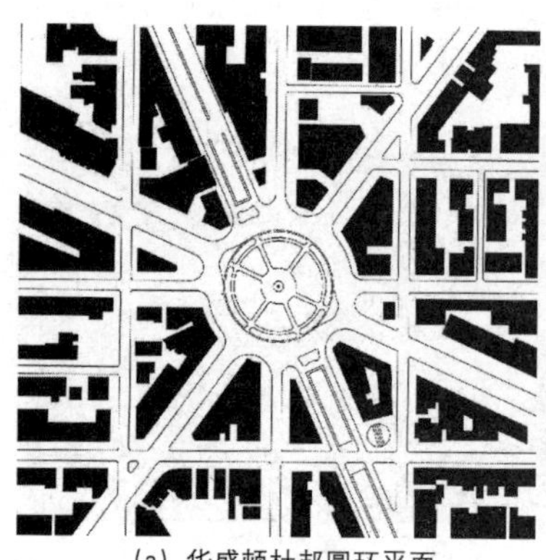

(a) 华盛顿杜邦圆环平面

(b) 杜邦圆环景观

(c) 杜邦圆环中心区域雕塑喷泉

图 6–30 华盛顿杜邦广场

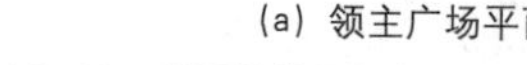

(a) 领主广场平面

(b) 领主广场（该广场借由位于道路转角等重要位置处的雕塑暗示游览动线，强化空间秩序）

图 6–31 佛罗伦萨领主广场

(e) 自由布局

自 20 世纪中叶的现代主义建筑运动以来，世界各地城市的更新建设快速发展，与此同时，城市居民对室外活动的需求愈加强烈，城市广场作为“城市客厅”满足人们交往、活动的最本质需求，促使广场的布局发生了更为丰富多元的变化，产生了诸多布局极具特点的城市广场。例如，美国波特兰系列广场，其由活力十足的爱悦广场、轻松安逸的柏蒂罗格夫公园和气势磅礴的演讲堂前庭广场组成，这一系列的广场空间形成了强烈的反差，也彼此依附。爱悦广场是波特兰系列广场的主要入口节点广场，它的平面规划设计将抽象的艺术构成和流畅的有机曲线图形运用到了城市现代广场景观设计中，喷泉周围的台地采用了不规则的折线，从局部看是直线，而从整体看就是不规则的折线，这是该广场设计师哈普林对自然界中曲线的高度提炼。演讲堂前庭广场是波特兰广场系列的最后一站，也是最重要的一个空间。从平面上看该广场近似方形，源头广场在北面的最高处布置了水景的源头，水沿着曲折、慢慢变宽的水道流向折线形的跌水，错落有致（图 6–32）。再比如纽约亚克博亚维茨广场。该广场主要是为附近办公楼的工作人员提供午休的场所。因此，设计师玛莎施瓦茨认

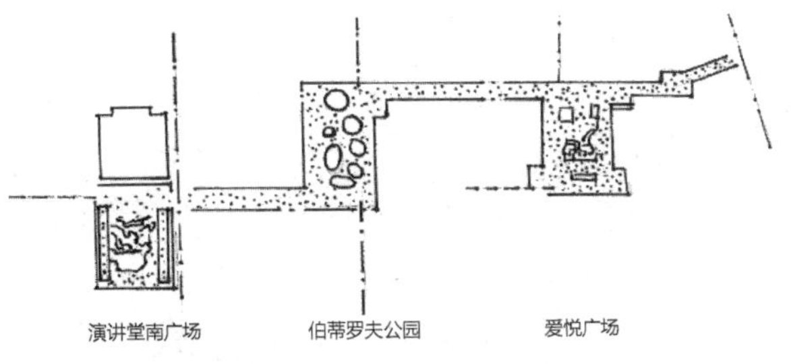

(a) 波特兰系列广场平面图

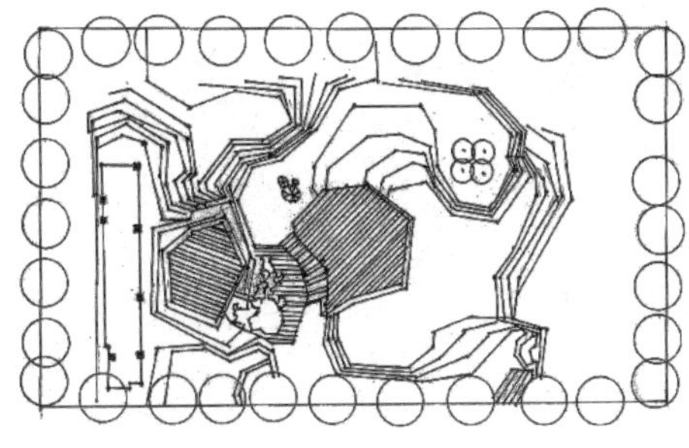

(b) 爱悦广场平面图

(c) 爱悦广场水景观

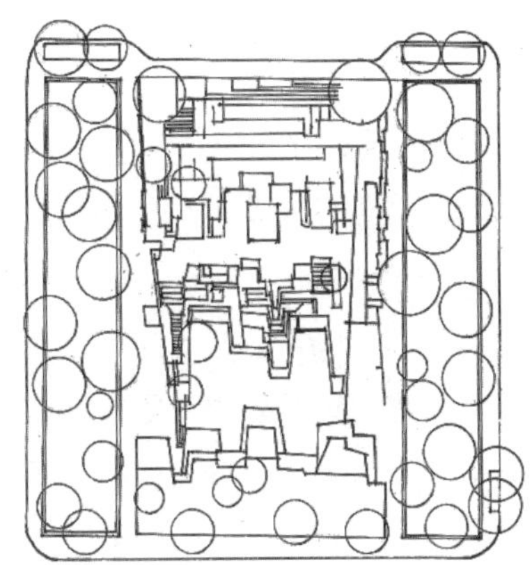

(d) 演讲堂南广场平面图

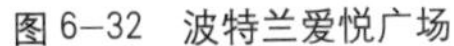

图 6–32　波特兰爱悦广场

图 6–33　亚克博亚维茨广场鸟瞰

图 6–34　亚克博亚维茨广场一角

为亚克博亚维茨广场的设计应该生动有趣，贴近人们的生活，需要加入运动元素，使人们感觉到放松。在该广场的总平面设计中，平滑柔美的“曲线”式休闲长椅和“点”元素球形草丘穿插使用，使得该广场充满活力，创造出丰富的景观空间（图 6–33、图 6–34）。

(a) 西单广场平面图

(b) 西单广场休息区

(c) 西单广场中央活动区

图 6-35　西单广场

5）分区设计

城市广场的基本功能分区主要包含休息观赏区、公共娱乐区和集散功能区三大类。休息观赏区多以“点”的形式，分散在广场的边角区域，以大片绿植或水景营造舒适、美观且相对私密的空间；公共娱乐区以广场中心开敞空间为主，多辅以景观建筑或开敞的草坪加以点缀，兼顾规模较大的集中性活动需求和审美要求；集散区常以平面铺装的变化设计，硬质铺装与软质绿化的穿插设计起到引导人流的作用（图 6-35）。

6）动线组织

为保障广场上的功能及活动组织更为灵活自由，广场一般没有特别明确的动线组织系统。例如，美国华盛顿国家住宅和城市发展部（HUD）广场、美国联邦法院广场（图 6-36、图 6-37）。

7）专项设计

（1）地形设计

广场的地形设计主要受其所在地现有地形条件和广场的功能用途两方面的综合影响。从功能角度考虑，一般情况下，市政广场、纪念性广场由于要满足较大规模人群的集会或各类庆典活动的举行，宜采取平面式。而立体式广场由于在人车分流，疏散人群、组织交通上具有显著优势，大多应用于与交通枢纽相关的广场中。另外，商业广场为了创建能够满足商品演示等买卖活动的展示舞台，也常采用立体式的地形设计。街道广场、建筑前广场由于尺度相对较小、人流量相对较低，宜顺应基地现有的地形条件开展设计，以降低成本。另一方面，还要考虑基地现有的地形条件。地形高低起伏较少的情况下，常采用平面式的设计形式。而地形高低变化较大时，结合广场的实际功能可以考虑采取立体式的设计形式。综上所述，在进行广场的具体设计时，广场地形形式的选择应综合考虑功能与基地现有地形条件两方面因素，权衡轻重，力图在设计中兼顾经济性与实用性。

（2）绿化设计

广场中的绿化主要具有以下几个方面的功能：①分割空间。缩小广场局部的空间尺度，创造出更加贴近人心理感受的二级空间，避免大范围空旷场地给人带来的迷失感。②划分区域。广场具备

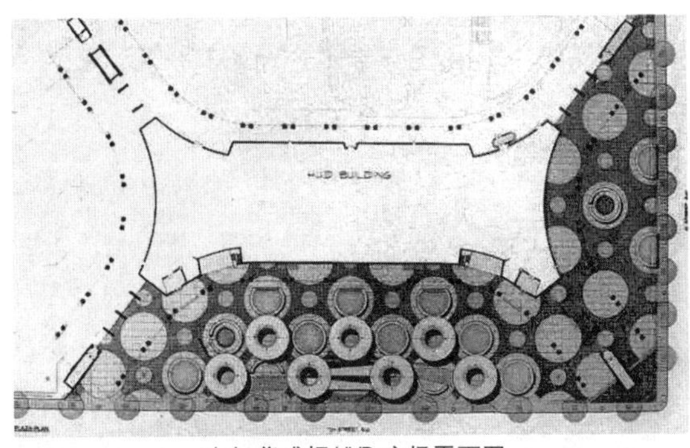

（a）华盛顿 HUD 广场平面图

（b）华盛顿 HUD 广场景观

图 6–36　华盛顿 HUD 广场

（a）美国联邦法院广场平面图

（b）美国联邦法院广场景观

图 6–37　美国联邦法院广场

多种功能，不同的功能区可以借助于植物来加以划分，避免功能区间的混杂。③植物造景。在硬质广场中，植物景观的融入可以有效软化硬质广场给人的生硬感。另外，为广场景观增添广场趣味性和变化性。④隔离作用。合理选取植物在广场中的布局方式，可以起到隔离噪声、屏蔽干扰视线的作用。⑤生态作用。大面积的硬质铺装由于不能吸收降雨，会造成雨水径流量的加大，不利于城市水循环系统的可持续运行。在广场中进行一定面积的绿化种植可以有效地解决这一问题。因此规范要求：公共活动广场中，集中成片绿地的面积不小于总面积的 25%。车站、码头、机场的集散式广场中，集中成片绿地的面积不小于总面积的 10%。⑥调节小气候。植物群在冬季能够降低空旷广场内的风速，而在夏季则可降低太阳直射所导致的过高地表温度。可见，广场的绿化设计应结合具体的功能需求进行树种选择和形式设计（图 6–38 ～图 6–40）。

（3）铺装设计

借助不同铺装材质的组合，可以在广场地面上划分出疏密有致的网格或拼装成丰富多彩的花纹图案，从而起到暗示空间尺度的作用。铺装设计应结合广场的整体空间布局和结构，力争彼此呼应，以起到引导、衬托的作用（图 6–41 ～图 6–44）。

（4）水景和环境小品设计

广场中的水景囊括了静水水池、跌水、水景墙和喷泉等多种形式。国内外也都出现了不少以水景为主题的广场。如由日本著名设计师矶琦新设计的筑波科技城中心市民广场（图 6–45）。该广场

图 6-38 新加坡资本大厦城市广场——列式绿化

图 6-39 瑞士联合银行前广场——散落式绿化

图 6-40 西班牙奥运村广场——网格式绿化

图 6-41 美国衣阿华州得梅因信安广场

图 6-42 柏林索尼中心广场铺装

图 6-43 东京某广场铺装

图 6-44 某建筑前广场铺装

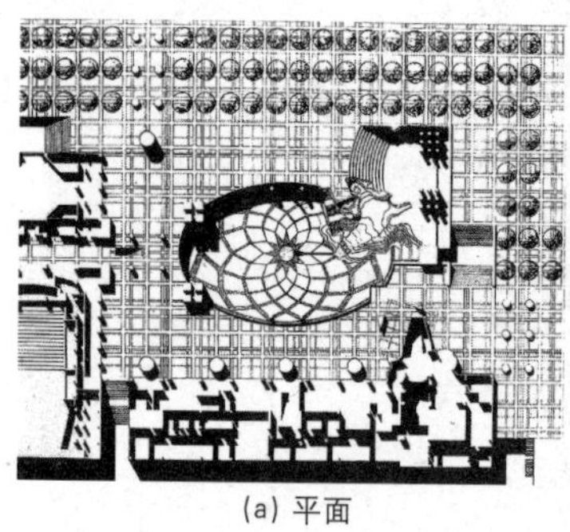

(a) 平面

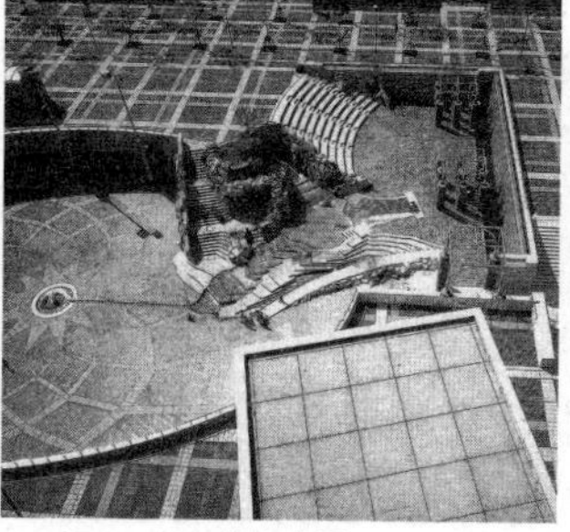

(b) 水景

(c) 水景细部

图 6-45 日本筑波广场

位于筑波科技城南北向的步行专用道路与中心主要建筑群的交点处。该广场分为两层，顶层与步行专用道路连接，底层则与主要建筑的各个出口相通，螺旋状的铺地形式将人的视线焦点集中在中心的小型涌泉上。两层之间的阶梯采取了叠石理水的手法，瀑布喷涌而下，与底层的小型涌泉连成统一的水系统，创造出了极富变化和趣味性的广场景观。其他景观元素如雕塑、柱、碑等应选择与广场主要氛围和功能相符合的主题，在风格形式上应当统一并富有变化。

广场中的建筑小品如雕塑、柱、碑等应选择与广场核心氛围和主要功能相符合的主题，在风格形式上也应在协调统一的基础上增添合理的变化。

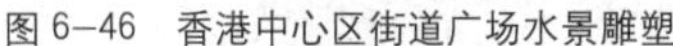
图 6-46　香港中心区街道广场水景雕塑

图 6-47　上海石库门新天地小广场内"福禄寿"雕塑

更重要的是，城市广场作为城市风貌、文化内涵和景观特色等集中体现的载体，具有强烈的社会性，因此无论是在水景设计还是景观小品设计时都应注重融合和突出场地的人文特征和历史特征、继承当地本身的历史文脉、适应地方风情民俗文化、突出地方艺术特色，以在广场整体的环境中起到画龙点睛的作用(图 6-46、图 6-47)。以南京新建成的汉中门广场为例，广场以古城堡为第一主题，以古井、城墙和遗址片段作为广场的重要景观节点，为游人创造出凝重而厚重的历史感，使人在闲暇中了解了城市过去曾有的辉煌（图 6-48)。

(5) 广场的尺度设计

广场不同的使用功能和主题要求，也同样体现在广场的规模和尺度上。在广场的尺度设计中，最关键的是处理好以下两方面内容：

• 广场尺度与周围环境尺度的关系。

卡米洛•希特层指出，广场的最小尺寸应等于它周边主要建筑的高度，而最大尺寸不应超过主要建筑高度的 2 倍。但由于广场所处的环境千变万化，用地形式多种多样，因此这不是一成不变的规律。经验表明：一般矩形广场的长宽比不应大于 3 ：1。

如果用 L 代表广场的长度，用 D 代表广场的宽度，用 H 代表周围围合物的高度，则有

$$1<D:H<2$$

$$L:H<3$$

• 广场尺度与人行为的关系。

在一定程度上，广场的建设是以为市民提供舒适美观的公共交流平台及休闲娱乐的场地为目的的，因此，设计者对于广场尺度与人行为关系的把握至关重要。一些失败的案例告诉我们，如果广场尺度过大，其不仅不能为居民提供舒适的休闲交流场所，置身其中，反而会使人产生压抑紧张的

(a) 南京汉中门广场全貌

(b) 南京汉中门广场一角

(c) 汉中门广场承载历史文脉的小品

图 6-48　南京汉中门广场

不良情绪。久而久之，其会因缺少亲和力而失去人流，最终演变为一些流浪汉的聚集区，带来治安与环境的双重问题。

日本学者芦原义信指出，要以 20 ~ 25m 作为模数来设计外部空间。这一尺度反映了人"面对面"的尺度范围。就人与垂直界面而言，如果用 H 代表垂直界面的高度，用 D 代表人与该界面的距离，则有：

D ：H=1，即垂直视角为 45°，可看清实体细部，有一种内聚、安定感。

D ：H=2，即垂直视角为 27°，可看清实体整体，内聚向心而不致产生闲散感。

D ：H=3，即垂直视角为 18°，可看清是实体与北京的关系，空间离散，围合感差。

以上述尺度参数为依据，将极大地有助于广场尺度设计的合理性。

6.2　城市公园景观规划设计

城市公园是具有多重功能的自然化的休闲娱乐场地，是城市中重要的绿色基础设施。作为城市主要的公共开放空间，它不仅是市民主要的休闲娱乐活动场所，同时也为市民往来交谈、文化传播创造了可能。另外，城市公园在城市中的价值还体现在生态、环境保护、旅游、文化、美学、社会公益以及经济等诸多方面。对于如上海、北京等高度人工化的城市来讲，它在城市可持续发展方面的作用与影响尤为突出。

6.2.1　城市公园的类型

我国住房和城乡建设部 2017 年新颁布的《城市绿地分类标准》CJJ/T 85—2017 将公园绿地进一步划分为四个大类和 10 个小类，并明确了各种类型公园的内容和规模建议，见表 6-1。

我国城市绿地分类标准　　**表 6-1**

大类	中类	小类	内容及服务半径
公园绿地	综合公园		内容丰富，适合开展各类户外活动，具有完善的游憩和配套管理服务设施的绿地； 规模宜大于 $10hm^2$
	社区公园		用地独立，具有基本的游憩和服务设施，主要为一定社区范围内居民就近开展日常休闲活动服务的绿地； 规模宜大于 $1hm^2$
	专类公园	动物园	在人工饲养条件下，移地保护野生动物，进行动物饲养、繁殖等科学研究，并供观赏、科普、游憩等活动，具有良好设施和解说标识系统的绿地；
		植物园	进行植物科学研究、引用驯化、植物保护，并供观赏、游憩及科普等活动，具有良好设施和解说标识系统的绿地；
		历史名园	体现一定历史时期代表性的造园艺术，需要特别保护的园林；
		遗址公园	以重要遗址及其背景环境为主形成的，在遗址保护和展示等方面具有示范意义，并具有文化、游憩等功能的绿地；
		游乐公园	单独设置，具有大型游乐设施，生态环境较好的绿地； 绿地占地比例应大于或等于 65%；
		其他专类公园	除以上各类专类公园外，具有特定主题内容的绿地。主要包括儿童公园、体育健身公园、滨水公园、纪念性公园、雕塑公园以及位于城市建设用地内的风景名胜公园、城市湿地公园和森林公园等。
	游园		除以上各类公园绿地外，用地独立、规模较小或形状多样，方便居民就近进入，具有一定游憩功能的绿地； 带状游园的宽度宜大于 12m； 绿化占地比例应大于或等于 65%；

6.2.2　城市公园内部的设施配置及用地比例

1）城市公园视其规模性质及活动需求，应包括下列几项基本游憩设施与项目：

（1）点景设施：树木、草坪、花坛、绿篱、绿廊、喷泉、水体、瀑布、假山、雕塑、踏步等。

（2）游憩设施：亭或廊、厅、榭、码头、棚架、座椅、园凳、野宴场、成人活动场等。

（3）游戏设施：沙坑、摇椅、秋千架、跷跷板、滑梯、迷阵、戏水池、回转环等。

（4）公共服务设施：厕所、园灯、公用电话、果皮箱、饮水站、路标、导游牌、停车场、自行车存车处、小卖店、茶座、咖啡厅、餐饮部、摄影部、售票房、行李寄存处、播音室、医疗室、时钟塔、洗手台、围栏、邮筒、消防设备、给排水设备等。

（5）运动康乐设施：篮球场、排球场、足球场、网球场、棒球场、手球场、高尔夫练习场、小型田径场、游泳场、游艇场、滑水场、溜冰场、野营场所、健身器具等。

（6）社交设施：动植物标本馆、温室、露天剧场、音乐台、图书馆、陈列室、天体气象观测设施、户外广播园、牌坊、雕像、纪念碑、眺望台、古物遗迹等。

（7）管理设施：管理办公室、治安机构、垃圾站、变配电室、泵房、苗圃、广播室、仓库、修理车间、岗亭等。

（8）其他经营主管部门核准者。

表 6-2《公园设计规范》GB 51192—2016 中所规定的不同类型公园中应设设施一览表。

公园常规设施表 表 6-2

设施类型	设施项目	公园陆地规模（hm^2）					
		<2	2~5	5~10	10~20	20~50	>50
游憩设施	亭或廊	◇	◇	◇	■	■	■
	厅、榭、码头		◇	◇	◇	◇	◇
	棚架	◇	◇	◇	◇	◇	◇
	园椅、园凳	■	■	■	■	■	■
	成人活动场	◇	■	■	■	■	■
服务设施	小卖店	◇	◇	■	■	■	■
	茶座、咖啡厅		◇	◇	◇	■	■
	餐厅			◇	◇	■	■
	摄影部			◇	◇	◇	◇
	售票房	◇	◇	◇	◇	■	■
公共设施	厕所	◇	■	■	■	■	■
	园灯	◇	■	■	■	■	■
	公用电话		◇	◇	■	■	■
	果皮箱	■	■	■	■	■	■
	饮水站	◇	◇	◇	◇	◇	◇
	路标、导游牌	◇	◇	■	■	■	■
	停车场		◇	◇	◇	◇	
	自行车存放处	◇	◇	■	■	■	■

续表

设施类型	设施项目	公园陆地规模（hm^2）					
		<2	2~5	5~10	10~20	20~50	>50
管理设施	管理办公室	◇	■	■	■	■	■
	治安机构			◇	■	■	■
	垃圾站			◇	■	■	■
	变电站、泵房			◇	◇	■	■
	生产温室荫棚			◇	◇	■	■
	电话交换室				◇	◇	■
	广播室			◇	■	■	■
	仓库		◇	■	■	■	■
	修理车间				◇	■	■
	管理班、组		◇	◇	◇	■	■
	职工食堂			◇	◇	◇	■
	淋浴室				◇	◇	■
	车库				◇	◇	■

■表示应设

◇表示可设

2）城市公园内部用地主要包括以下 4 类：园路及铺装场地、管理建筑用地、游览服务（含公用建筑）用地和绿化用地。在《公园设计规范》GB 51192—2016 中明确规定了不同类型公园四类用地的具体比例，表 6-3。

城市公园内部用地比例表　　表 6-3

公园陆地面积（hm^2）		<2				2~5				5~10			
用地类型		Ⅰ	Ⅱ	Ⅲ	Ⅳ	Ⅰ	Ⅱ	Ⅲ	Ⅳ	Ⅰ	Ⅱ	Ⅲ	Ⅳ
公园类型	综合性公园									8~18	<1.5	<5.5	>70
	居住区公园					10~20	<0.5	<2.5	>75	8~18	<0.5	<2.0	>75
	小区游园	10~20	<0.5	<2.5	>75								
	儿童公园	15~25	<1.0	<4.0	>65	10~20	<1.0	<4.0	>65	8~18	<2.0	<4.5	>65
	动物园												
	专类动物园					10~20	<2.0	<12	>65	8~18	<1.0	<14	>65
	植物园												
	专类植物园	15~25	<1.0	<7.0	>65	10~20	<1.0	<7.0	>70	8~18	<1.0	<5.0	>70
	盆景园	15~25	<1.0	<8.0	>65	10~20	<1.0	<8.0	>65	8~18	<2.0	<8.0	>70
	其他专类公园					10~20	<1.0	<5.0	>70	8~18	<1.0	<4.0	>75
	带状公园	15~30	<0.5	<2.5	>65	15~30	<0.5	<2.0	>65	10~25	<0.5	<1.5	>70
	街旁绿地	15~30		<1.0	>65	15~30		<1.0	>65	10~25	<0.2	<1.3	>70

续表

公园陆地面积(hm^2)		10~20				20~50				>50			
用地类型		Ⅰ	Ⅱ	Ⅲ	Ⅳ	Ⅰ	Ⅱ	Ⅲ	Ⅳ	Ⅰ	Ⅱ	Ⅲ	Ⅳ
公园类型	综合性公园	5~15	<1.5	<4.5	>75	5~15	<1.0	<4.0	>75	5~10	<1.0	<3.0	>80
	居住区公园												
	小区游园												
	儿童公园	5~15	<2.0	<4.5	>70								
	动物园					5~15	<1.5	<12.5	>70	5~10	<1.5	<11.5	>75
	专类动物园	5~15	<1.0	<14	>65								
	植物园					5~10	<0.5	<3.5	>85	3~8	<0.5	<2.5	>85
	专类植物园	5~15	<1.0	<4.0	>75								
	盆景园												
	其他专类公园	5~15	<0.5	<3.5	>80	5~15	<0.5	<2.5	>80	5~15	<0.5	<1.5	>85
	带状公园	10~25	<0.5	<1.5	>70	10~25	<0.5	<1.5	>70				
	街旁绿地												

6.2.3 城市公园规划设计步骤及内容

城市公园的主要功能是为人们提供休闲、游憩、交流、教育以及户外活动的场地。另外，公园内大面积的集中绿地，也带来了生态和景观双方面的效益，成为高度人工化城市的重要“绿肺”。城市公园的设计应着眼于多重功能的有效发挥，作为城市中某一特定类型的公园，无论活动项目的多少，环境功效的强弱，都应具备其必要的属性，发挥其应有的功能。城市公园的规划设计步骤可分为以下 9 部分：

1）现状调研分析

现状调研分析旨在对基地进行感性体会和理性分析，为设计成果的合理性和实际性奠定基础。感性体会包括现状调研中在视觉、听觉、嗅觉以及触觉等诸多方面的感受。这些有关场地的直觉性认识，对于公园的定位往往会起到意外的收效；理性分析包括公园选址与周围环境联系的调研分析和公园场地内部的现状分析，包括公园选址的区位环境、交通条件、气候特点、物质能量联系（如动物迁徙、水体交换等）、文化特点以及公园内部的土壤条件、地形地貌情况、水文条件、动植物生长、栖息情况等。

现场调研的内容常包括：

①基地及周围区域的自然环境特点，如气候条件、场地竖向变化、土壤渗透性、本土植物种类、场地水文循环过程、地形起伏变化等；

②基地及周围区域的景观现状，如建筑群的普遍特性及重要建筑的体量、形式、功能，该地区主要的植物类型，是否存在水景要素等，如有无名胜古迹、交通状况如何等；

③公园基地及周围地区所具有的独特人文内涵，如民风民俗、传统文化、价值观念等。

2）规划设计依据

公园规划设计的依据一方面来自于政策文件和上位规划，包括公园所在地以及所在地更大范围场地的上位规划方案、公园规划设计规范等；另一方面来自于公园的使用人群和管理人员，即通过与民众、业主、管理部门以及行业专家的座谈讨论，明确使用人群对于公园的诉求，以此作为规划设计的重要依据。

在规划设计依据中，需重点关注以下要点：

①上位规划中公园所处的地理位置及其在城市中的地位；

②上位规划中基地与城市绿地总体规划的关系；

③公园服务范围内的人口组成、分布、密度、成长、发展及老龄化程度；

④城市的历史沿革及总体发展模式；

⑤文学作品、县区志中对基地及周围地区内的景观要素如地形、建筑、人物、事件等的相关文字记载和图片记录。

3）规划设计理念与构思

（1）定位

从前文“公园的分类”中可以看出，城市内散布着各种类型的公园。由于这些公园的服务内容、服务半径和服务目的各有不同，因此公园设计的第一步就是公园角色的定位。这对于公园具体规划设计中设计风格的确定、设计手法的处理均具有决定性影响。例如，位于成都麓湖滨湖岸线的云朵乐园。设计师发现场地自然地形中蕴含着丰富的性格——有些地方面向湖面，充分活力，有些地方则内向隐蔽，沉着静谧。因此，公园的定位为“一个从静谧过渡到欢愉的区域”。因此，其在设计中，结合场地地形，公园被分为动静两部分。在静谧的湿地区，形态不一的桥梁串联起绿岛，人行其间，睡莲漂浮在脚下；而在戏水活动区，则设计有攀爬区、浅池戏水区、动力水车等（图 6–49）；而纽约的佩利公园，曼哈顿中心区街旁“袖珍公园”的定位，促使了其“城市中心绿洲”设计思路的形成，公园内座椅四周设置有水景和景墙，塑造出轻松、舒适的气氛，使之成为曼哈顿是中心匆忙的成年人的休憩场所（图 6–50）。

（2）立意构思

各种造景元素经规划设计以某种艺术形式呈现出来，旨在充分地表现公园的立意构思或主题思想。而公园设计的主题思想应该是景观设计师自身创作思想与场地内在精神的融合与表达，两者相互支持、相互呼应可以创造出既形式多样，又协调统一的园林景观。当然，设计师的创作思想与场地精神的结合并不是机械地不分伯仲地在设计的最终成果中展现出来，而是会根据不同基地的具体情况有所差异。有的情况下，设计师的思维方式占据主导，如著名的纽约中央公园的设计。该公园的规划设计以北美倡导“公共用地”概念为背景，为了充分表达“无论什么阶层的使用者都能一起享受同样的音乐；感

图 6–49　云朵公园

图 6–50　佩利公园

（a）纽约中央公园草坪

（b）纽约中央公园水景

图 6–51　纽约中央公园

受同样的艺术氛围；欣赏同样的风景；通过周围轻松的交流、空地和美景的影响，获得社会自由”的社会态度而设计（见图 6–51）；而另一些情况下，则由场地的精神和气质决定设计的最终效果。如美国的高线公园，设计师在确保现有结构的安全性、可接近性、可使用性的同时进行景观设计，保留老铁路的设施、零件，以及废弃铁路的沧桑感，并在此基础上注入新的生命元素，使整个设施重焕生机，成为一个休闲娱乐场所和公共散步空间（见图 6–52）。再如位于美国加利福尼亚州圣莫妮卡市的 Tongva 公园。Tongva 公园所在的这片场地上曾经布满了纵横的沟壑，而景观设计也受到这种南加州特有的景观元素的启发。一系列如同姑娘辫子般的路径从市政府门前向着西侧的海洋大道延伸，一点点的将公园空间和城市肌理串联起来。起伏错落的地形增强了道路系统的流动感，也以主题鲜明的四座“山丘”将公园划分为功能与空间感受各不相同的四个片区（图 6–53）。

著名的景观设计大师凯文·林奇认为：“无论是人工的还是自然的，设计中的每块基地从某种程度上说都是独一无二的、是由事物和活动连接而成的网络。任何的总体设计，无论多么带有根本性，总是同先前存在的场所保持着某种连续性。”公园设计的主题思想依托于场所的内在精神，不仅能够为设计师的创作思想寻根溯源，更为重要的是只有这样才能保证人们在新创造出来的环境中仍然能够获得某种“认同感”和“延续感”。好的公园设计常借助于隐喻与象征的创作手法，以或直观

(a) 高线公园保留的废弃铁轨

(b) 高线公园局部景观

图 6—52　美国高线公园

(a) Tongva 公园鸟瞰

(b) Tongva 公园局部

图 6—53　Tongva 公园

或抽象的设计方式强化和呼应长时间延续下来的场地精神，使得单纯以艺术法则为基础营建出的简单空间转变为具有情感、内涵、历史的场所，从而建立起了游人与公园景观之间的联系和认同。

由此可见，将所挖掘出的场所精神与景观设计师自身的创作思想相契合，可产生有针对性而不乏新意的公园主题思想。它将引导后期具体设计中公园中景观元素的组合形式及视听效果，为塑造亲切而富于变化和乐趣的城市公园奠定基础。

4）规划布局与功能分区

公园的布局设计将在前文所述的“定位”与“主题思想”的指引下，确定公园的空间序列和山水架构，这是园内景区和景观景点在总体方面的组织与组合。“布局”与“主题”的关系好似文章的中心思想和章节组织，布局依托主题而存在，主题依靠布局而表达。只有当这二者高度统一，相辅相成时，才能设计出宜人舒适的公园景观。实现这一目标则需要经过大量的练习和长时间的努力。

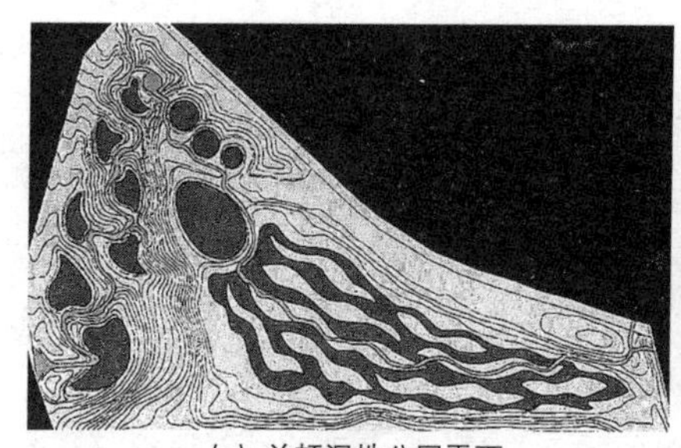
(a) 兰顿湿地公园平面

(b) 主题公园区“丘”

(c) 主题公园区“穴”

图 6-54 美国华盛顿州兰顿湿地公园

例如美国华盛顿州兰顿湿地公园(Waterworks Garden)。该公园以"水质管理和景观游憩功能结合"为主题设计思想。设计师洛纳. 乔丹根据水质净化的步骤和流程将整个公园划分为"浑浊、改变、神秘、美丽和可持续" 五个功能区。公园收集的雨水从传输、滞留、净化、渗透到释放再利用的完整管理、净化流程分别在这 5 个功能区中的 5 个小型主题公园内，借由恰当的景观设计手法得以展现和强调。第一个主题公园区 “丘” (the Knoll) 位于公园入口，对应 “浑浊” 主题，雨水流淌在生锈的铁箅之下。设计师采用铁箅与石材铺装相接处扭曲的边界线暗示传统雨水传输方法，即 "用埋于地下的铁管传输径流，隐藏径流痕迹"。沿线两侧矗立的玄武岩柱群迫使有人视线沿着雨水流动的方向看去。自然界对雨水的净化能力惊人且神秘，在主题公园 “穴” (the Grotto) 内，游人在游览途中断断续续地从隐藏于数个人造洞穴内的小水池中看到逐渐清澈的雨水径流。人造洞穴设计结合叠水、喷泉以及坐凳等形式多样，并以色彩斑斓的马赛克饰面，在神秘的气氛中讲述着径流水体的净化过程。5 个区域 5 个公园，在地形框架下，经由水体、植物群落的点缀以及游览路径的贯连，设计者勾勒出盛开花朵的形象，象征自然净化、管理雨水的力量和发展 (图 6-54)。

公园总体设计的布局阶段涉及的内容主要为公园出入口位置的确定和分区规划。

(1) 公园出入口的确定

公园的出入口可分为：主要入口、次要入口和专门入口三种。其位置的选择由园区周边城市干道走向、客流方位和流向以及公园用地情况三个方面的因素决定。《公园设计规范》指出："市、区级公园各个方向出入口的游人流量与附近公交车站点位置、周边人口密度及城市道路客流量等因素密切相关，因此公园出入口位置的确定需要考虑上述条件。"

主要出入口前应设置集散广场，以确保游人安全，并避免大股游人出入时影响城市道路交通。若公园内设有露天剧院、运动场、展览馆等人流集中的设施，应将其入口与公园的主入口综合考虑，选择合理的位置关系，或者在上述设施附近设专用入口，以达到快速疏散人流、便捷通达的目的。为了便于公园的管理，也可考虑在公园管理处附近设置专用入口。

(2) 分区规划

公园作为城市重要的开放空间，具有供人们休闲、游憩、交流、教育以及进行户外活动等多重功能。其服务对象面向不同年龄、不同性别、不同爱好的每一个市民，因此，进行公园的分区规划极为必要。

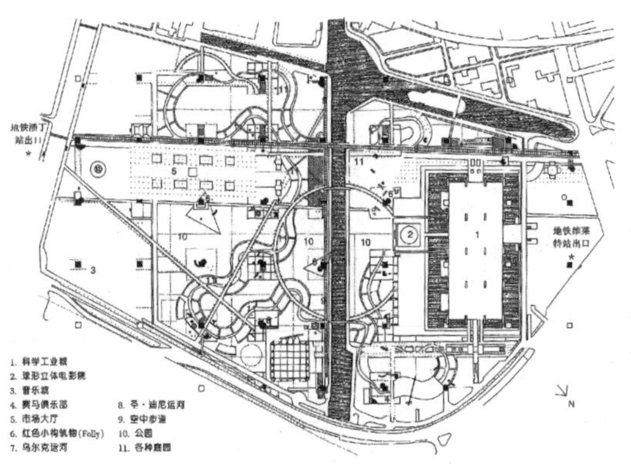

(a) 巴黎拉维莱特公园平面

(b) 拉维莱特公园——竹园

(c) 拉维莱特公园——葡萄园

(d) 拉维莱特公园——雾园

图 6–55　法国拉维莱特公园

分区规划可根据三方面内容进行：根据公园所要提供的不同功能项目进行分区，如娱乐区、观赏区、体育活动区、科普区、游乐器械区、公园管理区等。根据服务对象的年龄差异或是爱好差异进行分区，如儿童游乐区、老年健身区、青年运动区等。根据公园基地的自身特性进行分区。如按照基地自然属性划分形成的丘陵区、湿地区、花卉区或是按照基地人文属性划分形成的历史古迹观赏区、名人雕塑区等。

例如法国巴黎的拉维莱特公园，分区划分有十个单独的“主题”公园。“葡萄园”以台地、跌水、水渠、金属架、葡萄苗等为素材，艺术地再现了法国南部波尔多地区的葡萄园景观；下沉式的“竹园”以形成良好的小气候为目标，由 30 多种竹子构成的竹林景观是巴黎市民难得一见的“异国情调”；“水园”着重表现水的物理特性，水的雾化景观与电脑控制的水帘、跌水或滴水景观经过精心安排，同样富有观赏性，夏季又是儿童们喜爱的小泳池。此外还有“镜园”“恐怖童话园”“少年园”“龙园”。每个公园代表电影中的一帧，以提高公园活动的张力（图 6–55）。

美国瑞弗基奥谷地公园则按照使用对象的年龄差异和活动需求进行功能分区（图 6–56）。而西

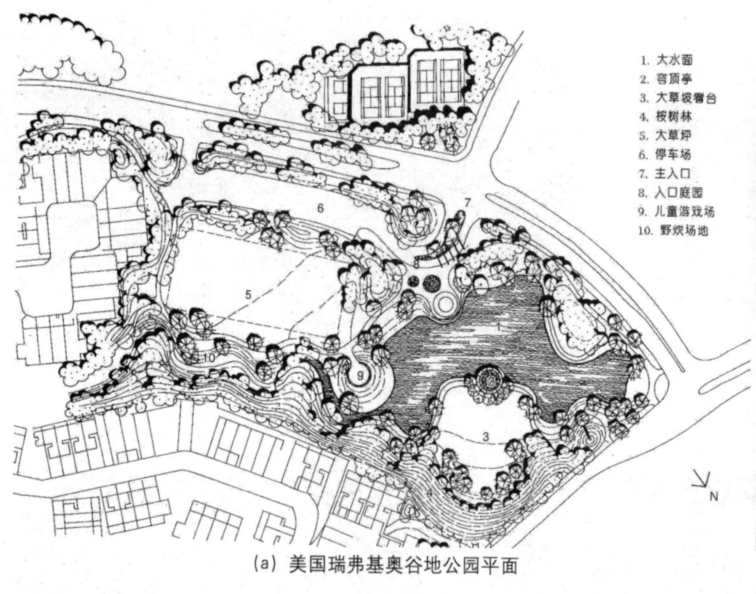

(a) 美国瑞弗基奥谷地公园平面

(b) 瑞弗基奥谷地公园滨湖休闲区及儿童游戏区

图 6-56 美国瑞弗基奥谷地公园

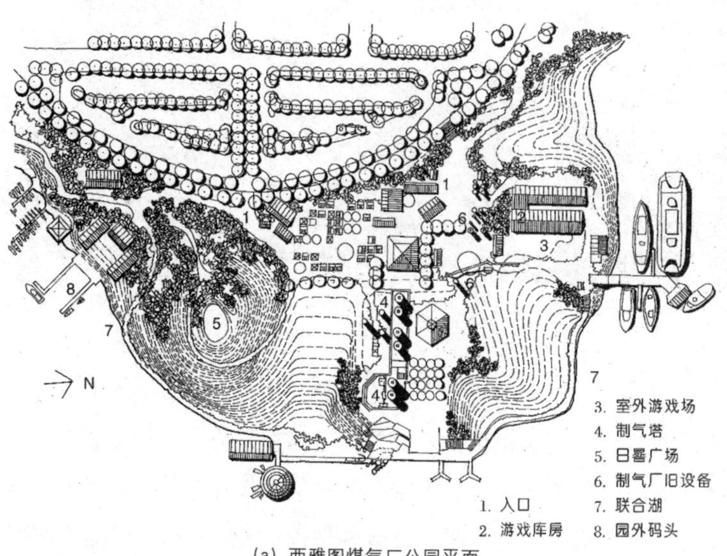

(a) 西雅图煤气厂公园平面

(b) 煤气厂公园室外游憩场

(c) 煤气厂公园草场区

图 6-57 西雅图煤气厂公园

雅图煤气厂公园则根据场地原有的功能差异进行园内的分区划分（图 6-57）。

由图 7-9 可见，不同的分区方式应强调出公园内各个区域的主要区别和核心特色。在分项设计时，应充分考虑各区域功能或其所面向对象的特点，进行具有针对性和富有变化性的公园设计。

5）园路组织与设计

公园通过完整园路系统的设计塑造限定性较强的动线组织，特别对于尺度较大的综合性公园，为了防止游人产生混乱的空间感受，常采用较为清晰的道路系统，突出动线的限定性；而对于尺度较小的游园空间，为了给游人创造丰富多变的景观体验效果，多采用限定性较弱的园路设计方式。园路的组织与设计包括以下三方面：

（1）园路的等级、宽度、密度

根据宽度和所承担功能的不同，园路可分为主路、支路和小路三个等级。各个等级路幅的宽度因公园内陆地面积的不同而有所差异，见表 6–4。园路的坡度处理见表 6–5。根据《公园设计规范》GB 51192—2016 可知，园路路网密度应控制在 200 ~ 380m/hm^2 之间，动物园路网密度控制在 160 ~ 300m/hm^2 之间。

园路的宽度　**表 6-4**

园路等级	陆地面积			
	<2	2—<10	10—<50	>50
主路	2.0—3.5	2.5—4.5	3.5—5.0	5.0—7.0
支路	1.2—2.0	2.0—3.5	2.0—3.5	3.5—5.0
小路	0.9—1.2	0.9—2.0	1.2—2.0	1.2—3.0

园路的坡度　**表 6-5**

园路等级	纵坡坡度	横坡坡度	作防滑处理的坡度	作梯道、台阶处理的坡度
主路	<8%	<3%	>12%	<36%
支路、小路	<18%		>15%	>18%

（2）园路的形态：

园路具有基本两种形态：直线形和曲线形。直线形道路的突出特点在于其通过缩短行车距离，起到快速疏散流通的作用。这类园路适合于平坦地形，多应用在基地形状规则、布局对称、具有明确中心轴的公园中（图 6–58、图 6–59）。

随着人们对于自然的强烈追求，公园作为城市重要的开放绿地，其布局形式多采用自然灵活的自由型，婉转曲折的园路成为必然的选择，再辅以不规则的自然造景方式，便可创造出舒适多变的公园景观。曲线形园路的应用范围更广，既可应用在丘陵地形中，以降低起伏地形的坡度对通行造成的不利影响，也可以应用在平坦地形中以增添游览的乐趣（图 6–60）。

图 6–58　巴黎贝尔西公园

图 6–59　意大利阿曼多拉公园

(a) 红岩山台地花园主路

(b) 红岩山台地花园支路

图 6–60　红岩山台地花园

6）专项设计

（1）地形

正如景观物质元素——地形一节中所阐述的那样，地形是构成景观空间的骨架，这在以效法自然，追求自然为宗旨的公园景图观中体现得尤为突出，其形式涉及平地、丘陵、山峦、谷地、湿地等（图 6–61 ～图 6–65）。

有关公园地形的规划设计需要着重考虑两个方面。其一，公园地形设计要结合场地的实际情况。因为地形改造工程费时费力，并且需要较大的投资支持。平坦地形自有其突出的优势，它既可实现人流的快速疏散流通又可保证在其上活动的安全性，因此不一定要一味地堆土塑造高低起伏的地形。其二，地形设计还应考虑公园内各项功能和游乐项目的组织安排，选择与具体的活动内容相适宜的地形，这样不仅可以创造出舒适便捷的场地空间同时可以减少工程量，节约资金。如安静休息区、老人活动区以林地为宜，辅以自然形式的水面，以营建自然幽静的景观环境。而文娱活动区、儿童活动区从安全的角度考虑，地形变化不宜过于明显，平坦地形较好，也可辅以平缓的断面曲线。由此可见，公园地形的规划设计应与公园设计中的分区规划、功能布置等相综合，通盘考虑，合理选址，切忌草率进行较大规模的地形改造。

图 6–61　瑞弗基奥谷地公园——山谷地形

图 6–62　墨西哥泰佐佐莫克公园——丘陵地形

另外，地形设计还要考虑植物种植规划以及排水问题。如山林地坡度应小于 33%，草坪坡度不应大于 25%。其他类型地表的排水要求见表 6–6。

各类地表排水坡度表　　**表 6-6**

<table>
<tr><th colspan="2">地表类型</th><th>最大坡度</th><th>最小坡度</th><th>最适坡度</th></tr>
<tr><td colspan="2">草地</td><td>33%</td><td>1.0%</td><td>1.5%~10%</td></tr>
<tr><td colspan="2">运动草地</td><td>2%</td><td>0.5%</td><td>1%</td></tr>
<tr><td colspan="2">栽植地表</td><td>视土质而定</td><td>0.5%</td><td>3%~5%</td></tr>
<tr><td rowspan="2">铺装场地</td><td>平原地区</td><td>1%</td><td colspan="2">0.3%</td></tr>
<tr><td>丘陵地区</td><td>3%</td><td colspan="2">0.3%</td></tr>
</table>

（2）植物

公园的一个显著特点便是绿地的大面积集中，以实现缓解和调剂现代人高节奏城市生活、使市民享有优美城市公共环境的目的，因此植物（绿化）设计是公园景观设计的重要组成部分。

植物是景观设计物质元素中最具生命力的元素之一，它随着时间、季节而发生变化，可为公园的景观效果增添多样性和趣味性。植物在颜色、形态、尺寸、质地等方面的诸多特性在精心合理的安排组织之下可以设计出适应任何公园类型和功能需求的植物景观（图 6–66 ～图 6–72）。由于不同地区、不同气候条件适宜生长的植物种类具有较大差别，因此也可以借助植物体现出公园的地域性。此外，植物在空间构建、视线组织等方面的重要作用在公园设计中既可与分区规划相协调，辅

图 6–63　香港湿地公园——湿地地形

图 6–64　罗勃森广场公园——平地与台地结合

图 6–65　新西兰城堡石探险公园——山地

图 6–66　香港湿地公园

图 6–67　澳大利亚新南威尔斯悉尼干旱雕塑园

图 6–68　巴黎雪铁龙公园

图 6-69　巴黎大西洋公园

图 6-70　荷兰 VSB 公司花园

图 6-71　德国汉诺威变化花园

图 6-72　澳大利亚多利亚华勒比动物园

(a) 仿溪流铺装

(b) 大块石铺地

图 6-73　美国加州情景雕塑园

助进行空间和区域的再组织，也可与追求自然、自由的设计理念相呼应，营造风景如画的城市公园景观。下面列出在公园设计中种植设计应遵循的几点原则以供参考。

①根据当地的气候、土壤等自然条件选择树种，尽量采用本地植物以体现公园的地方特色。

②合理搭配树种，以形成稳定多样的生态群落。

③在考虑植物生态效益的同时，要注重植物空间组织、视线引导以及景观美化等功能的有效发挥。

④与公园中硬质景观的设计相结合，使硬质景观的恒定性与软质景观的变化性互相呼应，相辅相成。

（3）铺装设计

公园中虽包含有大面积集中式的开放绿地，但穿插其中的聚会广场、活动场地以及道路均采用硬质铺装，以保证相应功能的有效发挥。

公园内硬质铺装的形式多种多样，可以是规则型，也可以是自然流线型。前者多应用于园中局部呈规则、均衡对称布局的区域中，能够起到强调轴线、强化对称布局形式、引导方向等功能。而后者大多应用于园内布局灵活多变的区域内。此种铺装形式不仅具有较强的适应性，而且可以弱化硬质铺装高度人工化的视觉效果，使之与公园中的自然环境更好地融合。铺装材质的选取，应该注重与其所处环境景观氛围的协调，更推荐选取本地特色材料进行图案拼贴，可尝试以抽象或隐喻的方式迎合设计主题、表达场地的人文精神以突显公园的地域特性（图 6-74 ～图 6-74）。

(a) 园路铺装形式 1

(b) 园路铺装形式 2

图 6–74　美国亨利摩尔雕塑公园

图 6–75　澳大利亚南澳阿德莱德松洞公园

图 6–76　美国伊拉凯勒水景广场

图 6–77　修善寺公共会馆庭院

图 6–78　蒙太纳大街 50 号庭院

(4) 水景设计

中国古典园林设计中将水景设计称为“理水”。宋代郭熙对水的特性做了这样的描述，“水活物也。其形欲深静，欲柔化，欲汪洋，欲四环，欲肥腻，欲喷薄，欲激射，欲多泉，欲远流，欲瀑布插天，欲溅，欲扶烟云而秀媚，欲照溪谷而生辉，此谓水之活体也。”“园林中水体有大小、主次之分。并做到山水相连，相互掩映。溪流和水体的边界曲折有致，湖岛相间，知白守黑”。

现代城市公园中的水景常归于静与动两类，前者主要包括自然湖泊、生态水池、自然湿地等；后者则包括溪流、落水、叠水、瀑布、泉水以及人工喷泉等。此外，大水面以静为主（图 6–75），而小型景点式水景则注重体现水在视觉、听觉等各方面的效果，可喷、可涌、可射、可流，配合光影、声音的变化，创造出场地中视觉焦点（图 6–76 ～图 6–78）。

随着科技的进步，当今的水景设计融入诸多的新材料和新技术，这使得新的公园水景具备了超越传统园林中水景视听效果的可能性和先决条件。例如，美国加州的绿景园。设计师为创造一处烈日炎炎下的凉爽空间、为游人提供清爽的户外公共空间，在自然式丛林中安置了定时放雾的喷嘴，并在喷嘴所在的圆形玻璃盖底部安装有光源。白天，雾气在阳光和微风的影响下，可呈现出微妙而多彩的变换效果。而夜晚，源于同一点的雾气和光源在以深蓝色天空为背景的公园中创造出了戏剧般的夜景效果，整个公园如剧场一般（图 6–79）。

(a) 美国加州绿景园 1

(b) 美国加州绿景园 2

(c) 美国加州绿景园 3

图 6–79　美国加州绿景园

图 6–80　澳大利亚维多利亚墨尔本多克兰公园

图 6–81　澳大利亚维多利亚墨尔本 Dandenong 区滑冰公园

(5) 建筑小品设计

在以绿地为主的公园中，建筑小品作为点状景观如果处理得当往往会起到画龙点睛的作用（图 6–80 ～图 6–83）。《园冶》中所说“花间隐树，水际安亭”，廊“蹬山腰，落水面，任高低曲折，自然断续蜿蜒，”强调的都是建筑小品在园林中的点景作用。其设计应遵循以下三点原则：

①主题的统一性

建筑小品的呈现形式和表现主题应该与整个公园或公园中某一区域的主题相一致，并力图延续所处区域的场地精神。否则会给人以突兀和混乱的感觉，这对于园林景观而言是十分不利的。因此，建筑小品的设计应突破外在形式层面上的禁锢，注重通过巧妙地隐喻、象征和抽象手法，体现公园的主题及场地的文化内涵，使公园的景观效果更具人文特性和地域特征。

②形式的多样性

在确保主题统一的前提下，建筑小品的形式应立足于多样化。当代景观设计师能够运用比以往任何时代都广泛和新颖的技术手段和材料，将光影、音响、质感等审美要素与地形、水体、植物、建筑小品等物质元素加以组合，必将极大地促进设计形式的日新月异。

③位置的选择

建筑小品在公园中的摆放位置应与公园空间的界定、视线的组织结合起来统筹考虑，可以从我国古典园林中的对景、借景、框景、补景等造景手法中吸取到丰富地经验。

图 6–82　蒂尔堡克罗姆豪特公园

图 6–83　拉 · 维莱特公园沙丘之园

6.3　城市道路景观规划设计

从城市交通系统角度来说，道路以带状形式分布于城市的各个角落，联系市内各功能用地，实现了城市内各个区域之间的可达性，这也正是道路的核心功能。从城市空间的角度来说，由实体建筑围合而成的一切以沟通各目标地或目标建筑为目的的室外活动空间都是城市街道，它不仅集中了电力、电信、给排水等市政基础设施，同时为人们提供了短暂休息、交流的室外空间。同时道路以虚空间的形式存在，也保证了道路两侧建筑物的采光以及城市通风。从城市景观角度来说，道路虽然属于城市中借由建筑围合的高度人工化空间，却将人们与室外的阳光、风、植物、空气等自然元素联系融合在了一起，同时为人们提供了交流往来所需的空间，发挥出了一定的社会功能，实现了文化、意识、民俗等景观人文要素的形成和传播。

6.3.1　城市道路景观的组成要素

根据城市道路景观构成要素的性质，可将其划分为自然景观要素、人工景观要素以及人文景观要素。自然景观要素包括山体、水系和植物。人工景观要素涉及硬质铺装、道路两侧的建筑、雕塑、灯具、广告牌、休息座椅等。人文景观要素则涉及道路中发生的重大历史事件、街道居民的民俗活动、名人故居、具有浓烈地域特色的细部装饰和颜色，以及当地的特色植物等。它们作为街道中的特色元素，尤为引人注目，极大地增加了道路景观的辨识度。

根据城市道路景观要素与行人之间的距离又可以将城市道路景观划分为远景、中景和近景。虽然随着人的运动，景观要素与人之间距离的变化会导致景观要素相对尺度的变化。如欧洲传统街道中，位于道路节点或终点处的门式建筑、纪念柱等，起初作为远景要素起到指引前进方向，汇聚视线的作用，但随着行人与其距离的缩小，远景要素逐步转化为中景甚至近景要素（图 6–84、图 6–85）。

(a) 法国巴黎香榭丽舍大街，凯旋门作为终点点景要素成为远景

(b) 随着行进，凯旋门渐为中景，与人距离拉近

(c) 凯旋门引导视线汇聚，逐渐变为近景

图 6–84　法国巴黎香榭丽舍大街

(a) 景观雕塑极具地标特性，引导视线

(b) 雕塑近景

图 6-85　日本横滨地标大厦前步行街

(a) 山体作为街道远景要素

(b) 地标性建筑作为街道远景要素

图 6-86　街道远景要素

图 6-87　建筑群作为街道中景要素

图 6-88　雕塑小品作为街道近景要素

图 6-89　杭州河坊街街景

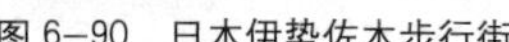

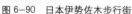

图 6-90　日本伊势佐木步行街

图 6-91　上海田子坊街

但尽管如此，以要素自身尺度为依据进行的划分仍具有一定的普遍性。如山体往往作为远景要素，在不受建筑群大规模遮挡的情况下能够为线性街道提供轮廓优美的天际轮廓线。与山体形成的远景要素相近的还有远处的建筑群，由它们形成的建筑天际轮廓线与山体轮廓线发挥着同样的造景功能（图 6-86）。中景要素主要以建筑为主，更多情况下作为背景，塑造出区域内景观的整体风貌（图 6-87）。近景要素种类丰富，涉及植物、喷泉水景、铺装、雕塑、道路标识系统以及部分历史性或特殊性建筑等（图 6-88）。

城市街道景观要素中的另一重要组成部分是街道中人的活动。行人的行进速度、移动方式、聚集程度及街道中买卖、休息、交流等行为都与街道的景观效果有着密切的联系（图 6-89 ~ 图 6-91）。以杭州河坊街为例，其间有着各色的小商铺（如有推车叫卖的小吃摊，有植根地域文化的特产店，有中西合璧的酒吧茶室等），行人在街道中挑选买卖、饮茶聊天、谈天说地等行为作为街道景观的重要组成部分，塑造出河坊街丰富而具有强烈生命力的景观风貌。在这种情况下，沿街的建筑和植物便成为了行人活动的舞台和背景。

6.3.2 道路的分级

1）根据道路的交通性质及所承载的交通量，可以将城市道路分为以下 5 种：

（1）主干道

主干道是市区内重要的交通连接线，将城市中各行政区、功能区等联系在一起。在我国，主干道宽度一般为 30 ～ 45m。

（2）次干道

次干道作为辅助交通线路，起到连接主干道的作用，一般情况下，宽度在 25 ～ 40m。

（3）支路

支路联系各个街区，宽度一般在 12 ～ 15m。

（4）尽端式道路

尽端式道路是街区内部的道路，同时也是机动车交通最末端的道路。

（5）特殊性质道路

特殊性质道路涉及具有专门目的的步行道，残疾人道以及历史文化街区等。

关于视觉与知觉的研究结果表明，可以辨清人的相貌或面部表情变化的距离一般在 20 ～ 25m。由此可见，在幅宽为 12 ～ 15m 的支路中，行人彼此间的目光能够相互交流，从而获得清晰准确的视觉和知觉感受，体会到亲切而内聚的空间氛围。在这种尺度的街道（如住宅区内的后街、生活专用道等）中，其景观设计应融入较多居民的构想，可在其间设置街头小公园、小广场、自行车停车带等基础设施，也可将具有浓厚生活气息的雕塑、建筑小品等点缀其中。种植手法上，宜采用孤植或自由式种植方式，以有效增强小尺度街道的亲和性。但需要特别注意的是，在较为狭小的街道空间中，应尽量减少不必要的设施及构筑物，避免对交通与视线造成阻碍（图 6–92 ～图 6–95）。

在较宽阔的街道上（如城市景观大道、中心大道、主干道、次干道等），沿街的建筑、线性道路、

图 6–92　日本京都三年坂街区

图 6–93　天津市大理道

图 6–94　天津市云南路

图 6–95　美国罗德岛 Newport 地区街道

（a）法国香榭丽舍大街

（b）上海某街道

图 6–96　大幅宽街道

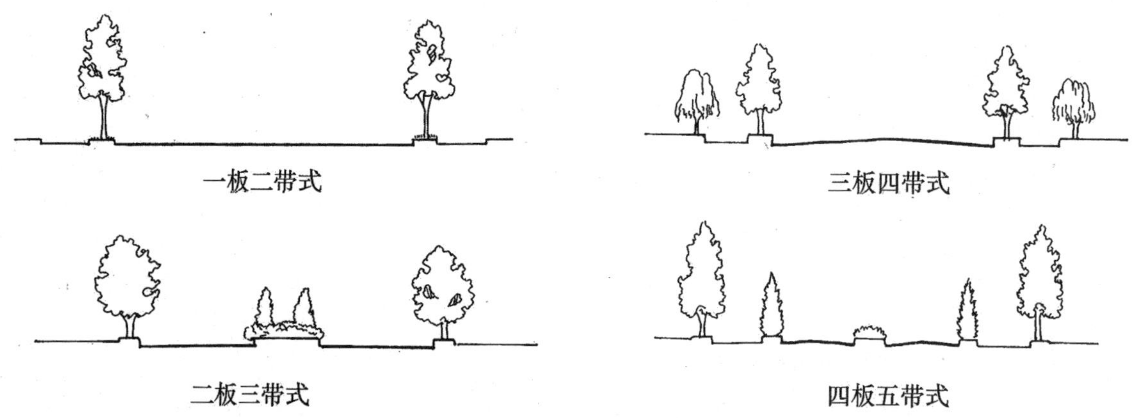

图 6–97　城市道路横断面类型

成排的行道树及明显的标志物系统共同构成了主要的街景，具有相对固定的模式。在进行这类道路的景观设计时，不宜设置过于生活化的设施和小品，应以两侧建筑作为主要的造景元素来体现城市的综合形象。由于这类道路的尺度过宽，常通过合理利用植物来划分空间，增强局部道路空间的围合感。一般情况下，可在道路两侧对称种植行道树，如乔木或高型灌木，以创造明显对称均衡的道路空间（图 6–96）。另外，在条件允许的情况下，城市主干道特别是景观大道中要保留出足够宽的绿化带和步行空间。根据住建部 2016 年版的《城市道路工程设计规范（CJJ 37–2012）》以及 1998 版《城市道路绿化规划与设计规范（CJJ 75–97）》可知，市区内的主干路人行横道宽度不宜小于 5m，分区绿化带宽度不宜小于 2.5m。市区内的干线道路中至少应有宽 1.5m 的绿化带和 4.5m 的步行道。

2）根据街道断面布置形式不同，可以将街道断面划分为以下五种（图 6–97）。

（1）一板二带式

一板二带式是指该道路仅有一条车行道，机动车和非机动车行驶在同一条车道上。这类道路的优点是简单整齐、成本低。缺点是机动与非机动车混合行驶、上下行机动车混合行驶的方式容易造成交通事故，并且由于绿化面积较少，植物降低噪声吸收尾气的功效不明显。

（2）二板三带式

这类道路包括了两条单向行驶的车道和三条绿化带。由于增加了一条分向隔离带，实现了上下行机动车之间的分隔，一定程度上减少了交通事故发生的可能。但是同一方向的非机动车和自行车仍保持混行状态，这是此类道路的主要交通隐患。

（3）三板四带式

通过四条绿化带将车行道划分为三个部分，中间为双向机动车道，两旁为单向非机动车道。这一设计解决了非机动车与机动车混行的问题。绿化带的增多使街道景观可以借由植物的高低、种类、疏密变得更加富于层次变化和空间变化。另外，植物的增多加强了隔音效果，吸收了更多的汽车尾气，同时也为创建出具有季节性的街景提供了基础条件。

（4）四板五带式

这样的街道既区分了机动车道和非机动车道，又分隔了上行和下行车道，极大地保证了车道的行车安全，但是对于土地面积和投资成本的要求较高，只能在城市中的重点路段使用。

（5）一板一带式

这种道路多出现于空间狭窄的山坡或水旁，一般仅在一侧设有绿化带。它们大多作为特色风景街区，以步行为主，很少用于车行。

6.3.3　道路景观设计的要点及内容

1）道路绿化设计

（1）道路绿化设计的作用

道路两侧及中间隔离带的绿化设计具有改善环境质量和塑造景观空间两方面功效。陈自新等对北京绿地生态效益进行了深入研究，其成果显示，每公顷绿地日平均吸收二氧化碳量为 1.767t，释放氧气量为 1.23t，日平均蒸腾水量为 182t，年滞留粉尘量为 1.518t。由于城市道路空间中粉尘、汽车尾气、噪声等多种环境污染元素高度密集，且存在明显的热岛效应，因此合理利用植物的自然特性来调节温度、增加湿度、降低噪声、吸收汽车尾气中的二氧化碳等，已成为改善道路环境必不可少的手段，而且这种街道的布局方式也是最为经济和美观的。

另外，为了应对日益增长和日渐严重的机动车交通事故问题，“人车分离”成为道路交通设计的核心目标。利用植物隔离带分隔道路，划分不同行车区域是最为简单和实用的方式。同时，这种方式还具有削弱城市空间人工化程度，增加城市绿化面积以及美化并丰富道路景观三方面重要作用。

（2）道路绿化的基本原则

道路绿化的形式及树种的选择应与道路性质相一致，这是道路绿化设计的核心原则。如城市主干道的交通承载压力较大，因此绿化风格应以简约为主。可选择具有地区特色的乔木或灌木如榉树、银杏、百合树、七叶树等为绿化树种，以层次分明、规整的方式栽植。这样即符合主干道的交通功能，

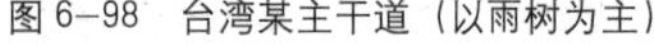
图 6–98　台湾某主干道（以雨树为主）

图 6–99　日本东京表参道（以季节性榉树为主）

表现城市的现代感节奏感又可赋予道路明显的地域特色（图 6–98、图 6–99）。而对于街区中的支路，则可放宽种植规格，与居民的日常生活需求相结合，以轻松自然的栽植方式为主，使之与街区生活丰富活跃的形象相呼应。

（3）道路绿化的具体设计

根据绿化在街道中发挥的功能及其所处位置的不同，可将其划分为以下五种，即行道树绿化带、分车绿化带、路侧绿化带、交通环岛绿化和停车场绿化带。

①分车绿带设计

分车绿化带可以进一步划分为上下行机动车道之间的中间分车绿带和机动车与非机动车之间的两侧分车绿带（图 6–100 ～图 6–103）。分车带的绿化设计常以树形规整的单一树种为主，且形式简单整齐。针对不同的街道类型《城市道路绿化规划与设计规范》中就分车绿带的宽度分别给予了规定。

城市主干道的中间分车绿化带宽度应大于 2.5m。次级道路，若选择种植乔木，则中间分车绿化带的宽度不得小于 1.5m。为利用中间分车绿化带阻挡上下行车辆开灯行驶时可能产生的眩光，在距离相邻机动车道路面高度 0.6 ～ 1.5m 之间的范围内，应选取枝叶茂密的常绿植物栽植。株距不得大于冠幅的 5 倍。

若选取乔木作为两侧分车绿化带的主要树种，则分车带的宽度应大于 1.5m。若两侧分车绿化带的宽度小于 1.5m，则应以灌木栽植为主，并考虑适当结合地被植物。

②行道树绿带设计

行道树绿带位于人行道和车行道之间，宜采用两侧对称式的偶数列栽植方式。该绿带应具有明显的统一性与连贯性，以起到暗示行进方向和速度的作用（图 6–104 ～图 6–106）。另外，行道树的最小种植株距为 4m，树干中心到路缘石外侧距离不得小于 0.75m。

图 6–100　藤本月季形成的栏式中央分车带景观

图 6–101　上海世纪大道路侧分车带

图 6–102　荷兰莱顿街上载满水仙的中央分车带

图 6–103　由草花、灌木、藤本植物形成的中央分车带

图 6–104　北京站前街的行道树景观

图 6–105　由修剪成柱形大红花形成的行道树景观

图 6–106　广园快速干线行道树景观

图 6–107　深圳街头的路侧绿地

图 6–108　街边建筑墙体前的路侧绿地

③路侧绿带设计

路侧绿带是指人行道边缘与道路红线间的绿化种植。在进行路侧绿带设计时，种植形式宜多样化，可以采用孤植、群植等多种形式。常常选用自由形植物或开花植物，并辅以中性的地被植物作为背景以烘托主景植物（图 6–107 ～图 6–110）。当路侧绿带宽度大于 8m 时，可以考虑将其设计为开放式绿地，并保证其绿化用地面积不小于该路侧绿地总面积的 70%，以作为道路空间中的绿地节点，提供给行人以休息、交流的空间。

④交通岛绿地设计

交通岛绿地的核心作用是导向车流，暗示个方向的车辆沿特定的轨

图 6–109　有着竖向变化的路侧绿地

图 6–110　虚实结合的路侧绿地

图 6–111　交通岛上散植的中东海枣没有影响视线的通透，并与红龙草、黄榕、福建茶等组成富有吸引力的交通节点景观

图 6–112　由花坛与水景雕塑组合而成的中心岛景观

迹通过路口，以实现交通畅通。此类绿地多存在于大尺度街道路口空间的中心位置。一般情况下，以面状地被植物为背景，其上栽植树丛、孤植景观树或花灌木等。由此可见，交通岛绿地的设计既要具有高度的可辨识性，同时又要保证在行车视距范围内路口各方向间视线的畅通。因此作为焦点的树丛或孤植景观树，其体量不宜过大，枝叶不宜过于浓密，应采用疏密有致的通透式栽植方式（图 6–111、图 6–112）。

最后，简单地介绍下道路绿地率的相关规定。道路绿化率是指绿地面积与道路面积的比值。根据相应的规范，园林景观道路的绿化率不应小于 40%。红线宽度大于 50m 的道路其绿地率不应小于 30%，红线宽度在 40 ~ 50m 的道路绿其地率不应小于 25%，红线宽度小于 40m 的道路其绿地率则不应小于 20%。

2）道路铺装设计：

铺装材料的种类和特性见表 6–7。

街道铺装的主要材料种类　　**表 6-7**

材料种类		规格	材料特性	适用范围
柏油铺装	沥青	尺寸和模数随意性强	平坦性良好、平面形状选择度高、铺装路基适应性强、施工速度快、不反射阳光、为街道提供深色背景、耐脏	适用范围极高，主要应用于车行道路
混凝土铺装	混凝土	尺寸和模数随意性强	良好的耐磨性、耐冻结性、路面平坦性、平面形状和坡面防滑的适应性、阳光反射性强、为街道提供灰色背景、施工技术要求高	适用范围极高，主要应用于车行道路
	混凝土平板	长宽 30~40cm、厚 6cm	具有与混凝土铺装相同的特性，且施工技术更为简化。有的混凝土平板还有约 10mm 厚的浮雕装饰图案	主要用于人行道的铺装

续表

材料种类		规格	材料特性	适用范围
块材铺装	沥青块	(a) 长宽 30cm，厚 4~5cm (b) 长 24cm，宽 12cm，厚 2.5cm	沥青块具有与沥青铺装相同的特性，但相比起来，前者施工技术得到了简化。有的沥青块还具有彩色的浮雕装饰图案	人行道专用的铺装，或应用于过街天桥或桥的人行道部分
	混凝土块（组合块）	长 22cm，宽 11cm	良好的强度和耐久性、平面图案的形式和颜色具有较高的选择性、透水性好，减少降雨时的地表径流，阻止地基下沉	可用于人行道及车道中
	石块、砖块、木块	7~9cm 的立方体 10mm 的夹缝		多用于具有历史传统或地域特色、风土人情的街道
	陶块	具有多种尺寸可供选择 5~10mm 的缝隙	强度大、耐久性强、平坦性好、质地、颜色及图案形式的选择性强；雨雪天湿滑、建设费用较高	可用于人行道及车道中
透水性铺装			减少地表径流、降低地面温度、阻止地基下沉、暂时储存雨水、防滑；易造成路基软化	仅限用于人行道或轻交通量的车道

车行道路与人行道路在铺装材料的选择，铺装形式的设计两方面都存在较大差别。车行道的使用强度大，因此对于铺装耐磨、耐脏的性能要求较高。另外，考虑行车安全问题，铺装后行车路面是否平坦，是否耐冻结，是否会反射阳光都成为设计者高度关注的因素。可见，铺装的实用性是车行道路铺装设计的核心。为了满足上述要求，目前车行道多采用沥青和混凝土铺装，铺装形式均质单一（图 6–113）。

相比车行道路，人行道路的使用强度明显低于车行道，且尺度较小，对于铺装的耐磨耐冻性要求相对较低，因此处理手法以丰富灵活为特点。这同时体现在铺装的材质、颜色以及形式等多个方面。人行车道的铺装设计与其所处的环境息息相关。例如，一般情况下，城市干道人行路面的铺装图案以整齐一律、简约大方为主，色彩单一均衡，多以铺装块材自身拼接夹缝所形成的肌理作为铺装图案（图 6–114、图 6–115）。街区内人行街道的铺装则应以朴质平静为宜，以便更好地与居住氛围相协调（图 6–116、图 6–117）。而在商业步行街中，铺装的色彩和图案应以多变丰富为主题。通过部分暖色、亮色铺装块材的点缀烘托出商业步行街

图 6–113　形式均质单一的车行道铺装

图 6–114 铺装形式明晰规整，引导行进

图 6–115 以铺装块材形成的肌理为图案，简洁大方

图 6–116 波纹型图案舒缓平静

图 6–117 铺装形式顺着地势方向自然展开，舒适灵活

图 6–118 色彩亮丽的砖铺就的米罗风格的抽象图案，营造商业步行街兴旺活跃的氛围

图 6–119 地面铺装采用曲线型交替图案给人以扩张感，且赋予商业步行街以韵律感

繁荣活跃的氛围。同时，还应注重铺装形式与此类街区中复杂空间序列的呼应，以充当路面信号起到暗示和引导的作用（图 6–118、图 6–119）。

3）城市中人行街道路面的高差处理：

哈颇林曾说："在人行道面存在高低起伏的城市中行走，会有新的体验和其他衍生的感觉。"城市人行道路，路面的高差处理主要以坡道和台阶两种形式为主。

坡道：人行坡道的坡度对行人行走的舒适度影响显著。坡度小于 5%，步行者能够感觉到坡度的存在，但是不会有不舒适或不安全感。但如果坡度超过 7%，将不利于行人的安全，特别是在雨天或是雪天，路面较滑的情况下。因此，当人行街道的坡度大于 7% 时，应以阶梯的形式解决道路上存在的高差问题。或者将径直的坡道改为曲线型坡道，通过增加行进距离，降低坡道的坡度，消除行人的不适感（图 6–120、图 6–121）。

台阶：台阶是处理纵断方向上水平高差的方法之一。考虑到老人小孩等的安全问题，步行街道的台阶中应穿插有缓步台，以提供中间休息的空间。台阶的尺度应符合相应的规定，一般情况下，

图 6–120　建筑前长长坡道彰显建筑的宏大

图 6–121　旧金山罗恩伯特街将径直坡道改为之字形坡道降低坡度

图 6–122　雪铁龙公园内的坡道，与草坡相适应

图 6–123　台阶与坡道结合使用保证通行便捷

图 6–124　对坡地台阶的处理流畅而具现代感

图 6–125　硬质台阶与绿化结合，表现秩序性和节奏感

图 6–126　台阶因为坡道而有了缓冲

梯蹬的 2 倍与梯面的和应为 66cm，如果幅宽大的话也可以考虑增加到 71cm。由于步行道中的台阶在竖向方向上改变了人的观察视角，因此它有助于缓解人们长时间在平坦路面中行走所产生的疲劳情绪。另外，如果将借由台阶表达的高差变化与植物或水景元素综合运用，如沿着台阶的轴线布置植物花草，或借势局部塑造跌水等，都可极大地丰富街道空间的景观效果，增强三维的空间感受（图 6–123 ～图 6–126）。

4）停车场的设计：

停车场包括路上停车场、地下停车场及立体式停车场 3 类。这里仅介绍对于街道景观影响最为突出的路面停车场形式。大部分情况下，路面停车场位于步行道和车行道之间的边缘空间中，也可能位于立体交叉或连续高架桥下的车道中央隔离带上（图 6–127）。景观设计师可借由铺装形式的变化，突出行车线的位置和走向，帮助司机轻松地辨别出停车区域。停车场内的绿化设计应以高大庇荫的乔木为主，并与一些由低矮灌木或地被植物塑造的隔离防护带相结合（图 6–128 ～图 6–132）。它们既能够起到隔离停车空间、标注单个停车位的作用，又可以增强停车场景观的趣味性，

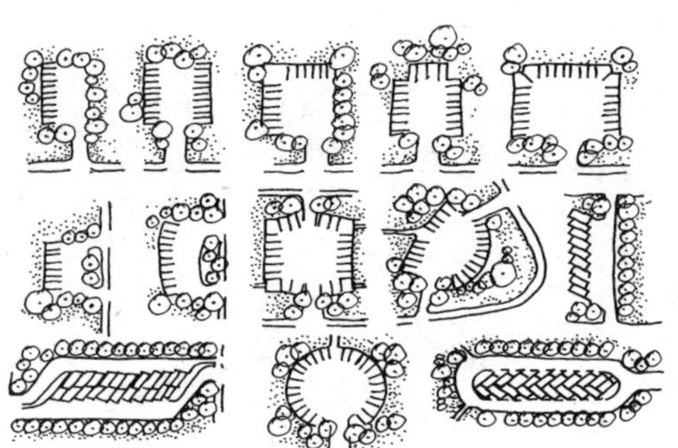

图 6–127 各类小型停车场的设置及植物周边式绿化

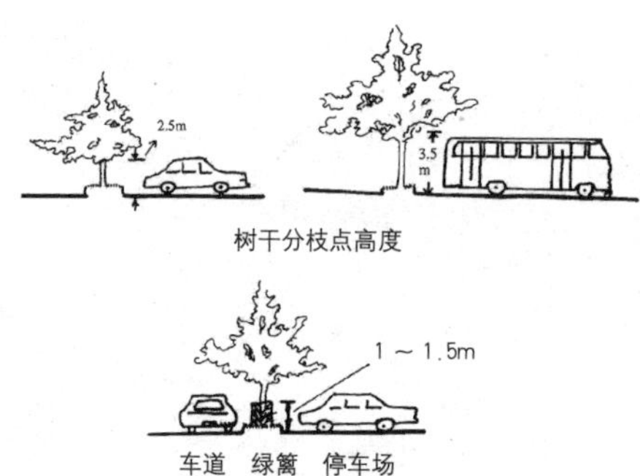

图 6–128 停车场与车道之间绿化设计示意图

图 6–129 停车场的树林式植物造景

图 6–130 采用双层绿篱进行造景，车辆以垂直方式停放

图 6–131 以简单地草坪绿化为主，适宜于使用不太频繁的停车场

图 6–132 公共建筑旁的停车场

并在夏季为司机提供凉爽的休息环境。根据停车场内机动车的停靠方式可以分为平行停车、垂直停车、30° 停车、45° 停车、45° 交叉停车、60° 停车几类：

（1）平行停车：常见的路边停车方式，主要应用于路幅较窄的道路中。

（2）垂直停车：主要应用于路幅较宽，有多余空间的街道中。

（3）30° 停车：主要应用于路幅较窄的道路中，车体之间供乘车人上下车的空间相对较大。

（4）45° 停车：不仅便于司机停车，而且可以把行车道设计得窄些，因此多见于路幅较窄的道路。

（5）45° 交叉停车：这种停车方式一般应用于路幅很宽且复列栽植有乔木的中央隔离带内。

（6）60° 停车：最为便利的停车方式，但是需要较宽的车道提供足够的转向和倒车空间。

5）道路设施设计：

道路作为城市居民重要的活动空间之一，与人们行走、乘车、休息、交流等各种日常活动直接相关。道路设施旨在辅助行人的上述活动或行为在道路空间中便捷舒适地开展，涉及公共车站、电话亭、路灯、公共休息座椅、信箱、公共厕所、交通信息引导图、路标、小卖店、报摊、咨询处、陈列架、自动售货机、垃圾桶等。经过精心设计并且与街道整体氛围、定位相呼应的道路设施不仅可以发挥

图 6–133　路旁设施采用地域性色彩

图 6–134　鲜艳的红色金属块跳跃在沉闷的马路上视觉醒目，在功能上起到缓冲与减速的作用

图 6–135　路旁公共汽车站设计古朴自然

特定功能，还可以为街道的景观效果增色不少。如历史街区中传统造型的灯具、以地域性颜色为主要色系的标识系统乃至附有传统图案或文字的井盖等都是街道景观中不可或缺的组成部分。而居住街道中的信筒、垃圾桶、公交车站等这些与日常生活息息相关的设施如果造型美观、安全实用，也可以有效地改善居民的居住环境（图 6–133 ～图 6–137）。

图 6–136　美国街头公共艺术雕塑与休息座椅和花坛维护功能完美结合

图 6–137　铺装形式与座椅形式统一和谐形成了景观的延续。

6.3.4　城市道路景观地域化设计的思路和方法

近几年，我国许多城市都开展了城市街道景观整治及设计工程。不可否认，随着这样一批批工程的完工，城市道路空间环境得到了极大改善：标识系统、路灯、垃圾桶、公共汽车站等道路设施日益完备，其造型更是得到了精心的设计；道路绿化率显著提高、城市重点道路从乔木到地被植物配备齐全；步行空间得到了有效保证，并通过铺装形式的配合得以强调和美化。但与此同时，设计中也出现了雷同、相近、缺少地域性和可辨识度低等问题。同一个城市中的道路彼此相近，甚至在文化背景、地理位置等方面存在较大差别的不同城市间，其道路景观也很相近。这一问题的出现，促使景观设计师开始思索如何设计出具有明显地域性和高度可辨识性的道路景观。

由于城市街道中潜含着仅属于其自身的特性元素，因此，毋庸置疑，继承并强化该特性元素是街道特色化设计的最佳选择。挖掘街道自身的特点成为了地域性街道景观设计的重要步骤。这将极大地避免设计者单纯从自身想法出发，强加于道路的不合理设计方案的出现，同时能够有效解决城市道路景观千篇一律的问题。

如简 · 雅各布斯在《美国大城市生与死》中写道：“城市中的道路担负着重要任务。路在宏观上是线，在微观上是很宽的面。”可见，潜含于城市道路中的特性元素可从这一“线”一“面”两个角色、两种功能中寻觅挖掘。宏观上，道路作为城市中的“线”，将城市中的不同区域以一定序列串联起来，构成了道路的内容和个性。因此道路的特色要素首先便来源于道路所串联区域的风貌特点。而从微观上讲，道路作为“面”容纳了建筑、水体、植物等多种物质元素，这些元素的特性和组织方式同样能够为街道地域性景观设计提供重要的设计思路。当然，有的街道在历史文化价值或自然环境魅力等方面都缺乏特色，设计很难入手，特别是在进行新城规划设计的情况下。此时，可从街道中人的普遍活动模式、活动强度以及行人的特点中着手挖掘。街道因人的行为活动而具有的特色属性，同样有助于地域性街道景观设计的开展，从而塑造出具有一定特色的街道景观。综上所述，城市街道地域性景观的设计思路可以从街道连接区域存在的特性元素，街道内部自身存在的特性元素以及街道中人的活动特点三个方面开展，并通过对其进行恰当合理的表达和呈现而得以完成。下面将按照上述框架对街道景观设计的素材及设计方法进行详细探讨，以此为街道的地域性设计提供全面的帮助和启发（表 6–8）：

街道的特性要素及突出方法 **表 6-8**

街道所在地区的特性要素		突出街道特性的方法	备注
物质要素	山岳	通过对位，将此类景观要素置于道路轴线的尽头或街道中某些重要的停顿节点处。它们作为地标性要素能够有效地将行人的视线汇聚于此，并将这些构筑物自身所具有的特色风格赋予到街道景观中	镇江西津渡古街 法国香榭丽舍大街
	城市地标性建筑		
	塔、城楼等传统纪念性建筑或寺庙建筑		
	附近的旅游胜地	抽象出一些能够促使人联想到旅游胜地重要片段的符号或是元素，并将其融入到街道中。这样一方面可强化街道连续延伸的特性，另一方面街道作为旅游区的延伸空间，起到过渡作用以塑造出具有一定整体感的城市街道环境	杭州虎跑路 苏州东北街
人文要素	街道附近地区所特有的民俗活动	在街道中提供与该民俗活动相适应的活动空间。为民俗活动的举行提供空间保障，在平日亦可以唤起人们对于民俗活动中人、事及深层文化教义的联想	夏威夷火奴鲁鲁街 潘普洛纳市旧城区的“奔牛之路”
	植根于当地的文化风情	当地的文化风情常体现在颜色、图案、风格等方面。可将其融入到街道景观设计中，如在街道铺装中采用传统图案，在标识系统中采用当地的代表颜色，在建筑、空间的处理上沿袭当地传统的形制	北京的菊儿胡同
	所在地区目前在城市中的定位	根据目前城市总体规划中对于该道路的定位，确立街道景观设计的基调和主题，并选用与之相协调的设计形式	

续表

街道所在地区的特性要素		突出街道特性的方法	备注
物质要素	街道两侧的建筑特色（包括颜色、材料、细部处理、风格）	街道空间正是由两侧建筑围合而成。因此，街道两侧建筑的形式对于街道景观特征的形成具有显著作用。无论是中国的胡同、里弄还是欧洲的街道，都依两侧建筑形式的不同而使街道的景观特征和环境氛围产生较大差别。在进行街道设计时，应试图从两侧建筑中挖掘出共性和特性。将普遍应用于街道两侧建筑中的颜色、材质或细部处理方式等，融合到街道景观设计中，是创建特色街道形象非常有效的手段	天津五大道 哈尔滨中央大街 武汉汉江路 广西北海中山路
	街道两侧建筑的功能特色	部分街道中，诸多建筑均具有相似甚至相同的功能。如商业街内的建筑主要以商场、商铺为主。银行街、商业街、电子科技商贸街等也与之类似。具有相同功能的建筑群赋予了街道特定的风貌特色	上海南京路 天津解放北路
	街道毗邻的水景元素（河、湖）	人们对于水景的向往与生俱来。突出水景的自然特性发挥其在视听效果上的明显优势，并与植物造景相配合便可将邻水街道的景观特色展现得淋漓尽致。滨水道路多为步行道路	苏州平江路、山塘街
	地域特色的行道树	成排的具有地域特色的行道树本身就可以极大地增加道路的可辨识性	上海梧桐行道树 横滨樱花大道
	道路的平面线形	对于大多数道路而言，其平面线形若非从低空鸟瞰，基本上给人以直线的印象。但有些街道由于其中存在着多个曲率较大的转折或回转，行走其间，受其他景观要素如建筑、植物等的影响，通行空间会在封闭和开敞中交替。在进行此类街道的景观设计时，应结合其他要素，采用多种设计手段，在保证交通安全通畅的前提下，对相应产生的空间序列加以强调	美国罗恩伯特街
	道路纵断面线形	绝大多数街道纵向断面线形平缓。但在山地城市中，部分道路的纵向线形起伏较大。在此类的机动车道路中应减少停留空间，保证有效通行。而在类似的步行道路中，应间断地提供休息平台，并考虑借助台阶解决高差问题，同时辅以垂直型植物的特色种植，以塑造出因地制宜的街道景观	澳门炮台斜巷
	铺装（质地、颜色、形式）	铺装可以吸收各种地域的，民俗的，历史的，文化的要素和特征，以形成特有的道路景观。因其在街道中占地面积较大，常作为行人的关注点，所以其对于街道景观的影响明显且显著	澳门板障堂街
	道路节点处、端点处的景观小品（观赏性植物、雕塑、建筑小品等）	道路中的交叉点、终点作为连续线性空间的停顿往往会受到行人最多的关注。因此，道路沿线上位于节点处的若干特色景观小品既可以展现整条街道的秩序性和连续性（或分别表达街道中不同段落的突出特点，或共同呼应同一个景观主题），又可以为道路景观特色设计提供较大的发展空间	天津大理道

续表

<table>
<tr><th colspan="2">街道所在地区的特性要素</th><th>突出街道特性的方法</th><th>备注</th></tr>
<tr><td rowspan="4">人文要素</td><td>居住在街道上的名人（名人故居）</td><td>结合名人的重要事迹，可在街道中名人故居的近旁提供供人缅怀纪念的小型纪念性绿化空间。若条件允许，可将该故居作为其生平事迹的展览馆对外开放。这将成为该街道重要的标志性景观节点</td><td>上海虹口区多伦路
杭州学士路
福州南后街</td></tr>
<tr><td>街道的旧街名</td><td>透过旧街名，常常可以了解到该街道昔日在某一方面的突出特性并体会到蕴含其中的历史内涵及时代变迁。尽管新的交通方式和居住生活方式不断地加载在旧街道空间中，但仍有必要选择性地将旧街名保留下来，并尝试在街道内部的某些细节之处对旧街名所传达的信息予以体现。这既可以暗示出街道深厚的历史感，体现一定的文化内涵，同时可以为居住和途径这一街道的市民提供寻根溯源的可能，极大地增强了街道的地域性和亲切感</td><td>杭州孩儿巷、大井巷
北京帽儿胡同、烟袋斜街</td></tr>
<tr><td>街道内常会举行的活动</td><td>道路景观的特征和氛围通常会在道路中举行的庆祝活动、早市或夜市的买卖、马拉松比赛等各种活动中突出反映出来。可尝试将与活动有关或活动中遗留下来的既不影响道路正常通行又不影响整体景观效果的某些要素保留下来，以暗示该街道在引导通行以外的功能，体现其区别于其他道路的典型特性。如在举行过马拉松比赛的街道中，保留与比赛相关的地面标志线或说明性符号等，以提高道路的地域特性</td><td>环法自行车赛沿途
爱丁堡节游行沿线街道</td></tr>
<tr><td>街道内发生过的历史事件</td><td>在有些道路中，曾发生过某件重大历史事件。如前文所述，可在道路中具有明显空间序列的一系列节点处设计雕塑等景观小品，对事件加以讲述和展现，也可以在街道中的小广场、绿地等停顿空间中加以反映。这是营造特色街道景观环境常见的手段之一</td><td></td></tr>
<tr><td colspan="2">行人在街道内进行的除通行以外的其他主要活动内容</td><td>除了通行，在有些街道中人们还会开展诸如买卖、展示、交流、欣赏、竞技等其他活动内容，如有早市或晚市的街道，在特定时间举行马拉松比赛的街道，节庆日市民狂欢游行的街道等。可见，了解特定区域内居民、行人活动内容和方式的特殊性对创造具有地区特性且舒适便捷的街道景观至关重要。比起美丽而缺乏地区性的街道景观，根据行人及居民特定活动而塑造出的街道景观更具魅力，这种魅力源于进行特定活动时人群间的相互协调，相互统一以及相互欣赏。如果设计得当可使此类街道具有剧场般的视听效果</td><td></td></tr>
<tr><td colspan="2">道路主要面向的群体</td><td>有些街道会将特定人群汇聚于此。如大学附近的街道以学生为主，电子商贸街以从事电子行业的人群为主，旅游景点附近的街道则以外地游客为主等。因此，采用适合这类人群活动方式、时间规律、审美取向的空间设计手法、栽植手段、景观小品形式乃至基础设施安排都是很有必要</td><td>美国华尔街金融街
北京学府路</td></tr>
</table>

最后，还需要就街道景观的特色化设计强调三个方面：

（1）尽管街道的景观设计追求特色化地域化景观效果，但是首先应该保证其整体景观的连续性和协调性，因此设计主题应高度统一。

（2）设计时，应将城市总体规划中对于该街道的定位与其自身的地域性、文化性特征巧妙地融合在一起，相互呼应，相互协调，切忌厚此薄彼。

（3）街道景观特色设计并非盲目地求新寻异，而是要在其自身条件中挖掘，去寻找属于它的地域性特征，并运用到具体设计中，应避免强加给基地与其内在特征不符的设计思路和内容。

6.4　城市滨水区景观规划设计

笼统而言，城市滨水区即“城市中与水域相连的具有一定规模的陆地区域”。它们按水域性质的不同可以分为河滨、江滨、湖滨和海滨。虽然同属于水滨，但是由于河流与海洋的性质不尽相同，下文将主要就城市河流滨水区的景观设计进行讨论。

从城市出现到成长的整个发展过程中，城市与河流之间的作用与联系贯穿始终，可以概括为以下三个阶段。首先，作为生活、灌溉和运输的基础条件，城市多起源于近水地区（图 6–138 ~ 图 6–140）。而从军事防卫的角度出发，以河流作为护城河保卫城市安全，防御外族入侵的现象也普遍存在。在早期的中国和埃及两大文明古国中，城镇分别沿尼罗河和黄河分布的现象明显，也便是很好的例证。

随后二战结束，各国致力于经济发展，人口急剧增多，河流流域内的城市开发进展神速，城市河流的防洪便成为了亟待解决的问题。此时，在城市中的主要河流上都筑起了坚固的连续性堤防，中小河流也都以混凝土进行了堤岸的加固，普遍形成了直立式的护岸。河流的高度人工化不仅仅体现在河流景观方面，同时也带来了水质恶化、水生植物减少、河流生物多样性衰退等问题。而另一方面，为了满足城市快速发展的土地需求，城市中很多小河流都被填埋或改造成暗渠。城市给水管网的改造使得城市中昔日风景优美的河流成为了天然的排污渠。不仅如此，道路铺装率的提高以及建筑面积的增加，使地下水不能得到补给，一些河流因缺水而断流。这些现象导致城市河流日益失

图 6–138　阿诺河畔的佛罗伦萨

图 6–139　阿勒河畔的瑞士伯尔尼古城

图 6–140　长江畔的中国南京城

去了它本来的样子，甚至一度成为城市居民不愿接近乃至厌恶的场所。第三个阶段的出现源于世界范围内有关提高城市环境质量、保证城市可持续发展呼声的高涨。城市经济快速发展所带来的环境问题、城市公共空间减少所带来的社会问题逐步得到世界各国政府的关注。而一度被忽视和破坏的城市河道则恰好为改善城市环境质量，创造城市公共开敞空间提供了极其有利的基础条件。政府也意识到滨水区可用以实现城市环境改造和结构调整的，这为滨水区资源的合理利用带来了历史性转变。在这种趋势下，各国各地区都在进行着提高滨水区环境质量、改善滨水区景观效果的尝试，并已取得了一定成绩。如韩国清溪川的景观改造设计、美国芝加哥河滨水区的景观改造规划等等。可以说，城市设计和景观设计领域已经进入了以城市滨水区设计规划来带动城市新一轮发展的时代（图 6–141、图 6–142）。

(a) 1968 年清溪川上开始铺设高架桥桥墩

(b) 1970 年代填平改建为高架桥的清溪川

(c) 改造后清溪川

(d) 改造后清溪川河岸

(e) 改造后的清溪川为公众提供了舒适宜人的公共休闲场所

图 6–141　清溪川

(a) 二战后的芝加哥河

(b) 今天的芝加哥河

(c) 改造后的芝加哥河河口景观

(d) 改造后的芝加哥河滨水步道

(e) 改造后的芝加哥河为公众提供了多功能的可能性

图 6–142　芝加哥河

6.4.1　城市河流的功能

与城市中其他空间元素如广场、街道相比，城市河流的功能更为多元化、综合化。这集中体现为河流的排水功能、亲水功能、公共空间功能以及自然生态功能。以往我们更关注于河流及滨水区的空间利用和景观形态，因为这两个方面与居民生活的关系更加紧密也更为直观。而河流的排水功能和滨水区的泄洪功能虽然仅在特殊情况下得以体现，却直接关乎城市居民的生命和财产安全，同样不可小觑。因此，在进行河道及滨水区的景观规划设计时，仅强调某一种功能是不正确的，应该试图寻找到特定的契合点，以期塑造功能组合协调合理的滨水区景观（表 6–9）。

6.4.2　城市滨水区景观设计存在的主要问题

城市河流存在的问题是进行滨水景观设计时要特别关注和需要解决的问题，同时也是设计的难点所在。主要体现在三个方面：河道的水量和水质；滨水区内防洪备用地的组织布局以及河流景观的亲水性与安全性。

1）河流的水质和水量：

城市河流的功能　　**表 6-9**

排水功能	防洪功能	洪水的排泄
		平时水的排泄
		地下水的补给、排泄
		泥沙的排泄
		下水的排泄
		雪水（融水的排泄）
	水利功能	水源（给水、工业用水、农业用水、消防用水）
		产业（水产业、印染业、贮木场）
		航运
亲水功能（指对水面的视觉和接触条件）	心理的满足	
	水滨休闲（钓鱼、戏水、划船、游船等）	
	景观形成（桥梁和建筑等城市景观）	
	公园（散步、游戏、谈心等）	

续表

空间功能	广场、运动场
	防灾（阻燃带、安全通道、安全地带）
	桥梁（道路和地铁通过用地）
	通风
	采光
	降噪音（远距离衰减）
自然生态功能	生物生息（鱼类、河底生物、植物、鸟类、昆虫等）
	小气候调节
	地下水补给
	大气净化
	水质净化

摘自《滨水景观设计》。

这是塑造和营建滨水区宜人景观的先决条件。如前所述，城市地下水量的减少，致使河流流量随之减少，加上城市部分排水管线与河道相连所造成的水质污染，使很多河流出现了干涸、富营养化等多种问题。水草泛滥，鱼虾死亡以及难闻的气味使得很多河流及其周边地区为居民所避之不及，其改善环境、美化城市的功能也随之丧失。因此，解决河流水量和水质的问题是滨水景观设计的第一步。如今，已有一些成功的手段如以机械的方式实现上水或处理水的循环，创造出人工流水环境状态；采用多功能调节水库储存流域内的雨水以增加水量；采用透水性铺装从根本上解决城市地下水减少的问题以及通过生物或化学方式达到改善河道水质的目的等。由此可见，针对这一问题不仅需要技术支持同时需与相关部门如水利部门、市政部门、环境保护部门等进行协商，多方协同合作才能实现河流自身水质的净化和水量的保证。

2）滨水区域内的防洪备用空地：

一定范围内，过流面积越大，河流的排水行洪能力越强，洪水可能造成的危害就越小。但单纯以扩大滨水区防洪备用地面积来降低洪水危害的方法是不现实的。一方面，城市滨水区土地费用高昂，简单地以收购居民用地和工业用地来增加滨水区防洪备用空地面积的方法是不经济的。另一方面，随着城市化进程脚步的加快，城市人口急剧增加，预留出过大面积的行洪备用地对于城市用地紧张的现状而言无疑是雪上加霜。这同时损害了居民与生俱来亲水赏水的愿望和心情。因此如何组织布局河流、防洪备用地以及商业建筑用地三者之间的空间关系和功能联系日益受到景观设计师的关注，成为当今滨水区景观设计的重点和核心内容。

近年来，以点状形式穿插于滨水区域内的公园、广场等开放活动用地面积逐渐增加，不仅满足了居民亲水的愿望，而且在特殊时期（特大洪水期）可转作泄洪用地，以降低洪水的危害。因此，以合理巧妙的方式在滨水区内组织河流、防洪备用地、公共活动用地以及商业建筑用地，能够大大提高滨水区土地的利用价值，利于城市结构调整和经济发展，同时也可将更多的城市生活融入到滨水区内，赋予滨水区新的旅游机遇和景观价值。总之，景观设计师应以动态的思维研究上述三者间的相互作用机制，以综合整体的方式进行空间的组织布局。

3）亲水性和安全性：

滨水区的景观设计既要满足居民娱乐、亲水、追求自然的要求，同时也要保证安全性。与滨水区内防洪备用地的情况相同，这也是滨水区景观设计中的一组矛盾。欧美国家在处理这一问题时，采取在特殊地点备置紧急情况下使用的救生圈和梯子，或配备能够激发社会互助意识的设施或标语等方法，具有一定的借鉴价值。在我国，这方面的考虑和处理还比较简单，或机械性地在护岸上设置防护栏，以亲水为代价，保证绝对的安全，或根本不进行任何处理。另外，防护栏多采用标准的网格式和栅栏式，在造型上多半不能满足景观的要求，从河畔舒适性角度来看也存在较大的问题，日后还需更多地思考和研究。

6.4.3 滨水区景观的构成

滨水区景观构成要素的基本分类 **表 6-10**

河流	水流要素	流向、流态、水质
	形态要素	平面形状、纵向剖面形状、地形
	水利构筑物	堤防、护岸、水闸
河流与周围场地间的关系	空间联系	商业建筑空间、公共活动空间、行洪空间、河流通行空间
	文化联系	居住方式、信仰、价值观念、历史传统、当地民俗
	生态联系	动植物、微气候
河流与人类活动间的关系	行为联系	游泳、划船、捕鱼、祭祀
	视线联系	远景、中景、近景

滨水区景观包含了“河”“地”“人”三方面要素（见表 6–10）。其虽以河流自身为核心，但是河流与周围场地之间的关系，河流与人类活动之间的联系同样重要，并与河流一起共同构成了滨水区生动而完整的景观风貌。这三者作为滨水区景观设计的最基本要素，对于它们的认识和理解将有助于具体设计的顺利展开。

1）河流：

从表中可以看出，河流自身作为滨水景观构成的核心元素又可以进一步细化为三个方面。其一，

图 6–143　哥多瓦市河道景观——弯曲的岸线、散布的浅滩、涓涓的流水与滨水质朴平和的建筑形式形成呼应，使小城具有区别于都市人工和喧嚣的静谧氛围

图 6–144　美国华盛顿纪念碑周边水域景观——如镜面般平静的水面烘托出该区域肃穆、严谨、崇高的景观氛围

水流要素，如水的流向、流速、流量、流态、水质等。在景观设计的物质元素——水元素一节中，我们已经对上述方面进行了详细介绍。从中可以了解到，水面的宽窄、水流的缓急、水流量的大小直接影响着河流景观的视听效果。如轻快的水流给人以轻松愉悦之感；缓滞的水流创造出安静沉思的氛围。大水面给人以宽敞、辽阔的体验；而小水面则表达出亲和、亲切的感情色彩。在河底坡降较大的河道中，水流速度快，水花飞溅，声音清澈动听。而河道中的平缓段则水流速度明显降低，悬浮物略显增加，水波均匀轻缓。这些水流特性都会影响到滨水区景观设计方案主题的确定以及区域内的景观氛围。对于它们的了解和把握将有助于设计思路的展开，且对于设计方案的成败具有直接影响（图 6–143、图 6–144）。

其二，河道自身的形态要素及河滩类型。河道自身的形态要素及河滩类型作为表征河流的宏观指标，对于滨水空间的分区与利用，滨水景观的塑造与表达具有决定性作用。尤其是对于地处扇形地带的河流中游而言，河床坡度的改变可能会带来浅滩、渊谭或沙洲等局部地形的出现，改变河流的纵向断面线形，从而影响河流沿岸建筑、道路的布局，种植物种类和分布形式，以及水工建筑物、跨越性构筑物的形态。另外，浅滩、渊谭或沙洲等出现在河道内的局部地形变化，具有汇聚视线的作用。通过恰当设计其既可作为河道的视觉焦点，增添滨水景观的多样性和趣味性，也可作为标志，提高该河道的可辨识度。由此可见，河滩类型及河流形态对于滨水景观风貌和氛围的影响直接且重大。在具体设计前应予以认真分析和全面考虑（图 6–145 ～图 6–147）。

图 6–145　杭州西湖小瀛洲

图 6–146　加拿大底特律河鲍勃罗岛

其三，水利构筑物，如堤防、护岸及水闸等。设计时，应结合场地的实际情况或在植物、建筑小品、材质选取等方面的辅助下予以弱化，或对其巧妙利用在保证功能充分发挥的前提下，与水、石材、植物等因素相因借，创造出新颖独特的景观形式（图 6–148 ～图 6–150）。

2）河流与周围场地之间的关系：

河流与周围场地间的关系是构成滨水区景观的又一重要元素，其直接将单纯的河流景观与近旁包含有建筑、道路、广场等人工化的城市景观融合在一起，极大地丰富了滨水景观的内容。从下表中可以看出，这种融合关系体现在三个层面。

其一，空间联系。滨水景观环境中主要存在着商业建筑空间、公共活动空间、防洪防灾预留空间以及河流自身所占据的河道空间共四类。它们之间既相互联系，又彼此制约，关系紧密。河流沿岸的商业建筑依河道空间而建，既强化了河流空间的围合感，又突出反映了河流空间的形态。同时，这二者之间还具有极佳的对景关系。建筑作为河岸两侧的视觉焦点，成为了河道空间的主景，而河流作为典型的自然景观要素，为置身于建筑中的人们提供了天然的美景，两种空间类型在滨水区域内实现了交流与沟通。人们对于水的向往与生俱来，沿河岸保留公共活动空间能够满足这样的愿望。如前所述，由滨水绿化

图 6–147　南京玄武湖

图 6–148　澳大利亚新南威尔斯西探测者小溪中的结合了石景的堤坝设计

图 6–149　澳大利亚新南威尔斯陌路人小溪中的结合了跌水效果的堤坝设计

图 6–150　德国海德堡河道景观——桥成为河道景观的主景元素

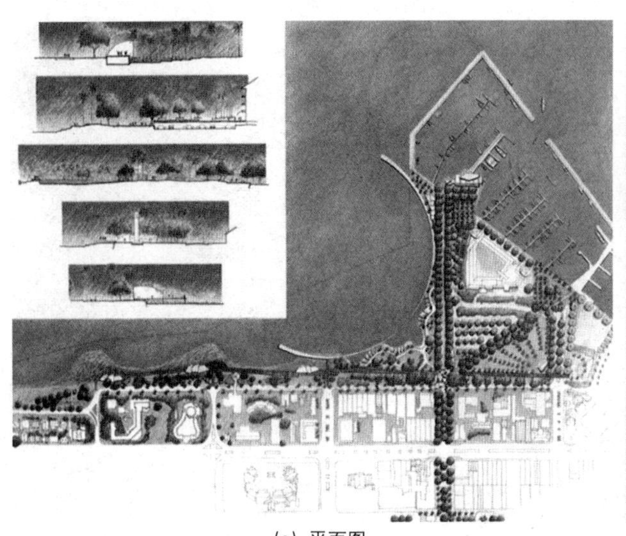

(a) 平面图

(b) 鸟瞰图

图 6–151　澳大利亚昆士兰凯恩斯海滨区

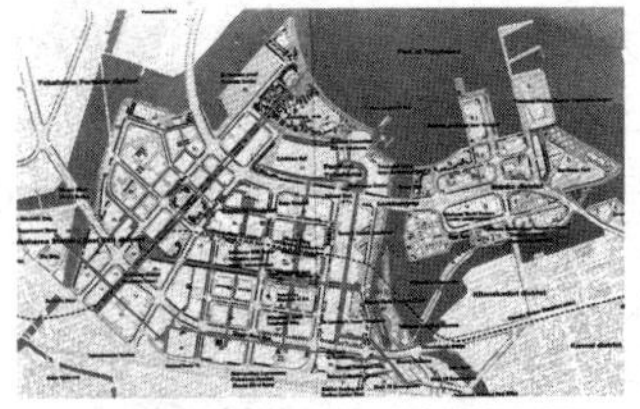

(a) 日本横滨 MM′ 21 总体规划平面

(b) 横滨 MM′ 21 模型

(c) 从“日本丸”纪念公园远眺横滨 MM′ 21 区

(d) 从横滨市区看 MM′ 21 地区

图 6–152　横滨 MM′ 21

带串连起来的分散于滨水区域内的公园、广场等公共活动空间为各种亲水娱乐休闲活动的开展创造了可能，并与自由灵活的河流空间形成了良好的呼应。同时，它们可在特殊时期，局部转作防洪空间，增加防灾预留空间的尺度和范围，以降低洪水的危害。这两种空间在功能上的转化巧妙合理，可谓一举两得。由此可见，合理组织上述空间的布局关系和分配比例是滨水景观设计的重要内容，并直接关系着滨水区内各项功能的有效发挥及滨水景观全貌的呈现（图 6–151 ～图 6–153）。

其二，文化联系。有的河流讲述的是一部与洪水搏斗的抗争史，如河南的汴渠；而有的河流则讲述的是以水为中心的人类发展史，饱含着灿烂的文化，如天津的海河。毋庸置疑，所有现存的河流文化都与其所处的地域环境紧密相关，因此河流的文化属性能够赋予整个滨水景观风貌以鲜明的地区风格，也只有将河流所特有的历史文化特征融于滨水区的景观设计中，才能使不同城市的滨水区景观风貌甚至同一个城市中不同滨水区的景观风貌有所差异且各具特色。因“水”产生、与“水”有关的各种传统文化、民俗信仰、价值观念、生活方式，诸如庆典、祭祀、禁忌、喜好等方方面面，都可以在主题确定、空间组织、造景方式等各个滨水景观设计阶段中加以分析和研究，经由模仿、修复、象征、比喻或抽象的方式予以传达和表现，在延续滨水景观地域性的同时增强人们对于改造后新滨水景观的可识别性和认同感（图 6–154 ～图 6–156）。

其三，生态联系。河道是城市中重要的生态廊道，动植物种类丰富，并承载着自然与城市之间多种能量的转换和交替（见图 6–157）。而且由于水的比热容低于土地，因此河流温度的变化滞后于土地，对于近水区域的微气候环境影响显著。可见，在进行滨水区景观设计时应充分发挥河流的生态优势，在保证其自身良性循环发展的前提下，带动滨水区环境的整体改善和提高，促进自然与城市的协调发展。

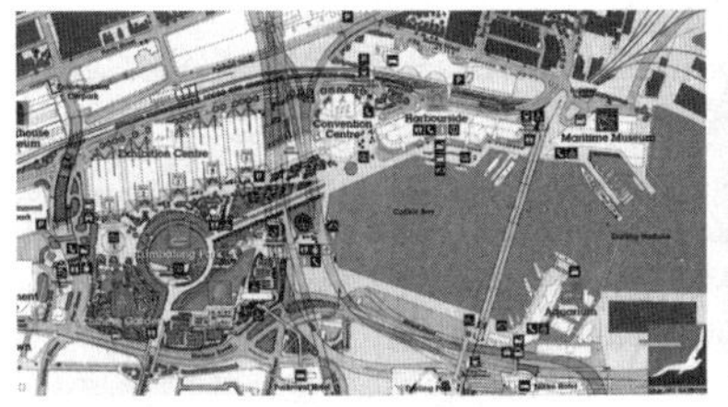
（a）达令港总平面

（b）达令港鸟瞰

（c）从达令港看悉尼市中心

（d）达令港购物中心现状

图 6–153　达令港购物中心

（a）泛水岸线设计——记载了该区原有的码头船储文化

（b）亲水平台设计图

（c）景观小品设计

（d）象征集装箱的灯具设计

图 6–154　澳大利亚维多利亚基隆滨水区

图 6–155　上海黄浦江两岸不同历史时期不同文化背景影响下的滨水景观

图 6–156　江南水乡文化影响下的水景观

图 6–157　河道中植物、微生物种类繁多

图 6–158　从码头远眺密尔沃基艺术博物馆

图 6–159　悉尼库吉 在休闲广场南部所看到的景观

图 6–160　在穆卢卢巴的“卢”欣赏水景

3）河流与人类活动之间的联系：

河流与人类活动之间的联系可谓是滨水景观的点睛之笔。因为无论是室内环境还是在室外公共空间中，人和周围环境的互动总是会吸引另外一些人的关注，从而引导被吸引者逐渐聚集于此，并引发新的场景和新的活动内容在进行中的事件附近发生，进而形成极具变化和吸引力的景观效果。诗人卞之琳“你站在桥上看风景，看风景的人在桥上看你”的诗句正是这一道理的最好表达。这符合《建筑环境学》一书所提及的著名的“人看人”理论，相信也是任何交往性公共空间设计的根本。

河流与人类活动之间的联系可以进一步划分为两个方面。其一，视线联系（图 6–158 ～图 6–160），涉及由远处的山峦、地标性建筑、河流等共同构成的远景，由沿岸建筑、桥梁、植物绿化、水面共同构成的中景以及水波、倒影、游人的活动以及花草树木等构成的近景，景观层次由远及近、层层深入，对于滨水区景观趣味性及多样性的塑造至关重要。其二，行为联系。景观设计师应结合河流自身的形态特征，水深流速等水流特征、周围区域的用地性质以及主要服务对象的特征等合理组织安排各种与水直接相关的娱乐活动，促使城市滨水环境与居民生活相互渗透融合，以塑造亲切生动互动性强的滨水景观场景。表 6–11 根据活动区域和活动类型对城市滨水区内的一些主要活动进行了总结归类，以此为滨水区景观设计中有关活动项目的安排提供参考。

滨水区内的主要活动类型　　**表 6-11**

按照滨水区内的活动区域进行分类	
河上活动	河流两岸的活动
在河道上举行如游船、许愿等祭祀、信仰活动	商业开发活动
观赏河道走势、水面形态以及桥梁等景观要素	运动、娱乐旅游、活动
在河道上上开展游船、快艇等航运活动	创作教育活动

按照滨水区内的活动类型进行分类	
活动类型	典型举例
静态活动	钓鱼、运动、看比赛、露天演出、读书、写生、谈话、野外烧烤、器乐演奏、集会、餐饮、冥想等。
线路活动	划船、游船、自行车运动、跑步、马拉松。
轻型活动	散步、游水、观赏自然风景、放风筝、野营、滑板、儿童小型游艺设施等。
场地运动	各种体育比赛场、高尔夫练习场、滑翔机、帆伞飞行、跳伞运动、祭祀活动等。

摘自《滨水景观设计》。

6.4.4　滨水区景观的分项设计要点

1）滨水区交通网的设计要点

滨水区的道路交通网既要满足游人欣赏滨水景观风貌的愿望，提供亲水的可能，又要保证滨水区与城市街区的有效便捷连接，以充分发挥其旅游及经济价值。由此可见，滨水区交通网设计的核心问题在于水陆的连接以及道路的层次分布。景观设计师可通过对滨水区内人流的集中节点、景观焦点以及基地内的游览动线三方面进行分析后予以解决，以形成水岸线、道路以及游览动线三者间的呼应与协调。另外，滨水区内亲水位置的分布及亲水方式的选择也是滨水区路网设计所关注的重点。这里将滨水区道路划分为三类：①连接城市与滨水区的道路②滨水景观带内连续贯通的沿河主路③与沿河主路垂直，通向河岸的步行路。④连接城市与滨水区的道路：由于地势、自然条件、人为规划等原因，城市街区和滨水区往往被隔离，而此类道路则起到连接两者的作用，并保证了滨水区的可达性，其间包含有机动车、非机动车以及步行三种交通方式。另外，考虑到河流具有阻燃的功能，在地震等引起大规模火灾时，这类道路可兼作紧急疏散通道，引导居民暂时汇聚于滨水区内。因此，此类道路的铺装应具有明显的引导性。铺装材质和形式的选取宜采用过渡的方式，以配合由城市人工区向城市自然滨水区的过渡。

图 6–161　Samuel–De Champlain 滨江大道

滨水景观带内连续贯通的沿河主路：这类道路沿河布置，多呈弯曲状，具有高度的连续性和可达性（图 6–161）。它将景观带内的各个主要景点、功能区以及交通枢纽站等串连在一起，保证了彼此间的有效连接。这类道路以步行方式为主，故应保留出足够的步行空间，以满足人们沿河欣赏滨水景观，感受滨水区环境氛围的意愿。需要强调的是，由于此类道路较长，设计时应特别注重沿河景观的变化性。在景观极佳的路段，可局部扩大宽度，设置路边观景绿地，并保证视线的开敞，以供游人驻足观看、拍照、交谈。而在一般路段，应通过绿化种植强化道路空间的方向性及线性特征，适当约束视线范围，为重要景观节点、大场景的全面呈现，做好视觉上和心理上的铺垫。

图 6–162　Samuel–De Champlain 人行道

与沿河主路垂直，通向河岸的步行路：这类道路的一端与沿河道路垂直相连，另一端则通向水边，方便游人靠近河岸，满足其亲水乐水的需求（图 6–162 ~ 图 6–163）。由于该道路受河水水位变化影响较大，因此设计时需要考虑常水位、洪水位等水文指标，可采用阶梯或坡面的形式以减轻洪水对其可能造成的危害。道路铺装宜选用自然性材质如木材、鹅卵石等，这样一方面可使其与河水及水生植物等自然要素形成良好的呼应与过渡，另一方面，如受洪水侵袭，可降低经济损失。

图 6–163　澳大利亚新南威尔斯陌路人小溪旁人行道

图 6–164　海登法特莱茵河河岸

图 6–165　悉尼 Bedlam Bay 静态观赏空间

图 6–166　朗诺斯角。从安静私密的休息空间中可以瞥见附近的运河

图 6–167　布拉得利斯角的布罗吉角。从凉爽荫蔽的休息空间可以领略到悉尼港的美景，也能欣赏到具有历史意义的海边堤岸

2）滨水区广场、公园等公共开敞空间的设计要点

滨水区公共开敞空间的设计应该首先着眼于人们对于滨水活动的需求，以此为依据设计会更为合理而经济。一项调查显示，人们在滨水区内的活动是以“走”“坐”“眺”“动”四类活动为基础的有机组合。一般情况下，“坐”“眺”两种活动相依存，因此设计的内容不仅仅包括公共开敞空间内景观小品的布局形式，还涉及观赏区的方位以及随之而产生的视线与水面上景物群间的对位关系。“动”也包含着“眺望”，此时除了对位关系外，行进的速度对于观景效果的影响要予以格外注意。由此可见，滨水区内广场、公园等开敞空间是否能够满足多样的活动形式是此项设计的重点。

以“静态”活动为主的开敞空间，由于静态的“欣赏”是此类空间内的核心活动内容，因此其位置的选择，场地内视线的组织、动线的引导都应在综合考虑了其与河岸两侧重要景观节点的对位关系后才可确定，并借由植物、小品等景观要素予以配合（图 6–164、图 6–165）。另外，在“静态”的开敞空间中，应在局部创建一些相对私密安静的子空间，为休息、就餐、看书、下棋、聊天等静态活动提供可能。内部座椅、垃圾桶等基础设施的数量则应以该区域的预计使用规模为参照（图 6–166 ～图 6–168）。而在以“动态”活动为主的空间中，应将非特殊性的动态活动项目作为场地内的主要活动内容，以保证场地使用的大众化、

图 6–168　库农河边的休憩空间

生活化以及多样化（图 6–169、图 6–170）。并且，在保证安全的前提下，应特别着重于此类空间中亲水构筑物如栈道、小桥等的设计与布置，以便将更多的与水有关的非特殊性活动项目融入到场地中如戏水、摸鱼、划船以及具有地方特色的祭祀、庆典活动等。

图 6–169　滨水区为游人和当地居民户外活动创造可能

滨水区开敞空间的设计还受到来自河流和城市两个方面的影响。河水自身的形态、河滩的类型以及河水的流态等因素共同决定了开敞空间的位置、主题和形式。如河流横剖面较宽敞的区域或高河滩的区域宜修建开敞空间，而横剖面狭窄处由于其对于水位变动的影响异常敏感，则不宜修建公园、广场等大尺度空间，应以道路等带状空间为主。来自城市的影响主要体现为地域性和人文性两方面。在进行公园广场等开放空间的设计时应努力将上述两者与自然环境相结合，以塑造出植根于当地，并具有特定文化传统的人文景观。

图 6–170　悉尼库吉。滨水休闲广场为人们的活动提供了极佳的场地

最后需要强调的是，倚临河流兴建起的大尺度开敞空间切忌以单一活动或特殊性活动为开发目的。例如，占用河流空间兴建大型赛场、游艺场、高尔夫球场等，这些目的单一且具有一定特殊性的项目大多数情况下都是失败的。因为功能的单一化、特殊化使得现实中的使用率极低，且将大部分游人阻隔在近水空间之外，极大地降低了滨水空间的经济价值和娱乐价值。因此滨水区开敞空间应容纳有各种活动，具有较高的适应性，以满足使用者的意愿，提高其使用价值。设计时，应考虑借助于植物或景观小品将大尺度空间划分为一系列有机联系的子空间。在避免大型单一开敞空间出现的同时，有序地将开发整治前原本混杂在一起的活动进行划分，形成有序且丰富的活动空间群，从而塑造充满趣味性和生活性的滨水开放空间。

3）滨水区建筑的设计要点：

城市滨水区中，河流两岸的建筑形式在河流开敞空间的映衬下显得格外醒目，对于整个滨水区的景观效果影响颇大。设计师应格外注重建筑形式、功能特点以及所处环境地域文化特性三者间的协调统一。另外，由沿岸建筑群构成的天际轮廓线对于滨水整体景观效果的影响同样不可小觑。因为河水的镜面反射作用，将天际轮廓线在水中予以再次反映，使之与近地面景观元素之间的关系更为直接和密切，且更易为人所关注。设计中应尤其注重建筑天际轮廓线与河道岸线的呼应与协调，切忌建筑物高度变化太过突兀所造成的零散混乱之感（图 6–171、图 6–172）。滨水建筑物的高度应严格符合滨水区建筑高度上限的相关规定，在保证天际轮廓线完整流畅的同时，以确保水面能够得到足够的日照。否则，不仅会对观景效果产生不利影响，而且会造成河道水环境的恶化，导致水生动植物的死亡。

图 6–171 荷兰阿姆斯特丹滨水区天际轮廓线

图 6–172 悉尼市滨水区天际轮廓线

如果滨水区域内有遗留下来的，并具有明显滨水工业特征的建筑设施如船坞、仓库等，即使原有的功能已经消失，仍可考虑通过合理的安排和设计选择性地对部分加以保留，作为原有场地景观风貌的痕迹，增加滨水景观的地域特点和可识别性，也可对其进行二次利用开展新的滨河产业。这样既节省了前期的资金投入，又有助于这些工业遗产的可持续发展，可谓一举两得（见图 6–173 ～图 6–177）。

表 6–12 为由日本高桥研究室研究编写，以 D/H 参数为指标关于建筑控高问题的资料，以供参考。（D/H 指河面宽与建筑到水面高差的比值）

以 D/H 参数为指标关于建筑控高问题 **表 6-12**

ArctanD/H	空间感受	对象观感
63°	能接近，有狭窄感	被封闭感觉 / 对岸竖向景观只能看到一半 / 有封闭恐怖的感觉
45°（比例较好）	高度和宽度之间均衡	高度和宽度相协调强调了空间感 / 对岸竖向景观能看全
34°（比例较好）	空间感受适中	对景物的观察仍集中于细部
27°（比例舒适）	减少了封闭性，观察景物的最佳观察点	既能观察到景物的细部，又感受到对象的整体性
18°（比例舒适）	更为开阔	一般占有整个视野 / 虽然构成景观的一部分，但看起来有独立性 / 与其说围成一个立体不如说形成场地的边界 / 立面上的细节变得模糊
14°	离开了，开阔感明显	滨水空间 D/H 的上限
9°	封闭性下限	
8°	封闭性消失，有一片汪洋之感	景物从观察范围消失

摘自《滨水景观设计》。

图 6–173　日本岩石区滨海仓库改造成多功能旅游服务设施

图 6–174　岩石中心外景

图 6–175　悉尼达令港的动力博物馆得到了保护

图 6–176　悉尼达令港原泵房建筑得到了有效保护

图 6–177　标志塔旁边的石造船坞已改造成观演休闲空间

6.5　乡村景观规划设计

6.5.1　乡村景观规划的有关概念

1）乡村的定义

在现代地理学词典中，乡村被解释为非城市化地区。通常指社会生产力发生到一定阶段上产生的，相对独立的，具有特定的经济、社会和自然景观特点的地区综合体。不同学科从不同的视角对乡村有不同的解释和划分标准。乡村社会地理学家 Gareth Lewis 提出：乡村是聚落形态由分散的农舍到能够提供生产和生活服务功能的集镇所代表的地区，并从土地利用方式的视角将乡村定义为以土地利用粗放为特征的地区。乡村地理学家 Hugh Clout 则认为：乡村是人口密度较小、具有明显田园特征的地区。从社会学的角度，“乡”是中国最低一级政权单位，县以下的农村行政区域；“村”是中国农村中的居民点，多由一个家族聚居而自然形成，居民在当地从事农林牧业渔或手工业生产。其不仅体现了行政管辖和隶属关系，而且还反映了社会结构的基本单元。虽然国内外对乡村概念的理解和划分不尽相同，并没有统一而明确的定义，但认为乡村应具备以下三个特点：（a）乡村土地利用是粗放的，农业和林业等土地利用特征明显；（b）小和低层次的聚落深刻揭示出建筑物与

(a) 粗放的土地利用特征

(b) 低层次聚落与广阔景观的一致性

(c) 乡村生活环境与行为质量是广阔景观的有机构成

图 6–178　乡村的三个主要特点

周围环境所具有的广阔景观相一致的重要关系；(c) 乡村生活的环境与行为质量是广阔景观的有机构成，是特有的乡村生活方式（如图 6–178）。

由此可见，乡村是相对于城市化地区而言的，指非城市化地区，严格地讲是指城镇（包括直辖市、建制市和建制镇）规划区以外的地区，是一个空间地域和社会的综合体。其又有广义和狭义之分，广义的乡村是指除城镇规划区以外的一切地域；狭义的乡村是指城镇规划区以外的人类聚居的地区，不包括没有人类活动或人类活动较少的荒野和无人区。

乡村景观规划中的“乡村”适用于狭义的乡村概念，典型的乡村地区包括与居民生产环境、生活环境以及生态环境密切相关的城镇、村庄、村落和环绕它们的开放地带。农田、湿地、树林、牧场等构成了围绕乡村居民点的开放环境。

2）乡村景观的定义

早在农耕文明出现后，原始农业公社、聚落附近出现的以生产为目的的种植场地或是果园蔬圃便是早期的乡村景观。

虽然乡村景观伴随农耕文明早已出现，但有关乡村景观的研究则始于近代。1974 年，联邦德国地理学家博尔恩在其《德国乡村景观的发展》报告中，阐述了乡村景观的内涵，并根据聚落形式的不同，划分出乡村景观发展的不同阶段。他认为乡村景观的主要内容是经济结构。地理学家索尔则认为“乡村景观是指乡村范围内相互依赖的人文、社会、经济现象的地域单元”，或者是“在一个乡村地域内相互关联的社会、人文、经济现象的总体”。社会地理学家则侧重社会变化对乡村景观影响的研究，并把乡村社会集团作为影响乡村景观变化的活动因素。

由此可见，乡村景观的概念始于地理学界，并不断地拓展到不同的学科和领域。不同的学科和领域对乡村景观有着不同的内涵界定。

地理学视角下，乡村景观首先是一种格局。这种格局是历史上不同文化时期人类对自然环境干扰的记录。其最主要的表象是反映现阶段人类对自然环境的干扰。历史的记录则成为乡村景观遗产，成为景观中最有历史价值的内容。它主要表现在以下几个方面：①从地域范围来看，乡村景观是泛指城市景观以外的景观空间，包括了从都市乡村、城市郊野景观到野生地域的景观范围；②从景观构成上来看，乡村景观是由乡村聚落景观、乡村经济景观、乡村文化景观和自然环境景观构成的景观环境整体；③从景观特征上来看，乡村景观是人文景观与自然景观的复合体。人类的干扰强度较低，景观的自然属性较强，自然环境在景观中占主题，景观具有深远性和宽广性；④乡村景观区别于其他景观的关键在于乡村以农业为主的生态景观和粗放的土地利用景观以及乡村特有的田园文化和田园生活。

景观生态学视角下，乡村景观是指乡村地域范围内不同土地单元镶嵌而成的符合镶嵌体。它既受自然环境条件的制约又受人类经营活动和经营策略的影响。嵌块体的大小、形状在配置上具有较大的差异性，兼具经济价值、社会价值、生态价值和美学价值。景观生态学把乡村景观看作为一个由村落、林草、农田、水体、畜牧等组成的自然 – 经济 – 社会复合生态系统。

环境资源学视角下，乡村景观是可以开发利用的综合资源，具有效用、功能、美学、娱乐和生态五大价值属性的景观综合体；

乡村旅游学视角下，乡村景观是一个完整的空间结构体系，包括乡村聚落空间、经济空间、社会空间和文化空间，它们既相互联系、相互渗透、又相互区别，表现出不同的旅游价值。

对乡村景观概念的阐述也可通过与自然景观、城市景观相互比较来说明。地球表面的景观类型可以根据人类的聚居状况，划分为纯自然景观、乡村景观与城市景观（图 6–179）。乡村景观与其他两类景观既有相近之处，又有差异。从地域视角看，乡村景观泛指城市以外，具有人类聚居以及相关行为的地域空间；而从景观特征上看，相对城市景观而言，乡村景观的人类干扰强度低，自然属性突出。但是相较于自然景观来说，乡村景观又具有明显的人工痕迹。乡村景观区别于其他两种类型的核心在于乡村景观是具有以农业为主的生产景观以及乡村特有的田园文化和田园生活。

(a) 纯自然景观

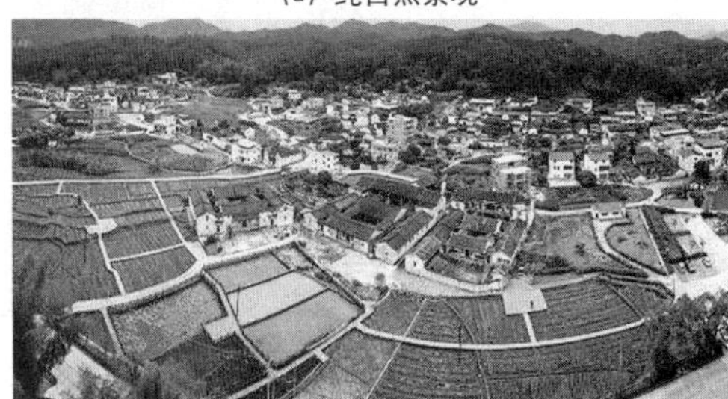

(b) 乡村景观

(c) 城市景观

图 6–179　地球表面的景观类型

乡村景观与纯自然景观、城市景观之间的差异　　**表 6-13**

	纯自然景观	乡村景观	城市景观
构成要素	自然要素为主	自然要素和人文要素	人文要素为主
人居状况	人迹罕至	人口密度小	人口密度大
景观特点	自然风光	生产性景观	建筑景观
与自然关系	—	和谐	疏远
自然气息	—	浓郁	缺少

依据乡村景观与其他两种景观的差异，结合景观地理学、景观生态学以及社会学等的定义，从景观规划专业的角度，乡村景观是乡村地区人类与自然环境连续不断相互作用的产物，包含了与之有关的生活、生产和生态三个层面，是乡村聚落景观、生产性景观和自然生态景观的综合体，并且与乡村的社会、经济、文化、习俗、精神、审美密不可分。其中，以农业为主的生产性景观是乡村景观的主体。

3）乡村景观规划的定义

（1）乡村景观规划的发展与演变

乡村景观的发展经历了三个阶段，即原始乡村景观、传统乡村景观和现代乡村景观。原始乡村、传统乡村是一个自给自足、自我维持的内稳定系统，人地矛盾尚不突出，人与自然环境之间仍然保持着亲和的关系，乡村景观整体体现了生产性与审美性的统一。而随着工业文明的崛起，农业生产力大幅度发展，原有乡村土地利用模式不适合农业机械化的使用，从而使得现代乡村亟需通过重新规划进行土地整理，以适应生产力发展的需要。

国外一些发达国家的乡村，如德国、法国、英国、荷兰以及日本等，在由传统农业向现代农业转变的过程中，出台了很多法案和规划法规，以保障转型中的乡村地区土地利用更加科学、合理。

德国

在德国，农地重划、景观规划以及农村更新规划对乡村景观产生了巨大影响。

为了规整出新的、符合现代农田经营管理的结构和布局，20 世纪初期，德国针对分散、零碎的农地进行调整，小块并大块，以改善农业生产经营条件。但是由于当时的乡村土地整理以单纯的农业生产为目标，虽然适应了新的农田耕种方式，促进了农业大规模发展，但是却对农业生态环境产生了负面影响，主要表现为许多物种的消失或灭绝。

因此，到了 20 世纪 50 年代中期，德国制定并实施了《土地整治法》，不仅使土地得以规整，扩大了农场规模，提高了农业劳动生产率，而且明确了乡村村镇规划，规划自然保护区，改善农民生活条件和生态环境。这对乡村景观规划及自然维护具有积极意义。

此后，随着德国乡村人口外流以及乡村景观逐渐丧失等一系列问题的出现，为了协调德国城乡发展，挽救日益颓废的乡村，自 1961 年开始，德国每两年举办一次“我的农村会更美”景观与建设竞赛，至今已有 40 多年的历史，有效促进了乡村地方竞争与发展，从而鼓励乡村居民参与到营造自我家园的活动中，为 1970 年起德国在各邦推行的“乡村更新”规划奠定了基础。

1973 年，在联邦德国多数州通过的《自然与环境保护法》进一步强化了乡村土地整理与自然景观的平衡与协调。该法案要求编制包含所有城市和村镇区域的景观规划。规划是分级分层次进行的，州级制定有州景观规划纲要，地区级的景观规划中农业、林业是规划的主要内容，即使乡镇级规划也专门制定有景观保护规划和绿地规划。要求尽量保留已有的自然景观再增加新的景观，促使各种生物的生息环境得到保障和改善（图 6–180）。

由此可见，从早期的土地整理、自然生态保护到 1998 年倡导的“建造暨空间秩序法”、乡村

图 6–180　典型的德国乡村景观

机能更新，德国的乡村景观规划工作已逐渐变为一个全面保护自然环境、提高环境质量的运动，实现了乡村地区经济效益、社会效益和环境效益的三者统一。

英国

英国的乡村田园景观历史悠久，举世闻名。其除了扮演粮食生产的功能，它也扮演乡村游憩、资源保护、景观保护、人类文明遗产保护（考古）、生态环境保护、教育等功能。这与英国各级政府长期从事乡村景观立法和保护密不可分。

英国拥有众多的国家级官方乡村景观保护机构。它们独立工作，却也在自然与文化遗产整体性保护的共识下，展开广泛的合作，重新认识乡土文化，并制定一系列保护措施。其中，1968 年由前身为“国家公园委员会”转变而成的“乡村委员会”在乡村景观保护方面贡献突出。

最初，乡村景观在英国是纳入“国家公园”的范畴。这在 1949 年国家公园与乡村通道法 (National Parks and Access to the Countryside Act 1949 简称“1949 年法”）中对国家公园的概念有明确的规定：国家公园为英格兰和威尔士境内的一些广阔的乡村区域，因其自然景色和娱乐价值而应予以保护，内容是对独特的风景景观以及野生生命，珍贵的历史建筑与历史名胜加以立法保护。同时，为公众进行野外娱乐活动提供必要的通道和设施。1968 年，英国“国家公园委员会”更名为“乡村委员会”，其职责范围也从过去仅对保护景观区域的管理扩大到对整个乡村工作的管理。

乡村委员会 (Countryside Commission) 是一个由环境总署督导、资助的特别委员会，负责英国境内乡村景观的保护与休憩服务，包括规划设计国家公园。乡村委员会的主要目标在于确保英国境内乡村景观得到完善的保护，基本任务就是保护与强化英国境内乡村自然美的特征，并设法帮助更多人能去享受这些自然风景和文化生活。

乡村委员会本身并不拥有土地，也不直接经营管理公园、林区或是景点，而是研究有益于乡村的产业、游憩发展政策，再说服相关机构或团体落实这些政策。为达成设立目标与基本任务，乡村委员会通过与相关部门、地方政府和民间团体合作的方式推动乡村景观保护重大方案的开展，主要包括：①乡村管理：委托乡村居民就近保护景观；②绿篱奖励：奖励乡村居民保存绿篱围墙景观；

③社区森林：营造乡村社区性多功能森林；④道路通行权：清除及维护道路通行权网络；⑤国家步道网：乡村景观休憩空间系统；⑥乡村行动：社区参与景观保护行动；⑦基础工作：指导乡村衰落振兴行动。

如绿篱奖励，绿篱是英国典型平地农田的特色景观元素（图 6–181）。在传统混合农业时期，它不仅具有围圈牲畜的功能或土地界限的意义，更成为英国田园风光的特色。随着现代农业机械化影响，绿篱在现代农业的功能被削弱，且维护成本日益增高。在 1965 ~ 1970 年的五年内，有近一半的绿篱被砍除。在此情况下，英国农渔业部（Ministry of Agriculture，Fisheries and Food，MAFF）立法决定每年补助 1200 公里奖励新植绿篱，以有效保留英国田园风光特色。

再如林地奖助计划，鼓励创设新的林地，或者对于现存林地管理良好者提供奖助，以满足英国社会大众对木材与日俱增的需求、改进陆地景观、增加野生物栖息与繁荣乡村经济。

此外，自 1987 年开始，英国农渔业部（MAFF）为了有效保护和塑造乡村景观，便从景观保护、自然保护和生态环境方面提出诸多有效而颇具影响力的保护政策，包括环境敏感地区计划（Environmentally Sensitive Areas Scheme）、乡村管理计划（Countryside Stewardship Scheme）、有机农法计划（Organic Farming Scheme）、硝化物敏感区计划（Nitrate Sensitive Areas Scheme）、乡村开放计划（Countryside Access Scheme）、农地造林补贴计划（Farming Woodland Scheme）、栖息地计划（Habitat Scheme）、空旷地计划（Moorland Scheme）等。

这些政策以补助的方式，鼓励农民从事一些有益于环境保护，或是采用与环境兼容的耕作方式。而这些耕作方式不只狭义地局限于对自然资源的保存与保护，更扩及农业耕作所在地的乡村地区的生活环境、历史文化及整体景观的维护。

由此可见，这些环境政策以及各种不同的奖励方式，强调出英国乡村管理的一个核心理念，即农业活动将不再只是一种单纯的经济活动，而是一种可以创造优质生活环境与生活质量的产业生产

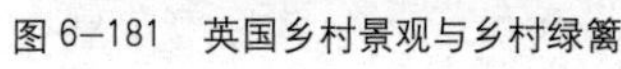

图 6–181　英国乡村景观与乡村绿篱

方式。其目标包括：①维持景观的美质与多样性；②保留并扩展野生栖息地范围；③保存文化的特性；④重建过去被忽略的土地；⑤创造新的栖息地和景观；⑥增加民众享受乡村生活与景致的机会。

1997 年，英国自然署（English Nature）、遗产署（English Heritage）及乡村委员会（Countryside Commission）经过多年合作调查，完成了英国全国性整体保护计划的乡村特征方案。该方案将英国划分为 120 个自然区与 181 个乡村特征区。自然区是指野生生物、自然特征形态相似的聚集处。通常相同的自然区会有相同的地景。决定自然区的条件有野生生物与自然特征、土地利用、人类历史。乡村特征区则是站在文化和历史的角度上，强化乡村居民的地方感。

综上，英国针对乡村保护提出的环境政策以及关于乡村景观特征的保护，对英国乡村地区自然资源的保护与保存、历史文化与整体景观风貌的维护乃至户外休闲起到了极大地推动作用。

荷兰

荷兰是较早开展乡村景观规划的欧洲国家之一。自 20 世纪初为了适应农业机械化生产的变化，荷兰政府于 1924 年颁布了第一个《土地整理法》（Land Consolidation Act），其主要目的是改善农业的土地利用，促进农业发展，使不同土地所有者的土地相对集中，规整划一（见图 6–182）。该法案的出台，以及 1938 年荷兰第二个《土地整理法》的颁布虽然在提高农业生产效率上显示了它的成功，但是由于其实施目标的单一性，荷兰乡村景色在土地整理后消失现象严重。

因此，自 1940 年开始，荷兰风景园林设计师逐渐参与到村工程、土地改善和水管理的项目中，从事乡村地区的景观规划工作，以改善以农业为单一目标的乡村发展状况。在此过程中，风景园林师的目标和追求随着不同历史时期经济和社会的发展以及不同时期出台的法案深刻地影响着乡村景观的变化。可概括为以下三个阶段：

图 6–182　适合于机械化农业的乡村景观

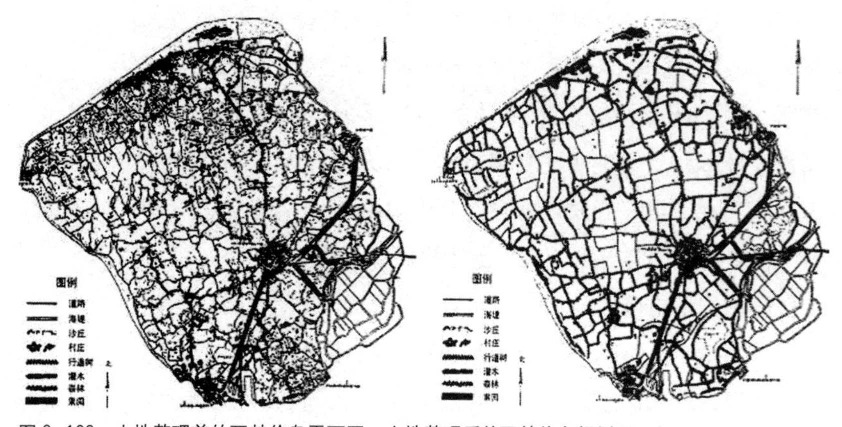

图 6–183　土地整理前的瓦赫伦岛平面图，土地整理后的瓦赫伦岛规划图

第一阶段：1945 ~ 1960 年——以提高农业生产效率为主要目标

1947 年，荷兰颁布了《瓦赫伦岛土地整理法》（Walcheren Consolidation），成为荷兰土地改革历史上一个重要时期，开始了从简单的土地重新分配转向更为复杂的土地发展计划。此时，由于处于战后重建时期，恢复经济是当时的首要任务，乡村景观规划在当时也是将提高农业生产效率作为规划的主要目标。

例如泽兰省（Zeeland）的瓦赫伦岛（图 6–183）。根据农业机械的使用要求，土地的两条对边最好平行，需要线性的、大块的土地格局，而原有道路体系密集且弯曲，这就要求设计师综合平衡两者之间的矛盾。最终，设计师本特姆（R.J.Benthem）和尼科. 德. 扬（Nico de Jonge）在这里采取的措施是：将现有的弯曲道路有选择地进行保留，然后在道路网中尽可能规整地细分土地。

种植规划则综合考虑了功能和视觉感受，在海岸附近道路两侧种植了防风林带，在海岸沙丘的内侧规划了大片森林，岛内河边道路的两侧也种植了乔灌木，而在穿过圩田的道路两侧没有种植，形成了圩田与海岸地区、河边地区空间感受上的虚实对比。

新规划后的瓦赫伦岛景观很好地满足了 1950 年代农业生产的需要，设计师在这里创造了一种功能性的景观，他们自己称之为一种“现实主义”的景观。

第二阶段：1960 ~ 1980 年——开始涉及户外休闲、景观保护以及自然保护等方面的利益

1954 年，荷兰颁布了第三个《土地整理法》，明确规定了景观规划必须作为土地整理规划的一个组成部分，乡村景观规划自此在荷兰获得法律地位，由林业部分负责。随后的几十年里，由于人口增长、城市化和环境保护意识的日益增强，休闲娱乐、自然景观保护和基础设施建设等引起广泛关注，并开始涉及户外休闲、历史保护、公共住宅以及自然保护等其他方面的利益。

例如西泰勒沃德（Tielerwaard–west）地区的景观规划，一方面通过整理土地的利用形式，为农业生产提供良好的外部条件，另一方面风景园林师通过对现状条件的调查分析，规划了很多大型自然区域作为自然保护地，营造大片的森林和自然区域，挖沙成湖，塑造成为一个有着湖水和森林的休闲公园。农院周围利用树篱围合，道路种植则从视觉角度考虑两边种植了通透性较好的树列，保持了圩田景观的开敞性。经过风景园林设计师的处理，这个区域转变成了结合自然价值、户外休闲和视觉审美的现代农业景观区。

第三阶段：1980 年至今——环境保护意识日渐增强，开始进行大尺度生态关系的研究

1981 年荷兰农渔业部颁布了《乡村发展的布局安排》(*Structure for Rural Area Development*) 法案。该法案与《户外娱乐法》（*Outdoor Recreation*）、《自然和景观保护法》（*Nature and Landscape*

Preservation）组成了 1980—1990 年之间荷兰有关乡村发展的主要法律。1995 年荷兰又颁布并实施了新版的《土地开发法》（*Rural Area Development Act*），与旧版《土地整理法》相比，新的法案在安排户外休闲娱乐、自然保护区等用地方面，提供了更大的可能性。这一时期，农业不再是主要目标，其他的利益也得到同等地位的关注。主流态度开始转向景观规划相关的生态问题，限制土地开发，进行大尺度生态关系的研究，注意从结合了土地使用类型、生态便利设施和景观形式的设计中找出乡村景观规划的新方法（图 6—184）。

图 6—184　户外休闲娱乐、自然保护兼顾的荷兰乡村景观

例如勃拉邦特省（Brabant）区域的景观规划（图 6—185 所示）。风景园林师扬内麦瑞. 德. 扬（Jannemarie de Jonge）和尤勒斯. 艾丁（Jules Iding）首先进行了“局部”的研究，每个“局部”代表一种特定的土地利用类型，在乡村区域就是农业、户外休闲和自然区域。对每个这样的“局部”，都进行了需求、价值和发展趋势的分析，勾画出可能的发展形式。在此基础上，提出了一个生态的结构网（包括互相联系的自然核心区域、发展区、连接区和森林区）、几个农业发展区以及旅游和户外休闲区域。然后再将所有局部叠加起来，综合考虑各种土地利用类型内部以及相互之间的联系：设计师根据自然汇水流域的边界，将全省分为 13 个流域，然后根据每个流域中，农业用地占优势还是自然进程用地占优势，进而确定每一个流域在下一步规划中，到底是以经济发展为主还是以生态保护为主。即在农业用地占优势的流域以经济发展为主导进行规划；在自然区域占优势的流域以生态保护为原则进行规划。通过这种方式，局部利益在整个区域内得到平衡。生态网络在这个规划中扮演了重要的角色，可以承载一些进程较慢的土地利用形式，诸如动植物的自然发展区以及与此并不矛盾的土地利用形式：户外休闲、森林、淡水水库等。

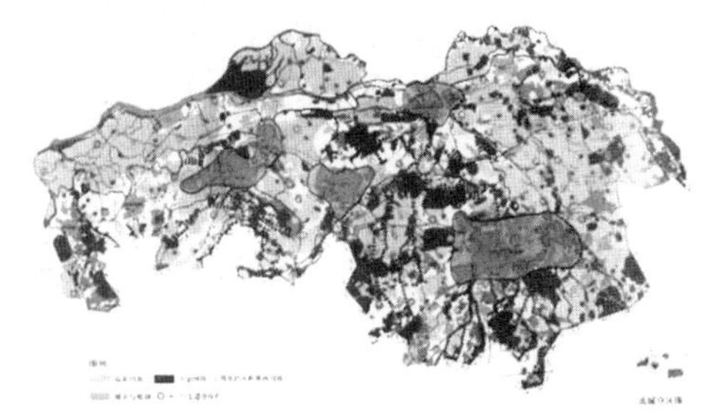

图 6—185　勃拉邦特省（Brabant）区域的景观规划图

（2）乡村景观规划的内涵和定义

根据乡村景观规划的发展目标，乡村景观规划的核心包括以农业为主体的生产性景观规划、以聚居环境为核心的乡村聚落景观规划和以自然生态为目标的乡村生态景观规划。因此，乡村景观规划的基本内涵包括以下三个层面：

• 生产层面

乡村景观规划的生产层面，即经济层面。以农业为主体的生产性景观是乡村景观规划的重要组成部分。农业景观不仅是乡村景观的主体，而且是乡村居民的主要经济来源。乡村景观规划，一方面对生产性景观资源进行合理的规划，保护基本农田，既要满足人类生存的基本需求，又要维持最基本的乡村景观；另一方面，就是充分利用乡村景观资源，调整乡村产业结构，发展多种形式的乡村经济，有效提高乡村居民的收入（图 6—186）。

图 6–186　乡村的生产性景观

图 6–187　乡村生活中的物质形态与精神文化

• 生活层面

乡村景观规划的生活层面，即社会层面。这包含了物质形态和精神文化两个方面（图 6–187）。物质形态是针对乡村景观的视觉感受而言，就是通过乡村景观规划完善乡村聚落的基础设施，改善乡村聚落整体景观风貌，保护乡村景观的完整性，提高乡村的生活环境品质，营造良好的乡村人居环境。而精神文化是针对乡村居民的行为、活动以及与之相关的历史文化而言，就是通过乡村景观规划丰富乡村居民的生活内容，展现与他们精神生活世界息息相关的乡土文化、风土民情、宗教信仰等。

• 生态层面

乡村景观规划的生态层面，即环境层面。乡村景观规划在开发利用乡村景观资源的同时，必须保持乡村景观的稳定性和维持乡村生态环境的平衡，为社会创造一个可持续发展的整体乡村生态系统。乡村生态环境的保护必须结合经济开发来进行，通过人类生产活动有目的地进行生态建设，如土壤培肥工程、防护林营造、产业结构调整等（图 6–188）。

综上所述，乡村景观规划应该对乡村各种景观要素进行整体规划与设计，保护乡村景观完整性

图 6–188　乡村水生态环境与林地生态环境

和文化特色，营造良好的乡村人居环境，挖掘乡村景观的经济价值，保护乡村的生态环境，实现乡村生产、生产和生态三位一体的发展目标，即促进乡村的社会、经济和环境持续协调发展的一种综合规划。

6.5.2　乡村景观分类与要素

1）乡村景观分类

（1）按照地理位置的差异，可以将我国的乡村景观分为以下的三大类（图 6–189）：

山地型乡村景观（主要分布在川东、渝、黔东南一带）；

平原型乡村景观（主要分布在黄河下游、长江中下游地区）；

山麓河谷型乡村景观（主要分布在大江、大河的河谷地带或地远人稀的山地区）；

（2）按照景观形成原因，分为自然乡村景观和人工乡村景观

依据自然景观和文化景观的乡村景观分类如表 6–14：

（a）山地型

（b）平原型

（c）山麓型

图 6–189　乡村景观分类

依据自然景观和文化景观的乡村景观分类表 **表 6-14**

类别	自然景观	文化景观
有形景观	1、地形景观：湖泊、高山、溪谷、丘陵…… 2、地质景观：水山、温泉、泥泉、岩块 3、天象景观：星象、日出、日落、月色 4、生物景观：动物、植物、昆虫、鸟禽……	1、文物古迹 2、农村聚落 3、田园耕作 4、道路设施 5、产业设施
无形景观	1、气象变化 2、岁月时序变化 3、山谷声音、气息	1、生活习惯 2、民俗活动 3、艺术

资源来源：魏朝政 . 坡地游憩区景观体验评估模式之研究 [J]. 造园学报，1993，1：47-64.

（3）依照中国台湾的林世超所述，根据乡村景观资源的不同，可以将乡村景观划分为聚落景观资源和自然景观资源两大类。

其中，聚落景观资源包括：①点状资源：民宅、庙宇、家祠、石敢当等；②线状资源：古厝之排列、巷道等；③面状资源：庙埕、井台、码头等。自然景观资源包括旷野、草原、蜂巢田、沙滩、海域等。

（4）日本以筒井义富为代表的学者则认为乡村景观有两种分类方法：（a）依据生产相关景观、生活相关景观以及自然景观进行的乡村景观分类（表 6–15）；（b）依据点、线、面进行乡村景观分类（表 6–16）。

依据生产相关景观、生活相关景观以及自然景观进行的乡村景观分类（图 6-190）表 6-15

生产相关景观	生活相关景观	自然景观
果园、菜园、畜舍、农地、青贮槽、苗床、农路、农业水道、共同生产设施、旱田、牧草地、稻谷中心、电照菊田	住宅、仓库、花坛、绿篱、花木、门墙、聚落住宅群、电线杆、道路、聚落整体、城郭林带、庆典活动、迎神赛会、儿童游戏场、农村舞台、插秧、晒稻、割稻、公园、神社	草木、鱼、兽、鸟、虫、土地、水流、小山、河岸、地平线、水平线、云彩、晚霞、星夜空、海、湖、沼泽

依据点、线、面进行的乡村景观分类（图 6-191） **表 6-16**

点景观	线景观	面景观
眺望点、突出的松树、祠堂、地标树、稻草人、古坟、农宅、农村舞台、观音像、道标、桥、水池、水车屋、闸门、水桥	山道、古道、动物路线、墙垣、砌石水道、林带、村道、水流、防风林、石砌挡土墙、萤火虫、复育水流、水沟、土堤、河岸、小溪、分水岭	阔叶森林、村落森林、杂木林、混植林、竹林、梯田、紫云英田、耕地、住宅地、聚落、渔村、水田

图 6–190　生产相关景观、生活相关景观以及自然景观

图 6–191　点、线、面进行的乡村景观

2）乡村景观的构成要素

（1）自然要素

自然要素由地形地貌、气候、土壤、水文、动植物等要素组成。他们共同形成了不同乡村地域的景观基底。各要素不仅是构成乡村景观的有机组成要素，而且对乡村景观的构成具有不同的作用。

①地形地貌

地形地貌形成了乡村地域景观的宏观面貌。不同地形地貌形态反映了其下垫面物质和土壤的差异及所造成的区别，因为是进行景观分析和景观类型划分的重要依据。

②气候

气候是不同地域乡村景观差异的重要因素。各种植物的水平地带和垂直地带，土壤的形成都主要取决于气候。气候因素包括太阳辐射、温度、降水、风等，温度和降水不仅是气候的主要表现方法，而且是更重要的气候地理差异因素。

③土壤

著名土壤学家道库恰耶夫说过，土壤剖面是景观的一面镜子。任何形式的景观变化动态都或多或少地反映在土壤的形成过程及其性质上。因此，对于自然景观和农业景观而言，土壤是决定乡村景观异质性的一个重要因素。

④水文

水资源不仅是农业经济的命脉，而且也是乡村景观构成中最具生动和活力的要素之一。这不仅仅在于水是自然景观中生物体的源泉，而且在于它能使景观变得更加生动而丰富。在不同的水体中有着各自的水文条件和水文特征，也决定着各自的生态特征。

⑤植被

植被与气候、地形和土壤互相起着作用。一方面，有什么样的气候、地形和土壤条件，就有什么样的植被；另一方面，植被对气候和土壤甚至地形也都有影响。

⑥动物

野生动物是自然生态系统的重要组成部分，在维持生态平衡和环境保护等方面有着重要意义。

（2）人工要素

①建筑物

按照使用功能，乡村地域的建筑物可以分为民用建筑、工业建筑、农业建筑和宗教建筑四大类。

②道路

乡村道路形成了乡村景观的骨架，是乡村廊道常见的形式之一。乡村道路是指主要为乡（镇）村经济、文化、行政服务的公路，以及不属于县道以上公路的乡与乡之间及乡与外部联络的公路。然而，在乡村地域范围内的高等级公路对乡村环境和景观格局产生较大的影响。因此，乡村道路应包括乡村地域范围内高速公路、国道、省道、乡村道路、村间道路以及田埂等不同等级的道路。

③农业

乡村景观涵盖广义农业的范畴，包括种植业、畜牧业、林业、渔业和副业。它们形成了乡村景观的主体。

④公用设施

最为常见的公用设施为水利设施。

（3）非物质要素

除了乡村景观的物质要素（自然要素和人工要素）外，在乡村景观的要素构成中，非物质要素也十分重要。在某种程度上，构成乡村景观的非物质要素主要体现在精神文化生活层面。乡村景观非物质要素是指乡村居民生活的行为和活动，以及与之相关的历史文化，表现为与他们精神生活世界相关的民俗、宗教、语言等。

①民俗

民俗是人们在一定的社会形态中，根据自然的生产、生活内容与生产、生活方式，结合当地的自然条件，自然而然地创造出来，并世代相传而形成的一种对人们的心理、语言和行为都具有持久、稳定约束力的规范体系。民俗对人类行为是能发生功能的。这些功能的发生，对乡村景观的形成和发展产生巨大的影响。

②宗教

在中国文化景观形成过程中，宗教力量发挥了特殊的作用。宗教对乡村聚落景观产生一定的影响，特别是对某些地区聚落的结构以及一些宗教聚落的形成发展等。

6.5.3 乡村景观规划方法

1）乡村景观规划任务与内容

乡村景观规划是乡村某一地区在一定时期内的发展计划，是当地政府为改善乡村景观风貌，利用乡村景观资源发展乡村经济，提高乡村居民的收入，解决长期依赖的“三农”问题，改善乡村的生态环境，实现乡村的社会、经济和生态发展目标而制订的综合部署和具体安排，是乡村建设与管理的依据。

在乡村景观规划中，涉及到对乡村景观资源利用现状、乡村景观类型与特点、乡村景观结构与布局、乡村景观变迁及原因、乡村产业结构及经济状况、乡村的各种生产活动和社会活动，以及乡村居民的生活要求等内容。

2）乡村景观规划的目标与原则

（1）乡村景观规划的目标

乡村景观是乡村中生活、生产和生态三个方面的景观总和。这决定了乡村景观规划的基本内涵包含了生活、生产和生态三个层面。作为一项综合规划，乡村景观规划需要生活、生产、生态三方面的均衡发展，也就是规划要同时兼顾社会、经济和环境三者的效益和均衡发展。具体目标包括：

①复兴乡村地域的经济功能 – 建立高效的人工生态系统

长久以来，农业是我国乡村的主导经济形式。但受自然条件、耕种方式、农业技术等多种因素的限制，农业的粗放性和低效性成为一直困扰我国农村经济发展的重要环节。因此，建立高效的人工生态系统是乡村景观规划的重要目标之一。

②保护乡村地域的自然生态功能——保持自然景观的完整性和多样性

乡村的大面积土地除了土地利用强度较大的农耕地区外，还有大量干扰度低的自然景观或近乎自然景观的区域。这类景观类型多样、景观结构保存相对完好，景观生态具有多样性特征，是生物多样性保护的基本场所，是乡村的自然遗产。因此，保持乡村景观的完整性和多样性成为乡村地区景观规划的重要目标。

③强化乡村地域的社区文化功能——保持传统文化的继承性

乡村社区文化体系是相对独立和完整的地方文化，是乡村的文化遗产。它不仅能够反映一个特定社会历史阶段的乡村风情风貌，而且是现代社会认识历史发展和形成价值判断的窗口。因此，对乡村文化遗产进行保护是乡村景观规划的目标。

④保留乡村的空间组织功能——保持景观斑的合理性和景观的可达性

乡村地域的空间结构主要以景观斑、景观道、景观廊和景观基的形式呈现。在乡村区域，乡村居民点体系（中心镇、中心村、建制村与自然村）所形成的结构特征。廊、道、斑的合理性与村镇体系的合理性是乡村景观规划的基本原则。此外，加强乡村景观的可达性也是乡村景观规划的重要目标之一。

⑤注重乡村地域的资源载体功能——实现资源的合理开发利用

乡村是土地资源、矿产资源和动植物资源的重要载体。资源的集约、高效和生态化利用是提高乡村经济活动效益、保护资源、保护生态环境、保护乡村景观的重要前提，也是推进乡村可持续发展的重要基础。

⑥改善乡村的聚居功能——改善人居环境，提高乡村居民的生活质量

乡村是人类发展和居住的重要地域，是人类生存食物供给的来源地。改变我国大部分乡村贫穷落后的面貌，改善乡村人居环境，提高乡村居民的生活质量，是乡村景观规划的重要目标。

（2）乡村景观规划的原则

①整体规划设计原则

乡村景观规划需要把乡村各种景观要素结合起来作为整体考虑，从景观整体上解决乡村地区社会、经济和生态问题的实践。这决定了乡村景观规划不是某个部门单独能实现的，而是众多利益部门共同协作完成的。因此，在规划中，不仅要考虑空间、社会、经济和生态功能上的结合，而且要考虑与相关规划的衔接，只有从整体规划的角度才能真正确保乡村的可持续发展。

②保护和发展乡土文化原则

乡土文化是地域社会精神财富和物质财富的长期积累。地域社会造就了乡土文化，反过来这种文化又表达了地域社会的个性和规定了地域社会共同遵循的秩序，其形成与延续是在不断地认同与适应中完成的。乡村景观作为乡土文化的重要载体，其更新与变化对乡土文化将产生直接的影响。因此，乡村景观规划既要延续乡土文化，保持固有的特色，增强日趋淡漠的乡村居民的认同感，又要与现代文化进行整合，顺应时代的发展。

③公众参与原则

由于乡村景观更新的利益主体是广大的乡村居民，因此乡村景观规划不仅仅是一种政府行为，同时也是一种公众行为。乡村景观规划只有得到乡村居民的广泛认同，才有实施的价值和可能，因此乡村景观规划必须坚持公众参与的原则。

④可持续发展原则

乡村景观规划需要在发展中协调和解决好乡村的资源、经济和环境等多元问题。寻求彼此的平衡，实现乡村景观资源的可持续利用，是乡村发展的自身需求和必然选择。

3）乡村景观规划设计的主要步骤

乡村景观规划既是对现行村镇规划很好的补充和完善，又具有相对的独立性，具有一般景观规划必备的程序与步骤，也有其特殊性。主要步骤包括委托任务、前期准备、实地调研、分析评价、乡村景观演变分析、乡村景观区域划分、乡村景观规划目标制定、方案优选、规划方案与优选、提交成果和规划审批。

（1）任务委托

当地政府根据发展需要，提出乡村景观规划任务，包括规划范围、目标、内容以及提交的成果和时间。

（2）前期准备

接受规划任务后，规划编制单位从专业角度对规划任务提出建议。必要时，与当地政府和有关部门进行座谈，完善规划任务，进一步明确规划的目标和原则。在此基础上，起草工作计划，组织规划队伍，明确专业分工，提出实地调研的内容和资料清单。

（3）实地调研

根据提出的调研内容和资料清单，通过实地考察、访问座谈、问卷调查等手段，对规划地区的情况和问题、重点地区等进行实地调查研究，对乡村景观的特点、价值与价值优势形成初步的感性认知和理性判断。收集规划所需的社会、经济、环境、文化以及相关法规、政策和规划等各种基础资料，为下一阶段的分析、评价及规划设计做资料和数据准备。

与此同时，完成对重点景观类型、景观线路、景观区域的考察。在理性分析与感性认知的基础上，提出乡村景观的发展方向和规划原则。

（4）分析评价

乡村景观分析与评价是乡村景观规划的基础和依据。主要包括乡村景观资源利用状况评述、乡村景观的价值功能评价、乡村土地利用现状分析、乡村景观类型、结构与特点分析、乡村景观空间结构与布局分析、乡村景观变迁分析、乡村景观 AVC 评价、景观敏感度评价、景观可达性评价、景观行为相容度评价等。

（5）乡村景观演变分析

乡村景观演变分析是在时空三维过程中对乡村景观形成、景观演变过程的分析与研究，目的在于认识乡村景观形成过程中不同景观因素的作用过程与作用机理，特别是认识乡村景观的较大幅度变化，从而能正确把握自然过程（如自然灾害）或人类干扰对乡村景观的巨大影响。对景观演替和景观系统内在动力机制的研究，便于在景观规划中正确处理、了解景观因素和景观动力。

（6）乡村景观区域划分

乡村景观区域划分是综合考虑景观类型、景观行为、景观特征、景观价值与景观功能等因素，进行特性空间分类的结果。它不仅能够客观揭示景观区域内部景观的主导特征，反映景观可持续发展的制约因素以及区域内部景观与价值的功能适宜性，而且可以体现乡村景观资源的合理利用、乡村产业生态化发展、乡村工业化和城镇化过程的方向与趋势。

（7）乡村景观规划目标制定

乡村景观规划目标的制定取决于乡村景观的价值与功能特征、市场需求结构和消费特征，从而成为景观规划技术系统的重要依据。乡村景观规划是以乡村景观生态环境治理为目标，还是以乡村景观建筑环境保护为目标？是以游憩景观规划为目标，还是以乡村人居环境建设为目标？不同的景观规划目标都会直接影响到景观调查、景观评价和景观区域划分等一系列工作的角度和重点。

（8）规划方案与优选

根据前期分析、目标制定以及区域划分，进行乡村景观的规划和设计，形成规划图册和报告。主要包括乡村景观分区规划、乡村景观保护整治规划、重点景观类型保护区域的确定、乡村遗产的保护方案、乡村土地利用总体规划、乡村交通网络规划、乡村游憩景观规划等。方案的优选可以通过规划评价、专家评审和公众参与来完成。

（9）提交成果

经过方案优选，对最终确定的规划方案进行完善和修改，在此基础上，编制并提交最终规划成果。

（10）规划审批

根据《中华人民共和国城乡规划法》的规定，城市规划实行分级审批。乡村景观规划也不例外。

乡村景观规划编制完成后，必须经上一级人民政府的审批。审批后的规划具有法律效力，应严格执行，不得擅自改变。

6.5.4 乡村景观的规划设计要点

1）乡村聚落的空间布局

乡村聚落的布局主要依据其在结构体系中的层次、规模和数目来确定，同时考虑聚落之间的联系强度、经济辐射范围以及用地的集约性，并与乡村道路网、灌排水系统相协调。目前，乡村聚落的布局形式主要有以下几种：

（1）集团式

集团式是平原地区乡村普遍存在的形式（如图6—192）。其具有布局紧凑、土地利用率高、投资少、施工方便、便于组织生产和改善物质文化生活条件等特点。但由于布局集中、规模大，存在农业生产半径大的问题。

（2）自由式

自由式是指乡村聚落在空间布局形态上呈现无规律分布的一种格局，常见于山区或丘陵地区（图 6—193）。这种布局形式能够较好体现人与自然协调发展的聚居模式，但是由于不利于机械化

图 6—192　集团式与自由式乡村聚落空间布局

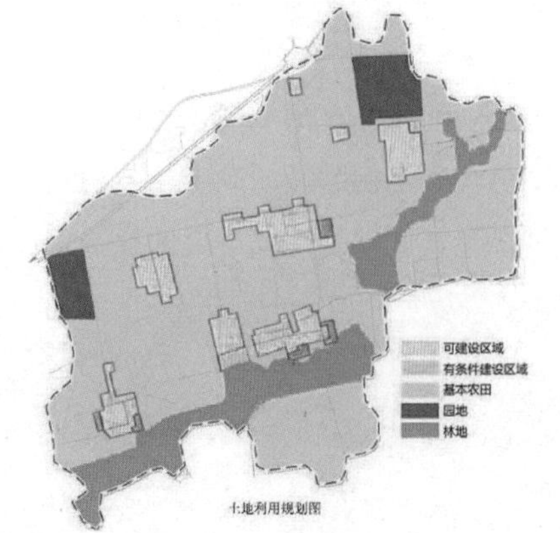

图 6—193　陕西省富平县淡村镇荆川村村庄规划（自由式分布）

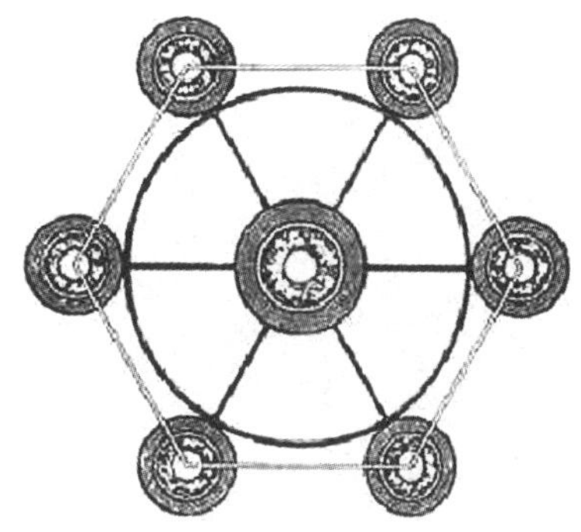

图 6–194　卫星式聚落结构分布

图 6–195　条带式乡村聚落空间布局——杭州富阳文村

大规模生产，对于改善乡村物质文化生活水平较难。

（3）卫星式

卫星式是一种由分散向集中布局的过渡形式，体现了聚落结构体系中分级的特征（图 6–194）。其优点在于现状情况与远景发展宜于结合。既能从现有生产水平出发，又能兼顾经济发展对乡村聚落布局的新要求。

（4）条带式

条带式主要是聚落沿着山麓地带、河流或公路等沿线呈条带状分布的一种布局（如图 6–195）。这种布局方式决定了耕作范围垂直于聚落延伸方向发展，耕作半径较小，便于农业生产。但是建设投资较大，资源较集团式浪费。

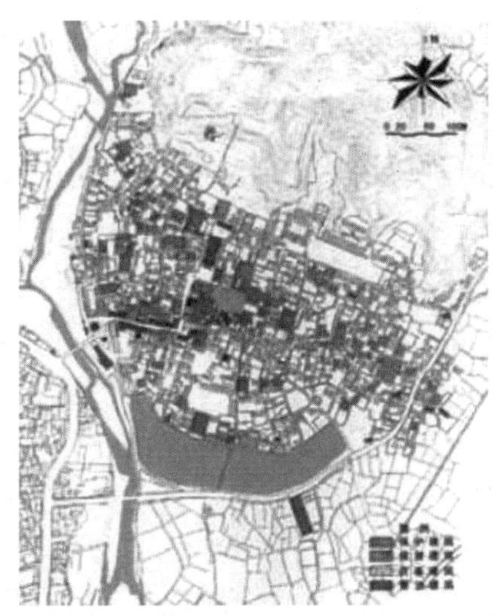
图 6–196　安徽黟县宏村的建筑分级保护规划图

图 6–197　传统徽派建筑

图 6–198　王澍用灰、黄、白的三色基调，以夯土墙、抹泥墙、杭灰石墙、斩假石的外立面设计，在富阳洞桥镇文村设计建造的 14 幢 24 户农居

2）乡村建筑的保护更新

我国具有丰富的乡土建筑形式和风格，无不反映着当时当地的自然、社会和文化背景。乡村景观规划设计中，针对乡土建筑的更新与发展常见四种形式：

（1）保护。对于有历史或文化价值的乡村建筑，即使丧失了使用功能，也不能轻易拆除，应予以保护和修缮，作为乡村历史的见证（图 6–196、图 6–197）。

（2）改建。对于乡村中的一般旧建筑，应综合考虑环境的发展及居住的需求，在尽量维持其原有式样的前提下进行更新，如进行内部改造，以满足村民现代生活的需要。

对于乡村中居民自行拆旧建新造成建筑景观混乱的建筑，更需要进行改建。可通过对建筑形式、外墙装饰材料及颜色等元素的改造，改善和弥补建筑景观混乱的现象。

（3）拆除。对于无法改建的旧建筑，应予以拆除。

（4）新建。充分提炼并利用从当地传统建筑中衍生出来的建筑元素、设计语汇设计建设新建筑（图 6–198）。

3）乡村道路景观设计

（1）乡村道路的景观组成

从道路景观空间的角度出发，根据道路两侧绿化界面的连续性，道路景观分为封闭型、半封闭半开敞型和开敞型三大类。

乡村道路景观包含了三个层次：①近景：道路两侧的绿化景观，对于不同等级的乡村道路，由于车速不同，一般在距路边 20–35m 的范围内属于近景；②中景：田园景观，包括了农业景观和乡村聚落景观，它们共同构筑了以乡村田园风貌为基调的景观空间。这是道路上流动视点所涉及的主体景观。③远景：山地景观。这是以山体和绿化为主的自然景观，作为道路沿线的视觉景观背景。

乡村道路景观中的中景和远景虽然可以通过道路选线来达到一个比较理想的效果，但同时受到道路途径地区的地质、经济和生态等条件的制约，无法完全兼顾。而对于乡村道路景观的近景，则完全可以通过景观规划设计来实现。

（2）乡村公路绿化设计

乡村公路绿化一般包括中央分隔带绿化、路侧绿化（包括公路路基偏坡、平台、公路禁入栏、绿化带等）和重点景观绿化（如出入口、隧道等）。乡村公路绿化应满足安全驾驶、美化和环境保护的要求

①中央分隔带绿化：一般来说，高速公路或其他高等级公路中才有中央分隔带绿化，宽度 1 ~ 10m 不等，具有分车、防眩、诱导视线和美化等多种功能。由于中央分隔带图层薄、土地条件差，防眩数目的选择常常以抗逆性强、枝叶浓密、常绿、耐寒、耐旱和耐修剪为原则，色彩以深绿色、浅绿色、浅黄绿色等各种不同绿色进行搭配，在一定限度内充分表现植物的季相变化。

按照防眩效果和景观要求，中央分隔带防眩遮光角控制在 8° ~ 15° 之间，树木高度控制在 1.6m 为宜，单行株距 2.0 ~ 3.0m，蓬径 50cm。根据相关研究表明，中央分隔带每隔 10 ~ 15km 变化植物种类、种植形式或改变其他形式能显著改善道路沿线景观，增加韵律感，调整驾驶人员心理。

②路侧绿化：乡村道路两侧的绿化应避免大面积的平面化设计，也应避免沿路全线平行等宽设置，而是应结合道路两侧用地状况以及外围空间环境的景观需要来设置绿化，因地制宜地设置绿地的平面形状，使其自然地穿插于路边的农田之间。乔灌木不应沿路全线种植，而应根据具体情况加以布局和点缀，这在乡村公路两侧绿化中极为重要（图 6–199 ~ 图 6–201）。

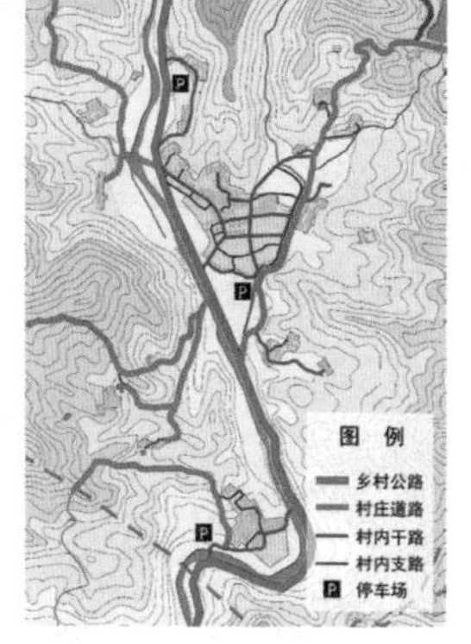

图 6–199　罗田县官基坪村道路规划图

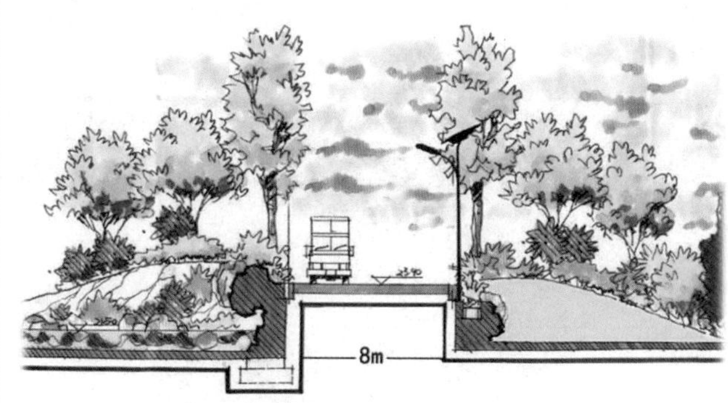

图 6–200　罗田县官基坪村乡村公路设计示意图

（3）街道景观设计

乡村聚落里的街道景观不同于城市街道景观，除了满足交通功能外，还具有其他功能，如居民生活和工作的场所，居民驻留和聊天的场所。该

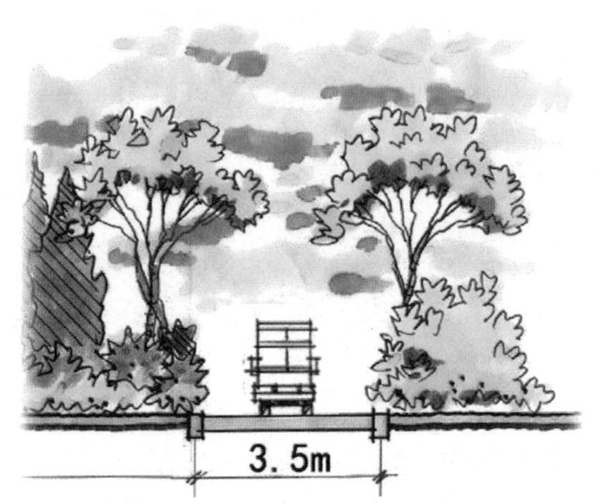

图 6–201　罗田县官基坪村乡村街道设计示意图

类街道的景观规划设计要符合乡村街道特征，如曲直有变，宽窄有别。路边的空地、交叉口小广场及景点等，体现乡村风貌。影响街道景观的元素不仅仅是两侧的建筑物，路面、人行道、路灯、围栏与绿化等都是突显街景与聚落景观的重要元素。

①路面。乡村街道路面如果如城市般大面积使用柏油或混凝土，不仅景观单调，更无法体现出乡村的环境特点。因此，根据街道的等级，对于车流量不大的街道，选用石材铺装，如小块的石英石，或在道路两侧设置砾石排水沟（图 6–202）。

②路灯。乡村街道照明方式与城市不同，不适宜尺度过高的高杆路灯。小尺度的灯具不仅能满足照明，而且与乡村街道的空间尺度相吻合，让人感觉亲切与舒适。灯具的造型选择可体现当地的文化内涵。

③围栏。对于乡村环境，不适宜用混凝土或砖砌的围栏。围栏最好以木材、石材或绿篱等自然材料，给人简单、自然、质朴的感觉（图 6–203）。

④绿化。路面或人行道两侧与绿化交接处不同高出的侧石作为硬性分隔，而是通过灌木丛或草坪塑造自然柔性的边界。除非地形因素，一般不采用砌筑的绿化形式，如花池（图 6–204）。

图 6–202　采用多种石材铺设路面

图 6–203　围栏及庭院绿化

图 6–204　道路绿化

图 6–205　庭院绿化

4）乡村绿化设计

（1）乡村聚落绿化

乡村聚落绿化类型一般分为：①庭园绿化，包括村民住宅、公共活动中心或者机关、学校、企业和医院等单位的绿化；②点状绿化，指孤立木，多为“风水树”和古树名木，成为乡村聚落的标志性景观，需要妥善保护；③带状绿化，是乡村聚落绿化的骨架，包括路、河、沟、渠等绿化和聚落防护林带；④片状绿化，结合乡村聚落整体绿化布置设置，主要指聚落公共绿地。

（2）村民庭院绿化

村民庭院绿化要体现出农家的田园特色（图 6–205）。绿化一般选择枝叶展开的落叶经济树种，例如果、材两用的银杏、叶、材两用的香椿，药、材两用的杜仲，以及梅、柿、桃、李、梨、杏、石榴、枣、枇杷、柑橘和核桃等果树。同时可根据情况，在房前道路和活动场地上空搭棚架，栽植葡萄。

对于经济发达的乡村地区，乡村庭院可转向以绿化、美化为主，种植一些常绿树种和花卉，如松、香樟、黄杨、冬青、广玉兰、桂花、月季和其他草本花卉。此外，还可用蔷薇、木槿、珊瑚树和女贞等绿篱代替围墙，分隔相邻两家的庭院。

屋后绿化以速生用材树种为主，大树冠如泡桐、杨树等，小树冠如刺槐、水杉和池杉等。此外，在条件适宜的地区，可在屋后发展淡竹、刚竹，增加经济收入。

（3）乡村街巷绿化

根据街巷宽度，考虑两侧的绿化方式。需要设置行道树时，应选择当地生长良好的乡土树种，

图 6–206　街巷绿化

图 6–207　乡村公共绿地绿化

而且具备主干明显、树冠大、耐修剪、病虫害少和寿命长的特点。如银杏、黄杨、刺槐、香椿、合欢、垂柳、女贞和水杉等乔木。另外，行道树种植也可结合经济效益，选用板栗、柿子、辛夷、大枣、油桐、杜仲和核桃等经济树种。如果受宽度限制无法设置行道树时，可以选用棕榈、月季、冬青、海棠、紫薇、小叶女贞和小叶黄杨等灌木（图 6–206）。

（4）乡村公共绿地

公共绿地是目前许多乡村聚落景观建设的重点。各种农民公园成为公共绿地的一种主要形式。公共绿地应结合规划，利用现有的河流、池塘、苗圃、果园和小片林等自然条件加以改造。根据当地居民的生活习惯和活动需要，在公共绿地中设置必要的活动场地和设施，提供一个休憩娱乐场所。除此之外，公共绿地强调以自然生态为原则，避免采用人工规则式或图案式的绿化模式。植物选择以乡土物种为主，立足体现乡村自然田园风光（图 6–207）。

（5）乡村聚落外缘绿化

乡村聚落外缘应具有以下特点：①它是聚落通往自然的通道和过渡空间；②与周围环境融为一体，没有明显的界限；③提供了多样化的使用功能；④表达了地方与聚落的景象；⑤是乡村生活与生产之间的缓冲区，能达到生态平衡的目的。

目前新建的大多数乡村聚落，其绿化建设只注重乡村内部绿化景观，而不注重外缘绿化景观。缺少乡村聚落外缘绿化过渡，极易导致新建或改建的乡村建筑群矗立在农业景观之中，显得尤为突兀，与其周围环境格格不入。这已成为破坏乡村自然风光的一种突出现象。

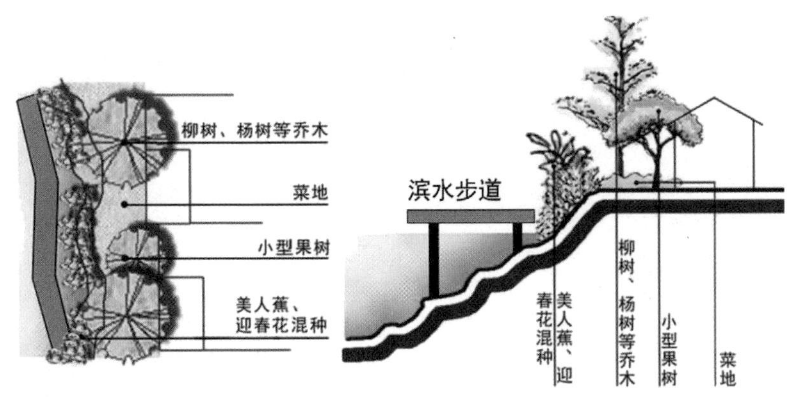

图 6–208　乡村河道景观的植物配置示意图（摘自天津大学罗田县官基坪村规划文本）

乡村聚落外缘绿色空间的营造并不意味着围绕聚落外缘全部绿化，而应因地制宜，利用外缘空地种植高低错落的植被，并与外围建筑庭院的植被共同创造聚落外缘景观，形成良好的聚落天际轮廓线，并与乡村的田园环境融为一体。一般来说，聚落入口是外缘绿化的重点。例如，浙江滕头村的村口景观，虽然村口已不具备传统的使用功能，但作为聚落景观形象的作用还存在。外缘绿化一般考虑经济树种为宜，如栽桑种果，种植板栗、柿、枣和山楂等。此外，为防风沙侵害，聚落外缘绿化还具有护衬作用，一般在迎主风向一侧设护村林带，护村林带可结合道路、农田林网设置。

5）乡村水域景观设计

（1）河流（溪流）

①河道平面：根据水文状况，解决河道局部的瓶颈现象，可以对局部河湾进行扩大，对于其他河段应保持河道的自然平面形态。

②河道断面：在保证河道畅通的基础上，有目的的设置不同深浅的水域，既能营造不同水位时的河道景观，也能为动植物提供不同的生存空间。河道断面可以根据不同水位采用台阶形式，根据不同台阶水位滞留时间的长短，种植不同的湿生植物，如芦苇、茭草、莎草、柽柳及沼流等，还有喜湿耐水的植物如水杉、水曲柳、白蜡、钻天杨、青钱柳等（图 6–208）。

③驳岸：对于乡村河道驳岸，国内外的发展趋势是生态驳岸。生态驳岸是指恢复后的自然河岸或具有自然河岸“可渗透性”的人工驳岸，以保证河岸与河流水体之间的水分交换和调节功能。生态驳岸一般可以分为以下三种：

自然原型驳岸：利用植被群落的根系稳固驳岸。此类驳岸的植被包括沉水植物—浮水植物—挺水植物—草地—灌木—林地。该驳岸形式适用于河流两岸有泛洪区或洪流量不大的乡村地区；人工自然驳岸：此类驳岸除了种植植被外，还利用石材、木材等天然材料加固驳岸底部，以增强驳岸的抗洪能力。具体做法为：在坡脚采用石笼、木桩或浆砌石等保护坡底，然后其上再筑有一定坡度的土堤，并种植植被，通过人工和植物根系共同固堤护岸。

多种人工自然驳岸：植被型生态混凝土是日本在河道护坡方面做出的研究，主要由多孔混凝土、

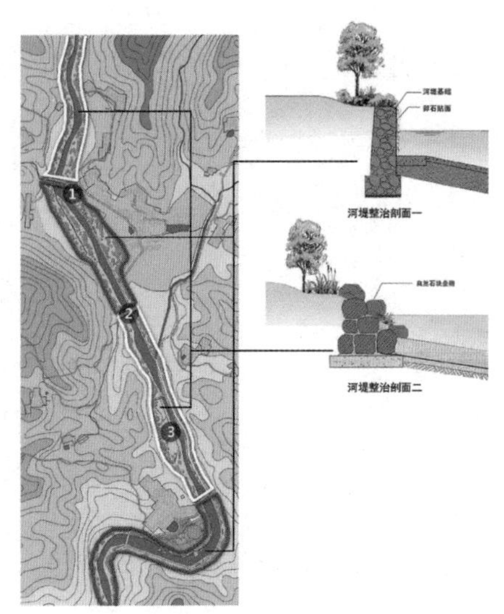

图 6–209　乡村河道驳岸的人工自然驳岸处理剖面图（摘自天津大学罗田县官基坪村规划文本）

图 6–210　农田景观实景图

保水材料、难溶性肥料和表层土组成。其做法为：首先用植被型生态混凝土等生态材料护坡，然后在稳定化的坡上种植耐涝植物。河道可以利用生态混凝土预制块体做成砌体结构挡土墙或直接作用为护坡结构（图 6–209）。

（2）池塘

乡村常散布着大小、数量、深浅不一的接近自然的池（水）塘，它们对乡村生态环境发挥着重要作用。

这些池塘不仅是重要的动物栖息区，也是影响局部小气候的重要因素，具有生态、美学、休闲等多重功能。这类静水区的过度利用或破坏，均会导致当地生态平衡的失调，因此，对于它们应以自然维护为主。

为了恢复乡村地区良好的自然生态环境，除了恢复已有池塘的生态功能外，还可以利用荒地或废弃地营造接近自然的人造池塘。这些池塘的开发应尽量采用粗放式，营造近自然的植物与动物种群。如 1984 年，德国巴伐利亚邦为了改善乡村地区的生态环境，为两栖类动物提供良好的生存环境，兴建了一片不规则的，深浅不一的小水塘区，并在建设初期，人工在水边播种或种植了一些植物，一年后池塘生态环境初具规模。

（3）乡村水域游憩活动

水域游憩空间的设计目标，应随基地环境的不同而有所差异。乡村水域常见游憩活动可以分为三类：①水中活动，包括游泳戏水、捉鱼捕虾、潮汐和非动力划船；②水岸活动，包括急流泛舟、休息赏景、打水漂和垂钓等；③滩地活动，包括骑自行车、野餐烤肉和露营。在游憩项目设置上，应根据不同水域水流特点来确定具体的游憩活动。

6）乡村农田景观规划设计

农田是乡村的象征，农田景观是乡村地区最基本的景观。从景观生态学的角度，农业景观通常是由几种不同的作物群体生态系统形成的大小不一的镶嵌体或廊道构成。农田景观规划设计是应用景观生态学原理和农业生态学原理，根据土地适宜性，对农田景观要素的时空组织和安排，制定农田景观利用规则，实现农田的长期生产性，建立良好的农田生态系统，提高农田景观的审美质量，创造自然和谐的乡村生产环境（图 6–210）。

布局上，最优农田景观是由几个大型农作物斑块组成，并与众多分散在基质中的其他小型斑块相连，形成一个有机的景观整体。农作物斑块数目越多，景观和物种的多样性就越高。在一定区域中，农田斑块数目多，则田块规模小，不利于农田集约利用。大尺度农田斑块数目规划设计，由农田景观适宜性决定；小尺度农田景观斑块数目取决于田块的规模。平原地区一般为 3 ～ 10 块 / 公顷，山区、丘陵地区数量将增加。农田景观的多样化分布较单一景观相比生态稳定性高，不仅可以明显减轻病虫害的发生危害，而且对田间小气候具有显著的改善作用（见图 6–211）。

人们通常见到的农田斑块形状大多为长方形、方形，其次是直角梯形和平行四边形，而最不好的是不规则三角形和任意多边形。此外，有研究表明，南北向田块比东西向种植作物能增产 5% ~ 12%。因此，田块朝向一般以南北向为宜。

图 6–211　温州苍南小镇“美丽乡村”建设项目的农田斑块

6.6　风景名胜区景观规划设计

6.6.1　风景区及相关基本概念

1）“风景”溯源与释义

汉语词典中的风景 (Landscape) 包括自然景观和人文景观，指由光对物的反映所呈现的景象，尤指风光或景物、景色等，含义广泛。“风景”在中国古代也称“风影”（因为在古文中“景”往往是“影”的通假字）。现可查考的最早出现“风景”一词的文献为《陶渊明著》和《郭主簿诗二首》之中的诗句“露凝无游氛，天高风景澈”。该诗改变了凄凉的悲秋传统，将其描述得秀雅、绚烂，具有开创性。

从语义背景的分析来看，“风景”一词的使用主要有两种情况：一是对当前景色的描述，这部分主要是对面前景象的直接描写和赞美，一般是带有乐观的感情色彩；二是通过当前的景色引发一系列的联想和对比，这部分一般带有悲观的感情色彩，表达离别、伤怀、悲国等情绪。本书中所提到的“风景”指风景资源。我国的风景资源自成体系，特征明显，是我国风景园林遗产的重要组成部分，风景名胜区更是我国壮丽河山的代表和令人神往的地方。

2）我国风景名胜区的发展和演变

我国的风景区发端于农耕文明时代，相当于现代国际上的国家公园，其价值达到世界级水平，是世界自然或文化遗产的重要组成部分。风景区设立的主要目的是满足人类在不同发展阶段对大自然精神文化和科教活动的需求，是人与自然精神往来的理想场所。

我国的风景区源于古代的名山大川和邑郊游憩地，是祖国壮丽河山的象征，是人类文明历史的见证，是我国乃至世界最珍贵的自然和文化遗产。这些名山大川和邑郊游憩地历经几千年的演化，形成了独特的风景区，它们是以具有美学、科学价值的自然景观为基础，融自然与文化于一体，主要满足人对自然的精神文化活动需求的地域空间综合体。任何人都可以享受，其性质属于社会公益事业（谢凝高，2000）。

中国风景区的形成与发展，经历了萌芽—发展—全盛—成熟—复兴的历史过程：五帝以前是风

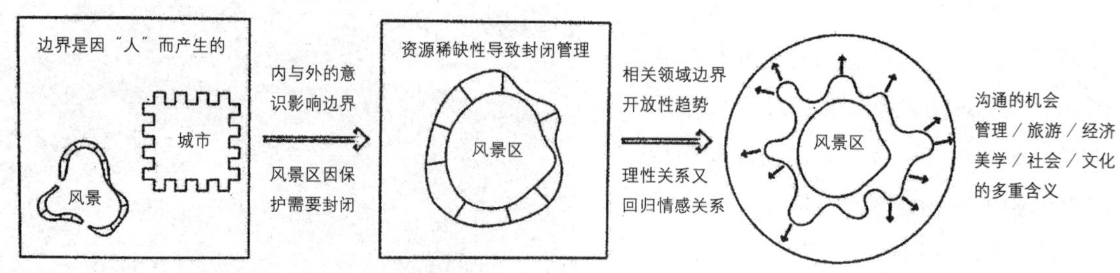

图 6–212 风景区与城市关系演变

景区的萌芽阶段；夏商周是风景区的发端阶段；秦汉时期是风景区的形成阶段；魏晋南北朝是风景区的快速发展阶段；元明清则是风景区进一步发展阶段；20 世纪 50 年代以后为风景区的复兴阶段。

据《史记》记载，"囿"是人类早期在自然环境中营建的人工环境，始自轩辕黄帝，主要目的是驯养和训练野生动物。后来也出现了由于某种政治目的或文化信仰对风景进行区域划定，但出于保护自然景观和生态系统的目的而划定风景区是在近现代。今天，随着人类建设用地的扩张，风景区域范围被逐渐压缩，而随着游客规模的扩大和旅游服务设施的建设，风景区的空间形态和历史格局也受到影响（图 6–212）。近年来，风景区正试图摆脱孤岛状管理，向网络式管理方向发展。

风景名胜区事业的发展至今已逾 30 年，20 世纪 80 年代初，我国风景区事业起步，到 90 年代中期相应的管理体系基本形成，直至今日，已发展得较为完善。风景区的规划也经历了以景观资源评价为导向到以旅游发展和资源保护统筹为导向的转变。

3）风景区的价值和意义

风景区不仅可以对发展我国旅游经济做出贡献，更能够对弘扬民族优秀文化、科普教育、保护生态环境以及提高公众的资源保护意识等方面发挥越来越重要的作用，其价值包括环境价值、生态价值、美学价值、历史价值、文化价值、科学价值和经济价值等。具体表现在如下方面：

（1）环境价值：风景区资源与环境保护措施的实施，将有利于周边地区甚至更大范围地区生态环境的改善，良性发展的旅游业可促进生态环境的保护；

（2）生态价值：主要体现在生态系统的完整性及生物多样性等方面；

（3）美学价值：包括视觉美、音响美、嗅觉美等；

（4）历史价值：主要体现在物质实存是否年代久远或者是否具有特殊意义；

（5）社会价值：风景区可以增加就业岗位，提高社会活力，同时可以提高社区居民素质，促进"三农"发展，还可以推动公共服务建设，助力城乡一体化改革等；

（6）文化价值：文化可以理解为一种传统，由人产生，在满足社会需求的社会实践过程中逐步形成，文化分为有形文化和无形文化；

（7）科学价值：风景区的科学价值包括地质、地貌、水文、生物、生态等；

（8）经济价值：由风景区带来的旅游收入数额巨大，旅游业发展可以带动整个产业结构的发展，在很多城市，旅游产业甚至成为支柱产业。

4）我国风景区的功能

风景区的功能体现在人们对风景区价值的利用方式，如因风景区的科学价值而相应产生科研和科教功能；因美学价值而产生审美、游览功能；因历史文化价值而产生考古研究、历史研究功能等等。

风景区的功能是发展变化的，也是因人而异的。不同时代、不同素养的游览者，各有心灵上的追求：帝王封禅；百姓求福；僧人修行；羽士求仙；隐士避世；君子“洗心”“涤虑”；雅士“超然尘表”；文人审美；学者求知；画家“师法自然”；诗人寻求灵感；而“志欲小天下，特来登泰山”的志士仁人，则以“直上危巅休怯险，登天毕竟要雄才”的气慨，“登高壮观天地间”，“长志气、拓胸襟”，悟“国家柱石”“民族精神”以及“稳如泰山”“重如泰山”等等。（谢凝高，2000）。

风景区的很多功能至今仍然留存，如游览、审美、创作体验等。中国的山水文化精神历史悠久，内容丰富，充分体现了农耕文明时代中国山水文化精神的特有价值。当今风景区的规划设计需要吸取其精华，使其延续和发扬，并吸收国际上的经验，综合形成科研、教育、游览、启智及创作山水文化体验等现代功能。尤其是科教功能，它是发展国家风景区功能的基础，可为鉴定风景区的遗产价值提供技术支持，同时也可以充分挖掘历史文化资源价值，形成旅游产品。

5）风景名胜区类别

风景区一般可以按照用地规模、管理、景观特征、结构特征、布局、功能设施等原则来进行分类。《风景名胜区分类标准》将风景区分为 14 种类别（见表 6–17）。

风景名胜区分类　　表 6-17

类别代码	类别名称		类别特征
	中文名称	英文名称	
SHA1	历史圣地类	Sacred Places	指中华文明始祖集中或重要活动的区域，以及与中华文明形成和发展关系密切的风景名胜区，不包括一般的名人或宗教胜迹
SHA2	山岳类	Lofty Mountains	以山丘地貌为主要特征的风景名胜区，此类风景名胜区具有较高的生态价值和观赏价值，包括一般的人文胜迹
SHA3	岩洞类	Caves	以岩石洞穴为主要特征的风景名胜区，包括溶蚀、侵蚀、塌陷等成因形成的岩石洞穴
SHA4	江河类	Rivers	以天然河道为主要特征的风景名胜区，包括季节性河流及峡谷
SHA5	湖泊类	Lakes	以宽阔水面为主要特征的风景名胜区，包括天然或人工形成的水面
SHA6	海滨海岛类	Seashores	以海滨地貌为主要特征的风景名胜区，包括海滨基岩、沙滩、滩涂、泻湖和岬角、海岛岩礁等

续表

类别代码	类别名称		类别特征
	中文名称	英文名称	
SHA7	特殊地貌类	Specified Landforms	以典型、特殊地貌为主要特征的风景名胜区，包括火山熔岩、热田汽泉、沙漠碛滩、蚀余景观、地质珍迹等
SHA8	城市风景类	Urban Landscape	指位于城市边缘，兼有城市公园绿地日常休闲、娱乐功能的风景名胜区，其部分区域可能属于城市建设用地
SHA9	生物景观类	Bio-landscape	以特色生物景观为主要特征的风景名胜区
SHA10	壁画石窟类	Grottos and Murals	以古代石窟造像、壁画、岩画为主要特征的风景名胜区
SHA11	纪念地类	War and battle Fields	以名人故居、军事遗址、遗迹为主要特征的风景名胜区，包括其地形地貌、历史特征和设施遗存
SHA12	陵寝类	Emperor and Notable Tombs	以帝王、名人陵寝为主要内容的风景名胜区，包括陵区的地上、地下文物和文化遗存，以及陵区的环境
SHA13	民俗风情类	Famous Persons and Folkways	以特色传统民居、民俗风情和特色物产为主要内容的风景名胜区
SHA14	其他类	Others	未包括在上述类别中的风景名胜区

《风景名胜区分类标准》（CJJ/T 121—2008）。

6）风景区特点

中国风景资源的优势明显：由于我国疆域辽阔，经度和纬度差异较大，形成了各具特色的风景资源；全国风景资源总量大、类型齐全、价值高、独特景源多。中国风景资源的劣势同样明显，其中包括：人均风景资源面积少、景源的分布与利用不均衡、景源面临的冲击与压力大等。

7）相关法律法规

1982 年，国务院批准建立第一批共 44 处国家重点风景名胜区（Chinese National Park）。现已初步形成了以国家级风景名胜区为主，国家、省、市（县）级风景名胜区相结合的风景名胜区体系。

风景名胜区制度建立以来，为规范规划、保护、管理、利用等事宜，国家陆续出台了多项政策、法规及规范。

（1）法律文件

《中华人民共和国环境保护法》，中华人民共和国第七届全国人民代表大会常务委员会第十一次会议于 1989 年 12 月 26 日通过，自公布之日起施行。

《中华人民共和国森林法》，第六届全国人民代表大会常务委员会第七次会议于 1984 年 9 月

20 日通过。又根据 1998 年 4 月 29 日第九届全国人民代表大会常务委员会第二次会议《关于修改〈中华人民共和国森林法〉的决定》修正。

《中华人民共和国土地管理法》由中华人民共和国第十届全国人民代表大会常务委员会第十一次会议于 2004 年 8 月 28 日通过，自公布之日起施行。

《中华人民共和国城乡规划法》，于 2007 年 10 月 28 日通过，自 2008 年 1 月 1 日起施行。

《中华人民共和国野生动物保护法》经 1988 年 11 月 8 日第七届全国人大常委会第四次会议通过，自 1989 年 3 月 1 日起施行。

《中华人民共和国文物保护法》由中华人民共和国第十届全国人民代表大会常务委员会第三十一次会议于 2007 年 12 月 29 日通过，自公布之日起施行。

《中华人民共和国水法》于 2002 年 8 月 29 日修订通过，自 2002 年 10 月 1 日起施行。

（2）国际公约

《保护世界文化和自然遗产公约》，1972 年 11 月 23 日订于巴黎，1975 年 12 月 17 日生效。1986 年 3 月 12 日对中国生效。

《濒危野生动植物物种国际贸易公约》，该公约通常简称《物种贸易公约》（CITES 公约），1973 年 3 月 3 日订于华盛顿，并于 1975 年 7 月 1 日生效。1981 年 1 月 8 日，中国政府向该公约保存国瑞士政府交存加入书。同年 4 月 8 日，该公约对我国生效。

《联合国防治荒漠化的公约》，该公约的全称为《联合国关于在发生严重干旱和（或）沙漠化的国家特别是在非洲防治沙漠化的公约》，1994 年 6 月 7 日在巴黎通过。1994 年 10 月 14 日，中国代表签署该公约。1996 年 12 月 30 日，全国人大常委会决定批准该公约。

《湿地公约》、《关于特别是作为水禽栖息地的国际重要湿地公约》（简称《湿地公约》）缔结于 1971 年，致力于通过国际合作，实现全球湿地保护与合理利用，现有 163 个缔约国。中国于 1992 年加入《湿地公约》。

《生物多样性公约》，1992 年 6 月 5 日，由签约国在巴西里约热内卢举行的联合国环境与发展大会上签署。公约于 1993 年 12 月 29 日正式生效。

（3）国家标准

《风景名胜区规划规范》GB 50298—2018，2019 年由住房和城乡建设部颁布，2019 年 3 月 1 日施行。

（4）行政法规

《国家级风景名胜区和历史文化名城保护补助资金使用管理办法》2009 年 5 月 4 日颁布施行。

《风景名胜区条例》，2006 年 9 月 6 日颁布，2006 年 12 月 1 日施行。

《风景名胜区建设管理规定》，1993 年 12 月 20 日颁布施行。

《风景名胜区管理处罚规定》，1994 年 11 月 14 日颁布，1995 年 1 月 1 日施行。

《中国风景名胜区形势与展望，（绿皮书）》，1994 年建设部发表。

《加强风景名胜区保护管理工作通知》，1995 年国务院办公厅发出。

《风景名胜区环境卫生管理标准》，1992 年 11 月 16 日颁布施行。

《风景名胜区安全管理标准》，1995 年 3 月 29 日颁布。

《建设项目环境保护管理办法》，1986 年 3 月颁布施行。

《建设项目环境保护设计规定》，1987 年 8 月颁布施行。

《风景名胜区管理暂行条例实施办法》，1987 年风景名胜区主管部门发布。

《风景名胜区管理暂行条例》，1985 年颁布施行。

《建设项目环境保护管理程序》，1990 年 6 月颁布施行。

《建设项目环境保护管理条例》，1998 年 12 月颁布施行。

《建设项目环境保护设施竣工验收管理规定》，1994 年 12 月 31 日。

《中华人民共和国森林法实施条例》，2000 年 1 月 29 日颁布施行。

《关于加强风景名胜区规划管理的通知》，2000 年建设部发出。

其中《风景名胜区条例》（以下简称《条例》）是风景区的法律，《条例》共 7 章 52 条，主要规定了风景名胜区的设立、规划、保护、利用与管理等内容。《风景名胜区规划规范》GB 50298—2018 是风景区最重要的规范，对风景区规划的工作方法、步骤和成果控制提出了具体的要求。

为明确我国风景名胜区的类别，对不同类别的风景名胜区实行科学保护、有效利用，住房和城乡建设部组织城市建设研究院等单位编写了《风景名胜区分类标准》（CJJ/T 121—2008），并批准为行业标准，自 2008 年 12 月 1 日起实施。该标准依据我国风景名胜区的类别特征，采取相应的分类保护措施，指定相应的规划、设计、建设、管理、监测、保护和统计等工作标准。确定不同的管理目标和管理手段，科学地制定游人容量，合理安排旅游活动和服务设施。

8）风景区基本术语

（1）风景名胜区：

我国风景名胜区在遵守国际公约的基础上又包含自身的文化内涵。《风景名胜区规划规范》GB 50298—2018 中规定风景名胜区“指风景资源集中、环境优美、具有一定规模和游览条件，可供人们游览欣赏、休憩娱乐或进行科学文化活动的地域”。2006 年 12 月 1 日起施行的《风景名胜区条例》中给定风景名胜区的定义是“指具有观赏、文化或者科学价值，自然景观、人文景观比较集中，环境优美，可供人们游览或者进行科学、文化活动的区域”。在我国，风景名胜区分为国家级风景名胜区和省级风景名胜区，国家对风景名胜区实行科学规划、统一管理、严格保护、永续利用的原则（2006 年条例第一章第三条），风景名胜区的管理是国家行为，多由县级以上单位负责直接管理。

（2）风景区规划：

风景区规划是保护培育、开发利用和经营管理风景区，并发挥其多种功能作用的统筹部署和具体安排。经相应的人民政府审查批准后的风景区规划，具有法律权威，必须严格执行。

（3）风景资源：

风景资源也称景源、景观资源、风景名胜资源、风景旅游资源，是指能引起审美与欣赏活动，可以作为风景游览对象和风景开发利用的事物与因素的总称，是构成风景环境的基本要素，是风景区产生环境效益、社会效益、经济效益的物质基础。

（4）景物、景观、景点、景群和景区

景物：指具有独立欣赏价值的风景素材的个体，是风景区构景的基本单元。景观：指可以引起视觉感受的某种景象，或一定区域内具有特征的景象。景点：由若干相互关联的景物所构成、具有相对独立性和完整性，并具有审美特征的基本境域单位。景群：由若干相关景点所构成的景点群落或群体。景区：在风景区规划中，根据景源类型、景观特征或游赏需求而划分的一定用地范围，包含有较多的景物和景点或若干景群，形成相对独立的分区特征。

（5）风景线、游览线和功能区

风景线也称景线，由一连串相关景点所构成的线性风景形态或系列。游览线也称游线，是为游人安排的游览欣赏风景的路线。功能区，在风景区规划中，根据主要功能发展需求而划分的一定用地范围，形成相对独立的功能分区特征。

6.6.2　风景区与国家自然文化遗产地

1）国家自然文化遗产地体系的含义

国家自然文化遗产地是指在科学、生物多样性保护、历史、艺术和审美角度具有国家意义的自然、文化，或自然文化混合型保护地。根据我国现行管理体制，国家自然文化遗产地包括了国家级风景名胜区、国家级自然保护区、国家森林公园、国家地质公园、国家级文物保护单位，以及国家级历史文化名城、名村、名镇等。在我国，最为重要的包括世界遗产地、自然保护区和风景名胜区。

国家自然文化遗产地是一个国家自然和文化资源中最精华的部分。子孙后代永续传承，带有一个国家的自然文化基因，是国家认同的重要组成部分，是国家形象的代表。同时，我国的自然文化遗产地对于我国的可持续发展水平、生态系统服务能力有着重要意义。国家自然遗产地无论在生态系统的产品生产、生物多样性的产生和维持、气候气象的调和稳定、旱涝灾害的减缓，还是土壤的保持及其肥力的更新、空气和水的净化、废弃物的解毒与分解、物质循环的保持、农作物和自然植被的授粉及其种子的传播、病虫害爆发的控制等方面（Daily，1997），都具有重要的作用。同时，国家文化遗产、自然与文化混合遗产，以及文化景观，对于记录人类文化的发展与演化、满足人类心理和精神需求方面具有重要作用，是可持续发展的生态文化本底和资源基础。

2）我国国家自然文化遗产地体系

我国的国家自然文化遗产地体系见表 6–18。

我国国家自然文化遗产地体系　　表 6-18

类别	创立时间	分级体系	目前主管部门
国家自然保护区	1956 年	国家、省、市、县	林业、环保、农业、海洋、国土资源、城建、水利及其他
国家重点风景名胜区	1982 年	国家、省、市（县）	城建
国家历史文化名城、名镇、名村	1982 年	国家、省、自治区、直辖市	城建、文物
全国重点文物保护单位	1962 年	全国重点	文物
国家级森林公园	1982 年	国家级、省级、县市级	林业
国家地质公园	2000 年	国家、省、市、县	国土资源
世界遗产	1986 年		教科文全委会、建设部、国家文物局

注：表中数据分别来自 2006 年建设部、国土资源部、国家环保总局、国家林业局等部局提供的相关资料。

3）国家自然文化遗产地体系的重要性和作用

近年来，世界遗产保护的概念在全球日渐得到重视。这一概念源于二战后，工农业现代化浪潮和开发建设给人类居住环境带来了巨大的压力和消极影响，为了使物质文明的进步能够与环境保护相协调，为了全人类的可持续发展，1972 年在斯德哥尔摩召开的联合国人类环境大会上，由包括世界保护联盟、国际古迹遗址理事会和联合国教科文组织在内的几个工作小组，建议并起草了《保护世界文化和自然遗产公约》（简称《世界遗产公约》），并且在 1972 年 11 月 16 日召开的联合国教科文组织第十七届大会上获得通过。由此可见，世界遗产保护理念的提出、变化与发展，是与人类社会所经历的巨大变革时期紧密联系的，反映了人类对于自身文化发展的关注和人类心灵成长的需求（郭旃，2001；吕舟，2004）。

世界遗产保护不仅是从保护地球自然生态资源的角度，也是从保护人类文化多样性的角度，反映了人类维护自身持久生存能力及环境的愿望，为可持续发展观念的形成与发展奠定了基础，并且在可持续发展完善定义形成后日渐成为国家可持续发展战略的重要实施途径（张国强，2001；张晓等，2001）。

4）美国国家公园规划演变的启示

现代意义上的自然保护运动始自美国。黄石公园被认为是美国、也是世界上第一个真正意义上的国家公园（Sellars，1997；Mackintosh，2000）。国家公园（National Park）的概念一般认为是由美国艺术家乔治．卡特林首先提出的。1832 年，在乔治．卡特林去往达科他州旅行的路上，他对美国西部大开发对印第安文明、野生动植物和荒野的影响深表忧虑。他写道："它们可以被保护起来，只要政府通过一些保护政策设立一个大公园……一个国家公园，其中有人也有野兽，所有的一切都处于原生状态，体现着自然之美"（杨锐，2001）。1872 年，美国立法成立黄石国家公园；1885 年加拿大、1887 年新西兰分别设立国家公园；20 世纪 30 年代，日本和南非分别设立国家公园。二战后，尤其是 20 世纪 50 年代以后，随着旅游业的发展，国家公园体系扩展到南美洲、亚洲及非洲的许多发展中国家。

联合国教科文组织（UNESCO）和世界保护联盟（IUCN）于 1969 年在新德里的 IUCN 第十次大会上初步统一了国家公园的内涵，认为其是在人类大规模开发大自然的背景下或压力下诞生的，是想保护人类文明、野生动植物和荒野，但并不排斥人类因素。

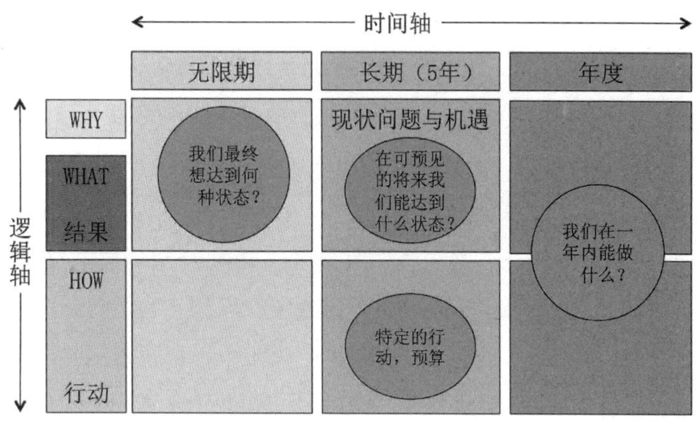

图 6—213　国家公园规划时间与主要人物关系（杨锐，2001）

这是一个持续生长的概念。从 1872 年至 21 世纪初，国家公园运动从美国一个国家发展到世界上 200 个国家和地区，从单一的国家公园概念衍生出“国家公园和保护区体系”“世界遗产”“生物圈保护区”等相关概念(杨锐,2003)。在美国,国家公园属于人民;从某种意义上讲，全体美国公民都是这些山川河流和历史古迹的监护人。

美国国家公园在立法、规划和管理各环节均为我国的风景区规划提供了有益参考。其规划从以旅游设施建设和视觉景观为主要对象，逐步转变到对自然资源的保护和管理；从关注设计、解决如何建设的问题，到解决如何管理的问题；从关注规划边界内的事务，到关注更大区域范围的事务；从以景观建筑师为主体制定规划，转变为全面的多学科介入，规划决策队伍学科背景多样化；从以预测为前提制定规划，到以监测为基础制定规划；逐步引入公众参与。其规划的主要成果包括四个部分：总体管理规划（General Management Plan）、战略规划（Strategic Plan）、实施计划（Implementation Plan）和年度执行计划（Annual Performance Plan）见图 6—213。

美国国家公园的规划目标至今仍被多国沿用：其一为不断增长的游客提供高品质的游憩机会；其二为保护和管理自然、历史与游憩资源；其三为吸收其他风景、科学、历史和游憩地区，完善国家公园体系；其四为与国际组织在环境保护上通力合作；其五为促进游客对美国国家遗产重要性的了解与认识。

美国国家公园的管理政策包括九个方面：公园体系规划、土地保护政策、自然资源管理政策、文化资源管理政策、荒野保护与管理政策、教育与展示方面的管理政策、设施管理政策、资源利用政策、特许经营管理。

美国国家公园局管理的自然资源包括：物质资源，如水、空气、土壤、地形特征、地质特征、化石资源、自然音景和洁净天空；自然过程，如气候、侵蚀、洞穴的形成过程以及山火；生物资源，如本地植物、本地动物和生物群落；生态过程，如光合作用、自然演替和进化；生态系统以及上述资源的高价值附属特征。

从上面的内容我们可以看到，受美国国家公园局保护的自然资源是十分广泛的，不仅包括静态的“资源”，也包括动态的“过程”；不仅包括“看得见”的资源，也包括“看不见”的资源，如“听得见”的资源——声景（Soundscape）、“闻得见”的资源如自然气味（Odors）等。

美国国家公园规划关键词包括：整体保护、减少干涉、自然系统、自然资源管理政策、生物资源、水资源、化石资源、地理资源、防火、空气质量、文化资源、考古资源、文化景观、博物馆与游客中心、历史遗产、建筑物与构筑物、荒野管理、公众教育、设施、交通系统、游客、后勤管理、纪念物、纪念品、小品、教育与演示、土著居民、游客服务设施、管理设施、水坝与水库、特许经营等。这种对资源的认识后来被很多国家采纳。

5）风景区、国家公园与自然文化遗产地的关系分析

（1）风景区、风景名胜区与国家公园的区别

在国际上，风景名胜区资源主要涉及两大机构：UNESCO（联合国教科文组织 United Nations Educational，Scientific and Cultural Organization）和 IUCN（国际自然保护联盟 International Union for Conservation of Nature）。从 UNESCO 的角度来看，风景名胜区具有自然和文化双重遗产的特征，具有世界遗产中“文化景观”的特征。从 IUCN 的角度来看，风景名胜区是广义的国家公园，同时包含了自然类和遗址类的特征。我国风景名胜区在遵守国际公约的基础上又包含自身的文化内涵。《风景名胜区规划规范》GB 50298—2018 中规定风景名胜区“也称风景区，海外的国家公园相当于国家级风景区”。而就风景名胜区设立的目的而言，应当有利于保护和合理利用风景名胜资源，其根本目的是将风景名胜区作为全人类的遗产进行保护并传承（国务院法制办农业资源环保法制司等，2007）。

我国风景区中最优秀的部分——风景名胜区虽然与国家公园最为相似（主要原因在于“特殊自然与文化属性保护”），但是仍然存在以下区别：①在“文化及传统属性的维护”方面，国家公园不及我国的风景名胜区；②就实际情况而言，风景名胜区的“游憩和娱乐”强度已经超过了 IUCN 所规定的国家公园的范围；③国家公园边界变更的主要原因是大型动物的迁徙，而风景名胜区边界变更的主要原因是社会经济的发展；④由于各国国家公园的含义有所不同，所以是否可以参考要审慎对待。风景与名胜并存的格局在中国的风景名胜区中具有代表性。

风景名胜区与 IUCN 其他五类保护性用地也具有一定的可比性，如类型 V 陆地和海洋景观保护区（尤其是在“文化及传统属性的维护”方面）。类型 V（陆地／海洋景观保护区）指：凡陆地、沿海及海域，由于人与自然进行了长时间相互作用而产生的具有审美、生态、文化价值的特色地区，通常具有丰富多样的生物物种。保护好这类地区传统的人与自然相互作用的完整性对保护和维护这类地区的发展是至关重要的（IUCN，1994）。在类型 V 陆地／海洋景观保护的概念中，“景观”的含义是指“源于人与自然长期相互作用的结果”（Lennon，in print； and ICOMOS—UK，2002）。其实具有了世界遗产中“文化景观”的含义（UNESCO，1992）。

近年来，类型 V 陆地／海洋景观保护由于存在有大量的居民，其生产生活活动日益受到重视。尤其对于发展中国家，或者开垦历史悠久的国家，陆地景观保护区的意义在于人与自然的融合。即重视人居环境的景观保护，有利于平衡和协调保护与利用的关系。社区的存在也是类型 V 保护区与我国风景名胜区相似的重要方面。但是，就资源层次性及丰富性方面而言，类型 V 保护区不如国家公园，也低于我国的风景名胜区。IUCN 用地类型及管理目标详见表格 6—19。

IUCN 用地类型及管理目标　　表 6-19

用地类型	管理目标
类别 Ia	严格自然保护区（Strict Nature Reserve）：主要用于科研的保护地。拥有某些特殊的或具代表性的生物系统，地理或生理特色及（或）物种的陆地或海洋，可用于科学研究及（或）环境监测。以科学研究、荒野地保护、物种多样性及环境保护为主
类别 Ib	自然荒野区（Wilderness Area）：主要用于保护自然荒野面貌的保护地。大面积未经改造或略经改造的陆地或海洋，仍保持其自然特色及影响，尚未有过永久或大型人类居住，用于保护其天然条件。科学研究、物种多样性保护同时兼顾游憩
类别 II	国家公园（National Park）：主要用于生态系统保护及娱乐活动的保护地。自然陆地或海洋，用于（1）为现在及将来一个或多个生态系统的完整性保护；（2）禁止对该区进行有害开发及占用；（3）为精神、科学、教育、娱乐及旅游等活动提供基础，这些都应与环境及文化配套，在保护的同时，兼顾游憩娱乐和科普教育
类别 III	自然纪念物（Natural Monument）：主要用于保护某些具有自然特色的保护地。拥有一种或多种自然或自然（文化）特色的地区，其特色因稀有、具代表性或在美学或文化上意义重大而超乎寻常或独一无二。在保护的同时，适当开展游憩和科普教育
类别 IV	生境 / 物种管理区（Habitat/Species Management Area）：主要用于通过干预进行管理以达到保护目的的保护地。一片陆地或海洋，用于通过积极干预以达到管理目的，以确保生境和（或）达到某些物种对生境的特别要求。多方功能兼顾
类别 V	风景 / 海景保护地（Protected Landscape/Seascape）：主要用于风景 / 海景保护及娱乐的保护地。陆地，包括海洋及海岸，由于人类与自然的长期相互影响而形成的具重要美学、生态学及（或）文化价值，奇瑞生物多样性叫丰富的地区。维护传统的人类自然相互影响的完整性对该区的保护、维持及进化极为重要。多方功能兼顾
类别 VI	资源管理保护地（Managed Resource Protected Area）：主要用于自然生态系统持续性利用的保护地拥有显著未经改造的自然系统，对其进行管理以确保长期保护及维持其生物多样性，同时根据当地村社需求，持续性提供自然产品

（2）世界遗产地与 UNESCO 保护地管理分类

世界遗产是指被联合国教科文组织和世界遗产委员会确认的人类罕见的、目前无法替代的财富，是全人类公认的具有突出意义和普遍价值的文物古迹及自然景观。狭义的世界遗产包括“世界文化遗产”“世界自然遗产”“世界文化与自然遗产”和“文化景观”四类。就广义概念而言，根据形态和性质，世界遗产分为文化遗产、自然遗产、文化和自然双重遗产、记忆遗产、人类口述和非物质遗产（简称“非物质文化遗产”）、文化景观遗产。

文化景观与风景区有着千丝万缕的联系。“文化景观”一词最早由留特根斯（R. Lutgens，1921）导入地理学。此后，美国的苏尔（Oscar Sauer，1927）把注意力引向“文化景观”概念，并认为景观因人类的作用而不断变化，文化景观是任何特定时间内形成某地基本特征的自然和人文因素的复合体，反映了二者的相互作用。因此文化景观可以理解为“附加在自然景观之上的各种人类活动形态”(汤茂林, 2000)。其他对文化景观的定义还包括: 波格丹诺夫把文化景观解释为人类积极地、有目的地参与而形成的景观, 而改造了的文化景观则是“在非对抗性人类集团所掌握的高度科学基础上, 人类有意识改变的景观。我国现代人文地理学奠基人李旭旦认为, “文化景观是地球表面文化现象的复合体, 它反映了一个地区的地理特征”。人类为了满足生存与发展的需要, 要建造新的地物和实体, 这种部分或整体被改造的自然景观和人工实体, 统称为文化景观 (张松, 2001)。

世界遗产的概念是在第二次世界大战后出现的。它的发展来源于两条主线: 一条是对濒危文化资源地的保护; 另一条主线是对自然的保护。1972 年 11 月 16 日, 联合国教科文组织第十七次会议在巴黎通过了《保护世界文化与自然遗产公约》 (The World Heritage Convention) (UNESCO, 2000)。在公约中, “文化遗产”包括文物、建筑群、遗址, 需满足六条标准; “自然遗产”主要体现在审美、科学、保护方面的突出普遍价值。公约中有关世界遗产的标准共十条, 前六条用于文化遗产的描述, 后四条用于自然遗产的描述。

UNESCO 的保护体系包括“世界遗产地”和“人与生物圈保护区”两大类。1970 年联合国教科文组织通过了“人与生物圈计划” (简称 MAB 计划), 它是针对人口、资源与环境问题发起的一项政府间的国际科学研究计划。1971 年计划开始执行以来, 已有 100 多个国家和地区参加了这项计划。“生物圈保护区”的产生是为了解决保护生物多样性与生物资源可持续利用之间的关系。每个生物圈保护区应包括核心区、缓冲带和过渡区。

(3) 其他类型保护型用地

国家森林公园(National Forest Park), 在我国, 森林公园分为国家森林公园、省级森林公园和市、县级森林公园三级, 其中国家森林公园是指森林景观特别优美, 人文景物比较集中, 观赏、科学、文化价值高, 地理位置特殊, 具有一定的区域代表性, 旅游服务设施齐全, 有较高的知名度, 可供人们游览、休息或进行科学、文化、教育活动的场所, 由国家林业局作出准予设立的行政许可决定。

国家地质公园 (National Geopark), 是由中国行政管理部门组织专家审定, 由中华人民共和国国务院国土资源部正式批准授牌的地质公园。中国国家地质公园是以具有国家级特殊地质科学意义, 较高的美学观赏价值的地质遗迹为主体, 并融合其他自然景观与人文景观而构成的一种独特的自然区域。截止至 2009 年 8 月, 国土资源部一共公布五批, 共 182 家地质公园。

国家湿地公园 (National Wetland Park) 是指经国家湿地主管部门批准建立的湿地公园。这一概念主要适用于我国。湿地公园是以具有显著或特殊生态、文化、美学和生物多样性价值的湿地景观为主体, 具有一定规模和范围, 以保护湿地生态系统完整性、维护湿地生态过程和生态服务功能, 并在此基础上以充分发挥湿地的多种功能效益、开展湿地合理利用为宗旨, 可供公众游览、休闲或进行科学、文化和教育活动的特定湿地区域。它是介于自然保护区与传统意义上的公园之间的、具有一定规模的自然湿地区域, 也是基于生态保护的一种可持续的湿地管理和资源利用方式 (张连兵等, 2008)。其产生原因主要有四个方面: 人类临水而居文明史、传统园林贡献、现代城市生活的需要和对湿地认识的提高 (崔心红等, 2004)。

6.6.3　风景区规划理念与主要技术方法

风景区规划设计的从业人员所涉及的领域包括建筑、艺术、工程技术、园林设计、植物、经济、生态、环境等，专业背景较为复杂，规划涉及社会效益、环境效益、经济效益、视觉景观等诸多方面。风景区规划的相关理论主要有风景建筑学、园林学、环境生态学、游憩学、环境行为学和可持续发展理论等。

风景区规划是一种带有区域规划性质的，以满足人们旅游活动需要为目的，以利用、保护风景资源为基本任务的大面积游憩绿地的建设规划。它包含了社会的、经济的、生态环境的、工程技术的、文学艺术的、计算机和信息等多方面的知识。2000 年以前风景区规划理论主要沿用我国古典园林设计理论，包括审美理论、园林艺术理论、山水画理论，理论的参考著作主要有明代的《园冶》《一家言》《长物志》等。近年来，风景区规划更多地借鉴英国风景园林师麦克哈格（L.McHarg）《设计结合自然》一书提倡的生态规划设计方法。

当然，风景区规划除按自然生态原则进行外，还必须考虑社会生态。这是因为风景区规划设计的一个重要目的是建立方便、舒适、愉悦和安全的游憩场所系统，需要考虑空间的实用价值，而不是单纯追求美的形体空间。所以既考虑自然生态又考虑社会生态的规划设计才是最好的规划设计，才能真正达到保护资源、提升人居环境水平、合理使用土地的目标。风景区规划的方法详见下文所示。

1）景观规划的方法

风景名胜区规划的方法可以参考景观规划的方法。Kevin Lynch 景观规划设计的步骤包括：（1）获取地形测绘图并校核建筑与环境要素；（2）提出规划课题；（3）编制策划方案，与业主、社区及有关各方讨论；（4）详细现场调研；（5）景观结构分析；（6）道路结构分析；（7）以透视草图的方式帮助想象；（8）场地结构草图；（9）规划结构分析图；（10）场地总平面图；（11）植物配置规划；（12）景观构造设计；（13）基础设施规划；（14）施工建设。

景观的视觉多样性与生态美学原理是风景区规划建设的重要依据与理论基础。一个优美的、吸收力强的风景区通常都是自然景观与人文景观的巧妙结合，由地景、水景、天景和人文景观构成的风景资源景观要素，通过适当的安排与组合，赋予其相应的文化内涵，以发挥其旅游价值，可供人们进行游览、探险、康体休闲和科学文化教育活动。

自然界的文化概念有别于生态功能的科学概念，景观形态可以反映出其文化价值，而文化习俗也强烈地影响着居住地景观和自然景观的空间格局。人类对景观的感知、认识和评价直接作用于景观，同时也受景观的影响。关于景观美学质量的量度，相关研究成果显示，人类偏爱含有植被覆盖和水域特征，并具有视野穿透性的景观；也偏爱可供探索复杂性和神秘性的景观，有秩序的、连贯的、可理解的和易辨别的景观。在具体进行风景的规划和设计时，应注意遵循生机、野趣、和谐、格调等原则。

2）资源评价

《风景名胜区规划规范》GB 50298—2018 指出，风景名胜资源是指能引起审美与欣赏活动，可以作为风景游览对象和风景开发利用的事物与因素的总称。在规范中，将风景名胜资源分为 2 个大类 8 个中类 74 个小类。其中，主要包括：（1）质量评价：风景名胜资源评价采取定性概括和定量分析相结合的方法，来对景源特征进行综合评价，在对风景区、景点、景群、景物等进行评价时，应分别选用不同的评价指标；（2）分级：风景景源评价分为特级、一级、二级、三级、四级五个等级。风景资源不仅包括内部的自然资源和文化资源，还包括外部周边区域的资源和周边环境的特色景观。

资源评价从视觉景观类型和分布评价到重要性和敏感度评价，强化评价与规划的关系。从掌握旅游资源类型和分布状况，到游览活动的组织，再到关注资源的各种价值和特征，同时还需要关注风景区所处区域的资源状况。

3）旅游产品管理

旅游产品大到旅游类型，如文化游、生态游、地质游等，中到旅游路线规划，如一日游、两日游、专项游等，小到旅游纪念品的设计等，无不体现了旅游产品的概念。而旅游产品管理主要包括旅游产品策划和游客管理等。游客管理主要包括：游客安全管理规划（游客安全管理规划措施分布。安全教育、治安管理、医护营救管理等游客安全管理的设施布置，游客安全管理规划指标监测涉及从游览空间规划到游客影响管理的诸多方面）；游客行为管理，其目标不仅是降低其对风景资源和环境的影响，而且要保障游客之间的旅游活动免受不良干扰，保证游客安全和旅游体验最大化；除此以外，游客管理还包括解说教育、时空分布管理、游客行为管理、游客安全管理等内容。

4）解说教育系统规划

解说教育系统规划在游客管理的过程中起到了重要作用。解说教育内容包括地学资源、生物多样性、水资源、自然光景与声景、历史遗迹与文化传统、科学管理介绍、游览路线与项目组织介绍等；解说教育场所包括游客中心、博物馆、展览馆、游步道等；解说教育方式包括向导式解说（导游、导游机）和自导式解说（宣传品、展览、牌示等）。解说教育系统的目标除提升游客的体验外，还包括对游客的教育。例如针对游客易随手丢弃垃圾袋的行为，华山风景名胜区通过向游客介绍环卫工人需要冒生命危险花费数小时的时间用保险带攀岩方能拾取垃圾，以此教育游客爱护环境。该方式有效减少了游客丢弃垃圾的行为。又如生态旅游区环境解说教育系统是指在现有旅游解说系统的基础上，以环境教育为核心，以人与环境的关系为主线，应用生态的方法和技术，将生态旅游及环境教育的功能传播给旅游者，为旅游者提供环境解释、自然保护和教育机会的解说教育系统（刘勇等，2007）。

生态旅游区环境解说系统最核心的功能就是环境教育（谢莉，2007）。教育的外延十分广泛，包括提高游客的审美水平；引导游客接受景区独特的自然和人文生态知识；在解说系统自身生态设计和环保提示功能的影响下，使游客潜移默化地受到生态文明的熏陶，从而树立正确的环境伦理观等（刘沛林，2009）。

5）社区规划

从居民搬迁到社区受益，统筹社区发展并使社区受益已经成为当今风景区保护管理工作的基本原则。像对待名木古树一样对待生存于风景区的社区居民，已经成为国际范围内专家的普遍共识。近年来在风景区中提倡以目标为导向的社区规划，制定社区发展战略，进行社区经济引导，实施社区文化教育，采取社区分类调控的方法，最终制定重要社区的详细控制导则和社区规划方案，其根本原则包括社区受益（经济发展、环境保护和教育三方面均受益）、权责利平衡、资源与环境保护。由此，需要设置合理的社区管理机制，平衡人民政府、风景区管理机构和社区间的利益关系，相关建设项目均应纳入统一规划和审批程序。

社区规划是伴随世界性的社区发展运动而产生的。在工作组织操作模式上，当今的社区规划还可分为政府主导型和民间自发型两种。值得注意的是，社区规划虽然不可避免地包括物质形态规划，但这只是促进社区可持续发展的一种手段。因此，真正意义上的社区规划应该是基于自下而上的理念，综合考虑社区各个方面发展需求的综合发展规划。同时，为避免与其他规划类型产生混淆，应将社区规划作为一种有明确空间范围的规划类型。根据国外经验，社区规划的工作过程可以抽象为几个阶段：策划和前期准备、调研与信息搜集、设立愿景、创建目标、制订行动计划、实施与评估（钱征寒等，2007）。

6）容量测算

旅游环境容量是指在旅游环境结构不发生对当代人与后代人有害变化，并且不发生降低游人旅游质量与游兴的前提下，在一定时期内所能接纳的最大游客量。该容量是不能突破的极限。现代旅游环境，不是传统观点理解的旅游地的自然环境或物理意义上的空间，而是一个包含了自然、社会、经济环境在内的复合环境系统（崔凤军，1995）。而旅游环境容量也不是传统意义上理解的自然环境容量或环境空间容量可接纳的最大游客量，是指一定时期内不会对旅游目的地的环境、社会、文化、经济以及旅游者旅游感受质量等方面带来无法接受的不利影响的旅游规模最高限度，一般量化为旅游地接待的旅游人数最大值（匡林，1995）。这里所说的最大游客量包括旅游环境生态容量、旅游环境的空间（或物理）容量、旅游者的心理感应容量、旅游社区居民的心理容量以及旅游环境的经济容量等五个分量。这五个分量综合后得出的最大游客量，就是旅游环境的最大容量（徐晓音，1999）。

当今的风景区规划正在从人数计算向环境影响监测转变，生态承载力、社会承载力涉及众多因素。另外，环境影响不仅取决于游客数量，不同游客行为、小组规模、游客素质、资源状况、时间和空间等因素对资源影响也有很大的区别。

具体的容量计算方法以空间容量为主，其他为辅，分三个层次测算。典型方法有面积法和生态法。面积法和生态法都是以单位面积容纳游客数量为计算方法，卡口容量在某些风景区的容量测算方面更具科学性，比如华山，选取游客的必经之路设定卡口，这样的容量计算将更为准确。游客时空分布模型可辅助动态模拟，在容量计算、分区规划中将发挥重要作用。

7）保护分区

美国国家公园管理模式中将国家公园内部土地利用划分为不同的区域以实施分区控制。分区制是国家公园进行规划建设和管理等方面最重要的手段之一，以保证国家公园的大部分土地及其生物资源得以保存野生状态，并把人为的设施限制在最小限度以内（谢凝高，1995）。较早的保护分区模式是生物圈保护分区模式。生物圈保护区是联合国教科文组织在全球实施的“人与生物圈计划”（MAB 计划）下倡导并发展的，指受到保护的陆地、海岸带或海洋生态系统的代表性区域。生物圈保护区将其保护区划分为核心区、缓冲区和过渡区。

核心区是保持着原始状态或很少受到人类影响的区域，重点保护主要物种、生态系统或自然景观，其作为自然本底，具有重要的保护与科学价值。因此，核心区必须受到严格保护，只能进行科研、监测等活动。缓冲区是为了减少外界对核心区的影响，在核心区外围划定的对核心区起到保护和缓冲作用的区域，在此区域允许开展不破坏资源的活动，如科研培训、环境教育、旅游和游憩等。一般在缓冲带的外围设置过渡区，以适应社区居民生活与发展的需要。该区域可进行资源合理利用的研究、试验和示范，并向周边地区推广，并促进当地社区经济协调发展（周年兴，2003）。

保护分区体现了保护与利用在空间上的统筹，保护对象从视觉景观保护到生物多样性保护；保护措施从分类分级保护到整体保护、有效保护。土地分区管理（Zoning）起源于 19 世纪末的德国，但把土地分区管理的方法应用到国家公园，则起源于美国国家公园管理局的实践。美国国家公园的土地使用分区制是一个不断发展的过程。二分法是美国国家公园最早使用的分区方式，它把资源的保护和利用截然分开，土地被分为自然和游憩两大分区。此后，由于保护核心自然区小气候、地质以及生态系统完整性的需要和降低人为直接冲击的要求，开始实行三分法，即在周边游憩区与核心自然保护区之间设置一条带状缓冲区。随着国家公园范围的不断扩大、设施种类的不断增多以及解说教育方式的不断改变，三分法的分区方式已无法满足国家公园的管理要求。于是，产生了以资源特性为依据的分区模式。1982 年，美国国家公园管理局规定，各国家公园应按照资源保护程度和可开发利用强度划分为自然区、史迹区、公园发展区和特殊使用区四大区域，每个分区还可进一步再划分为若干次区。这种分区制，适合于美国国家公园种类多样、资源丰富、土地广阔的特点，也是到目前为止世界上较完整的分区方式（谢凝高，2002）。

风景区规划中分区是重要内容，分区包括分类（生态保护分区、旅游发展分区、社区协调分区等）和分级（资源严格保护区、资源有限利用区、设施建设区和建设控制区等），是保护与利用在空间上的统筹；风景区面临不同的利用需求，而风景区不同资源、不同区域对不同利用需求的承载力各不相同，因此通过分区可实现这种统筹。

分区需明确分区目的、分区类型、分区管理政策，进一步深化还可考虑增加监测指标及分区规划图则等，分区数量不宜过多或过少，各区域应具有唯一性，便于分类、分片管理和规划的分期实施。

分区管理政策在规划中以条文的方式体现，需明确规定各区的保护措施和开发利用强度，并需针对不同的旅游方式进行设施的建设和活动管理。资源严格保护区是指资源价值高、同时对人类活动敏感的区域。这一大类区域又可进一步分为特殊地貌保护区、生态保护区、景观保护培育区、史迹保存区和景观恢复用地共五小类；资源有限利用区是指资源价值较高、同时对人类活动不甚敏感的区域。这一大类区域可进一步分为山林野游地、登山探险区、特殊步行区、步行观光区和机动车观光区五小类；设施建设区是区位条件好、辐射作用明显，同时资源价值一般、对人类活动不甚敏感的区域；建设控制区是指资源价值一般、同时对人类活动不敏感的区域，是风景区核心区和城市之间的缓冲地带。分区不是目的，最终要落实到分区管理政策上。针对不同分区实施不同管理政策并具体实施才能保证风景区规划落地。如对人的活动进行管理，可能包括游客活动、社会经济活动、科研活动等内容；对设施建设进行管理，须明确哪些分区可以建哪些类设施；对土地利用进行管理，须控制不同分区中的土地利用方式。

8）GIS 和信息技术

风景区管理信息系统是指以风景区为管理对象，借助于遥感技术、地理信息系统、管理信息系统和网络技术等技术手段，采用遥感影像数据、地形图、规划图等数据资料，实现对风景区规划实施情况以及资源与环境的保护状况等进行定期与不定期的动态监测，进而服务于风景区保护管理工作的辅助系统。

GIS 可以进行现状与规划的三维模拟、规划成果演示、规划过程数据管理、视觉景观分析、游客时空分布等方面的分析。

风景区信息系统包括两层含义：一是数据库和计算机系统（地理信息系统）；二是诸要素复杂的博弈、协调关系的概念系统。自 2001 年以来，我国逐步建立了部、省、风景名胜区三级监管信息系统和数字化景区体系。目前，诸多风景区正在进行数字化指挥调度中心、门票网络预售、电子门禁系统、LED 大屏幕信息发布系统等的建设工作。

网络化手段和信息技术，改变了旅游者的旅游信息获取方式和旅游服务者提供服务的方式。随着信息技术的发展，通过网络获取旅游信息服务的途径更加广泛，旅游信息的传递方式也更加灵活多样。例如，通过旅游电子地图，可以准确查找目的地地理信息、旅游资源分布信息、旅游服务设施信息等。旅游搜索引擎包括车载 GPS、PDA、手机等，可以十分便捷地获取及时、准确的旅游信息服务。另外，还可以通过旅游博客、微博、微信等，把自己在旅行中独特的感受记录下来，将文字、图片甚至视频发到论坛上和其他网友交流。近年来，我国的网络在线旅游行业已经起步，出现了大型网络旅游产品运营商，也出现了大型的旅游呼叫中心、电话网络预订中心等新的业态模式，利于按照游客需求随时定制产品。

9）空间分析的方法

空间分析是土地利用规划中用地适宜性分析需借助的主要方法（弗雷德里克 · 斯坦纳，2004），其可以给土地进行精度较高的分类和分级。空间分析有几何量算、缓冲区分析、叠置分析、网络分析、地形分析、用地类型统计分析等。利用 GIS 技术平台和 GPS 定位系统也可进行更多领域的分析，比如对视觉景观影响进行空间定量分析评价，可用于风景区建设项目竣工环保验收调查和分析评价中景观影响评价内容的重要技术支撑。以叠置分析为例，它是 GIS 中的一项非常重要的空间分析功能。它是指在统一空间参考系统下，通过对数据进行的一系列集合运算，产生新数据的过程。这里提到的数据可以是图层对应的数据集，也可以是地物对象。叠置分析的目标是分析在空间位置上有一定关联的空间对象的空间特征和专属属性之间的相互关系。多层数据的叠置分析，不仅仅产生了新的空间关系，还可以产生新的属性特征关系，能够发现多层数据间的相互差异、联系和变化等特征。在具体操作中可将规划要素（点状、线状或面状）以纵向叠加的方式进行操作，通过重要性、敏感度等分析辅助决策的一种规划方法。叠置分析中的拓扑叠加是核心方法，其中包括了多边形叠置、点与多边形叠置、线与多边形叠置。叠置分析借鉴了麦克哈格以因子分层分析和地图叠加技术为核心的方法。在叠置分析的过程中，能够数据化的要素才能进入运算系统，而其中的矢量化的数据最为关键。

空间分析的功能包括四个层面：（1）认知：对空间数据进行有效获取和科学的组织描述，利用空间数据来再现事物本身，边界划定的任务主要在这一层面；（2）解释：理解并解释空间数据的背景过程，认识事件的本质规律；（3）预报：了解和掌握事件发生的规律后，运用预测模型对未来的状况做出合理推测；（4）决策：根据空间分析结果做出合理决策，调控地理空间上发生的事件，合理分配资源。

10）环境影响评价

环境影响评价又称环境影响质量预测评价，是指在某一地区进行可能产生影响的重大工程建设、规划或城市建设与发展、区域规划等活动之前，对这一活动可能对周围环境地区造成的影响进行调查、预测和评价，并提出防止污染和破坏的对策，其目的在于使环境保护与经济发展相协调。环境影响评价包括：（1）在大型建设项目或区域开发计划实施前对其可能造成的环境影响进行预测和估价；（2）依据国家有关环境保护的法律、法规和标准，对拟建工程项目在建设中和投产后排出的废气、废水、灰渣、噪声及排水对环境的影响以及需要采取的措施进行预测和评估，并提出书面报告；（3）对兴修水利等人类活动所引起的环境改变及其影响的评价。理想的环境影响评价过程，应该能够满足以下条件：（1）基本上适应所有可能对环境造成显著影响的项目，并能够对所有可能的显著影响做出识别和评估；（2）对各种替代方案（包括项目不建设或地区不开发的情况）、管理技术、减缓措施进行比较；（3）生成清楚的环境影响报告书（EIS），以使专家和非专家都能了解可能影响的特征及其重要性；（4）包括广泛的公众参与和严格的行政审查程序；（5）及时、清晰的结论，以便为决策提供信息。环境影响评价包括：环境质量评价、环境影响预测与评价、环境影响后评价。环境影响评价的功能包括：判断功能、预测功能、选择功能与导向功能。

11）视觉景观分析

视觉景观分析由于涉及较多非理性因素，因此量化研究面临很多困难。对风景区而言，视觉景观分析是地理要素形象化的过程，也是对人文要素进行全方位视觉体验的过程。

视觉景观评价无论采用怎样的研究方法，基础视觉概念是必不可少的。此外，还需要明确两个重要概念：（1）视域，在某一视点各个方向上视线所及的范围；（2）视频，在某一路径上景观标志被观赏到的频率（余卓群，2001）。在规划设计中，现阶段视觉景观评价主要有如下三个方面：（1）根据景观表面相对于观景者视线的坡度（倾角）进行的景观点醒目程度的分析；（2）根据景观相对于观察者的距离进行的视觉冲击力的分析；（3）根据景观在视域内某一线路出现的机率进行的景观敏感度的分析（俞孔坚，1991；王晓俊 .1992）。

6.6.4　风景区规划内容、程序与要点

1）风景区规划的程序与内容

风景区规划既要关注发展中的问题，又要关注保护中的问题；既要关注城市景观设计问题，又要关注非城市的大地景观规划问题。其中包括多项专项规划：风景游赏规划、典型景观规划、设施规划、道路交通规划、基础设施规划、社区规划、经济发展引导规划、土地利用协调规划、实施管理等。风景区规划最重要的参考依据是《风景名胜区规划规范》GB 50298—2018，但近年来风景区规划逐步转变为以目标为导向的规划，强调管理（包括管理目标、管理方法、管理技术等）。

风景区规划的主要目的是发挥风景区的整体大于局部之和的优势，实现风景优美、设施方便、社区和谐，并突出其独特的景观形象、游憩魅力和生态环境，促使风景区适度、稳定、协调和可持续发展。

风景区规划大致可以分为体系规划、总体规划和详细规划三个层次。大型而又复杂的风景区，可以增编分区规划和景点规划。一些重点建设地段，也可以增编控制性详细规划或修建性详细规划。风景区规划包括一般规划和专项规划两部分。

风景区规划成果包括风景区规划文本、规划图纸、规划说明书、基础资料汇编四个部分。风景区应妥善处理的三对关系：（1）保护与利用的关系：旅游发展离不开对旅游资源的利用，如何避免生态环境和传统文化受到破坏，是规划设计师面临的重要课题；（2）游客与当地社区的关系：如何维护游客与当地社区原生环境与体系，如何让社区成为旅游体验的重要组成部分，如何让社区受益是研究的重点；（3）城（市）镇与景区的关系：某些城市由于一些不合理的土地利用方式或者管理不力，服务设施往往紧邻景点设置，造成景区城市化现象严重，如何协调服务设施和游客分布，保持自然景观的原有风貌和氛围，提升游客体验是规划的重点。

（1）规划流程

总体来说风景区规划过程可分七个阶段进行。

第一个阶段为调查阶段，确定风景区的构成要素及其现状。这一阶段的调研内容包括区域、资源、人类活动、人工设施、土地利用、社区和管理体制，采用的技术方法包括现场踏勘、资料法、遥感判读、问卷法和访谈法等。近年来，对风景区进行旅游资源和客源市场的调查、评价与基础资料的汇编日益受到重视，大致包括以下内容：现在和潜在旅游资源的调查、评价；确定最具吸引力的风景区段和景点；分析当前客源市场结构组成和未来的市场潜力；重新进行营销及宣传组织；确定目标市场发展计划。（详见表 6–20）为风景区规划涉及的主要元素，在充分调查、收集和研究风景区基本

资料的基础上，还需经过综合分析，由专家组对区域资源和环境要素、社会经济状况、投资环境进行全面、认真的评估，对客源市场进行可行性论证。

风景区规划涉及的主要元素　表 6-20

一、测量资料	1. 地形图	小型风景区图纸比例为 1/2000 ～ 1/100 000； 中型风景区图纸比例为 1/10 000 ～ 1/25 000； 大型风景区图纸比例为 1/25 000 ～ 1/50 000； 特大型风景区图纸比例为 1/50 000 ～ 1/200 000
	2. 专业图	航片、卫片、遥感影像图、地下岩洞于河流测图、地下工程与管网等专业测图
二、自然与资源条件	1. 气象资料	温度、湿度、降水、蒸发、风向、风速、日照、冰冻等
	2. 水文资料	江河湖海的水位、流量、流速、流向、水量、水温、洪水淹没线；江河区的流域情况、流域规划、河道整治规划、防洪设施；山区的山洪、泥石流、水土流失等
	3. 地质资料	地质、地貌、土层、建设地段承载力；地震或重要地质灾害的评估；地下水存在形式、储量、水质、开采及补给条件
	4. 自然资源	景源、生物资源、水土资源、农林牧副渔资源、能源、矿产资源等的分布、数量、开发利用价值等资料；自然保护对象及地段
三、人文与经济条件	1. 历史与文化	历史沿革即变迁、文物、胜迹、风物、历史与文化保护对象及地段
	2. 人口资料	历来常住人口的数量、年龄构成、劳动构成、教育状况、自然增长和机械增长；服务职工和暂住人口及其结构变化；居民、职工、游人分布状况
	3. 行政区划	行政建制及区划、各类居民点及分布、城市辖区、村界、乡界及其相关地界
	4. 经济社会	有关经济社会发发展状况、计划及其发展战略；风景区范围的国民生产总值、财政、产业产值状况；国土规划、区域规划、相关专业考察报告及其规划
	5. 企事业单位	主要农林牧副渔和教科文卫军与工矿企事业单位的现状及发展资料，风景区管理现状
四、设施与基础工程条件	1. 交通运输	风景区及其可依托的城镇的对外交通运输和内部交通运输的现状、规划及发展资料
	2. 旅游设施	风景区及其可以依托的城镇的旅行、游览、饮食、住宿、购物、娱乐、保健等设施的现状及发展资料
	3. 基础工程	水电气热、环保、环卫、防灾等基础工程的现状及发展资料
五、土地与其他资料	1. 土地利用	规划区内各类用地分布状况，历史上土地利用重大变更资料，土地资源分析评价资料
	2. 建筑工程	各类主要建筑物、工程物、园景、场馆场地等项目的分布状况、用地面积、建筑面积、体量、质量、特点等资料
	3. 环境资料	环境监测成果，三废排放的数量和危害情况；垃圾、灾变和其他影响环境的有害因素的分布及危害情况；地方病及其他有害公民健康的环境资料

参考《风景名胜区规划规范》GB 50298—2018。

第二阶段为分析阶段，主要目的是搞清楚风景区的内在规律。具体来说，就是要搞清楚要素之间是如何相互作用的，以及它们之间的关系是什么。其中，用地现状是该部分分析的主要基础和媒介。

第三个阶段是资源评价阶段，主要目的是明确各要素及它们之间的关系是否合理，现状和目标之间的差距有多大。评价包括五个方面，即 SWOT 评价、价值评价、资源评价（重要性、敏感性）、差距分析（Gap Analysis）以及旅游机会评价。

第四个阶段是规划阶段，主要目的是研究采取哪些规划行动能使规划地区从现实状态向目标状态演变。内容包括目标和战略规划、结构规划、分区规划以及专项规划。

第五个阶段为影响评价阶段，判定规划将造成何种影响，这种影响是否能够接受以及有什么样的措施可以减弱规划的不利影响。影响分析涉及环境影响分析，社会影响分析和经济影响分析三个方面。

第六个阶段是决策阶段，这一阶段将根据影响分析的结果判定规划方案是否可行。如果是可行的话，就进入实施阶段；如果不可行的话，则返回到第四个阶段重新进行规划。

第七个阶段是实施阶段。在这一阶段中强调动态监测问题，监测指标在规划分区中确定。

（2）规划内容

风景区规划分为体系规划、总体规划和详细规划。大型而又复杂的风景区也可以增编分区规划和景点规划。一些重点建设地段，也可以增编控制性详细规划或修建性详细规划。风景区详细规划应当根据核心景区和其他景区的不同要求编制，确定基础设施、旅游设施、文化设施等建设项目的选址、布局与规模，并明确建设用地范围和规划设计条件。风景区详细规划，应当符合风景区总体规划。

风景区规划的成果应包括风景区规划文本、规划图纸、规划说明书、基础资料汇编四个部分。规划文本应以法规条文方式，直接叙述规划主要内容的规定性要求。规划图纸应清晰准确，图文相符，图例一致，并应在图纸的明显处标明图名、图例、风玫瑰、规划期限、规划日期、规划单位及其资质图签编号等内容。

风景区规划应遵循下列原则：①依据资源特征、环境条件、历史情况、现状特点以及国民经济和社会发展趋势，统筹兼顾，综合安排；②严格保护自然与文化遗产，保护原有景观特征和地方特色，维护生物多样性和生态良性循环，防止污染和其他公害，充实科教审美特征，加强地被和植物景观培育；③充分发挥景源的综合潜力，展现风景游览欣赏主体，配置必要的服务设施与措施，改善风景区运营管理机能，防止人工化、城市化、商业化倾向，促使风景区有度、有序、有节律地持续发展。④合理权衡风景环境、社会、经济三方面的综合效益，权衡风景区自身健全发展与社会需求之间的关系，创造风景优美、设施方便、社会文明、生态环境良好、景观形象和游赏魅力独特、人与自然协调发展的风景游憩境域。其主要规划框架如图 6-214 所示。

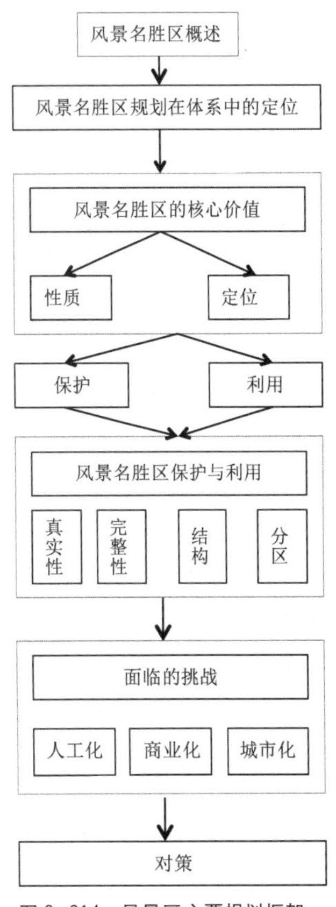

图 6-214　风景区主要规划框架

(3) 基础资料汇编

基础资料应依据风景区的类型、特征和实际需要，提出相应的调查提纲和指标体系，进行统计和典型调查。应在多学科综合考察或深入调查研究的基础上，取得完整、正确的现状和历史基础资料。基础资料调查类别如下表 6-21、表 6-22。

联合国教科文组织的环境调查清单 **表 6-21**

自然环境——成分		权力运作与分配	军事活动
土壤 水 大气 矿产资源	能源 动物 植物 微生物	管理 农业、渔业	交通 休闲活动 犯罪率
自然环境——过程		社会群体	
生物地球化学循环 辐射 气候过程 光合作用 动植物生长	动植物生长的波动 土壤肥力、盐分、碱度的变化 宿主 / 寄生虫的相互作用及传染过程	政府群体 工业群体 商业群体 政治群体 宗教群体 教育群体	信息媒体 司法群体 医疗卫生服务 社区群体 家庭群体
人口数量——人口统计方面		劳动成果	
人口结构 年龄 种族 经济 教育 职业	人口规模 人口密度 出生率及死亡率 健康统计	人工环境 建筑 道路 铁路 公园	食品 药品 机械 其他产品
人类活动及机械的使用		文化	
迁徙活动 日常流动性 决策	矿业 工业活动 商业活动	价值观 信仰 态度 知识 信息	技术 文化 法律 经济系统

参考《生命的景观》，P16

生态规划的必需资料 **表 6-22**

下面的这些自然资源因子在规划中可能意义重大。显然，作为研究对象的区域决定了相应的因子，但大部分在所有的研究中都有可能出现。
气候：温度、湿度、降水量、风速、风向、风期，首末次霜冻，雪，雾，逆温，飓风，龙卷风，海啸，台风，齐努克风

续表

地质：岩石，年代，形成，规划，剖面，特性，地震活动，地震，岩崩，泥崩，基岩
地表地质：沙丘，锅穴，蛇行丘，冰碛
水文地质：理解水井含水层的地质构造，钻井日志，水量水质，地下水位
地形：区域地形，亚区，地形特征，等高线，剖面，坡度，坡向，隔层，数字定型模型
地表水文学：海洋，湖泊，三角洲，河流，溪流，支流，湿地，沼泽，河流等级，密度，流量，水质，洪泛区
土壤：土壤组合，土壤系列，特性，季节性最高水位深度，基岩深度，收缩膨胀，压缩强度，阴阳离子交换，酸碱度
植被：组成，群落，物种，分布，年代和条件，视觉效果，物种数量，稀少和濒危物种，或在历史，演替历史
野生动物：栖息地，动物数量，普查资料，稀少及濒危物种，科学和教育价值
人类：人种，聚落类型，土地利用现状，基础设施现状，经济活动，人口特征

参考《生命的景观》，P16

基础资料汇编至少包括以下七个方面：①区域背景：包括地质构造和地貌的影响，地形和季风对区域气候的控制，河流的基本特征和水利现状，动植物特征，土壤特征等；②以行政区域划分包括以下方面：自然状况、历史沿革、人口与民族、经济社会事业发展状况、基础设施、土地资源、矿产资源、水利资源、森林资源、野生植物资源、野生动物资源、旅游资源、民俗风情等等；③资源包括以下方面：地质地貌、地形、水文、气候、土地、矿藏、植物资源、动物资源、自然灾害、林业及管理、环境保护、相关风景旅游资源等等；④社区社会经济一般包括县、乡、镇三个层次；⑤社区土地利用与建设规划包括以下方面：土地利用现状与规划、所属城市总体规划情况，所在县城规划、周边镇的总体规划和建设规划等等；⑥旅游业包括以下方面：所属县旅游业（旅游资源、旅游业发展概况），所属县旅游发展规划、所属县生态旅游规划，近期建设规划，乡镇旅游状况，其他相关规划等等；⑦道路交通与基础设施：各县、乡、镇交通情况，基础设施情况。

2）风景区规划要点

（1）风景区规划资源评价要点

风景区资源评价的基础是现状分析（见图 6–215，图 6–216）。现状分析应包括自然和历史人文特点，各种资源的类型、特征、分布及其多重性分析，资源开发利用的方向、潜力、各种条件和利弊，土地利用结构、布局和矛盾的分析，风景区的生态、环境、社会与区域因素五个方面。现状分析结果，须明确提出风景区发展的优势与动力、矛盾与制约因素、规划对策与规划重点三方面内容，这就是"评价"的基本要求。一般评价包括优势评价（风景资源优势、自然生态资源优势、文化资源优势等）、机遇评价（政策方面，区域经济发展、基础设施完善等方面）、资源价值和特征评价等方面。风景资源评价应包括景源调查、景源筛选与分类、景源评分与分级、评价结论四部分。景源分类如表 6–23。

景源类型 **表 6-23**

大类	中类	小类
1. 自然景源	1. 天景	日月星光、虹霞蜃景、风雨阴晴、气候景象、自然声像、云雾景观、冰雪霜露、其他天景
	2. 地景	大尺度山地、山景、奇峰、峡谷、洞府、石林石景、沙景沙漠、火山熔岩、蚀余景观、洲岛屿礁、海岸景观、地质珍迹、其他地景
	3. 水景	泉景、溪流、江河、湖泊、潭地、沼泽滩涂、海湾海域、冰雪冰川、其他水景
	4. 生景	森林、草地草原、古树古木、珍稀生物、植物生态类群、动物群栖息地、物候季向景观、其他生物景观
2. 人文景园	1. 园景	历史名园、现代公园、植物园、动物园、庭宅花园、专类游园、陵园墓园、其他园景
	2. 建筑	风景建筑、民居宗祠、文娱建筑、商业服务建筑、宫殿衙署、宗教建筑、纪念建筑、工交建筑、工程构筑物、其他建筑
	3. 胜迹	遗址遗迹、摩崖题刻、石窟、雕塑、纪念地、科技工程、游娱文体场所、其他胜迹
	4. 风物	节假庆典、民族民俗、宗教礼仪、神话传说、民间文艺、地方人物、地方物产、其他风物

参考《风景名胜区规划规范》GB 50298—2018

此外，资源评价后要明确项目场地的现状问题，重点关注①城市化进程的影响：如交通枢纽的影响、城市道路的影响、工业用地影响、景区内部社区发展面临多种路径选择等。②污染影响对景区的影响，包括水体污染、空气污染、土壤污染等。污染会从视觉景观和生态效益等方面严重有损景区质量。③交通体系是否畅通，是否有利于景区管理：如过境交通的问题，各景区可达性的问题，景区内道路系统是否混乱，停车场等交通设施是否完善，交通服务机制是否健全等。④整体形象是否明确，旅游开发是否到位等。

（2）风景区规划目标与战略制定要点

风景区规划目标与战略的制定即明确《风景名胜区规划规范》GB 50298—2018 中规定的风景名

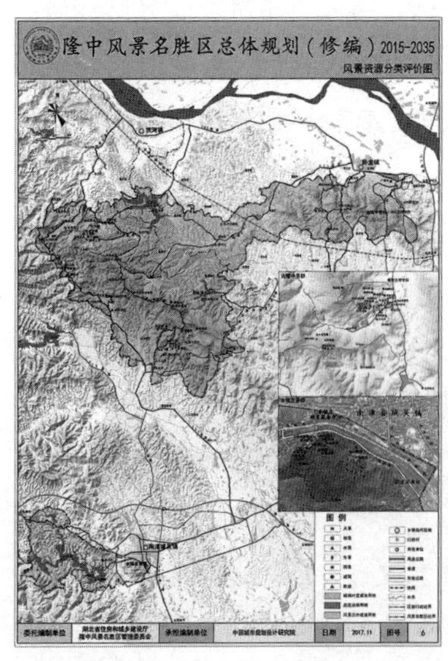

图 6–215　隆中风景区风景资源分类评价图（http://www.hbnz.gov.cn/news/20171227/184992.html）

图 6–216　台山国家级风景名胜区佛陇景区资源分布图（唐军，2011）

胜区的“性质”，必须依据风景区的典型景观特征、游览观赏特点、资源类型、区位因素，以及发展对策与功能选择来确定。

• 目标

风景区的发展目标，应依据风景区的性质和社会需求，提出适合本风景区的自我健全目标和社会作用目标两方面的内容，并应遵循以下原则：①贯彻严格保护、统一管理、合理开发、永续利用的基本原则；②充分考虑历史、当代、未来三个阶段的关系，科学预测风景区发展的各种需求；③因地制宜地处理人与自然的和谐关系；④使资源保护和综合利用、功能安排和项目配置、人口规模和建设标准等各项主要目标，同国家与地区的社会经济技术、发展水平、趋势及步调相适应。风景名胜区的规划目标一般可以从生态功能、交化展示、游客体验、社区发展等方面制定。

• 定位

风景区可以进行分类定位，也可进行分区定位。分类定位如生态定位，风景区在区域、城市、地区范围内的生态功能（生态系统保护方面、水系统方面）；文化定位，在传统自然山水审美方面的价值，与现代文化的融合等。上述内容是针对保护方面的定位。针对发展方面的定位最核心的内容是旅游市场定位，主要包括旅游文化定位、旅游形象定位、旅游功能定位、旅游产品定位、客源市场定位和目标游客定位。各种定位是要在预期游客的头脑里给风景区定位，它的重要性在于游客往往不是根据实际情况做出是否到风景区游览的决策，而是根据风景区在其心目中的形象和认知程度来做决策。准确定位是旅游区保护和发展的关键。

• 文化与形象

文化与形象的核心内容可以体现在品牌、形象、标志等。随着品牌经济的快速发展，旅游业也进入了品牌时代，而文化是旅游品牌的灵魂。旅游品牌整合了建立在旅游资源之上的旅游产品的品质、特色、名称、标识、个性形象及市场影响力等，是景区旅游业发展水平的集中体现。好的旅游形象包括：产品的独特性，给旅游者何种体验（满足感），较高的品牌价值（服务水平、信用度、影响力等），深刻的文化价值，很高的顾客认知度，目标人群等。旅游形象可以体现在多个方面，可通过一个景区、一种服务、一件旅游纪念品等让游客在旅游过程中得以感受。旅游品牌文化主要体现在资源文化、质量文化、服务文化、营销文化等方面。

（3）风景区规划边界划定的要点

风景名胜区边界必须依据典型景观特征、游览欣赏特点、资源类型、区位因素，以及发展对策与功能选择来确定。现有的划定方法主要包括景源法、地形法、偏移法和协调法（图 6–217）：

景源法：考虑到典型景观和游赏特点，涵盖主要的风景资源；

地形法：针对山体、流域等，选取等高线作为边界；

偏移法：选取道路、河流等要素边线进行偏移得到边界；

协调法：对照区位因素或其他类型保护性用地范围边界划定。

划定风景区边界可先将现状“景点”大致包含在风景区边界内，然后进行细致的边界调整，可做如下工作①边界应尽量少地割断流域，保证流域的完整性，在微观尺度可以将边界设置在水系较

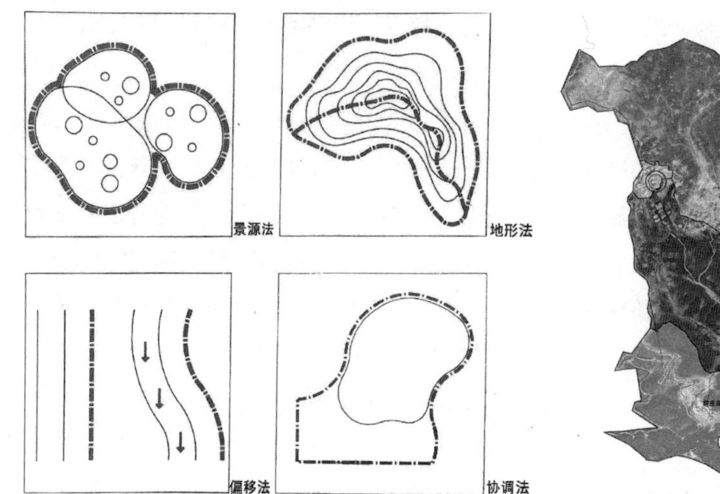

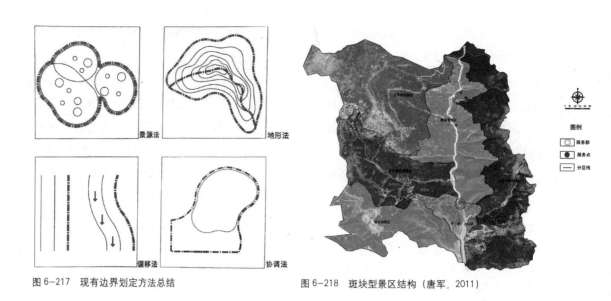

图 6–217　现有边界划定方法总结

图 6–218　斑块型景区结构（唐军，2011）

为狭窄的部分；②边界需包含流域的源头（虽然在很多情况下流域的源头并非景区或景点）；③边界需要考虑地下水的连通；④边界不应穿越频繁变动的地形（如洪泛区、泥石流区等）；⑤边界应尽量少地破坏地质（一般为出露点）、地貌条件和水文过程；⑥边界应保证稀有和独特的生态群落的完整性，以及生物多样性高的区域（湿地、河岸、生态交错带等）的完整性。

（4）风景区规划结构建立的要点

风景区应依据规划目标和规划对象的性能、作用及其构成规律来组织整体规划结构或模型，并应遵循下列原则：①规划内容和项目配置应符合当地的环境承载能力、经济发展状况和社会道德规范，并能促进风景区的自我生存和有序发展；②有效调节控制点、线、面等结构要素的配置关系；③解决各枢纽或生长点、走廊或通道、片区或网格之间的本质联系和约束条件。

风景名区规划结构包括景观生态结构、旅游发展结构、交通结构、居民社会结构、视觉景观结构等，每一类型结构都可能在不同的尺度上进行研究（区域尺度、城市尺度、风景区尺度等）。

景观生态结构有三种主要的形式，斑块、廊道、基质的结构，呈带状层级式分布、同心圆圈层式结构或几种结构的叠加（图 6–218）。

旅游发展结构可以提炼为中心（主、次），发展轴线，区域发展面等；也可以通过板块、圈层等形式进行表达。

交通结构包括陆路交通、水路交通（水上线路、码头等）和空中交通（直升飞机、热气球、滑翔机等），其中陆路交通是风景区中的主要交通形式。交通结构规划需要明确：①被道路分隔的各个区域的情况；②路网结构（如圈层式结构、鱼骨状结构等）及与城市交通结构之间的关系；③出入口的设置，主要道路、次要道路、景区路等的情况；④车型路、步行路、索道等交通子系统的设置及系统之间的转换和联系；⑤某些区城为未来发展的预用地，或保持／恢复为自然状态，可不设置道路交通系统。

居民社会结构要表达的主要内容除包括物质空间布局的调整外，还包括产业结构。旅游服务在社区产业中均占据一定地位，主次程度不同。例如：风景名胜区的有些居民点以农业为主产业，旅游服务和科研服务为副业；而有些居民点以旅游服务为主产业，特色产业为副业等。

视觉景观结构的构成要素大致可分点、线、面三大类型，如湖泊型风景区面状要素可能为水体驳岸、滨湖界面、背景界面等；山岳型风景名胜区面状要素可能为远景山体、植物界面等。线状要素可能为渗入城市的视觉廊道，也可能是与主要景观形成对景的要素等。点状要素为景区内的景观节点（制高点、关键点、对景点和重要点等）。

（5）风景区规划中土地利用协调规划要点

风景区土地利用协调规划是风景区总体规划的重要组成部分。人均风景区面积少，是我国的基本国情，因此必须综合协调、有效控制各种土地利用方式，使风景区用地得到充分合理的利用。

土地利用规划要重视其协调作用，突出体现风景区土地的特有价值。规划内容包括①土地类型的整合与布局的调整。如风景区被周边各类工业、居民用地侵蚀侵占的情况就应该在总体规划中整合出包括海域在内的 11 类性质用地，并对已被侵占的风景区用地区域划出新的风景区范围边界，同时对边界内的各类用地恢复整合，力求扩大如林地等具有生态效应的用地。②缓冲带的规划。缓冲带是风景区与市区的过渡带，此区的作用在于控制城市化对景区的侵蚀，区内从建筑密度、容积率、建筑风格等方面加以控制，结合不同的边界处理手法，达到风景区与城市的良好衔接。③生态通道预留地规划。“廊道”的作用在风景区中十分重要却常被忽视。生态廊道是维护生态完整性的重要保障，可以满足物种迁徙和物质交流（详见表格 6–24）（图 6–219、图 6–220）。

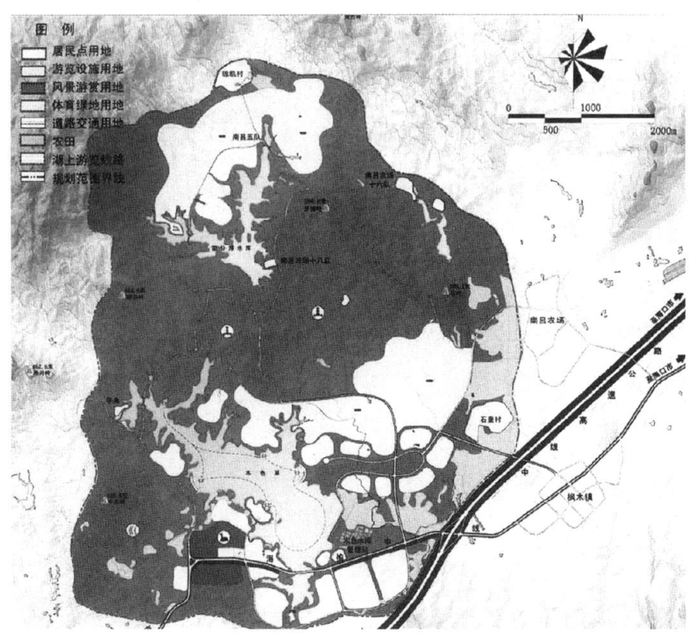

图 6–219　木色湖风景名胜区土地利用规划图（李祥龙，2012）

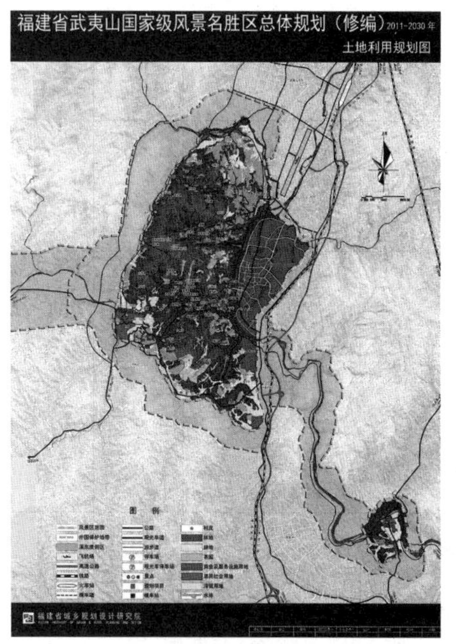

图 6–220　武夷山风景名胜区土地利用规划图（http://www.wuyishan.gov.cn/Articles/20150312/20150312084309827.html）

《风景名胜区规划规范》中的规定　　表 6-24

条号	内容
第 4.8.1 条	土地利用协调规划应包括土地资源分析评估、土地利用现状分析及其平衡表；土地利用规划及其平衡表等内容
第 4.8.2 条	土地资源分析评估，应包括对土地资源的特点、数量、质量与潜力进行综合评估或专项评估
第 4.8.3 条	土地利用现状分析，应表明土地利用现状特征，风景用地与生产生活用地之间关系，土地资源演变、保护、利用和管理存在的问题
第 4.8.4 条	土地利用规划，应在土地利用需求预测与协调平衡的基础上，表明土地利用规划分区及其用地范围
第 4.8.5 条	土地利用规划应遵循下列基本原则：(1)突出风景区土地利用的重点与特点，扩大风景用地；(2)保护风景游赏地、林地、水源地和优良耕地；（3）因地制宜地合理调整土地利用，发展符合风景区特征的土地利用方式与结构
第 4.8.6 条	风景区土地利用平衡应符合《风景名胜区规划规范》中表 4.8.6 的规定，并表明规划前后土地利用方式和结构变化
第 4.8.7 条	风景区的用地分类应按土地使用的主导性质进行划分，应符合《风景名胜区规范》中表 4.8.7 的规定
第 4.8.8 条	在具体使用《风景名胜区规划规范》中表 4.8.6 和表 4.8.7 时，可依据工作性质、内容、深度的不同要求，采用其分类的全部或部分类别，但不得增设新的类别
第 4.8.9 条	土地利用规划应扩展甲类用地，控制乙类、丙类、丁类、庚类用地，缩减癸类用地

（6）风景区规划中的分区规划要点

风景区应依据规划对象的属性、特征及其存在环境进行合理区划。分区规划应遵循以下原则：①同一区内的规划对象的特性及其存在环境应基本一致；②同一区内的规划原则、措施及其成效特点应基本一致；③规划分区应尽量保持原有的自然、人文、线状等单元界限的完整性。

目标不同，则划分的规划分区不同：当需要进行功能特征控制或调节时，应进行功能分区；当以组织景观和游赏特征为任务时，应进行景区划分；当需确定保护培育特征时，应进行保护区划分；在大型或复杂的风景区中，可以几种方法协调并用。（结构布局与分区图详见图 6–221 ～图 6–223）

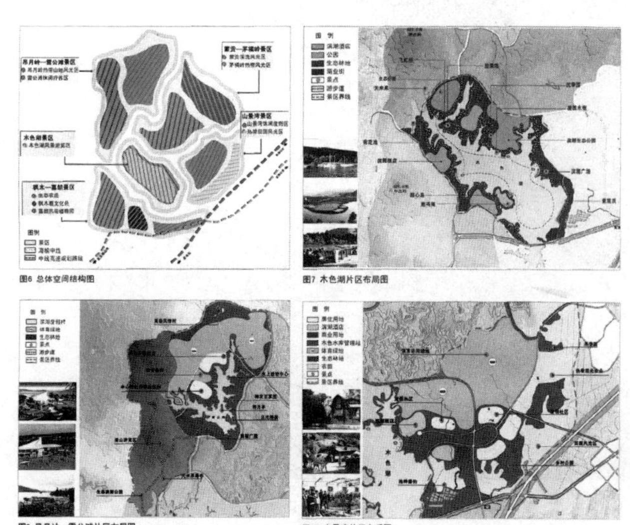

图 6–221　木色湖风景名胜区分区规划结构与布局图（李祥龙，2012）

（7）风景区规划中居民社会调控规划要点

《风景名胜区规划规范》GB 50298—1999 中明确规定：凡含有居民点的风景区，应编制居民点调控规划；凡含有一个乡或镇以上的风景区，必须编制居民社会系统规划。居民社会调控规划应包括现状、特征与趋势分析，人口发展规模与分布，经营管理与社会组织，居民点性质、职能、动因特征和分布，用地方向与规划布局，产业和劳力发展规划等内容。

居民社会调控规划的任务是在保障农民利益的基础上，科学确定居民社会调控原则，从严控制风景区内人口的增长。风景区的某些区域不但生活环境恶劣，而且也是重要的风景游览区域。一般依据现状条件和风景区保护要求，将风景区内农村居民点依次确定为搬迁型、缩小型、聚居型和控制型，分类提出管理要求和发展指导。

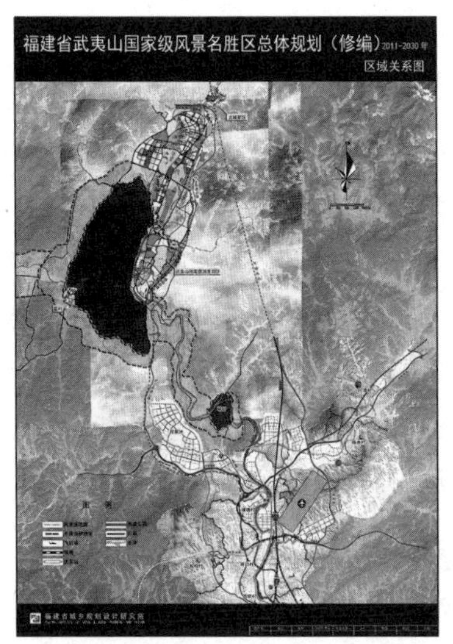

图 6–222　武夷山风景名胜区区域关系图（http://www.wuyishan.gov.cn/Articles/20150312/20150312084309827.html）

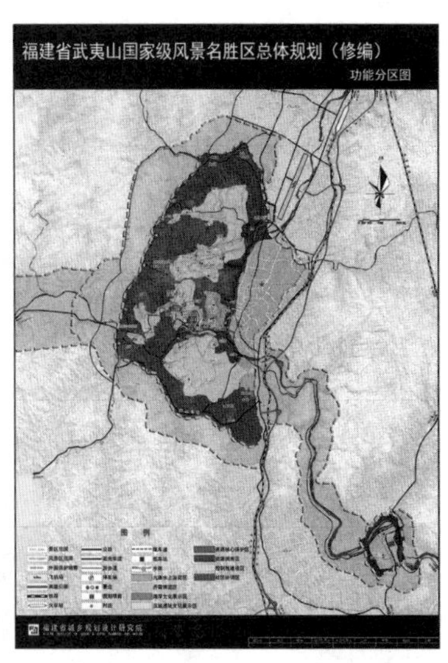

图 6–223　武夷山风景名胜区功能分区图（http://www.wuyishan.gov.cn/Articles/20150312/20150312084309827.html）

在方法层面主要内容是社区参与。社区参与机制与决策层次和项目性质十分相关。按照决策的类型和在决策中参与决策人员的层次和影响力，社区参与可分为“基本方针”（Normative）、战略规划（Strategic）和具体操作规划（Operational）三个层次。在战略规划层面，国际上的先进经验是将合作（合作不仅指社区，还包括其他机构组织）列入管理目标中。在具体操作层面，包括公众听证会、咨询委员会、社区调查、社区会议、环境影响估价、顾问委员等。当前，居民社会问题在我国大多数风景区中都是客观存在和无法回避的。居民社会调控这一专项规划的成败往往决定了风景区规划的成败。其中关于居民社会调控规划及社区管理的规定详见表格 6–25。

居民社会调控规划及社区管理的规定　　　　**表 6-25**

条号	内容
第 4.6.1 条	凡含有居民点的风景区，应编制居民点调控规划；凡含有一个乡或镇以上的风景区，必须编制居民社会系统规划
第 4.6.2 条	居民社会调控规划应包括现状、特征与趋势分析，人口发展规模与分布，经营管理与社会组织，居民点性质、智能、动因特征和分布，用地方向与规划布局，产业和劳动发展规划等内容
第 4.6.3 条	居民社会调控规划应遵循下列基本原则：（1）严格控制人口规模，建立适合风景区特点的社会运转机制；（2）建立合理的居民点或居民点系统；（3）引导淘汰性产业的劳动合理转向
第 4.6.4 条	居民社会调控规划应科学预测和严格限定各种常住人口规模及其分布的控制性指标；应根据风景区需要规划无居民区、居民衰减区和居民控制区
第 4.6.5 条	居民点系统规划，应与城市规划和村镇规划相互协调，对已有的城镇和村点提出调整要求，对拟建的旅游村、镇和管理基地提出控制性规划纲要
第 4.6.6 条	对农村居民点应划分为搬迁型、缩小型、控制型和聚居型四种基本类型，并分别控制其规模布局和建设管理措施
第 4.6.7 条	居民社会用地规划严禁在景点和景区内安排工业项目、城镇建设和其他企事业单位用地，不得在风景区内安排有污染的工副业和有碍风景的农业生产用地，不得破坏林木而安排建设项目

（8）风景区规划中景观保护的要点

风景区最为珍贵的是没有人为干扰的自然原始景观，把真正的、本色的、完整的大自然遗产展示给游人是风景区规划设计的重点，绝不是建筑景观或游乐设施规划。

原始风景的保护和游览一般分四个区：一级保护区，指含有珍贵自然遗迹（如冰川遗迹、火山遗迹、断层遗迹、古树名木）或典型风景特色的地域，这是整个景区的核心，这里不应该有任何人工附加物；二级保护区，只允许有与这一带景观直接相关的，体量适当的建筑物，如纪念碑等；三级保护区，可以有一些与旅游相关的建筑物，如纪念馆、小卖部等，建筑形式多采用地方风格，力求与当地的自然环境和当地的风俗民情相协调；控制区：指对风景区景观范围之外边缘地带各种建设的控制，如不得建规模大、层数高的楼房，不得建污染水土的工厂等。

美国国家公园采取的是绝对的保护政策：森林、野草、溪流都任其自生自灭，不得采伐和利用，病虫不加防治，因为病虫也是自然生态系统的成员，甚至森林失火也不扑救。因为，这也是大自然从一个平衡演替至另一个平衡（特大火灾例外）的过程。枯树任其倒伏腐朽，野生动物间天敌任其争斗，任何外来的动植物都不能引入园内；这里的自然地貌、地质土壤、动植物群落都按原始状态保护下来。

（9）风景区规划中游客量预算要点

计算一个风景区的总容量，常用面积容量法、线路容量法、瓶颈容量法。规划时往往以一种方法为主，用另外两种方法进行校核。同时依据《风景名胜区规划规范》GB 50298—2018 中用地分类容量控制标准（表 6–26），对风景区的总体环境容量采用面积容量法进行基本控制，得到风景区环境容量控制指标。

规范中对于游憩用地生态容量（面积容量法的重要依据）的规定　　表 6-26

道路级别	允许容人量 /（人 / 公顷）	用地指标 /（m²/ 人）
（1）针叶林地	2 ～ 3	3300~5000
（2）阔叶林地	4 ～ 8	1250~2500
（3）森林公园	<15~20	>500~600
（4）疏林草地	20~25	400~500
（5）草地公园	<70	>140
（6）城镇公园	30~200	50~330
（7）专用浴场	<500	>20
（8）浴场水域	1000~2000	10~20
（9）浴场沙滩	1000~2000	5~10

面积容量法：以每个游人所占平均游览面积计。其中，主要景点：50 ～ 100m²/ 人；浴场海域：10 ～ 20m²/ 人；浴场沙滩：5 ～ 10m²/ 人；

线路容量法：以每个游人所占平均道路面积计，5 ～ 10m²/ 人；

瓶颈容量法：又称卡口法，实测卡口处单位时间内通过的合理游人量。单位以“人次 / 单位时间”表示。

游客容量计算结果应与当地的淡水供应、用地、相关设施及环境质量等条件进行校核和综合平衡，以确定合理的游人容量。

（10）风景区规划中道路交通组织规划要点

编制旅游景区交通规划，主要研究的内容包括：旅游景区的区位特征与景区价值分析，景区及其外部交通的特征、问题与症结，景区交通需求分析与预测，景区交通发展目标与策略，景区对外交通规划，景区道路网系统规划，景区公共交通、慢行步道、静态交通以及特殊旅游交通设施（轨道交通、电瓶车、缆车、水上交通等）各类旅游性交通体系规划，旅游交通服务设施规划，景区交通指引系统、交通组织与管治方案等。

自然和人文的旅游景点是风景区旅游资源不可分割的一部分。这些景点在空间上分布于风景区的不同地段，有着不同的空间分布形式，而连接它们的是不同形式的交通道路。交通道路是风景区的重要组成部分，是指使游客能到达各景点或观景点的所有道路或交通线，如普通的步行小径、通往景点的公路、水路以及直升机航线。交通道路在风景区中起着十分重要的作用，从旅游角度来说，道路使旅游者能够在风景区内进行流动；从景观生态的观点来说，作为走廊的游道不但将风景区内不同的景点连接起来，而且又将风景区分割成不同的部分。风景区内的道路有下列四个方面的功能：①运输功能，使游客能在风景区内自由地流动；②隔离功能，隔离作用一方面破坏了景观的连接度，另一方面可隔离森林火灾等不利影响；③资源功能，道路作为一种生态走廊，具有资源功能；④观赏功能，交通道路在风景区的美学构成中起着重要作用，即风景路的概念。

风景区交通系统主要由各级公路、游步道、停车场以及桥梁、索道等基础设施构成。道路不仅起到连接各景点的作用，而且也是确定环境容量的重要依据。同时，与周围环境和谐统一、规划得体的景桥等也是景区的构景因素。由于交通道路系统是使用最集中的地点之一，因而沿线的生态问题也较突出。从景观生态学的角度上看，交通道路系统作为景观的廊道而存在，交通道路系统的引入增加了景观的破碎化，从而破坏了景观的稳定性。另外，交通道路布局不合理、选址不当、随意建设以及人工建筑的风格与环境不协调等均会大大降低景观的质量。从某种程度上讲，交通道路规划是否合理直接影响风景区生态效益、社会效益、经济效益，因此，交通道路是风景区规划的核心内容之一。景区中的步行系统设计主要参考表 6–27。

景区里的步行系统设计　　**表 6-27**

道路级别	开发程度	使用状况	步道设计
主要步道	路基、指示牌、排水设施、路面措施	联系主要分区和景点	步道坡度在 10% 以下，坡度 15% 以上的步道长度不超过 50m
次要步道	指示牌、路面措施	联系特殊景点	步道坡度在 15% 以下，坡度 18% 以上的步道长度不超过 50m
自然步道	一般为原始状态	只提供给有经验的徒步游游客	宽度至少 30cm，坡度在 20% 以上的步道长度不超过 50m

图 6-224　六峰山一三海岩风景名胜区道路规划图（欧阳东，2016）

风景区的交通道路包括道路系统及相关的游览路线，如水上旅游线格（江、河、湖泊等）和地下观光线路（地下溶洞等）等，风景区的交通系统根据客流量的多少及功能，一般可以分为内外连接线、干线、支线和游览线（步行道与其他交通方式）。（图 6–224）交通必须做到安全、舒适、快捷、完善和高效。安全在旅游交通中处于重要地位，它是开展旅游活动必须确保的。舒适和快捷，既是旅游者的需要，也是经营者的需要，旅游者可以从中得到满意的服务，经营者也可以由此得到更高的效益。

其中，内外连接线为风景区与外部交通系统的连接道，一般直接与国道、省道、城市主干道或码头、车站、机场等相连，连接主要景区、功能区以及综合性服务区，通常以公路为主，对于以水为资源特色的风景区，还包括水上旅游线路。支线是景区之间的连线，以游步道为主，某些特殊地段会有缆车、索道、桥梁等多种方式；游览线，即游步道或步行道，多是景区内部通往景物或景点的步行线（道），处于自然美景和人文景观游览的通道。游览线的布设主要应根据景物选择、配置、地形地势、旅游项目开展等的需要，采用多种方式精心设计与构思，以达到增加旅游乐趣和创建旅游景点的目的。

风景区内干线路基宽度一般为 7m，纵坡一般不大于 8%，最大纵坡可做到 11%，但要做防滑处理。平曲线最小半径不得小于 30m。路面则可按次高级或中级路面标准，用沥青、混凝土铺设或用沥青进行表面处理。在傍山路和越岭线设计中，要注意保护珍稀树木、文物遗迹和景物。次干道其路基宽度为 5m 左右，纵坡不得大于 13%，平面曲线最小半径不得小于 15m。路肩取 1.5m，并做加固处理。路面应按中级路面标准设计，但有些技术指标可根据山区地形的实际情况适当降低。游步道是通往景点、景物供游人步行游览观光的道路，具有组织景物、构成景色、引导游览、集散游人的作用。线路布设应顺应自然地形，要因山就势，路景相宜，同时充分利用自然道路、原有道路、防火线进行修建或改建；根据山体坡度的大小，灵活设计成斜坡步道、石台步行道（蹬道）和云梯（石台阶），在裸岩、石壁地段，依山凿成石阶或做成栈道形式；路面以碎石、卵石、块石或沙石加以铺设，并尽量遵循就地取材的原则，路面宽度根据游人数量和停留时间来确定，一般以 1.2 ~ 1.5m 为宜；不设阶梯的游步道纵坡应小于 18%；登山台阶宽度不小于人的足（30cm），高度 12 ~ 19cm 为宜。陡险路段要设置护栏，栏杆高度一般为 1m 以上，其造型应与景色的基调融合。

另外，在重要的码头、车站需设置专门的游客咨询服务中心，为游客提供旅游咨询和服务以及休息和娱乐场所，统一提供旅游车辆租赁、旅游票务预定和旅游信息咨询服务，解决游客、特别是散客购票难的问题。

风景区内一般禁止私家车通行，须在景区入口（或重要服务区）设置停车场。景区停车场面积一般可按大客 50 ~ 60m²/ 台，中型车 30 ~ 40m²/ 台，小型车 15 ~ 25m²/ 台计算。停车场的选址原则是兼顾便捷和环境保护，在区域内生态旅游区布置停车场时，要特别注意减少对环境的污染，在可能的情况下，将停车场建设在与景区有一定距离的地方，再通过其他环保型交通方式如景区电动车、步行景区道路将游客引入景区。停车场建设的同时配建信息咨询、餐饮、休息和车辆维修设施。设施的建筑设计要注意就地取材，在建筑风格上突出地域特色，构造丰富的建筑空间。

（11）风景区规划中解说教育体系规划

旅游解说系统可以理解为由三个基本要素构成：认识对象（信息源）、使用者（接受者）、旅游解说（沟通媒介）。（图 6–225）其中，认识对象、使用者通过沟通媒介相互作用。一般来说，风景区旅游解说系统是指通过第一手的景观、实物、人工模型及现场资料向公众介绍关于文化和自然遗产的意义及相互关系的宣传过程。风景区的解说应与亲身经历相结合，重点是向游客介绍、阐明并指导他们的户外活动。风景区内的解说不同于一般的信息，它是游客服务的重要组成部分。通过解说的独特功能，可以实现“资源、游客、社区和旅游管理部门之间的相互交流”。如果从游客使用解说的角度来划分，风景区解说系统则包括了更广泛的内容。广义的景区解说认识可以帮助我们更好地进行景区解说系统的统筹规划工作：第一类解说，风景区内的解说服务，包括游客中心及其展示、音像品、人员辅助、模型、现场牌示、隐蔽观察所、手册、导游书等，醒目可识，专门为游客使用；第二类解说，采用口头、书写的形式附载于往来风景区的交通工具上，如公共汽车、客车、飞机等，具有辅助功能，可以强化游客景区活动的选择；第三类解说，各种广告媒体，包括海报、电视、广播、商品、图书、口传交流等，由于其隐蔽性、模糊性极易被人忽视，但确实又影响了景区内的游客经历。

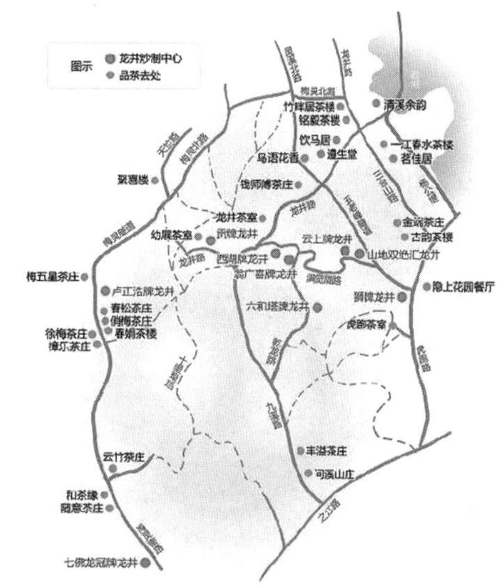

图 6–225　杭州西湖茶文化体验导览图（http://www.hangzhou.com.cn/hzwtv/tvhzsh/2013–04/03/content_4678115.htm）

（12）风景区规划中旅游服务设施的规划要点

依据区域协调发展的空间布局结构，风景区旅游服务设施规划首先要解决空间布局的问题，强调风景区与周边城镇之间的协调，一般以城、镇、村为要素建立“层级式”的空间布局结构，并因地制宜、系统布局旅游宾馆、乡村农家旅馆和宿营地等不同类型和特色住宿接待设施，满足不同游客的需求。

可将风景区所在的城和周边的镇作为旅游服务基地，可以相对集中布置各类旅游服务设施，不但有助于风景区开展游赏活动，也可促进这些城镇第三产业的发展。

除此以外，还可以因地制宜地在景区和景点入口布置便捷服务点（站）。一般位于部分景区入口以及景区之间的游览道路沿线的村庄内，为自助游客、徒步散行游客提供日常安全巡护以及提供基本的游览安全或物资供应保证的旅游服务设施。这些旅游村和旅游点（站）不但方便快捷，丰富

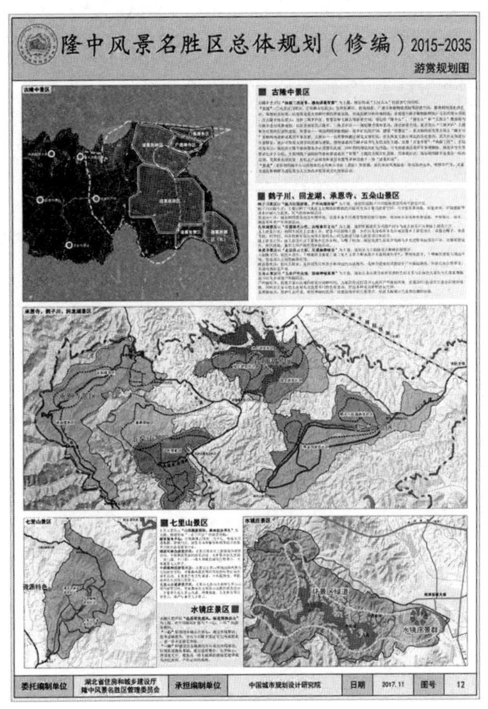

图 6–226　隆中风景名胜区游赏规划

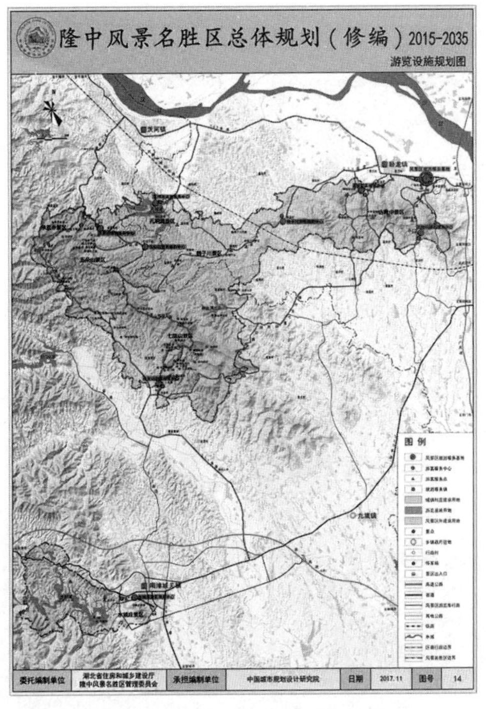

图 6–227　隆中风景名胜区游览设施规划图（http://www.hbnz.gov.cn/news/20171227/184992.html）

风景区的旅游服务类型，而且能拓展风景区农民就业渠道，促进风景区内农村经济的发展。"解说系统"也是游览设施规划的道要组成部分，是运用某种媒体和表达方式，使特定信息传播并到达信息接受者中间，帮助信息接受者了解相关事物的性质和特点，并达到服务和教育的基本功能。

（13）风景区规划中分期规划的要点

风景区的分区时序开发建设一般以其总体规划 20 年期限划分，通常分为近期、远期、远景三期，或近期、中期、远期和远景四期。

近期规划开发建设在具体建设项目、规模、布局、投资估算和实施措施上都应该是比较明确和可行的；在远期开发规划建设上要对规划原理、数据经验、判断能力三者具有较好的把控；远景规划建设的目标是整个景区规划的理想状态和目标，是风景区开发时序建设最终达到的满意阶段。

近期重点项目是规划的启动项目，对于规划的顺利实施以及风景区的保护与利用具有引曝点的作用。比如：①整体形象提升工程：需整合周边旅游资源，对纳入风景区旅游产品体系进行整体策划和宣传，打响品牌，利用各种媒体和事件加大对风景区的宣传力度，明确其标志和美学特征，围绕品牌和形象标志进行整体宣传。②环境改造工程：禁止排污或进行排污系统的完善，对已有污染的治理和相应的生态修复等。③社区整治工程：通过房屋建筑的整治改善社区视觉景观，提升景区周边农村社区的整体形象，通过基础设施的改造使社区的生态环境和生活水平共同提高，创建新农村示范形象，以少量的整治为主，避免大拆大建，保持社区自然淳朴的农村风貌。④改善交通服务系统：规范风景名胜区的交通服务系统，将旅游班车、游船、电瓶车、自行车等不同的交通服务交由一个机构统一经营，统筹原有的各种交通服务经营团体，以各种方式参与到交通服务经营和利益分配中，为游客提供优质多样的交通服务，并为社区提供就业机会。⑤景区品质提升完善工程：针对不同的景点采取不同的措施，如打造旅游观光产业、生态恢复、提升景观品质、完善解说系统、活动策划、提升服务水平等（图 6–226、图 6–227）。

参考文献

[1] Alexander,C.A City is not A tree. *Architectural Forum*,122, April, 1965(58–62); May, 1965(58–62).

[2] Carson, R. Silent Spring. Boston: Houghton Mifflin, 1982.

[3] Heidegger, M. Basic Writings from Being and Time (1927) to the Task of Thinking (1964). David Farrell Krell, editor. New York: Harper & Row, 1977.

[4] Koyaunisqatsi.An IRE presentation, produced and directed by GodFrey Reggio, 1983.

[5] McHarg,I.L. Design With Nature (First edition). Garden City, NY: Published for the American Museum of Natural History by the Natural History Press, 1969.

[6] Meinig, D. W., ed. The Interpretation of Ordinary Landscapes. New York: Oxford University Press, 1979.

[7] Norberg–Schulz, C. Genius Loci: Towards A Phenomenology of Architecture. New York: Rizzoli, 1980.

[8] Rapoport, A. House Form and Culture. Englewood Cliffs, NJ: Pren– tice–Hall, 1969.

[9] Redfield, R. Peasant Society and Culture: An Anthropological Approach to Civilization. Chicago: University of Chicago Press, 1956.

[10] Rudofeky, B. Architecture Without Architects: A Short Introduction To Non–Pedigreed Architecture. Garden City, NY: Doubleday, 1964.

[11] Venturi, R. Learning front Las Vegas. Cambridge, MA: MIT Press, 1972.

[12] Watts, M.T. Reading the Landscape of America. New York: MacMillan, 1975.

[13] Wolfe, T. Form Bauhaus To Our House. New York: Farrar Straws Giroux, 1981.

[14] Bowen, A. Historical Response to Cooling Needs in Shelter and Settlement. International Solar Energy Passive Cooling Conference, 1981.

[15] Capra, F. The Turning Point: Science, Society, and the Rising Culture. New York, Harper Business, 1993.

[16] Jellicoe, G., and Jellicoe, S. The Landscape of Man: Shaping the Environment From Prehistory to the present Day. New York: Viking Press, 1975.

[17] Koyaanisqatsi. An IRE presentation, produced and directed by Godfrey Reggio,1983.

[18] McHarg, I. L. 1963. Man and Environment. The Urban Condition. Leonard J. Duhl, M.D., editor. New York, Basic Books, 1963——Design With Nature (First edition). Garden City, NY: Published for the American Museum of Natural History by the Natural History Press, 1969.

[19] Miller, G.T., Jr. Living In The Environment: Concepts, Problems, and Alternatives. Belmont, CA: Wadsworth, 1975.

[20] Sorokin, P. Social and Cultural Dynamics. Volume 1: Fluctuation of Forms and Art; Volume 2: Fluctuation of Systems and Truth, Ethics and Law; Volume 3: Fluctuation of Social Relationships, War and Revolution; Volume 4: Basic Problems, Principles, and Methods. New York, Cincinnati: American, 1937–1941.

[21] Tobey, G. History of Landscape Architecture: The Relationship of People to Environment. New York: American, 1973.

[22] Tofller, A. The third wave. New York: Morrow, 1980.

[23] White, L, Jr. The Historical Roots of the Ecological Crisis. Science, 10: 1203–1207, 1967.

[24] Gamham, H. Maintaining the Spirit of Place: A Process for the Preservation of Town Character. Mesa, AZ: PDA, 1985.

[25] Landphair, H., and Motloch, J. Site Reconnaissance and Engineering: An Introduction for Architects , Landscape Architects and Planners. New York: Elsevier, 1983.

[26] Booth, N. Basic Elements of Landscape Architectural Design. New York: Elsevier Science Publishing Co., Inc., 1983.

[27] Hanks, K. Notes on Architecture: Information Design Series. Los Al–tos, CA: William Kaufman, 1982.

[28] Landphair, H., and Klatt, F. Landscape Architecture Construction. New York: Elsevier Science Phublishing Co., Inc.,1979.

[29] Ramsey, C., and Sleeper, H. Architectural Graphic Standards (Eighth edition). John Ray Hoke, Jr., editor in chief. New York: John wiley & Sons, 1988.

[30] Salvadori, M. G. Why Buildings Stand Up: The Strength of Architecture. New York: Norton, 1980.

[31] Schimper, A. F. W. Plant Geography on a Physiological Basis. Translated by W. R. Fisher, et. al. Oxford, Poland: Clarendon

[32] Press, 1903.

[33] Toffler, A. Power Shift. Bantam Books, 1990.

[34] Appleton J. The Experience of Landscape. New York: John Wiley &Sons, 1975.

[35] DeBono, E. Lateral Thinking: Creativity Step by Step. New York: Harper & Row, 1973.

[36] Gibson, J. J. The Perception of the Visual World. Boston: Houghton Mifflin, 1950.

[37] Greenbie, B. Spaces : Dimensions of the Human Landscape. Haven: Yale University Press, 1981.

[38] Hall, E. The Hidden Dimension. Garden City, NY: Doubleday, 1966.

[39] Hesselgren, S. Man′ s Perception of Man–Made Environment: An Architectural Theory. Stroudsburg, PA: Dowden, Hutchinson & Ross, 1975.

[40] Landphair, H., and Modoch, J. Site Reonrmissanee and Engineering: An Introduction For Architects, Landscape Architects and Planners. New York: Elsevier Science Publishing Co., Inc., 1985.
[41] Lynch, K., and Hack, G. Site Planning (Third edition). Cambridge ,MA: MIT Press, 1984.
[42] Lynch, K. What Time is This Place? Cambridge, MA: MIT Press, 1972.
[43] McLean, P. D. The Brain' s Generation Gap: Some Human Implications. Zugon/ Journal of Religion and Science, 8, No. 2: 113–127 (1973).
[44] Watson, D., and Labs, K. Climatic Design: Energy–Efficient Building Principles and Practices. New York: McGraw–Hill, 1983.
[45] Whyte, W. H. The Social Life of Small Urban Spaces. Washington, D.C: Conservation Foundation, 1980.
[46] Booth, N. Basic Elements of Landscape Architectural Design. New York: Elsevier Science Publishing Co. Inc., 1983.
[47] Lynch, K., and Hack, G. Site Planning(Third edition). Cambridge, M9: MIT Press, 1984.
[48] Moore, J. E. Design for Good Acoustics and Noise Control. London Macmillan, 1978.
[49] Simonds, J. Landscape Architecture: A Manual of Site Planning and Design. New York: McGraw–Hill, 1983.
[50] Bowen, A. Historical Response to Cooling Needs in Shelter and Settlement. International Solar Energy Passive Cooling Conference. Delaware: American Section of the International Solar Energy Society, 1981.
[51] Graves, M. Michael Graves, Building and Projects. Karen Vogel Wheeler, Peter Arnell, Ted Bickford, editors. New York: Rizzoli, 1982.
[52] Jencks, C. The Language of Post–Modem Architecture. New York: Rizzoli, 1977.
[53] Rudofsky, B.Architecture Without Architects: A Short Introduction To Non–Pedigreed Architecture. Garden City, NY: Doubleday, 1964.
[54] Tschumi, B. Architecture and Disjunction. Cambridge, MA: MIT Press, 1994.
[55] Transformations in Modem Architecture. New York: Museum of Modem Art, 1981.
[56] Venturi, R., Brown, D. S., and Izenour, S.I. Learning from Las Vegas. Cambridge, MA: MIT Press, 1977.
[57] Watson, D., and Labs, K. Climatic Design: Energy–Efficient Building Principles and Practices. New York: McGraw–Hill, 1983.
[58] Zelov, C., and Cousineau, P. Design Outlaws on the Ecological Frontier.(Version 2.1). Knossus: Philadelphia, 1997.
[59] Alexander, C., Ishikawa, S., and Silverstein, M. A Timeless Way of Building. New York: Oxford University Press, 1979.
[60] Appleton, J. The Experience of Landscape. New York: John Wiley & Sons, 1975.
[61] Baum A., Singer, J., and Baum, C. Stress and the Environment, Journal of Social Issues, Volume 37 (1) 1981.
[62] Berlyne, D. Conflict, Curiosity and Arousal. New York: Appleton– Century– Crofts, 1960.
[63] Clark, W. C. Managing Planet Earth. Scientific American, (261) 3, September, 1989.
[64] Dubos, R. Man Adapting. New Haven: Yale University Press, 1965.
[65] Findlay, R. A., and Field, K. F. Functional Roles of Visual Complexity in User Perception of Architecture. P. Bart, A. Chen, and G. Francescato, editors. 13th International Conference of the Environmental Design Research Association. College Park, MD, 1982.
[66] Hebb, D. O. The Organization of Behavior. New York: John Wiley &Sons, 1949.
[67] Heidegger, M. "Building dwelling thinking." Martin Heideger: Basic Writings. David Farrell Krell, editor. New York: Harper & Row, 1977.
[68] Hofstadter, D · Metamagical Themas: Questing for the Essence of Mind and Pattern. New York: Basic Books, 1985.
[69] Ittelson, W. H. "Some factors affecting the design and function of psychiatric facilities." Brooklyn: Department of Psychology, Brooklyn College, 1960.
[70] Jacobi, M., and Stokols, D. The Role of Tradition in Group–Environment Relationships. In Environmental Psychology, 1982.
[71] Jacobs, P. Cultural Values in the Changing Landscape. First Cubit International Symposium on Architecture and Culture. College Station, TX:Texas A&M Unive.ity, 1989.
[72] Lazarus, R. Thoughts on the Relation of Emotion and Cognition: American Psychologist 37,1019–1024, 1982.
[73] Lynch K. Image of the City. Cambridge, MA: MIT Press, 1960.
[74] McMillan, D. W, and Chavis, D. M. Sense of community: A definition and theory. Journal of Community Psychology, Volume 14, 6–23, 1986.
[75] Maslow, A. Motivation and Personality (Second edition). New York: Harper & Row, 1970.
[76] Motloch, J. Delivery Models for Urbanization in the Postapartheid South Africa. Ph– D. dissertation, University of Pretoria, South Africa, 1992.
[77] Nasar, J. L. "The affect of sign complexity and coherence on the perceived quality of retail scenes, Journal of the American Planning Association, Volume 53(4) , August, 1987.
[78] Proshansky, H. M., Ittelson, W. H, and Rivlin, L. G. Environmental Psychology. New York: Holt, Rinehar and Winston, 1969.
[79] Proshansky, H. M., Fabian, A. K, and Kaminoff, R. "Place Identity: Physical World socialization of the self." Journal of Environmental Psychology, Volume 3, 57–83, 1983.
[80] Singer, J., and Glass, D. Urban Stress: Experiments on Noise and Urban Stressors. New York: Academic Press, 1972.
[81] Stokols, D. 'Group X Place Transactions: Some neglected issues in psychological research on settings The Situation: An Interactional Perspective. D. Magnusson, editor. Hillsdale, Nj: 1981.
[82] Tuan, Y. F. Space and Place: The perspective of experience. University of Minnesota, Minneapolis, 1977.
[83] Ulrich, R. Aesthetic and Affective Response to Natural Environment. A. Altman and J. F. Wohlwill, editors. Human Behavior and

Environment, Volume 6. New York: Plenum Press, 1983.
[84] Vigo, G. Place Specific Sense of Community. Master of Landscape Architecture Thesis. Texas A&M University. 1990.
[85] Wohlwill, J. Environmental Aesthetics: The Environment as a Source of Effect: Human Behavior and Environment. I. Altman and J. F. Wohlwill, editors. (1), 37–87, 1974.
[86] Zajonc R. Feeling and Thinking: Preferences Need No Inferences, American Psychologist, Volume 35(2): 151–175, 1980.
[87] John.L.Motloth 著．李静宇，李硕，武秀伟译．景观设计理论与技法[M]. 大连：大连理工大学出版社，2007.
[88] 曲薇．景观规划设计原理[M]. 沈阳：沈阳出版社，2011.
[89] 周长亮，张健，张吉祥．景观规划设计原理[M]. 北京：机械工业出版社，2011.
[90] 郝鸥，陈伯超，谢占宇．景观规划设计原理 =LANDSCAPE PLANNING AND DESIGN PRINCIPLE[M]. 武汉：华中科技大学出版社，2013.
[91] 江芳，郑燕宁．园林景观规划设计[M]. 北京：北京理工大学出版社，2009.
[92] 赵肖丹，陈冠宏．景观规划设计[M]. 北京：中国水利水电出版社，2012.
[93] 屠苏莉，丁金华．城市景观规划设计[M]. 北京：化学工业出版社，2014.
[94] 唐廷强，陈孟琰．景观规划设计[M]. 上海：上海交通大学出版社，2012.
[95] 郭殿声．景观规划设计基本原理与课题实训[M]. 北京：中国水利水电出版社，2013.
[96] 郝赤彪．景观设计原理[M]. 北京：中国电力出版社，2009.
[97] 公伟，武慧兰．景观设计基础与原理（第二版）[M]. 北京：中国水利水电出版社，2016.
[98] 汤晓敏，王云．景观艺术学：景观要素与艺术原理[M]. 上海：上海交通大学出版社，2009.
[99] 焦健，付予．空间环境设计原理[M]. 长沙：湖南大学出版社，2007.
[100] 曹磊．中国当代的艺术观念与景观设计[M]. 北京：中国建筑工业出版社，2012.
[101] 王向荣，林菁．西方现代景观设计的理论和实践[M]. 北京：中国建筑工业出版社，2002.
[102] 高小康．狂欢世纪——娱乐、文化与现代生活方式[M]. 郑州：河南人民出版社，1998.
[103] 潘知常．美学的边缘——在阐释中理解当代审美观念[M]. 上海：上海人民出版社，1998.
[104] 牛宏宝．西方现代美学[M]. 上海：上海人民出版社，2002.
[105] 约翰·多克．后现代主义与大众文化[M]. 吴松江，张天飞译．沈阳：辽宁教育出版社，2001.
[106] 李姝．波普建筑[M]. 天津：天津大学出版社，2004.
[107] 徐恒醇．生态美学[M]. 西安：陕西人民教育出版社，2000.
[108] 万书元．当代西方建筑美学[M]. 南京：东南大学出版社，2001.
[109] 王林．现代美术历程[M]. 成都：四川美术出版社，2000.
[110] 岛子．后现代主义艺术系谱[M]. 重庆：重庆出版社，2001.
[111] 王南溟．观念之后：艺术与批评[M]. 长沙：湖南美术出版社，2006.
[112] 沃尔夫冈·韦尔施．重构美学[M]．陆扬，张岩冰译．上海：上海译文出版社，2002.
[113] 刘悦笛．艺术终结之后[M]. 南京：南京出版社，2006.
[114] 杨志疆．当代艺术视野中的建筑[M]. 南京：东南大学出版社，2005.
[115] 葛鹏仁．西方现代艺术后现代艺术[M]. 长春：吉林美术出版社，2005.
[116] 马永建．后现代主义艺术 20 讲[M]. 上海：上海社会科学院出版社，2006.
[117] 唐军．追问百年——西方景观建筑学的价值批判[M]. 南京：东南大学出版社，2004.
[118] 让·吕克·夏吕姆．西方现代艺术批评[M]. 林霄潇，吴启雯译．北京：文化艺术出版社，2005.
[119] 罗伯特·文丘里．向拉斯维加斯学习[M]. 徐怡芳，王健译．北京：知识产权出版社，中国水利水电出版社，2006.
[120] 俞孔坚，李迪华．城市景观之路——与市长们交流[M]. 北京：中国建筑工业出版社，2003.
[121] 乔治·瑞泽尔．后现代社会理论[M]. 谢立中等译．北京：华夏出版社，2003.
[122] 翁剑青．公共艺术的观念与取向[M]. 北京：北京大学出版社，2002.
[123] 陶伯华．美学前沿——实践本体论美学新视野[M]. 北京：中国人民大学出版社，2003.
[124] 斯蒂芬·贝斯特，道格拉斯·科尔纳．后现代转向[M]. 陈刚等译．南京：南京大学出版社，2002.
[125] 鲁道夫·阿恩海姆．艺术与视知觉[M]. 腾守尧，朱疆源译．北京：中国社会科学出版社，1984.
[126] 清华大学建筑学院，清华大学建筑设计研究所．建筑设计的生态策略[M]. 北京：中国计划出版社，2001.
[127] L·本奈沃洛．西方现代建筑史[M]. 邹德侬等译．天津：天津科学技术出版社，1996.
[128] H·H·阿纳森．西方现代艺术史[M]. 邹德侬等译．天津：天津人民美术出版社，1986.
[129] 孙津．波普艺术——断层与绵延[M]. 长春：吉林美术出版社，1999.
[130] 邹德侬．中国现代建筑史[M]. 天津：天津科学技术出版社，2001.
[131] 邹德侬．中国现代建筑论集[M]. 北京：机械工业出版社，2003.
[132] 曾坚．当代世界先锋建筑的设计观念[M]. 天津：天津大学出版社，1995.
[133] 罗伯特·文丘里．建筑的复杂性与矛盾性[M]. 周卜颐译．北京：中国建筑工业出版社，1991.
[134] 杰姆逊．后现代主义与文化理论[M]. 唐小冰译．北京：北京大学出版社，1997.
[135] 陈晓彤．传承·整合与嬗变——美国景观设计发展研究[M]. 南京：东南大学出版社，2005.
[136] 聂振斌，滕守尧，章建刚．艺术化生存——中西审美文化比较[M]. 成都：四川人民出版社，1997.
[137] 刘滨谊．现代景观规划设计[M]. 南京：东南大学出版社，1999.
[138] 王晓俊．西方现代园林设计[M]. 南京：东南大学出版社，2000.
[139] 徐明宏．休闲城市[M]. 南京：东南大学出版社，2004.
[140] 刘悦笛．生活美学——现代性批判与重构审美精神[M]. 合肥：安徽教育出版社，2005.
[141] 费菁．极少主义绘画和雕塑[M]. 世界建筑，1998 (1).
[142] 高小康．大众的梦——当代趣味与流行文化[M]. 北京：东方

出版社，1993.
[143] 张晓凌．观念艺术——解构与重建的诗学[M]. 长春：吉林美术出版社，1999.
[144] 沐小虎．建筑创作中的艺术思维[M]. 上海：同济大学出版社，1996.
[145] 鲁道夫・阿恩海姆．视觉思维[M]. 滕守尧译．北京：光明日报出版社，1987.
[146] 约翰・费斯克．理解大众文化[M]. 王晓珏，宋伟杰译．北京：中央编译出版社，2001.
[147] 约翰・费斯克．解读大众文化[M]. 杨全强译，南京：南京大学出版社，2001.
[148] 马克・第亚尼．非物质社会——后工业世界的设计、文化与技术[M]. 滕守尧译．成都：四川人民出版社，1998.
[149] 吴风．艺术符号美学——苏珊・朗格美学思想研究[M]. 北京：北京广播学院出版社，2002.
[150] 张汝伦．意义的探究——当代西方释义学[M]. 沈阳：辽宁人民出版社，1986.
[151] I・L・麦克哈格．设计结合自然[M]. 芮经纬译．北京：中国建筑工业出版社，1992.
[152] J・O・西蒙兹．大地景观——环境规划指南[M]. 程里尧译．北京：中国建筑工业出版社，1990.
[153] 莫里茨・盖格尔．艺术的意味[M]. 艾颜译．北京：华夏出版社，1999.
[154] 吴家骅．景观形态学[M]. 北京：中国建筑工业出版社，2000.
[155] 俞孔坚．景观：文化、生态、感知[M]. 北京：科学出版社，1998.
[156] J・O・西蒙兹．景观设计学[M]. 俞孔坚译．北京：中国建筑工业出版社，2000.
[157] 傅伯杰等．景观生态学原理及应用[M]. 北京：科学出版社，2002.
[158] 夏建统．点起结构主义的明灯——丹．凯利[M]北京：中国建筑工业出版社，2001.
[159] 陈晓彤．美国当代景观设计中的后现代主义表现[M]. 规划师，2002 (6).
[160] 王晓俊．彼得・沃克极简主义庭园[M]. 南京：东南大学出版社，2003.
[161] 李正平．野口勇[M]. 南京：东南大学出版社，2004.
[162] 王晓俊，玛莎・舒沃茨．超越平凡[M]. 南京：东南大学出版社，2003.
[163] J・M・布洛克曼．结构主义[M]. 李幼蒸译．北京：中国人民大学出版社，2003.
[164] 张利．信息时代的建筑与建筑设计[M]. 南京：东南大学出版社，2002.
[165] 朱狄．当代西方美学[M]. 北京：人民出版社，1984.
[166] 埃伦・迪萨纳亚克．审美的人[M]. 户晓辉译．北京：商务印书馆，2004.
[167] 翁萼．康定斯基论艺[M]. 北京：人民美术出版社，2002.
[168] 高亮华．人文主义视野中的技术[M]. 北京：中国社会科学出版社，1986.
[169] 傅伯杰．陈利顶．马克明等．景观生态学原理及应用（第二版）[J]. 应用与环境生物学报，2011(2)：15.
[170] 邬建国．景观生态学——概念与理论[J]. 生态学杂志，2000，19(1)：42–52.
[171] 肖笃宁，李秀珍．当代景观生态学的进展和展望[J]. 地理科学，1997，17(4)：355–364.
[172] 肖笃宁，李秀珍．景观生态学的学科前沿与发展战略[J]. 生态学报，2003，23(8)：1615–1621.
[173] 肖笃宁，高峻，石铁矛．景观生态学在城市规划和管理中的应用[J]. 地球科学进展，2001，16(6)：813–820.
[174] 陈利顶，刘洋，吕一河，等．景观生态学中的格局分析：现状、困境与未来[J]. 生态学报，2008，28(11)：5521–5531.
[175] 李秀珍，肖笃宁．城市的景观生态学探讨[J]. 城市环境与城市生态，1995(2)：26–30.
[176] 莫斯塔法维，多尔蒂．生态都市主义[M]. 江苏科学技术出版社，2014.
[177] 俞孔坚． 城市绿道规划设计[M]． 江苏凤凰科学技术出版社，2015.
[178] 俞孔坚，李迪华，刘海龙．反规划途径[M]. 建筑工业出版社，2009.
[179] 胡正凡，林玉莲．环境心理学．第3版[M]. 中国建筑工业出版社，2012.
[180] 林玉莲．环境心理学跨学科教学初探[J]. 新建筑，1993(1)：29–31.
[181] 李道增．环境行为学概论[M]. 清华大学出版社，1999.
[182] 李斌．环境行为学的环境行为理论及其拓展[J]. 建筑学报，2008(2)：30–33.
[183] 薛晓妮．环境行为学[J]. 工程技术：全文版，2017(1).
[184] 谭明方．社会原理[M]. 北京：北京大学出版社，2016.
[185] 边燕杰，陈皆明．社会学概论[M]. 北京：高等教育出版社，2013.
[186] （英）安东尼・吉登斯著．社会学（第4版）[M]. 赵旭东等译．北京：北京大学出版社，2003.
[187] 梁玮男．浅谈城市规划层面的城市社会学研究[J]. 城市发展研究，2009，16(12)：46–50.
[188] 罗吉，黄亚平，彭翀，刘法堂．面向规划学科需求的城市社会学教学研究[J]. 城市规划，2015，39(10)：39–43.
[189] 洪大用．环境社会学的研究与反思[J]. 思想战线，2014，40(04)：83–91.
[190] Charles Ragin，Constructing Social Research：The Unity and Diversity of Method. Thousand Oaks，Calif：Pine Forge Press，1994.
[191] Lee Harvey，Morag MacDonald and Anne Devany，Doing Sociology. London：Macmillan，1992.
[192] 喻学才，王健民．文化遗产保护与风景名胜区建设[M]. 科学出版社，2010.
[193] 薛林平．建筑遗产保护概论[M]. 中国建筑工业出版社，2013.
[194] 单霁翔．从"文物保护"走向"文化遗产保护"[M]. 天津大学出版社，2008.
[195] 佟玉权，韩福文，邓光玉．景观——文化遗产整体性保护的新视角[J]. 经济地理，2010，30(11)：1932–1936.
[196] 李伟，杨豪中．论景观设计学与文化遗产保护[J]. 文博，2005(4)：59–64.
[197] 钱亚妍．谈塑造城市历史街区文化的"活性"——以天津五大道历史街区为例[J]. 现代城市研究，2012(10)：20–26.
[198] 王沙．天津五大道历史文化街区保护性旅游开发研究[D]. 陕西师范大学，2013.
[199] 叶朗著．美在意象[M]. 北京：北京大学出版社，2010：73，78.
[200] （美）詹姆士・科纳主编．论当代景观建筑学的复兴[M]. 北京：中国建筑工业出版社，2008：2，82，160.

[201] （美）苏珊·朗格（Susanne K． Langer）著；滕守尧译．艺术问题[M]．南京：南京出版社，2006：129．
[202] 夏之放著．文学意象论[M]．汕头：汕头大学出版社，1993：165．
[203] 吴晓著．意象符号与情感空间－诗学新解[M]．北京：中国社会科学出版社，1990：16－33，78－131．
[204] 侯幼彬著．中国建筑美学[M]．哈尔滨：黑龙江科学技术出版社，1997：259，273．
[205] 史蒂文·布拉萨著．景观美学[M]．北京：北京大学出版社，2008：：52，89－104，146－148．
[206] 袁忠著．中国古典建筑的意象化生存[M]．武汉：湖北教育出版社，2005：78．
[207] 白洁著．记忆哲学[M]．北京：中央编译出版社，2014：104－105，164－166．
[208] 原研哉（Hara Kenya）著；朱锷译．设计中的设计[M]．济南：山东人民出版社，2006：75．
[209] （美）凯文·林奇．城市意象[M]．方益萍，何晓军译．北京：华夏出版社．2001．
[210] （美）伊丽莎白·巴洛·罗杰斯（Elizabeth Barlow Rogers）．世界景观设计 文化与建筑的历史 I[M]．韩炳越等译．北京：中国林业出版社，2005：11，101．
[211] （美）卡蒂·坎贝尔著，20世纪景观设计标志[M]．北京：电子工业出版社，2012：9．
[212] 汪裕雄著．审美意象学[M]．沈阳：辽宁教育出版社，1993：6，15－16，85－87，94－124．
[213] 陈超萃编著．设计认知：设计中的认知科学[M]．北京：中国建筑工业出版社，2008：43．
[214] 徐苏宁主编．城市设计美学[M]．北京：中国建筑工业出版社，2007：20，177．
[215] 牛宏宝著．西方现代美学[M]．上海：上海人民出版社，2002：480－497．
[216] 刘先觉主编．现代建筑理论 建筑结合人文科学自然科学与技术科学的新成就[M]．北京：中国建筑工业出版社，1999：117，269．
[217] 凯文·思韦茨，伊恩·西姆金斯．赫广森校．体验式景观 人、场所与空间的关系[M]．陈玉洁译．北京：中国建筑工业出版社．2016．
[218] （英）马克·维根（Mark Wigan）．视觉思维[M]．孙楠，张伟译．大连：大连理工大学出版社，2007：24，161－171．
[219] 张志辉著．设计心理学[M]．天津：天津人民美术出版社，2010：15．
[220] 吴欣编著．景观启示录 吴欣与当代设计师访谈[M]．北京：中国建筑工业出版社，2012：36－37，71，101，181．
[221] 《外国美学》编委会编．外国美学 第12辑[M]．北京：商务印书馆，1995：64，147－151．
[222] 朱永明著．视觉语言探析 符号化的图像形态与意义[M]．南京：南京大学出版社，2011：49－51．
[223] 洪汉鼎主编．理解与解释 诠释学经典文选[M]．北京：东方出版社，2001：12．
[224] （德）汉斯－格奥尔格·加达默尔（Hans－Georg Gadamer）．真理与方法 下 哲学诠释学的基本特征[M]．洪汉鼎译．上海：上海译文出版社，2004：387．
[225] 张祥龙著．当代西方哲学笔记[M]．北京：北京大学出版社，2005：191．
[226] 孟彤著．景观元素设计理论与方法[M]．北京：中国建筑工业出版社，2012：74－89．
[227] 成玉宁著．现代景观设计理论与方法[M]．南京：东南大学出版社，2010：244．
[228] 黄水婴著．论审美情感[M]．北京：文津出版社，2007：70－75．
[229] 李泽厚著．美学三书[M]．合肥：安徽文艺出版社，1999：527－529．
[230] 朱光潜美学文集 第2卷[M]．上海：上海文艺出版社，1982：53．
[231] 马修·波泰格，杰米·普灵顿，张楠．景观叙事[M]．北京：中国建筑工业出版社，2015．
[232] 王彩蓉著．世纪哲学话语 影响21世纪的当代西方著名哲学家及思想[M]．北京：中国时代经济出版社，2010：8．
[233] 曹林娣著．静读园林[M]．北京：北京大学出版社，2005：11，18．
[234] （美）詹姆士·科纳主编．论当代景观建筑学的复兴[M]．北京：中国建筑工业出版社．2008．
[235] （意）罗西著；黄士钧译．城市建筑学[M]．北京：中国建筑工业出版社．2006．
[236] （日）宫宇地一彦著：建筑设计的构思方法 拓展设计思路[M]．马俊，里妍译．北京：中国建筑工业出版社．2006．
[237] （日）枡野俊明设计，章俊华．日本景观设计师枡野俊明 图集[M]．北京：中国建筑工业出版社，2002：65，81．
[238] （美）马修·波泰格，杰米·普灵顿．景观叙事 讲故事的设计实践[M]．张楠，许悦萌，汤莉，李铌译．姚雅欣，申祖烈校．北京：中国建筑工业出版社，2015：37，144．
[239] （美）林璎著．地志景观 林璎和她的艺术世界[M]．北京：电子工业出版社．2016．
[240] 吴风著．艺术符号美学 苏珊·朗格美学思想研究[M]．北京：北京广播学院出版社，2002：26－27，146．
[241] （日）池上嘉彦．符号学入门[M]．张晓云译．北京：国际文化出版公司，1985：3．
[242] （法）巴特（Barthes，R.）．符号学美学[M]．董学文．王葵译．沈阳：辽宁人民出版社，1987：34．
[243] 沈守云．现代景观设计思潮[M]．武汉：华中科技大学出版社，2009：130－160，340．
[244] 程金城．原型批判与重释[M]．兰州：甘肃人民美术出版社，2008：150－154．
[245] 赵毅衡．符号学原理与推演[M]．南京：南京大学出版社，2011：34，154，160，190，424．
[246] 杨志疆．当代艺术视野中的建筑[M]．南京：东南大学出版社，2003：105．
[247] （日）三谷彻．风景阅读之旅 20世纪美国景观[M]．北京：清华大学出版社，2015：14，28．
[248] 胡长龙．道路景观规划与设计[M]．北京：机械工业出版社，2012．
[249] （英）Geoffrey Jellicoe，（英）Susan Jellicoe．图解人类景观 环境塑造史论 shaping the environment from prehistory to the present day[M]．刘滨谊译．上海：同济大学出版社，2006：386．
[250] 马克·特雷布，特雷布，丁力扬．现代景观：一次批判性的回顾[M]．北京：中国建筑工业出版社，2008：209，306－317．
[251] 郭屹民主编．建筑的诗学 对话·坂本一成的思考[M]．南京：东南大学出版社，2011：129．
[252] 荆其敏，张丽安著．建筑学之外[M]．南京：东南大学出版社，

2015：73.

[253] （英）克里斯托弗·布雷德利－霍尔编．极少主义园林 [M]．杨添悦，王雯，孙玫译．北京：知识产权出版社；北京：中国水利水电出版社，2004：60，71．

[254] 大师系列丛书编辑部编著．路易斯·巴拉干的作品与思想 [M]．北京：中国电力出版社，2006：69．

[255] 张健编．大地艺术研究 [M]．北京：人民出版社，2012：152．

[256] 桢文彦，三谷彻编著．场所设计 [M]．北京：中国建筑工业出版社，2013：196．

[257] 曾伟著．西方艺术视角下的当代景观设计 [M]．南京：东南大学出版社，2014：108．

[258] （西）马丁·阿什顿编著；姬文桂译．景观大师作品集 2 图集 [M]．南京：江苏科学技术出版社，2003：54，72．

[259] 杨春时著．艺术符号与解释 [M]．北京：人民文学出版社，1989：242，243．

[260] 斯蒂芬·纽顿，段炼．西方形式主义艺术心理学 [J]．世界美术，2010，02：100−105．

[261] 陈望衡著．当代美学原理 [M]．武汉：武汉大学出版社．2007：65，302−304．

[262] （德）恩斯特·卡西尔（Ernst Cassirer）著；甘阳译．人论 [M]．上海：上海译文出版社．2003：33

[263] 哈普林．景园大师 劳伦斯·哈普林 [M]．林云龙，杨百东译．尚林出版社．1984：197．

[264] 赵和生著．建筑物与像：远程在场的影像逻辑 [M]．南京：东南大学出版社．2007：132．

[265] （日）Shunmyo Masuno．看不见的设计：禅思、观心、留白、共生，与当代庭园设计大师的 65 则对话 [M]．蔡青雯译．台北：脸谱出版．2012：34−35，62，123，150−162．

[266] 度本图书著．"心"景观：景观设计感知与心理 [M]．武汉：华中科技大学出版社．2005：50．

[267] NORMAN K．BOOTH．景观建筑之基础－运用敷地设计语言整合形式与空间 [M]．张玮如译．台北：六合出版社．2014：177．

[268] （美）罗曼·雅克布森．语言学和诗学 [M]．伯利亚科夫编．佟景韩译．结构—符号文艺学：方法论体系和论争，北京：文化艺术出版社，1994，181．

[269] （俄）波利亚科夫（Полякова，М．Я．）．结构－符号学文艺学 方法论体系和论争 [M]．佟景韩译．北京：文化艺术出版社．1994：181−182．

[270] 倪梁康著．胡塞尔现象学概念通释 修订版 [M]．北京：生活·读书·新知三联书店．2007．

[271] 夏建统编著．点起结构主义的明灯－丹·凯利 [M]．北京：中国建筑工业出版社．2001．

[272] 王鹏著．经验的完形：格式塔心理学 [M]．济南：山东教育出版社，2009：154．

[273] 李开然著．景观纪念性导论 [M]．北京：中国建筑工业出版社，2005：7．

[274] （美）伯顿，（美）沙利文著．图解景观设计史 [M]．天津：天津大学出版社．2013．

[275] 枡野俊明著．日本造园心得 基础知识·规划·管理·整修 [M]．北京：中国建筑工业出版社．2014．

[276] Thwaites K，Simkins I．Experiential landscape：an approach to people，place and space[M]．Routledge，2006．

[277] Schmidt C M．David Hume：reason in history[M]．Penn State Press，2010．

[278] Kaplan R，Kaplan S．The experience of nature：A psychological perspective[M]．CUP Archive，1989．

[279] Bachelard G．The Poetics of Reverie：Childhood，Language，and the Cosmos，trans．Daniel Russell[J]．1969．

[280] Dijksterhuis A，Nordgren L F．A theory of unconscious thought[J]．Perspectives on Psychological science，2006，1(2)：95−109．

[281] Nohl W．Sustainable landscape use and aesthetic perception−preliminary reflections on future landscape aesthetics[J]．Landscape and urban planning，2001，54(1)：223−237．

[282] Tress B，Tress G．Capitalising on multiplicity：a transdisciplinary systems approach to landscape research[J]．Landscape and urban planning，2001，57(3)：143−157．

[283] Appleyard D，Lynch K，Myer J R．The view from the road[J]．1964．

[284] Conan M．Landscape design and the experience of motion[J]．2003．

[285] Ian Thompson．Can a landscape be a work of art?：an examination of Sir Geoffrey Jellicoe's theory of aesthetics．[J]．Landscape Research，1995，Vol，20(No．2)：59−67．

[286] W Malcolm Watson．．The Complete Landscape Designs and Gardens of Geoffrey Jellicoe[J]．Reference Reviews，1995，Vol．9(No．5)：34．

[287] 邓位．景观的感知：走向景观符号学 [J]．世界建筑，2006，07：47−50．

[288] 王紫雯，陈伟．城市传统景观特征的保护与导控管理 [J]．城市问题，2010，(7)：12−18．

[289] 卡蒂·林斯特龙，卡莱维·库尔，汉尼斯·帕朗，彭佳．风景的符号学研究——从索绪尔符号学到生态符号学 [J]．鄱阳湖学刊，2014，(4)：5−14；13．

[290] 严敏，严雪梅，李浩．景观设计中的"潜意识"——英国景观设计师杰里科的作品解析 [J]．建筑与文化，2013，05：72−73．

[291] 赵毅衡．形式直观：符号现象学的出发点 [J]．文艺研究，2015，(1)：18−26；24．

[292] 侯冬炜．回归自然与场所一早期现代主义与西方景观设计的回顾与思索 [J]．新建筑，2003，(4)：16−18．

[293] 方振宁，彼得·沃克，李师尧，赵卓然，厉之昀．自然就是融合着万物 [J]．东方艺术，2013，(17)

[294] 俞孔坚．寻常景观的诗意 [J]．中国园林杂志，2004，(12)：28−31．

[295] 林箐，王向荣．地域特征与景观形式 [J]．中国园林杂志，2005，(6)：16−24．

[296] 刘爽．建筑空间形态与情感体验的研究 [D]．天津大学，2012：8．

[297] 庞璐．事件型纪念空间的设计研究 [D]．北京林业大学，2011：25．

[298] 张川．基于地域文化的场所设计 [D]．南京林业大学，2006：19．

[299] 张立涛．现代景观设计中隐喻象征手法应用研究 [D]．天津大学，2014：37．

[300] 张瀚元．彼得·沃克简约化景观设计研究 [D]．哈尔滨工业大学，2010：29−44．

[301] 江畔．劳伦斯·哈普林城市景观创作的戏剧化理念研究 [D]．哈尔滨工业大学，2013：10，197．

[302] 李方正，李雄．漫谈纪念性景观的叙事手法 [J]．山东农业大学学报（自然科学版），2013，(4)：598−603．

[303] 胡一可，张昕楠．图解风景旅游区规划设计 [M]．南京：江苏

凤凰科学技术出版社，2015.
[304] Adrian Phillips.IUCN 保护区类型 V——陆地／海洋景观保护区管理指南 [M]. 北京：中国环境科学出版社，2005.
[305] GB 50357–2005 历史文化名城保护规划规范 [S]. 北京：中国建筑工业出版社，2005.
[306] GB 50298–1999 风景名胜区规划规范 [S]. 北京：中国建筑工业出版社，1999.
[307] 陈安泽．国家地质公园建设与旅游资源开发 [M]. 北京：中国林业出版社，2002：15–31.
[308] 陈鹰，叶持跃．略论区域旅游规划中的资源评价问题 [J]. 城市规划，2006，4：006.
[309] 程道品．生态旅游区绩效评价及模型构建 [D]. 湖南．长沙：中南林学院，2003.
[310] 崔凤军．风景旅游区的保护与管理 [M]. 北京：中国旅游出版社，2001.
[311] 单霁翔，城市化发展与文化遗产保护 [M]. 天津：天津大学出版社，2006.
[312] 党安荣，杨锐，刘晓冬．数字风景名胜区总体框架研究 [J]. 中国园林，2005，21(5)：31–34.
[313] 丁文魁．风景科学导论 [M]. 上海：上海科技教育出版社，1993.
[314] 丁文魁．风景名胜研究 [M]. 上海：同济大学出版社，1988.
[315] 弗雷·里克·斯坦纳．生命的景观——景观规划的生态学途径 [M]. 周年兴，李小凌，俞孔坚等，译．北京：中国建筑工业出版社，2004.
[316] 付军．风景区规划 [M]. 北京：气象出版社，2004.
[317] 中华人民共和国国务院．风景名胜区条例 [M]. 北京：中国建筑工业出版社，2006.
[318] 国务院法制办农业资源环保法制司、建设部政策法规司．城市建设司．风景名胜区条例释义 [M]. 北京：知识产权出版社．2007.
[319] 胡一可，杨锐．风景名胜区边界划定方法研究——以老君山风景名胜区为例 [J]. 中国风景园林学会 2009 年会论文集．2009：272.–280.
[320] 胡一可．生态文明观念下的城市型风景名胜区规划策略研究 [J] 2009 年全国博士生学术论坛（建筑学）论文集，2009：474–478.
[321] 黄羊山．风景区空间容量计算方法的错误 [J]. 城市规划，2006.3(X6)：78–80.
[322] 贾建中、邓武功．城市型风景名胜区研究（一）——发展历程与特点研究 [J]. 中国园林，2007（12）：9–14.
[323] 贾婷婷，蔡君．国外旅游规划的发展历程及主要规划方法评述 [J]. 河北林业科技，2010(1)：32–35.
[324] 兰思仁．国家森林公园理论与实践 [M]. 北京：中国林业出版社，2004.
[325] 李铭．风景区范围与行政区划之关系——风景区规划手记 [J]. 中国园林，2005，21(8)：43–45.
[326] 李抒音．风景区生态资源评价与生态规划研究 [D]. 湖北．武汉：华中农业大学，2007.
[327] 李义明，李典谟．自然保护区设计的主要原理和方法 [J]. 生物多样性，1996，4(1)：32–40.
[328] 刘茂松、张明娟．景观生态学：原理与方法 [M]. 北京：化学工业出版社，2004.
[329] 吕舟．面向新世纪的中国文化遗产保护 [J]. 建筑学报，2001(3)：58–60.
[330] 全国人民代表大会．1982. 中华人民共和国宪法（1982 年公布施行，2004 年通过的《中华人民共和国宪法修正案》修正）.
[331] 斯坦纳．生命的景观——景观规划的生态学途径 [M]. 北京：中国建筑工业出版社，2004：88– 116.
[332] 孙宏生．黄帝陵风景名胜区范围界定及其方法研究 [D]. 陕西．西安：西安建筑科技大学，2008.
[333] 汤国安，赵牡丹．地理信息系统 [M]. 北京：科学出版社．2000.
[334] 汤茂林．文化景观的内涵及其研究进展 [J]. 地理科学进展，2000，19(1)：70–79.
[335] 唐鸣镝．景区旅游解说系统的构建 [J]. 旅游学刊，2006，21(1)：64–68.
[336] 万绪才，朱应皋．国外生态旅游研究进展 [J]. 旅游学刊，2002，17(2)：68–72.
[337] 王秉洛．中国风景名胜区中的历史文化资源 [J]. 中国园林，1985，2：19–21.
[338] 王献溥．世界保护联盟新的保护区分类系统 [J]. 植物杂志，1996，5：004.
[339] 王晓俊．风景资源管理和视觉影响评估方法初探 [J]. 南京林业大学学报，1992，16(3)：70–76.
[340] 魏民，陈战是．风景名胜区规划原理 [M]. 北京：中国建筑工业出版社，2008.
[341] 邬建国．景观生态学——概念与理论 [J] 生态学杂志，2000，19(1)：42–52.
[342] 邬建国．景观生态学——格局、过程尺度与等级 [M]. 北京：高等教育出版社．2000：21–27.
[343] 吴承照，徐杰．风景名胜区边缘地带的类型与特征 [J]. 中国园林，2005，21(5)：35–38.
[344] 吴承照．城市化工业化冲击下风景名胜区边缘地带保护策略研究 [J]. 城市规划面对面——2005 城市规划年会论文集（下），2005：1501–1502.
[345] 肖笃宁．论现代景观科学的形成与发展 [J]. 地理科学．1999，19(4)：379–384.
[346] 谢凝高．世界国家公园的发展和对我国风景区的思考 [J]. 城乡建设，1995，8：24–26.
[347] 谢凝高．保护自然文化遗产与复兴山水文明 [J]. 中国园林，2000，16(2)：36–38.
[348] 谢凝高．关于风景区自然文化遗产的保护利用 [J]. 旅游学刊，2002（6）：8.
[349] 谢凝高．国家风景名胜区功能的发展及其保护利用 [J]. 中国园林，2002，18(4)：3–4.
[350] 谢凝高．国家点风景名胜区若干问题探讨 [J]. 规划师，2003，19(7)：21–26.
[351] 徐晓音．风景名胜区旅游环境容量测算方法探讨 [J]. 华中师范大学学报：自然科学版，1999，33(3)：455–459.
[352] 杨明．我国度假研究进展综述与展望 [J]. 毕节学院学报：综合版，2010，28(2)：98–104.
[353] 杨锐．从游客环境容量到 LAC 理论——环境容量概念的新发展 [J]. 旅游学刊，2003，18(5)：62–65.
[354] 杨锐．美国国家公园体系的发展历程及其经验教训 [J]. 中国园林，2001，17(1)：62–64.
[355] 杨锐．试论世界国家公园运动的发展趋势 [J]. 中国园林，2003，19(7)：10–16.
[356] 杨锐．建立完善中国国家公园和保护区体系的理论与实践研究 [D]. 北京：清华大学，2003.
[357] 叶嘉安，宋小东，钮心毅等．地理信息与规划支持系统 [M].

北京：科学出版社，2006.
[358] 余新晓，牛健植，关文彬等．景观生态学[M]. 北京：高等教育出版社，2006.
[359] 张国强，贾建中．风景规划：《风景名胜区规划规范》实施手册[M]. 北京：中国建筑工业出版社，2003.
[360] 张晓，郑玉歆．中国自然文化遗产资源管理[M]. 北京：社会科学文献出版社，2001.
[361] 张建萍，吴亚东，于玲玲．基于环境教育功能的生态旅游区环境解说系统构建研究[J] 经济地理，2010(8)：1389–1394.
[362] 张平，李向东．我国国家级风景名胜区管理体制现状和问题分析[J]. 经济体制改革，2001(5)：135–136.
[363] 张松．历史城市保护学导论：文化遗产和历史环境保护的一种整体性方法[M]. 上海：上海科 学技术出版社，2001.
[364] 张晓，郑玉歆．中国自然文化遗产资源管理[M]. 北京：社会科学文献出版社，2001.
[365] 赵书彬．风景名胜区村镇体系研究[D]. 上海：同济大学，2007.
[366] 郑度，陈述彭．地理学研究进展与前沿领域[J]. 地球科学进展.2001，16(5)：599–606.
[367] 郑国铨．水文化[M]. 北京：中国人民大学出版社，1998.
[368] 庄优波，杨锐．风景名胜区总体规划环境影响评价的程序和指标体系[M]. 中国园林，2007，23(1)：49–52.
[369] 庄优波．风景名胜区总体规划环境影响评价研究[D]. 北京：清华大学，2007.
[370] 刘黎明．乡村景观规划[M]. 北京：中国农业大学出版社，2003.
[371] 王云才，刘滨谊．论中国乡村景观及乡村景观规划[J]. 中国园林，2003，19(1)：55–58.
[372] 谢花林，刘黎明，李蕾．乡村景观规划设计的相关问题探讨[J]. 中国园林，2003，19(3)：39–41.
[373] 张晋石．荷兰土地整理与乡村景观规划[J]. 中国园林，2006，22(5)：66–71.
[374] 陈威．乡村景观规划理论与方法[D]. 同济大学，2005.
[375] 王云才．现代乡村景观旅游规划设计[M]. 青岛：青岛出版社，2003.
[376] 王云才．乡村景观旅游规划设计的理论与实践[M]. 北京：科学出版社，2004.
[377] 王云才．乡村景观规划设计与乡村可持续发展[D]. 中国科学院地理科学与资源研究所，2001.
[378] 王云才．论休闲农场与乡村主题景观规划研究[C]//"海峡两岸休闲农业与观光旅游学术研讨会".2004.
[379] 张晋石．乡村景观在风景园林规划与设计中的意义[D]. 北京林业大学，2006.
[380] 孙艺惠，陈田，王云才．传统乡村地域文化景观研究进展[J]. 地理科学进展，2008，27(6)：90–96.
[381] 高迪国际出版有限公司．最新城市广场景观[M]. 大连：大连理工大学出版社，2013.
[382] 艾瑞克·J. 詹金斯．广场尺度：100个城市广场[M]. 天津：天津大学出版社，2009.
[383] 王珂．城市广场设计[M]. 东南大学出版社，2000.
[384] 郝维刚，郝维强．欧洲城市广场设计理念与艺术表现[M]. 北京：中国建筑工业出版社，2008.
[385] 蔡永洁．城市广场：历史脉络·发展动力·空间品质[M]. 南京：东南大学出版社，2006.
[386] 梁振强，区伟耕．开放空间：城市广场·绿地·滨水景观[M]. 乌鲁木齐：新疆科技卫生出版社，2003.
[387] 张先慧．国际景观规划设计年鉴：城市规划设计 城市广场 商业街 科技园 办公区 校园 公共设施及其他[M]. 天津：天津大学出版社，2010.
[388] 格兰特·W·里德．园林景观设计：从概念到形式[M]. 北京：中国建筑工业出版社，2010.
[389] 王玉晶，刘延江，王洪力．中外园林景观赏析[M]. 北京：中国农业出版社，2003.
[390] 谭晖．城市公园景观设计[M]. 重庆：西南师范大学出版社，2011.
[391] 梁心如．城市园林景观[M]. 百通集团，2000.
[392] 陈建为．城市公园景观[M]. 武汉：华中科技大学出版社，2009.
[393] 彭军，张品．英国景观艺术[M]. 北京：中国建筑工业出版社，2011.
[394] 高迪国际出版有限公司．公共建筑景观[M]. 大连：大连理工大学出版社，2014.
[395] 刘琨，刘蔚，曹蕾蕾.2013景观年鉴[M]. 天津：天津大学出版社，2013.
[396] 王莹，刘晓涵，蒋丽莉．荷兰城市规划：Dutch urban planning [M]. 沈阳：辽宁科学技术出版社，2006.
[397] 张亚萍，梅洛．景观场所设计500例[M]. 北京：中国电力出版社，2013.
[398] 唐剑．现代滨水景观设计[M]. 沈阳：辽宁科学技术出版社，2007.
[399] 河川治理中心．滨水地区亲水设施规划设计/滨水景观设计丛书[M]. 北京：中国建筑工业出版社，2005.
[400] 河川治理中心，刘云俊．滨水自然景观设计理念与实践——滨水景观设计丛书[M]. 北京：中国建筑工业出版社，2004.
[401] 河川治理中心，刘云俊．护岸设计/滨水景观设计丛书[M]. 北京：中国建筑工业出版社，2004.
[402] 尹安石．现代城市滨水景观设计[M]. 北京：中国林业出版社，2010.
[403] 中国建筑文化中心．中外景观，滨水景观设计[M]. 南京：江苏人民出版社，2012.
[404] 日本土木学会．滨水景观设计[M]. 大连：大连理工大学出版社，2002.
[405] 刘滨谊．城市滨水区景观规划设计[M]. 南京：东南大学出版社，2006.
[406] 城市土地研究学会．都市滨水区规划[M]. 沈阳：辽宁科学技术出版社，2007.
[407] 曹福存，宋丹丹．图解城市道路景观设计[M]. 北京：中国轻工业出版社，2016.
[408] 曹磊．街道&道路景观设计[M]. 南京：江苏科学技术出版社，2014.
[409] 熊广忠．城市道路美学[M]. 北京：中国建筑工业出版社，1990.
[410] 王浩，谷康，孙新旺．道路绿地景观规划设计[M]. 南京：东南大学出版社，2003.
[411] 日本土木学会．道路景观设计[M]. 北京：中国建筑工业出版社，2003.